课堂实录

宋井峰 王艳涛 程杰 / 编著

Java Web开发课堂实录

清华大学出版社
北京

内 容 简 介

Java Web 是目前最流行的一门动态网页设计技术。本书介绍使用 Java Web 进行动态网站开发必备的知识和技能。内容包括构建 JSP 开发环境、JSP 的语法、JSP 页面元素、JSP 内置对象、JavaBean、数据库访问技术、Servlet 技术、使用 EL 表达式、JSTL 标准标签、文件上传与下载、使用 Ajax 技术等。最后以一个博客系统实例，综合介绍 Java Web 在实际开发中的应用。

全书采用通俗易懂的语言和具有实际意义的开发实例来说明原理、标准和核心技术，适合于使用 Java Web 进行动态网站开发的编程爱好者、大专院校学生，以及网站开发人员参考使用。

图书在版编目（CIP）数据

Java Web 开发课堂实录/宋井峰，王艳涛，程杰编著. —北京：清华大学出版社，2016
（课堂实录）
ISBN 978-7-302-41868-9

Ⅰ. ①J…　Ⅱ. ①宋…　②王…　③程…　Ⅲ. ①Java 语言–程序设计　Ⅳ. ①TP312

中国版本图书馆 CIP 数据核字（2015）第 254526 号

责任编辑：夏兆彦　薛　阳
封面设计：张　阳
责任校对：徐俊伟
责任印制：刘海龙

出版发行：清华大学出版社
　　网　　址：http://www.tup.com.cn, http://www.wqbook.com
　　地　　址：北京清华大学学研大厦 A 座　　　**邮　　编：**100084
　　社 总 机：010-62770175　　　**邮　　购：**010-62786544
　　投稿与读者服务：010-62776969，c-service@tup.tsinghua.edu.cn
　　质量反馈：010-62772015，zhiliang@tup.tsinghua.edu.cn
印 刷 者：清华大学印刷厂
装 订 者：三河市新茂装订有限公司
经　　销：全国新华书店
开　　本：190mm×260mm　**印　　张：**30.75　　**字　　数：**847 千字
版　　次：2016 年 6 月第 1 版　　**印　　次：**2016 年 6 月第 1 次印刷
印　　数：1～3000
定　　价：79.00 元

产品编号：051598-01

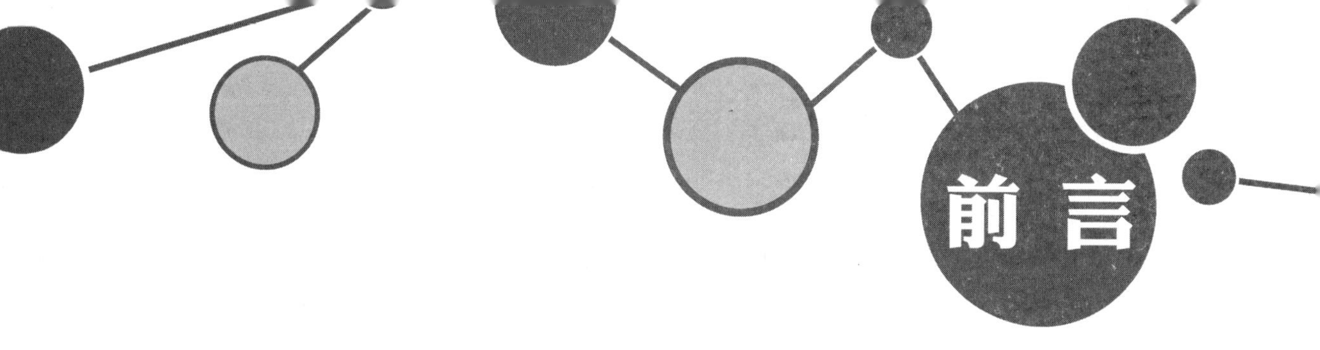

Java 是 Sun 公司推出的能够跨越多平台的、可移植性高的编程语言。Java 技术具有卓越的通用性、高效性、平台移植性和安全性，从而成为应用范围最广泛的开发语言，特别是在 Web 程序开发方面。

本书从初学者的角度出发，循序渐进地讲解使用 Java 语言和开源框架进行 Web 程序开发应该掌握的技术，主要包括 JSP、内置对象、JSTL、EL、JDBC、JavaBean、Servlet、Ajax 以及 Struts2 等。这些都是每一个期望从事 Java Web 开发的人员所应必备的。

1. 本书内容

全书共分为 15 章，主要内容如下。

第 1 章　静态网页设计。本章主要介绍了设计静态网页所需掌握的 HTML 和 CSS，包括 HTML 文档结构、HTML 的各种标记、CSS 语法和属性等。

第 2 章　JavaScript 脚本编程快速入门。本章主要介绍 JavaScript 的基础知识，包括语法规则、运算符、流程控制语句、对话框语句、函数以及各种对象的用法等。

第 3 章　Java Web 概述。本章主要介绍 Java Web 的基本知识以及开发环境的配置，最后介绍常见的开发模式。

第 4 章　JSP 语法基础。本章主要讲解 JSP 语法基础，包括 JSP 页面构成、JSP 指令标记、JSP 脚本元素、JSP 动作元素和 JSP 页面的注释部分。

第 5 章　JSP 内置对象。本章主要介绍 JSP 的 9 个内置对象，分别是 request、response、out、session、application、page、pageContext、config 和 exception。

第 6 章　使用 JavaBean。本章主要介绍 JavaBean 不同类型的属性、使用 JavaBean 的方法以及 JavaBean 的作用域范围，最后制作一个 JavaBean 连接数据库的案例。

第 7 章　使用 Servlet。本章主要介绍 Servlet 开发的基础知识，包括 Servlet 概念、部署 Servlet、Servlet 常用类和接口、Servlet 配置选项，以及关于过滤器和监听器的使用。

第 8 章　使用 EL 表达式。本章对 EL 表达式的语法、基本应用、运算符以及其隐含对象进行详细介绍。

第 9 章　JSP 操作 XML。本章简单介绍 XML 的基本知识，重点介绍如何使用 DOM、SAX、DOM4J 和 JDOM 解析 XML。

第 10 章　操作数据库。本章介绍 JDBC 的基本概念和相关的接口，并且介绍了不同的访问数据库方式，以及如何使用 JDBC 提供的接口操作数据库等。

第 11 章　JSP 操作文件。本章详细介绍文件类 File、数据流、字节流、字符流和对象流，以及网络上常用的文件上传和文件下载。

第 12 章　JSTL 标签库。本章主要讲解 JSTL 核心标签库和 SQL 标签库等常用标签库。

第 13 章　整合 Ajax。本章简单介绍 Ajax 的概念，重点讲解使用 Ajax 的核心对象

XMLHttpRequest 处理文本和 XML，最后介绍如何优化 Ajax 及解决 Ajax 乱码问题。

第 14 章　Struts2 框架。本章主要讲解在 Web 开发中 Struts2 的应用，包括 Struts2 中的配置文件、Action、Struts2 的开发模式和标签等基本知识。

第 15 章　博客管理系统。本章主要介绍使用 Struts2 实现博客管理系统的过程，主要功能包括查看文章、文章分页、文章评论、管理文章，以及相册、友情链接和公告等。

2. 本书特色

本书是针对初学者或中级读者量身订做的，全书以课堂课程学习的方式，由浅入深地讲解 JSP 技术，全书突出开发时的重要知识点，知识点配以案例讲解，充分体现理论与实践相结合。

1）结构独特

全书以课程为学习单元，每章安排基础知识讲解、实例应用、拓展训练和课后练习 4 个部分讲解 Java Web 技术相关的数据库知识。

2）知识全面

本书紧紧围绕 Java Web 技术展开讲解，具有很强的逻辑性和系统性。

3）实例丰富

书中各实例均经过作者精心设计和挑选，它们都是根据作者在实际开发中的经验总结而来，涵盖了在实际开发中所遇到的各种场景。

4）应用广泛

对于精选案例，给出了详细步骤，结构清晰简明，分析深入浅出，而且有些程序能够直接在项目中使用，避免读者进行二次开发。

5）基于理论，注重实践

在讲述过程，不仅介绍了理论知识，而且在合适的位置安排了综合应用实例或者小型应用程序，将理论应用到实践中加强读者实际应用能力，巩固开发基础和知识。

6）随书光盘

本书为实例配备了视频教学文件，读者可以通过视频文件更加直观地学习 Java Web 技术的开发知识。所有视频教学文件均已上传到 www.ztydata.com.cn，读者可自行下载。

7）网站技术支持

读者在学习或者工作的过程中，如果遇到实际问题，可以直接登录 www.itzcn.com 与我们取得联系，作者会在第一时间内给予帮助。

8）贴心的提示

为了便于读者阅读，全书还穿插了一些技巧、提示等小贴士，体例约定如下。

提示：通常是一些贴心的提醒，让读者加深印象或提供建议和解决问题的方法。

注意：提出学习过程中需要特别注意的一些知识点和内容，或者相关信息。

技巧：通过简短的文字，指出知识点在应用时的一些小窍门。

3. 读者对象

本书适合作为软件开发入门者的自学用书，也适合作为高等院校相关专业的教学参考书，也可供开发人员查阅和参考。

（1）JSP 技术入门者。

（2）Java Web 开发人员和其他网站开发人员。

（3）各大中专院校的在校学生和相关授课老师。

（4）准备从事 Java Web 网站开发的人员。

参与本书编写的人员有黑龙江科技大学宋井峰（第2～4章），王艳涛（第5～7章）、程杰（第9~10章），以及李海庆、王咏梅、康显丽、王黎、汤莉、倪宝童、赵俊昌、方宁、郭晓俊、杨宁宁、王健、连彩霞、丁国庆、牛红惠、石磊、王慧、李卫平、张丽莉、王丹花、王超英、王新伟等。在编写过程中难免会有漏洞，欢迎读者通过清华大学出版社网站 www.tup.tsinghua.edu.cn 与我们联系，帮助我们改正提高。

目录

第 1 章 静态网页设计

第 2 章 JavaScript 脚本编程快速入门

第 3 章 Java Web 概述

第 4 章 JSP 语法基础

第 5 章 JSP 内置对象

第 6 章 使用 JavaBean

第 7 章 使用 Servlet

第 8 章 使用 EL 表达式

第 9 章 JSP 操作 XML

第 10 章 操作数据库

第 11 章 JSP 操作文件

第 12 章 JSTL 标签库

第 13 章 整合 Ajax

第 14 章 Struts2 框架

第 15 章 博客管理系统

习题答案

第1章 静态网页设计

HTML 标记是制作网页的基础，可以毫不夸张地说所有的 Web 动态编程都是融合在 HTML 标记的基础上。因此，在使用 JSP 开发动态网站之前掌握 HTML 是非常必要的。CSS 是 HTML 的装扮器，一个漂亮的 Web 页面不可能没有它。

本章对设计静态网页所需掌握的 HTML 和 CSS 进行详细讲解，包括 HTML 文档结构、HTML 的各种标记、CSS 语法和属性等。

本章学习目标：

- 了解 HTML 的概念
- 熟悉一个 HTML 的文档结构
- 掌握 HTML 中的基本标记、列表标记、表格标记和表单标记
- 了解 CSS 的概念
- 熟悉 CSS 的语法规则
- 掌握 HTML 中使用 CSS 的方法
- 熟悉常用的 CSS 样式属性

1.1 HTML 简介

HTML 全称是 Hypertext Markup Language（超文本标记语言），是用于描述网页文档的一种标记语言。

HTML 是一种规范，也是一种标准，它通过标记符号来标记要显示的网页中的各个部分。网页文件本身是一种文本文件，通过在文本文件中添加标记符，可以告诉浏览器如何显示其中的内容（如文字如何处理，画面如何安排，图片如何显示等）。浏览器按顺序阅读网页文件，然后根据标记符解释和显示其标记的内容，对书写出错的标记将不指出其错误，且不停止其解释执行过程，编制者只能通过显示效果来分析出错原因和出错部位。但需要注意的是，对于不同的浏览器，对同一标记符可能会有不完全相同的解释，因而可能会有不同的显示效果。

超文本标记语言（第一版）于 1993 年 6 月作为互联网工程工作小组（IETF）工作草案发布（并非标准）。

HTML 2.0 于 1995 年 11 月作为 RFC 1866 发布，在 RFC 2854 于 2000 年 6 月发布之后被宣布已经过时。

HTML 3.0 规范是由当时刚成立的 W3C 于 1995 年 3 月提出，在草案于 1995 年 9 月过期时因为缺乏浏览器支持而中止了。3.1 版从未被正式提出，下一个被提出的版本 HTML 3.2，去掉了大部分 3.0 中的新特性，但是加入了很多特定浏览器，例如 Netscape 和 Mosaic 的元素和属性。

HTML 4.0 同样也加入了很多特定浏览器的元素和属性，但是同时也开始“清理”这个标准，把一些元素和属性标记为过时，建议不再使用它们。HTML 的未来和 CSS 结合会更好。

HTML 5 草案的前身名为 Web Applications 1.0。于 2004 年被 WHATWG 提出，2007 年被 W3C 接纳，并成立了新的 HTML 工作团队。2008 年 1 月 22 日，第一份正式草案发布。

1.2 HTML 文档结构

一个网页对应一个 HTML 文件，文件以.htm 或.html 为扩展名。HTML 文件可以使用任何能够生成 TXT 类型源文件的文本编辑器来生成超文本标记语言文件，只用修改文件后缀即可。也可以使用 Dreamweaver 等可视化网页编辑器来设计。

一个有效的 HTML 文档通常包括以下三大部分。

1. 版本信息

它也被称为该文档使用的文档类型声明。HTML 的声明有三种，如下是最常用的值。

```
<!DOCTYPE HTML PUBLIC "_//W3C//DTD//HTML 4-01 Frameset//EN" http://www.w3.org/
R/HTML4/frameset.dtd>
```

2. HTML 标题（HEAD）

HEAD 除了是 HTML 元素的一部分之外，它本身也是自己的元素。HEAD 元素可以包含标题和元数据（Meta Data）。

3. 文档主体（BODY）

HTML 本身也是一个元素。HTML 元素既有开始标记，又有结束标记。开始标记应该放置在版本信息之后，HEAD 元素的开始标记之前，结束标记应该放在 BODY 元素的结束之后，即文档的最后。

一个完整的 HTML 文档的总体框架如下。

```
<!HTML 版本信息说明>
<HTML>
    <HEAD>
        头部元素、元素属性及内容
    </HEAD>
    <BODY>
        主题元素、元素属性及内容
    </BODY>
</HTML>
```

由上面的示例可看出，HTML 是标记的集合，这些标记由尖括号“< >”标识。一般情况下，HTML 文件由<html>和</html>标记组成。其中，<html>是一个开始标记，而在前面加上反斜杠“/”的</html>就构成了 HTML 文件的结束标记。

另外，在 HTML 文件中为了提高文件的可读性，可以使用<!--和-->标记编写注释文字，其语法如下：

```
<!--注释文字-->
```

当浏览网页时，这些注释文字不会显示在浏览器中。

1.3 HTML 页面标记

从文档结构中可以看出，HTML 页面是由很多标记组成的。HTML 标记在使用时必须用尖括号“<>”括起来，而且是成对出现，无斜杠的标记表示该标记的作用开始，有斜杠的标记表示该标记的作用结束。如<TABLE>表示一个表格的开始，</TABLE>表示一个表格的结束。在 HTML 中标记不区分大小写，如<TABLE>和<table>都是表示一个表格的开始。本节将讨论 HTML 中各种分类的页面标记。

1.3.1 基本标记

根据在页面上显示内容的不同，HTML 定义了很多类型的标记：如文本标记、表单标记、表格标记、段落标记、字体标记以及布局标记等。

本节主要介绍 HTML 中的基本标记，这些标记的名称及功能描述如表 1-1 所示。

表 1-1 HTML 基本标记

标 记	标 记 名 称	功 能 描 述
br	换行标记	从下一行开始输出
hr	标尺标记	输出一个水平标尺
center	居中对齐标记	文本在网页中间显示
blockquote	引用标记	引用一段内容
pre	预定义标记	使用源代码的格式显示在浏览器上
hn	标题标记	网页的标题，有 6 个，分别为 h1~h6

续表

标　记	标 记 名 称	功 能 描 述
font	字体标记	修饰字体的大小，颜色，字体的名称
b	字体加粗标记	文字的样式加粗显示
i	斜体标记	文字的样式斜体显示
sub	下标标记	文字以下标的形式出现
u	底线标记	文字以带底线的形式出现
sup	上标标记	文字以上标的形式出现
address	地址标记	文字以斜体的形式表示地址
img	图像标记	在页面中显示一张外部图片

【练习 1】

使用表 1-1 列出的 HTML 基本标记制作一个 HTML 网页，具体步骤如下。

（1）使用记事本新建一个文本文件，将文件另存为 Untitled-1.html。

（2）向记事本中输入如下 HTML 网页的内容。

```
<!DOCTYPE html PUBLIC "-//W3C//DTD XHTML 1.0 Transitional//EN" "http://www.w3.
org/TR/xhtml1/DTD/xhtml1-transitional.dtd">
<HTML>
<HEAD>
<meta http-equiv="content-type" content="text/html;charset=utf-8">
<TITLE>printf()|C 语言函数编程大全 | 免费教程</TITLE>
</HEAD>
<BODY>
<h1 align=center>printf()函数语法及示例</h1>
<hr color=red align=center width=100%>
<p align=left>作用: </p>
<em>向控制台输出格式化后的文本和字符。</em>
<p><b>语法: </b><br/>
  int printf(const char *format,[ argument]);
</p>
<p>
<pre>示例:
#include &lt;stdio.h&gt;

void main ()
 {
   printf ("1001 ");
   printf ("C and C++ ");
   printf ("Tips!");
 }
 </pre>
</p>
<p><u>作业: </u>请使用 printf()函数输出自己的名字。</p>
<hr color=red align=center width=100%>
更多详细情况请浏览<address>http://www.itzcn.com</address>
<img src="logo.gif">
</BODY>
```

```
</HTML>
```

（3）保存文件，并使用 IE 浏览器打开，页面的运行效果如图 1-1 所示。

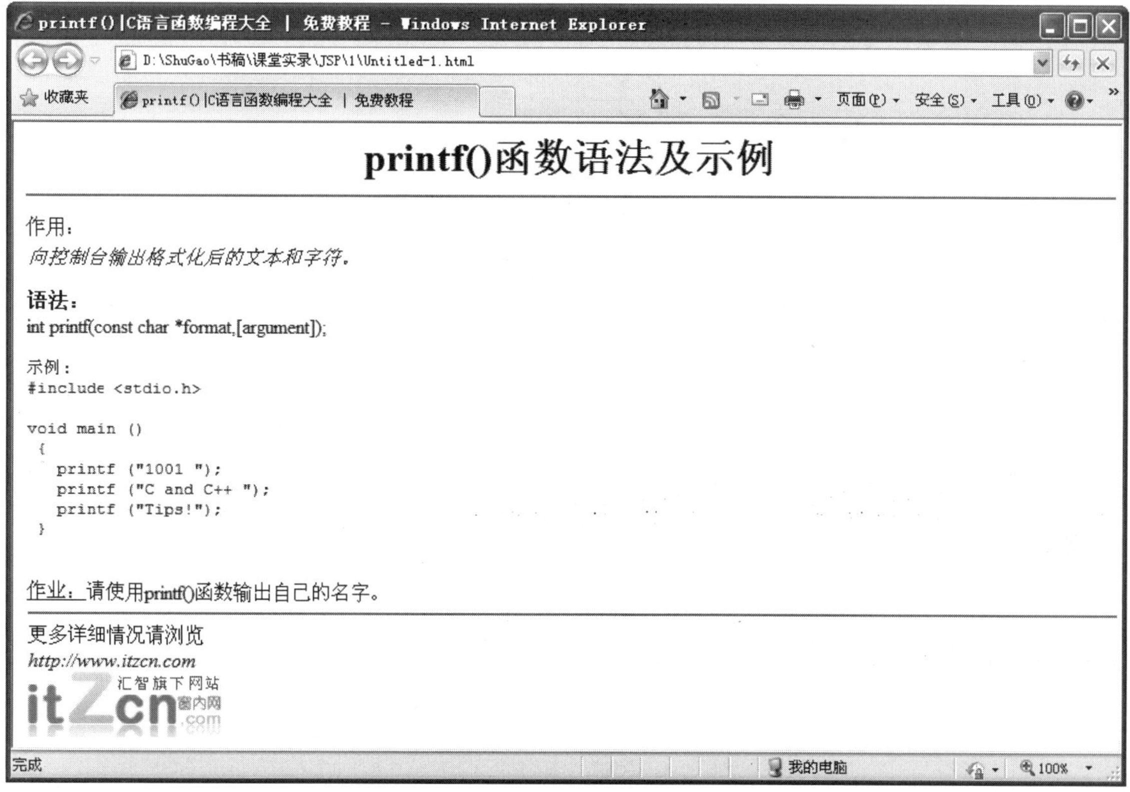

图 1-1　运行效果

1.3.2　列表标记

HTML 支持三种类型的列表标记，分别是编号列表、项目符号列表和说明项目列表标记。下面通过不同的示例来介绍这些列表的用法。

1. 编号列表

编号列表使用 OL 标记，每一个列表项前使用<LI>，每个项目都有前后顺序之分。编号列表标记的语法如下。

```
<OL>
    <LI>列表项 1</LI>
    <LI>列表项 2</LI>
    <LI>列表项 3</LI>
…
</OL>
```

<OL>标记还具有 TYPE 属性和 START 属性。其中，TYPE 属性用于设置编号的种类；START 为编号的开始序号。TYPE 属性的取值及含义如下。

（1）1 表示序号为数字。

（2）A 表示序号为大写英文字母。

（3）a 表示序号为小写英文字母。

（4）I 表示序号为大写罗马数字。

（5）i 表示序号为小写罗马数字。

【练习 2】

下面使用 OL 标记创建一个网站导航列表，代码如下。

```
<ol >
  <li><a href="#">视频学院</a></li>
  <li><a href="#">在线问答</a></li>
  <li><a href="#">技术支持</a></li>
  <li><a href="#">随便看看</a></li>
  <li><a href="#">我的日志</a></li>
  <li><a href="#">乐于分享</a></li>
 </ol>
```

OL 标记默认会对所有 LI 列表项使用数字编号，运行效果如图 1-2 所示。现在为 OL 标记添加“type="A" start="2"”代码，使用字母并且从第二项开始编号，再次运行效果如图 1-3 所示。

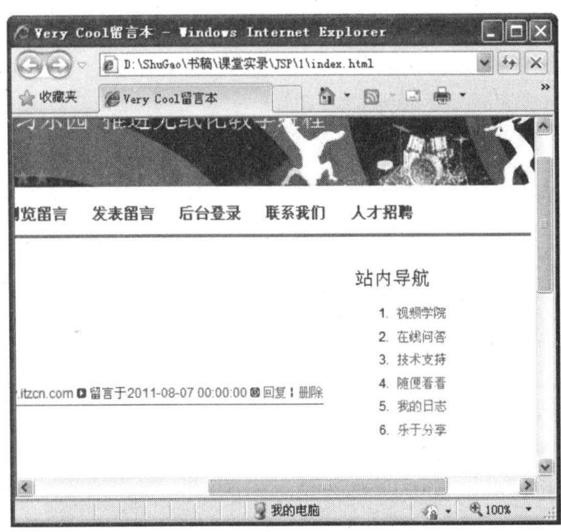

图 1-2　使用数字编号效果

图 1-3　使用字母编号效果

2. 项目符号列表

项目符号列表使用<UL> </UL>标记，其中每一个项目使用标记<LI>标记。项目符号标记的语法如下。

```
<UL>
     <LI>项目符号</LI>
     <LI>项目符号</LI>
     <LI>项目符号</LI>
…
</UL>
```

项目符号列表<UL>仅有一个 TYPE 属性，TYPE 属性可取的值为：circle（空心圆点）、disc（实心圆点）和 square（实心正方形）。

【练习 3】

下面使用 UL 标记创建一个网站导航列表，并将 TYPE 属性设置为 circle，代码如下。

```
<ul type=" circle " >
  <li><a href="#">视频学院</a></li>
  <li><a href="#">在线问答</a></li>
  <li><a href="#">技术支持</a></li>
  <li><a href="#">随便看看</a></li>
  <li><a href="#">我的日志</a></li>
  <li><a href="#">乐于分享</a></li>
</ul>
```

运行后会看到一个使用空心圆点的列表，如图 1-4 所示。如果将 type 设置为 disc，运行效果如图 1-5 所示。

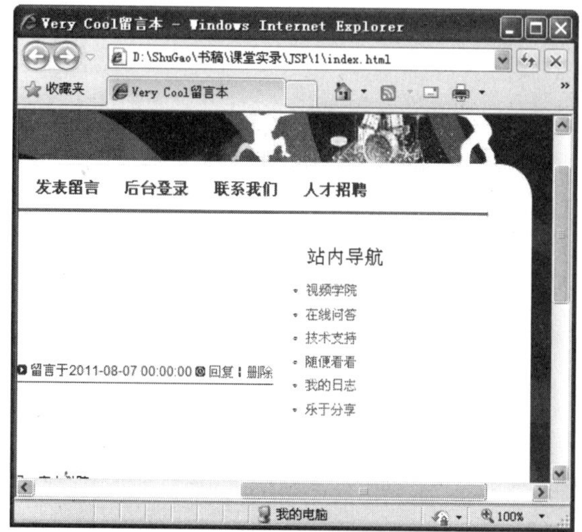

图 1-4　使用空心圆点效果

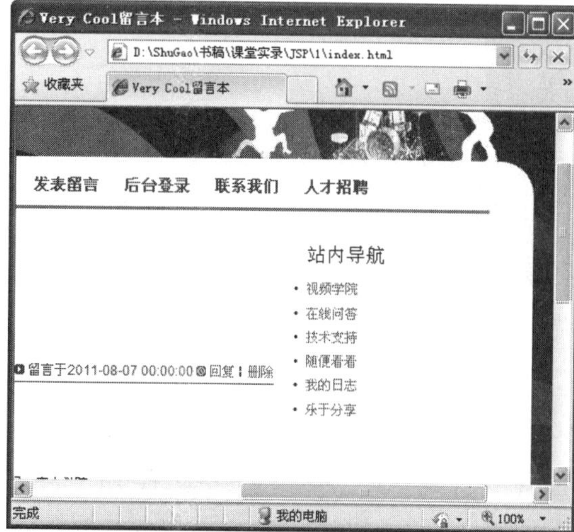

图 1-5　使用实心圆点效果

3．说明项目列表

说明项目列表可以用来给每一个列表项再加上一段说明性文字，说明性文字独立于列表项另起一行显示。在应用中，列表项使用<DT>标记表示，说明性文字使用<DD>标记表示。

定义性列表的语法结构为：

```
<DL>
    <DT>第一项</DT>
    <DD>叙述第一项的定义</DD>
    <DT>第二项</DT>
    <DD>叙述第二项的定义</DD>
…
</DL>
```

【练习 4】

下面的示例演示了说明性项目列表的使用。

```
<dl>
<dt>什么是窗内网</dt>
<dd>窗内网是一个虚拟的网络社区，在上面可以学习编程技术、交朋友、玩游戏、写博客等等。</dd>
<dt>窗内网的地址是什么</dt>
<dd>目前窗内网的官方网址是 http://www.itzcn.com</dd>
```

```
</dl>
```

执行效果如图 1-6 所示。

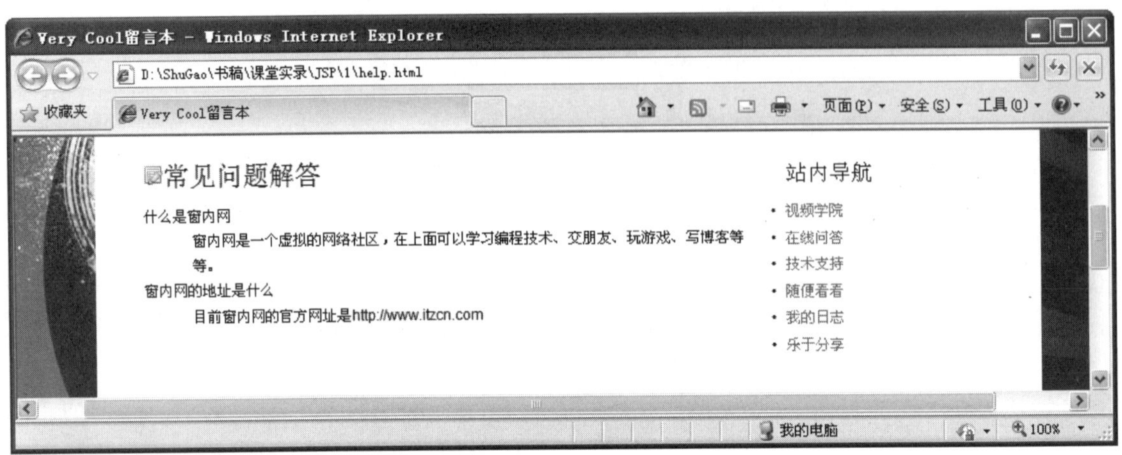

图 1-6 说明项目列表效果

1.3.3 表格

表格的建立是网页制作时非常重要的技巧。在 HTML 语法中，表格的建立需要使用 TABLE、TR、TH 和 TD 标记。下面是这 4 个标记的说明。

（1）表格标记 TABLE：<TABLE>表示表格开始，</TABLE>表示表格结束，其中一个表格由很多行（TR 标记）组成，每一行又由很多列组成（TD 标记）。

（2）表格行标记 TR：<TR>标记用于定义一行的开始，</TR>标记用于定义一行的结束。

（3）表格列标记 TD：<TD>标记用于定义一列的开始，</TD>标记用于定义一列的结束。

（4）标题单元格标记 TH：<TH>和</TH>标记用于定义表格内的标题单元格，此单元格中的文字将以粗体的方式显示。

【练习 5】

使用上面介绍的标记创建一个三行两列的表格，代码如下。

```
<table border="1">
<tr>
    <th>视频名称</th><th>所属类型</th>
</tr>
<tr>
    <td>JSP 网络大讲堂</td><td>Java 软件开发</td>
</tr>
<tr>
    <td>SQL Server 网络大讲堂</td><td>数据库</td>
</tr>
</table>
```

建立的表格如图 1-7 所示。

在这里为了更加清楚地显示表格的结构，为表格设置了 border 属性。border 属性用于设置表格边框的宽度。除 border 属性外，表格还具有许多属性。

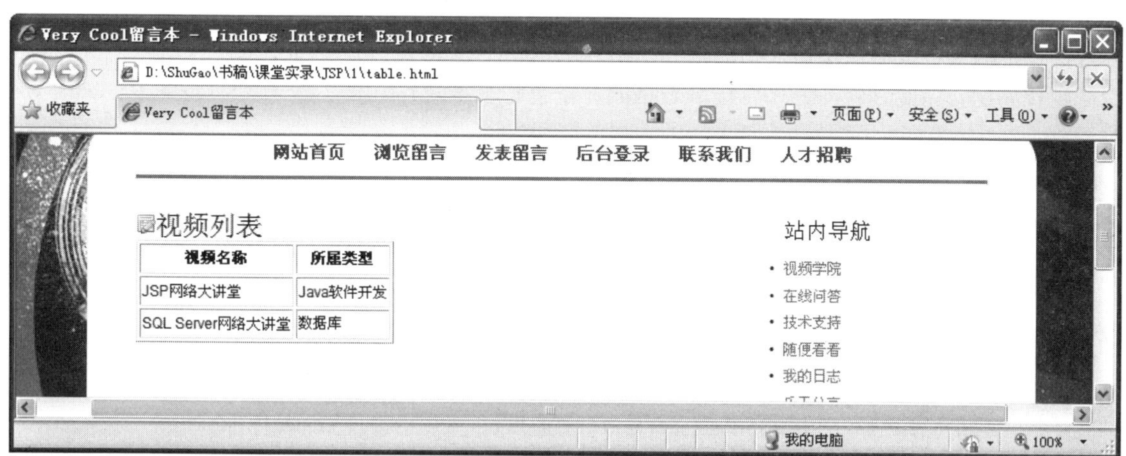

图 1-7 表格运行效果

1．表格外框的控制属性

表格的外边框控制属性共有 border、cellspacing 和 cellpadding 三个，各属性及其作用如表 1-2 所示。

表 1-2 表格外框属性

属 性	说 明
border	控制表格边框的宽度。属性值为一整数，单位为像素
cellspacing	控制单元格边框到表格边框的距离。单位为像素
cellpadding	控制单元格内文字到单元格边框的距离。单位为像素

【练习 6】

在练习 5 的基础上为表格添加 border、cellspaceing、cellpadding 属性，控制表格边框、单元格边框及文字到单元格之间的大小。最终代码如下。

```
<table  border="10" cellspacing="15" cellpadding="20" width="100%" bgcolor=
"#CCCCCC">
  <tr>
    <th>视频名称</th>
    <th>所属类型</th>
  </tr>
  <tr>
    <td>JSP 网络大讲堂</td>
    <td>Java 软件开发</td>
  </tr>
  <tr>
    <td>SQL Server 网络大讲堂</td>
    <td>数据库</td>
  </tr>
</table>
```

执行结果如图 1-8 所示。

2．表格的属性

一般情况下，表格的总长度和总宽度是根据各行和各列的内容的总和自动调整的。如果想要直接固定表格的大小，可以使用表格的 width 和 height 属性。width 和 height 属性分别用于控制表格的宽度和高度。除此之外，还可以控制表格的背景色和水平对齐方式。这 4 个属性的说明如表 1-3 所示。

表 1-3　表格属性

属　性	说　明
width	控制表格的宽度。如果其取值为一整数，则单位为像素。若设置值为 *n*%，则表示表格的宽度为整个网页宽度的百分之 *n*
height	控制表格的宽度。取值与 width 相同
bgcolor	设置表格的背景颜色
align	用于控制整个表格在网页水平面方向的对齐方式（left、right、center）

【练习 7】

为练习 6 中的表格设置宽度为百分百，背景颜色为#CCCCCC，即添加“width="100%" bgcolor="#CCCCCC"”代码。运行后的效果如图 1-9 所示。

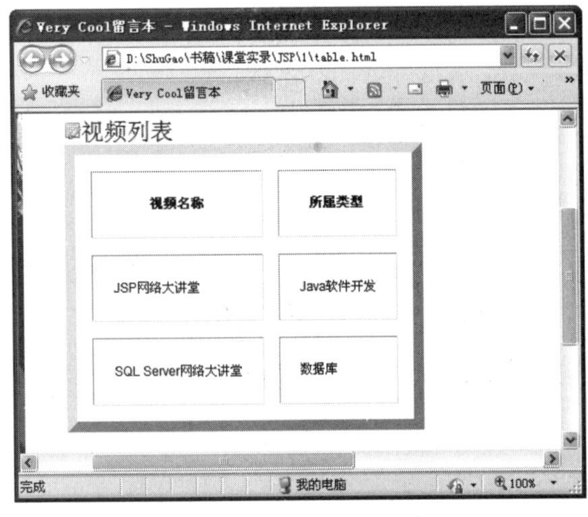

图 1-8　设置间隔

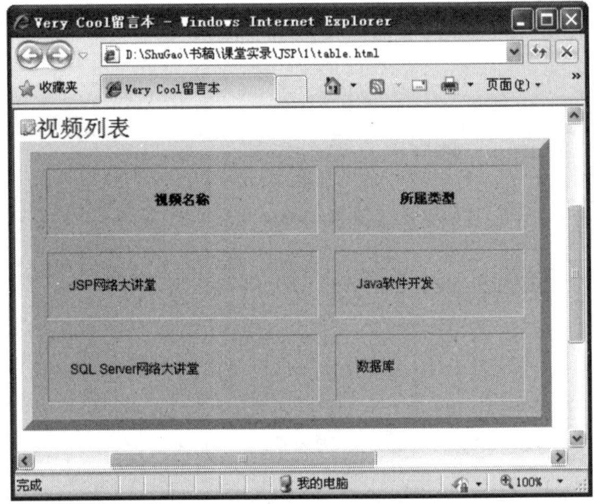

图 1-9　设置宽度和背景色

3．表格行的属性

表格行的属性可以控制本行的高度、外框颜色、背景颜色、水平和垂直对齐方式。表格行的各属性如表 1-4 所示。

表 1-4　表格行的属性

属　性	说　明
height	在<TR>标记中时，可以控制表格内某行的高度
bordercolor	bordercolor 属性用于控制表格中某行的外框颜色
bgcolor	控制该行单元格的背景颜色
align	控制本行中各单元格的内容在水平方向的对齐方式
valign	控制本行中各单元格的内容在垂直方向的对齐方式。取值为 top（上对齐）、middle（居中对齐）和 bottom（下对齐）

4．单元格的属性

单元格属性用于控制表格中具体某个单元格的显示方式，单元格的属性如表 1-5 所示。

表 1-5　单元格属性

属　　性	说　　明
bordercolor	单元格的边框颜色
bgcolor	单元格的背景颜色
align、valign	单元格内的文字水平、垂直对齐方式
colspan	控制单元格合并右方的单元格数，达到延伸单元格的效果
rowspan	控制单元格合并下方的单元格数，达到垂直延伸单元格的效果

【练习 8】

上述属性中的 bordercolor、bgcolor、align 和 valign 属性与表格和表格行相同。这里主要介绍使用 colspan 和 rowspan 属性实现单元格的合并。例如，以如图 1-10 所示的视频列表为例。

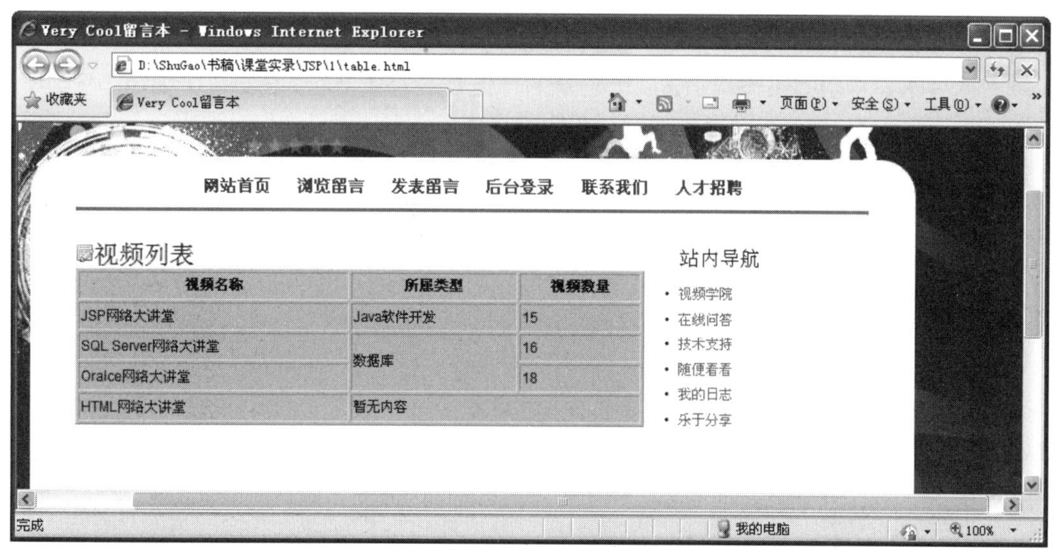

图 1-10　跨越多行

实现跨越多行的效果需要使用单元格的 rowspan 属性，其属性值为要跨越的行数。具体示例代码如下。

```
<table  width="100%" border="1" bgcolor="#CCCCCC">
  <tr>
    <th>视频名称</th>
    <th>所属类型</th>
    <th>视频数量</th>
  </tr>
  <tr>
    <td>JSP 网络大讲堂</td>
    <td>Java 软件开发</td>
    <td>15</td>
  </tr>
  <tr>
    <td>SQL Server 网络大讲堂</td>
    <td rowspan="2">数据库</td>
    <td>16</td>
  </tr>
  <tr>
```

```
    <td>Oralce 网络大讲堂</td>
    <td>18</td>
  </tr>
  <tr>
    <td>HTML 网络大讲堂</td>
    <td colspan="2">暂无内容</td>
  </tr>
</table>
```

提示

设置 colspan 属性可以实现单元格在水平方向跨越多列，跨越多列与跨越多行的方法相同，这里不再举例说明。

1.3.4 表单

表单在 HTML 中由<form>标记定义，它是 HTML 的一个重要组成部分，主要用于搜集不同类型的用户输入和数据传递。在 HTML 表单中包含很多表单元素，通过它们允许用户单击、选择和输入信息。

HTML 表单的创建语法如下所示。

```
<form name="form_name" method="method" action="url" enctype="value" target=
"target" id="id">
  <!-- 此处放表单元素，这里省略  -->
</form >
```

在上述代码中，表单各个属性的说明如表 1-6 所示。

表 1-6　表单属性说明

属 性 名 称	说　明
name	表单的名称
method	设置表单的提交方式，有 GET 和 POST 两种
action	指向处理该表单页面的 URL，可以是相对位置或者绝对位置
enctype	设置表单内容的编码方式
target	设置返回信息的显示方式，可选值有_blank、_parent、_self 和_top
id	表单的 ID 号

从语法格式中可以看出，在 form 中出现的内容称为表单元素，如表 1-7 所示列出了可以包含的表单元素信息。

表 1-7　form 表单元素

元 素 名 称	说　明
button	表示按钮的布局控件对象
checkbox	表示复选框字段对象
fileupload	表示文件上传表单字段的对象
hidden	表示表单的隐藏域对象
password	表示密码输入框控件对象
radio	表示单选按钮对象
reset	表示复位按钮对象
select	表示下拉列表对象
submit	表示提交按钮对象
text	表示文本输入框控件对象
textarea	表示多文本输入区域的对象

如图 1-11 所示的效果使用了表 1-7 中的表单元素，其中的大部分表单元素我们都很熟悉。例如，使用 input 定义表单中的单行输入文本框、输入密码框、单行按钮、复选框、隐藏控件、重置按钮及提交按钮；使用 select 在表单中定义下拉菜单和列表框；使用 textarea 在表单中创建多行文本框（文本区域）等。

图 1-11 使用 form 表单元素

1.4 CSS 简介

CSS（Cascading Style Sheets，层叠样式表）是一种应用于网页的标记语言，其作用是为 HTML、XHTML 以及 XML 等标记语言提供样式描述。当 IE 浏览器读取 HTML、XHTML 或 XML 文档时，同时将加载相对应的 CSS 样式，即将按照样式描述的格式显示网页内容。CSS 文件用于控制网页的布局格式和网页内容的样式，所以用户仅需要修改 CSS 文件内容即可改变网页显示的效果。使用 CSS 后可以大大降低网页设计者的工作量，提高网页设计的效率。

W3C 于 1996 年 12 月推出 CSS 1.0（Level1）规范，为 HTML 4.0 添加了样式。1998 年 5 月又发布了新版本 CSS 2.0（Level2），在兼容旧版本的情况下又扩展了一些其他的内容。CSS 负责为网页设计人员提供丰富的款式空间来设计网页。CSS 所提供的网页结构内容与表现形式的分离机制，大大简化了网站的管理，提高了开发网站的工作效率。CSS 可用于控制任何 HTML 和 XML 内容的表现形式。目前最新版本为 CSS 3.0。

CSS 技术的最大优势有如下几点。

（1）样式重用。编写好的样式（CSS）文档，可以被用于多个 HTML 文档，样式就达到了重用的目的，节省了编写代码的时间，统一了多个 HTML 文档的样式。

（2）轻松地增加网页的特殊效果。使用 CSS 标记，可以非常简单地对图片、文本信息进行修饰，设置相关属性。

（3）使元素更加准确定位。使显示的信息按设计人员的意愿出现在指定的位置。

提示

在传统的 Web 应用中，样式表提供一种很有用的方法，可以在一个独立文件中定义样式，在多个页面中重用该样式。在 Ajax 应用中，不再将应用思考为快速切换的一系列页面，但是样式表仍然是很有帮助的，它可以用最少的代码动态地为元素设置预先定义的外观。

使用 CSS 可以非常灵活并更好地控制页面的确切外观。例如，控制许多文本属性，包括特定字体和字大小；粗体、斜体、下划线和文本阴影；文本颜色和背景颜色；链接颜色和链接下划线等。通过使用 CSS 控制字体，还可以确保在多个浏览器中以更一致的方式处理页面布局和外观。

除设置文本格式外，还可以使用 CSS 控制 Web 页面中块级别元素的格式和定位。可以对块级元素执行的操作有：设置边距和边框，将它们放置在特定位置，添加背景颜色，在周围设置浮动文本等。对块级元素进行操作的方法实际上就是使用 CSS 进行页面布局设置的方法。

提示

块级元素是一段独立的内容，在 HTML 中通常由一个新行分隔，并在视觉上设置为块的格式。例如，h1 标签、p 标签和 div 标签都在网页上生成块级元素。

1.5 CSS 页面样式

CSS 样式表由多条样式规则组成，每种样式规则都设置一种样式。一种样式规则，就是针对 HTML 标记对象所设定的显示样式。CSS 样式规则的定义语法非常简单，都是由一些属性标记组成。

本节将介绍 CSS 样式的语法、样式的使用方式以及常用的 CSS 样式属性。

1.5.1 CSS 样式语法

CSS 样式表是由若干条样式规则组成，这些样式规则可以应用到不同的元素或者文档来定义显示的外观。每一条样式规则由三部分构成：选择符（selector）、属性（properties）和属性的取值（value），基本格式如下：

```
selector{ property: value}
```

selector 选择符可以采用多种形式，但一般为文档中的 HTML 标记，例如“<body>”“<table>”和“<p>”等。property 属性则是选择符指定的标记所包含的属性。value 指定了属性的值。如果定义选择符的多个属性，则属性和属性值为一组，组与组之间用分号（;）隔开。

下面就定义了一条样式规则，该样式规则是指为块标记<div>提供样式，color 为指定文字颜色的属性，red 为属性值，表示含义为标记<div>中的文字使用红色。

```
div { color:red}
```

技巧

为了便于阅读和维护，建议读者在编写样式时使用分行的格式。

1. 类选择符定义样式

除了可以为多个标记指定相同样式外，还可以使用类选择符来定义一个样式，这种方法同样可以使用到不同的标记上。定义类选择符方法是在自定义样式的名称前面加一个句点（.）。例如，如下代码使用类选择符定义了一个名为“.Title”的样式。

```
.Title {
    font-family: "宋体";
    font-size: 16px;
    color: #00509F;
    font-weight: bold;
}
```

样式定义了使用的字体、大小、颜色以及加粗。要使用类选择符定义的样式，只需将标记的 class 属性指定为样式名称。例如，要在<p>、<span>和<div>标记里使用前面的.Title 样式可以使用如下代码。

```
<p class="Title">天门中断楚江开，碧水东流至此回</p>
<span class="Title">天门中断楚江开，碧水东流至此回</span>
<div class="Title">天门中断楚江开，碧水东流至此回</div>
```

提示

使用类选择符可以很方便地在任意元素上套用预先定义好的类样式，从而实现相同的样式外观。

2．ID 选择符定义样式

在页面中，元素的 ID 属性指定了某个唯一元素的标识，同样 ID 选择符可以用来对某个特定元素定义独特的样式。ID 选择符的应用和类选择符类似，只要把 CLASS 换成 ID 即可。例如，在段落<p>中通过 ID 属性来引用样式“Title”：

```
<p id="Title">天门中断楚江开，碧水东流至此回</p>
```

与类选择符不同，使用 ID 选择符定义样式时，须在 ID 名称前加上一个“#”号。例如，对于上述语句，使用 ID 选择符定义样式代码如下所示。

```
#Title {
    font-family: "宋体";
    font-size: 12px;
    font-weight: bold;
    color: #FFFFFF;
    background-color:#00509F;
}
```

3．伪类选择符

伪类选择符可以看作一种特殊的类选择符，是能被支持 CSS 的浏览器自动识别的特殊选择符。伪类选择符定义的样式最常应用在定位链接标记（<a>）上，即链接的伪类选择符。代码如下所示。

```
a:link{ color:#FF0000; text-decoration:none}
a:visited{ color:#00FF00; text-decoration:none}
a:hover{ color:#0000FF; text-decoration:underline}
a:active{ color:#FF00FF; text-decoration:underline}
```

上面的样式表示该链接未访问时颜色为红色且无下划线，访问后是绿色且无下划线，激活链接时为蓝色且有下划线，鼠标放在链接上为紫色且有下划线。

4．混合方式

严格地讲，这不算是样式定义的新方式。在 CSS 中任意一种定义方式都可以进行组合。类选择符中可以和 ID 选择符组合使用，伪类选择符也可以和类选择符组合使用，在同一页面中完成几组不同的链接效果。例如，如下代码的一条样式定义了 4 个名称。

```
.Title ,div#t,h1,#HyClass span{
    font-family: "宋体";
    font-size: 16px;
    color: #00509F;
    font-weight: bold;
}
```

要引用这条样式有多种方法，可以使用类选择符引用.Title，标准选择符引用 h1，ID 选择符引用“div#t”或者“HyClass span”等。如下所示为这几种应用方法，由于定义的属性相同，因此运行结果也相同。代码如下所示。

```
<li class="Title">两岸青山相对出，孤帆一片日边来</li>
<div id="t">两岸青山相对出，孤帆一片日边来</div>
<h1>两岸青山相对出，孤帆一片日边来</h1>
<div id="HyClass">
<span>两岸青山相对出，孤帆一片日边来</span>
</div>
```

5．样式表注释

可以在 CSS 中插入注释来说明代码的意思，注释可以提高代码的可读性。在浏览器中，注释不显示。CSS 注释以“/*”开头，以“*/”结尾，代码如下所示。

```
txt{
text-align: center;        /* 文本居中排列 */
color: red;                /* 文字为红色 */
font-family:"华文行楷"     /* 字体为华文行楷*/
}
```

1.5.2 CSS 属性

从 1.5.1 节的 CSS 语法中可看出，属性是 CSS 非常重要的部分，本节将按分类罗列 CSS 中常用的属性。

1．文本样式

字体属性是 CSS 中使用频率最高，也是最简单的样式属性。在传统的 XHTML 中仅提供了对字体颜色、大小和类型的三种设置，而在 CSS 中可以对字体有更详细的设置，从而实现更加丰富的字体效果。

在表 1-8 中列出了 CSS 中用于控制字体的常用属性。

表 1-8 常用字体属性

属 性	说 明
font-family	指定使用的字体类型，可为此属性赋多值，系统将自动选择支持的字体显示
font-style	指定字体显示的样式，取值为 normal、italic 或者 oblique
font-variant	指定字体是否变形，取值为 normal 或者 small-caps
font-weight	指定字体的加粗属性
font-size	设置字体的大小，取值可以为绝对大小、相对大小、长度或者百分比
font	指定字体的复合属性
letter-spacing	指定字体之间的间隔大小
word-spacing	指定单词之间的空白大小
line-height	指定字体的行高，即字体最底端与字体内部顶端之间的距离

2. 背景样式

使用 CSS 背景样式可以对网页中的任何元素应用背景属性。例如，创建一个样式，将背景颜色或背景图像添加到任何页面元素中，例如在文本、表格、页面等的后面。还可以设置背景图像的位置。在表 1-9 中列出了设置【背景】选项时与其相关的 CSS 属性及说明。

表 1-9　常用背景属性

属　　性	说　　明
Background-color	设置元素的背景颜色
Background-image	设置元素的背景图像
Background-repeat	确定是否重复以及如何重复背景图像。可选项有：no-repeat、repeat、repeat-x 和 repeat-y
Background-attachment	确定背景图像是固定在其原始位置还是随内容一起滚动
Background-position(X)	指定背景图像相对于元素的初始水平位置
Background-position(Y)	指定背景图像相对于元素的初始垂直位置

如图 1-12 所示为 Background-repeat 属性的 4 个值在运行时的效果。

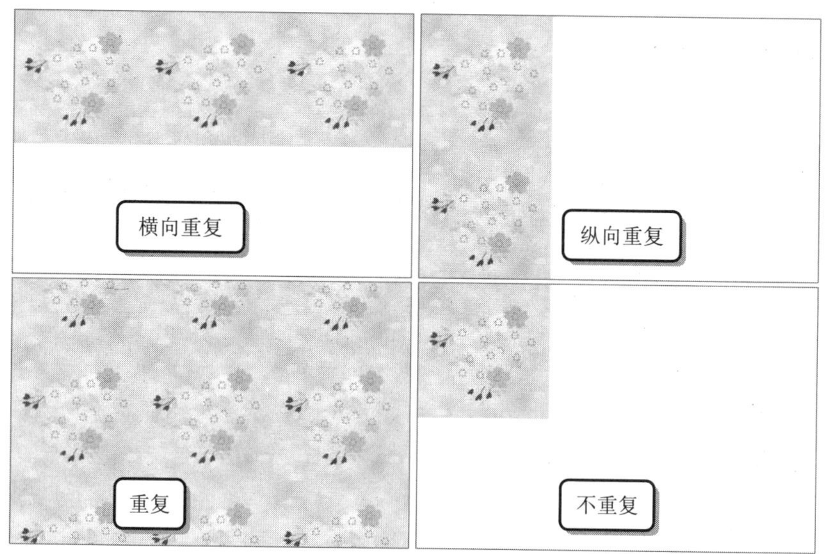

图 1-12　设置 Background-repeat 属性

3. 区块样式

在进行页面设计时，要保证页面元素出现在其适当的位置，常常需要使用表格来完成。这是因为表格包含的边框能够为整个页面建立复杂的结构，而且还能使页面看起来更加美观、整洁。CSS 中的区块属性就提供了这样一种功能，能够为页面元素定义边框，并修饰内部间距，从而优化文本内容的显示效果，如表 1-10 所示列出的这些。

表 1-10　常用区块属性

属　　性	说　　明
Word-spacing（单词间距）	用于在文字之间添加空格。此选项可能会受到页边距调整的影响，可以指定负值，但是其显示取决于浏览器
Letter-spacing（字母间距）	用于在文字之间添加空格。可以指定负值，但是其显示取决于浏览器。和单词间距不同的是，字母间距可以覆盖由页边距调整产生的字母之间的多余空格
vertical-align（垂直对齐）	用于指定元素的纵向对齐方式，通常是相对于其上一级而言的

续表

属　性	说　明
text-align（文本对齐）	决定文本如何在元素内对齐
text-indent（文字缩进）	用于指定首行缩进的距离。指定为负值时相当于创建了文本突出，但是其显示取决于浏览器
White-space（空格）	用于决定元素中的白色间隔如何处理，有三种选择：normal（正常）不使用白色间隔，pre（保留）将文本用 pre 标记括起来，nowrap（不换行）指定只有遇到 br 标签时文本才可以换行
Display（显示）	选择一些可显示的对象。如果将 none 指定到元素时，它将不会被显示

4．方框样式

使用 CSS 方框样式可以控制元素在页面上的放置方式以及属性定义，还可以在应用填充和边界时将设置应用于元素的各个边，通常用于在页面上对区块进行布局。在表 1-11 中列出了这些属性的说明。

表 1-11　常用方框属性

属　性	说　明
Width 和 Height	设置元素的宽度和高度
Float（浮动）	设置其他元素（如文本、AP Div、表格等）在围绕元素的哪个方向浮动。其他元素按通常的方式环绕在浮动元素的周围
Clear（清除）	定义不允许出现 AP 元素的边。如果清除边上出现 AP 元素，则带清除设置的元素将移到该元素的下方
Padding（填充）	指定元素内容与元素边框之间的间距（如果没有边框，则为边距）。取消选择【全部相同】选项可设置元素各个边的填充
Margin（边距）	指定一个元素的边框与另一个元素之间的间距（如果没有边框，则为填充）

5．边框样式

页面元素的边框就是将元素内容及间隙包含在其中的边线，类似于表格的外边线。每一个页面元素的边框可以从三个方面来描述：颜色、样式和宽度。这三个方面决定了边框所显示出来的外观。CSS 中定义这三方面的属性如表 1-12 所示。

表 1-12　常用边框属性

属　性	说　明
border	设置边框样式的复合属性
color	用于设置边框对应位置的颜色，可以单独设置每条边框的颜色，但是否显示则取决于浏览器
style	选择边框要使用的样式，选择 none 项则取消边框样式
width	设置元素边框的粗细。可以选择的有：thin（细边框）、medium（中等边框）或者 thick（粗边框），还可以设置具体的边框粗细值

提示

style 属性可用的样式有：dotted（点划线）、dashed（虚线）、solid（实线）、double（双线）、groove（槽状）、ridge（脊状）、inset（凹陷）和 outset（凸出）。

6．列表样式

列表是页面中显示信息的一种常见显示方式。它可以把相关的具有并列关系的内容整齐地垂直排列，不仅很好地归纳了内容，而且使页面也显得整洁，增强页面的条理性。CSS 为控制列表提供了符号列表、图像列表和位置列表三种样式。如表 1-13 所示列出了与列表相关的属性。

表 1-13 列表属性

属 性	兼 容 性	说 明
list-style	IE4+，NS4+	设置列表的复合属性
list-style-image	IE4+，NS6+	指定一个图像作为项目符号，例如：p{list-style-image:url(top.jpg)}
list-style-position	IE4+，NS6+	指定项目符号与列表项的位置，取值为 outside 或者 inside
list-style-type	IE4+，NS4+	设置列表中列表项使用的项目符号，默认为 disc 表示实心圆

7．定位样式

定位（Positioning）的原理其实很简单，就是使用有效、简单的方法精确地将元素定义到页面的特定位置中。这个位置可以处于页面的绝对位置，也可以处于其上级元素，还可以是另一个元素或浏览器窗口的相对位置。

在 CSS 中实现页面定位，也就是定义页面中区块的位置，在表 1-14 中列出了 CSS 中全部的定位属性。

表 1-14 定位属性

属 性	兼 容 性	说 明
position	IE4+，NS4+	定义元素在页面中的定位方式
left	IE4+，NS4+	指定元素与最近一个具有定位设置的父对象左边的距离
right	IE5+	指定元素与最近一个具有定位设置的父对象右边的距离
top	IE4+，NS4+	指定元素与最近一个具有定位设置的父对象上边的距离
bottom	IE5+	指定元素与最近一个具有定位设置的父对象下边的距离
z-index	IE4+，NS6+	设置元素的层叠顺序，仅在 position 属性为 relative 或者 absolute 时有效
width	IE4+，NS6+	设置元素框宽度
height	IE4+，NS6+	设置元素框高度
overflow	IE4+，NS6+	内容溢出控制
clip	IE4+，NS6+	剪切

1.5.3 使用 CSS 的方式

在 CSS 中可以使用 4 种不同的方法，将 CSS 规则应用到网页中，包括：直接定义元素的 STYLE 属性、定义内部样式表、嵌入外部样式表和链接外部样式表。上述 4 种方法将样式表分为内部样式表和外部样式表。

1．链入外部样式表

链入外部样式表是指在外部定义 CSS 样式表并形成以.css 为扩展名的文件，然后在页面中通过<link>链接标记链接到页面中，而且该链接语句必须放在页面的<head>标记区，代码如下所示。

```
<link rel="stylesheet" type="text/css" href="skin.css" />
```

<link>标记的属性 rel 指定链接到样式表，type 表示样式表类型为 CSS 样式表，href 指定了 CSS 样式表所在位置，这里使用的是相对路径。如果 HTML 文档与 CSS 样式表没有在同一路径下，则需要指定样式表的绝对路径或者引用位置。

2．内部样式表

内部样式表是指将 CSS 样式表直接在 HTML 页面代码的<head>标记区定义，样式表由“<style type="text/css" >”标记开始至“<style>”结束。代码如下所示。

```
<style type="text/css" >
   body{ background:#FFF;text-align:center;}
```

```
  div,ul,li,dl,dt,dd,table,td,input{ font:12px/20px "宋体";color:#333;}
</style>
```

3．导入外部样式表

导入外部样式表是指在内部样式表的<style>标记中使用@import 导入一个外部样式表，代码如下所示。

```
<style type="text/css" >
  @import "skin.css"
  </style>
```

示例中，使用@import 导入了样式表 skin.css。需要注意的是，使用时导入外部样式表的路径。导入方法与链入外部样式表的方法一样。导入外部样式表相当于将样式表导入到内部样式表中，其输入方式更有优势。

导入外部样式表必须在样式表的开始部分，其他内部样式表之上。

4．内嵌样式表

内嵌样式表是混合在 XHTML 标记里使用的，通过这种方法，可以很简单地对某个元素单独定义样式。使用内嵌样式表的方法是直接在 XHTML 标记中使用 style 属性，该属性的内容就是 CSS 的属性和值，代码如下所示。

```
<body style="background-image:url("flower.jpg");background-position:center">
  <h3 style="color:black">使用 CSS 内嵌样式</h3>
</body>
```

提示

内嵌样式表只能对 HTML 标记定义样式，而不能使用类选择符或者 ID 选择符定义样式。

上述介绍的 4 种引用 CSS 样式表的方法可以混合使用，但根据优先权原则，方法中引入的样式表的样式应用也不同。其中，内嵌样式表的优先权最高，接着是链入外部样式表、内部样式表和导入外部样式表。

1.6 实例应用：制作个人主页

1.6.1 实例目标

学习本章的 HTML 和 CSS 内容之后，本节将制作一个简单的个人主页。个人网页如同个人简历或者个人的记事本一样，它可以显示用户的一些个人信息，也可以帮助记录一些琐事。个人网页与企业类、门户类网页相比，比较随意、独特。它主要展现与个人相关的个性，如名人的个人站点或者求职者网页。

1.6.2 技术分析

在设计个人主页时，可以使用表格来控制页面的版式，再使用图文混排的方式进行布局。除此之外，还可以通过设置文本的大小、颜色、对齐方式等属性，使网页更加美观，并对一些文本可以突出显示。另外可以使用图片和 CSS 样式来修饰效果。

1.6.3 实现步骤

（1）使用记事本新建一个文件，输入 HTML 的文档结构内容，再保存为 index.html。

（2）向 head 标记内添加内容设置个人主页的字符集以及标题，代码如下。

```
<meta http-equiv="Content-Type" content="text/html; charset=utf-8" />
<title>欢迎光临我的主页</title>
```

（3）在 head 标记内使用 CSS 样式定义页面的间距以及背景颜色，代码如下。

```
<style type="text/css">
body {
    margin-left: 0px;
    margin-top: 0px;
    margin-right: 0px;
    margin-bottom: 0px;
    background-color: #FDFDE0;
}
</style>
```

（4）向 body 标记内添加一个宽 100%，一行一列的表格。再设置单元格的高度为 100，设置一张背景图片，单元格的内容为“我的个人主页”，这部分代码如下。

```
<table width="100%" border="0" cellspacing="0" cellpadding="0">
  <tr>
    <td height="100" background="images/header.gif" ><strong class="LogoText">
    我的个人主页</strong></td>
  </tr>
</table>
```

（5）上面的“class="LogoText"”代码应用一个名为 LogoText 的类样式，它定义了页面标题文字的显示外观，如下所示是 CSS 样式代码。

```
.LogoText {
    color: #FDFDE0;
    font-size: 28px;
    font-weight: bold;
}
```

（6）保存上面对 index.html 的修改，在浏览器中查看运行效果，如图 1-13 所示。

图 1-13 页面标题运行效果

（7）插入一个 1 行 6 列的表格，并设置表格和单元格的背景颜色，再向单元格内填充内容作为个人主页的导航菜单。

（8）插入一个 1 行 2 列的表格将页面分割为两栏结构，其中左侧用于显示主要内容，右侧为一张图片。

（9）在左侧插一个多行一列的表格，并在每行中填充要显示的内容，如我的简介、详细描述、我的优势、友情链接以及版权信息等。

（10）有了内容之后，接下来使用 CSS 对显示样式进行设置。如下所示为本例中标题和友情链接的样式代码。

```
.title {
    font-size: 16px;    color: #006633;
}
.link {
    font-family: "宋体"; font-size: 12px; color: #669900;    text-decoration:
    none;
}
```

（11）保存对 index.html 文件的修改，在浏览器中查看效果，如图 1-14 所示。

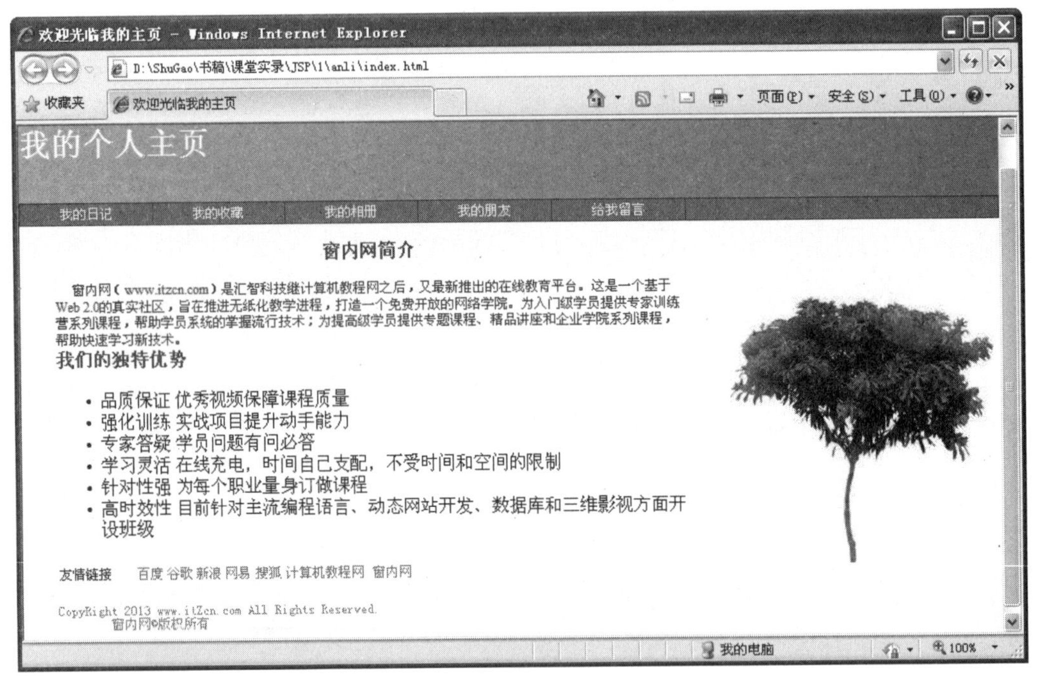

图 1-14 个人主页运行效果

1.7 拓展训练

1．制作用户信息注册表单

使用 1.3.4 节介绍的表单元素制作一个填写用户注册信息的表单，最终效果如图 1-15 所示。

2．制作课程表

表格是 HTML 页面布局和设计的最常用方法，因此读者应该熟练掌握 TABLE 标记的使用。本次训练要求制作一个复杂的课程表，效果如图 1-16 所示。

图 1-15 用户信息注册表单

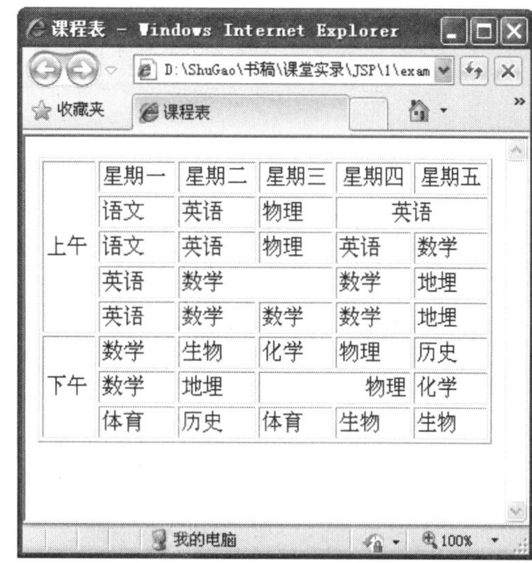

图 1-16 课程表

1.8 课后练习

一、填空题

1. 在一个 HTML 文档中使用__________标记页面的主体内容。
2. 控制表格边框的属性为__________。
3. 使用列表标记中的__________可以创建有序编号。
4. 在定义列表时可以使用 DL 标记的__________定义名称。
5. FORM 标记的__________属性可以指定接收表单数据的程序所在地址。
6. 使用 CSS 样式中的__________属性可以设置字体的大小。
7. 使用 CSS 样式中的__________属性可以设置元素的背景颜色。

二、选择题

1. 在 HTML 中可以使用__________标记来插入一张图片。
   A. image
   B. picture
   C. pic
   D. img
2. 下列使用 HTML 注释正确的是__________。
   A. <!-- 我是注释 -->
   B. //我是注释
   C. /*我是注释*/
   D.《我是注释》
3. 标题标记符 Hn 是用来标识文档中的标题的大小，其中__________标记符表示最大的标题。
   A. H1
   B. H5

C. H6

D. H7

4. 在 HTML 中创建一个普通的表格不应包括__________标记符。

A. TABLE

B. TITLE

C. TR

D. TD 和 TH

5. 在 HTML 中，定义有序列表的有序列表标记符是__________。

A. UL

B. OL

C. DL

D. LI

6. 如果要为网页链接一个外部样式表文件，应使用以下__________标记符。

A. A

B. LINK

C. STYLE

D. CSS

7. 在 CSS 中“H1　B{color:blue}”样式的作用是__________。

A. H1 标记符内的 B 元素为蓝色

B. H1 标记符内的元素为蓝色

C. B 标记符内的 H1 元素为蓝色

D. B 标记符内的元素为蓝色

三、简答题

1. 简述一个 HTML 页面都由哪些部分组成。
2. HTML 支持哪些类型的列表？分别使用什么标记？
3. 简述 HTML 中表格的作用。
4. HTML 的表单中包含哪些元素？
5. 简述 CSS 的语法规则。
6. 简述如何在 HTML 中使用 CSS 样式。

第 2 章 JavaScript 脚本编程快速入门

对于传统的 HTML 来说，很难开发具有动态和交互性的网页，而 JavaScript 可以实现这一点。可以将 JavaScript 嵌入到普通的 HTML 网页里并由浏览器执行，从而实现动态的效果。

本章将介绍 JavaScript 的基础知识，包括 JavaScript 语言的语法规则、运算符、流程控制语句、对话框语句、函数以及各种对象的用法等内容。

本章学习目标：

- 了解 JavaScript 与 Java 的区别
- 熟悉编写 JavaScript 脚本的方法及注意事项
- 掌握 JavaScript 的数据类型、变量与常量的声明以及运算符
- 掌握 if 和 switch 条件语句的使用
- 掌握 while、do while、for 和 for in 循环语句的使用
- 掌握对话框语句的使用
- 了解 JavaScript 常用系统函数
- 掌握自定义函数的创建和调用
- 熟悉 JavaScript 中的浏览器对象模型

2.1 JavaScript 语言简介

JavaScript 是一种基于对象的脚本语言。JavaScript 的使用方法，其实就是向页面的 HTML 文件中增加一个脚本，当浏览器打开这个页面时，它会读出这个脚本并执行其命令（需要浏览器支持 JavaScript）。另外，在页面中运用 JavaScript 可以使网页变得生动。

2.1.1 JavaScript 简介

JavaScript 语言最初名称为 LiveScript，是由 Netscape 公司开发的。在 1995 年 12 月 Navigator 2 正式发布之前，Netscape 和 Sun 联合发表了一项声明才正式将其命名为 JavaScript。它是一种轻型的、解释型的程序设计语言，而且具有面向对象的能力。JavaScript 语言的通用核心已经嵌入了 Netscape、Internet Explorer 和其他常见的 Web 浏览器中。

虽然 JavaScript 语言起源于 Netscape，但是 Microsoft 公司看到了这种语言的性能和流行趋势，在其 Internet Explorer 3.0 版本的浏览器中实现了 JScript，它与 Netscape 公司的 JavaScript 基本相同，只是在一些细节上有出入，也是一种解释性的语言，这里可以把它看成 JavaScript 的分支。

JavaScript 已经被 Netscape 公司提交给 ECMA 制定为标准，称为 ECMAScript，标准编号 ECMA-262。符合该标准的实现有：Microsoft 公司的 JScript、Mozilla 的 Javascript-C（C 语言实现），现命名为 Spidermonkey、Mozilla 的 Rhino（Java 实现），以及 Digital Mars 公司的 DMDScript 等。从 ECMAScript 的角度来看，JavaScript 和 JScript 就是 Netscape 公司和 Microsoft 公司分别对 ECMAScript 实现的不同技术。

JavaScript 主要特点如下。

1. 简单性

JavaScript 是一种脚本语言，它采用小程序段的方式实现编程，而且 JavaScript 也是一种解释性语言，它的基本结构形式与 C、C#、VB 等十分类似，但它不需要编译，而是在程序运行过程中被逐行地解释。

2. 基于对象

JavaScript 是基于对象的语言，它可以运用自己已经创建的对象以及对象方法实现许多功能。

3. 动态性

JavaScript 是动态的，它以事件驱动的方式直接对用户的输入做出响应。所谓事件驱动，就是指在主页中执行了某种操作所产生的动作。当事件发生后，可能会引起相应的事件响应。

4. 跨平台性

JavaScript 仅依赖于浏览器本身，而与操作环境无关，只要能运行浏览器的计算机，并支持 JavaScript 的浏览器就可以运行。

2.1.2 JavaScript 与 Java 的关系

说到 JavaScript，读者也许会把它与 Java 联系在一起，最常见的误解是认为它是 Java 语言的简化版本。其实，除了在语法结构上有一些相似，以及都能够提供网页中的可执行内容之外，它们是完全不相干的。主要区别于以下几个方面。

1. 开发商不同

它们是两个公司开发的两个不同产品，Java 是 Sun（现属于 Oracle）公司推出的面向对象的程序设计语言，特别适合于 Internet 应用程序开发；而 JavaScript 是 Netscape 公司的产品，其目的是为了扩展 Netscape Navigator 功能，而开发的一种可以嵌入 Web 页面中，基于对象和事件驱动的解释性语言。

2．语言类型不同

JavaScript 是基于对象的，而 Java 是面向对象的，即 Java 是一种真正的面向对象的语言，即使是开发简单的程序，必须设计对象。JavaScript 是一种脚本语言，它可以用来制作与网络无关的，与用户交互作用的复杂功能。由于 JavaScript 是一种基于对象和事件驱动的编程语言，因此它本身提供了非常丰富的内部对象供设计人员使用。

3．执行机制不同

两种语言在浏览器中所执行的方式不一样。Java 的源代码在传递到客户端执行之前，必须经过编译，因而客户端上必须具有相应平台上的仿真器或解释器，它可以通过编译器或解释器实现独立于某个特定的平台编译代码的束缚。JavaScript 是一种解释性编程语言，其源代码在发往客户端执行之前不需经过编译，而是将文本格式的字符代码发送给客户，由浏览器解释执行。

4．变量使用方式不同

两种语言所采取的变量是不一样的。Java 采用强类型变量检查，即所有变量在编译之前必须做声明。JavaScript 中变量声明，采用其弱类型，即变量在使用前不需做声明，而是解释器在运行时检查其数据类型。

5．代码格式不同

Java 是一种与 HTML 无关的格式，必须通过像 HTML 中引用外媒体那样进行装载，其代码以字节代码的形式保存在独立的文档中。JavaScript 的代码是一种文本字符格式，可以直接嵌入 HTML 文档中，并且可动态装载。编写 HTML 文档就像编辑文本文件一样方便。

6．嵌入方式不同

在 HTML 文档中，两种编程语言使用的标记不同，JavaScript 使用<script>…</script> 来标记，而 Java 使用<applet>…</applet>来标记。

7．绑定方式不同

Java 采用静态联编，即 Java 的对象引用必须在编译时进行，以使编译器能够实现强类型检查。JavaScript 采用动态联编，即 JavaScript 的对象引用在运行时进行检查，如不经编译就无法实现对象引用的检查。

2.1.3 JavaScript 语法规则

所有的编程语言都有自己的语法规则，用来说明如何用这种语言编写程序，为了程序能够正确运行并减少错误的产生，就必须遵守这些语法规则。由于 JavaScript 不是一种独立运行的语言，所以在编写 JavaScript 代码时，必须要关注 JavaScript 语法规则。下面就来了解一些 JavaScript 的语法规则。

1．变量和函数名称

当定义自己使用的变量、对象或函数时，名称可以由任意大小写字母、数字、下划线（_）、美元符号（$）组成，但不能以数字开头，不能是 JavaScript 中的关键字。示例如下。

```
password、User_ID、_name      //合法的
if、document、for、Date       //非法的
```

2．区分大小写

JavaScript 是严格区分大小写的，大写字母与小写字母不能相互替换，例如 name 和 Name 是两个不同的变量。基本规则如下。

（1）JavaScript 中的关键词，如 for 和 if，永远都是小写。

（2）DOM 对象的名称通常都是小写，但是其方法通常都是大小写混合，第一个字母一般都小写，如 getElementById、replaceWith。

（3）内置对象通常是以大写字母开头，如 String、Date。

3．代码的格式

在 JavaScript 程序中，每条功能执行语句的最后要用分号（;）结束，每个词之间用空格、换行符或大括号、小括号这样的分隔符隔开。

在 JavaScript 程序中，一行可以写一条语句，也可以写多条语句。一行中写一条语句时，要以分号（;）结束。一行中写多条语句时，语句之间使用逗号（,）分隔。例如，以下写法都正确。

```
var m=9;
var n=8;              //以分号结束
```

或

```
var m=9,n=8;          //以逗号分隔
```

4．代码的注释

注释可以用来解释程序的某些部分的功能和作用，提高程序的可读性。另外，还可以用来暂时屏蔽某些语句，等到需要的时候，只需取消注释标记。

其实，注释是好脚本的主要组成部分，可以提高程序的可读性，而且可以利用它们来理解和维护脚本，有利于团队开发。

JavaScript 可以使用单行注释和多行注释两种注释方式。

1）单行注释

在所有程序的开始部分都应有描述其功能的简单注释，或者是在某些参数需要加以说明的时候，这就用到了单行注释（“//”），单行注释以两个斜杠开头，并且只对本行内容有效。

示例如下。

```
//var i=1;  这是对单行代码的注释
```

2）多行注释

多行注释表示一段代码都是注释内容。多行注释以符号“/*”开头，并以“*/”结尾，中间为注释内容，可以跨多行，但不能嵌套使用。示例如下。

```
/*这是一个多行注释
var i=1;
var j=2;
…*/
```

2.2 编写 JavaScript 程序

本节通过示例讲解如何在页面中编写 JavaScript 程序，以及使用外部的 JavaScript 文件，最后介绍了编写时的一些注意事项。

2.2.1 集成 JavaScript 程序

在开始创建 JavaScript 程序之前，首先需要掌握创建 JavaScript 程序的方法，以及如何在 HTML

文件中调用（执行）JavaScript 程序。

1. 直接调用

在 HTML 文件中，可以使用直接调用方式嵌入 JavaScript 程序。方法是：使用<script>和</script>标记在需要的位置编写 JavaScript 程序。

【练习 1】

下面的代码直接调用 JavaScript 输出了一段 HTML，效果如图 2-1 所示。

```
<h2>直接调用 JavaScript 程序</h2>
<h3>
<script language="JavaScript">
    var str="欢迎来到 JavaScript 世界...";
    document.write(str);
</script>
</h3>
```

2. 事件调用

这种方式是指：通过在 HTML 标记的事件中调用 JavaScript 程序，例如单击事件 onclick，鼠标移动事件 onmousover 和载入事件 onload 等。

【练习 2】

下面的代码使用单击事件调用 JavaScript 显示了当前时间，效果如图 2-2 所示。

图 2-1　直接调用 JavaScript 程序

图 2-2　事件调用 JavaScript 程序

```
<h2>事件调用 JavaScript 程序</h2>
<script language="JavaScript">
function sayDate()
{
var dt=new Date();
var strdate="您好。\n 现在时间为: "+dt;
alert(strdate);
}
</script>
<P onclick="sayDate();">单击这里查看当前时间</P>
```

提示

还有一种简约的格式来调用 JavaScript，例如在链接标记中嵌入 JavaScript：<a href="javascript:alert('Hello World') ">Click me</a>

2.2.2 使用外部 JavaScript 文件

外部文件就是只包含 JavaScript 的单独的文件，这些外部文件名都以.js 后缀结尾。使用时，只需在 script 标签中添加 src 属性指向文件就可以调用。这就大大减少了每个页面上的代码，而且更重要的是，这会使站点更容易维护。当需要对脚本进行修改时，只需修改.js 文件，所有引用这个文件的 HTML 页面会自动地受到修改的影响。

【练习 3】

有一名为 lib.js 的外部文件，该文件包含如下的 JavaScript 脚本。

```
//显示中文提示的日期
function showDate(){
        var y=new Date();
        var gy=y.getYear();
        var dName=new Array("星期天","星期一","星期二","星期三","星期四","星期五",
        "星期六");
        var mName=new Array("1 月","2 月","3 月","4 月","5 月","6 月","7 月","8 月",
        "9 月","10 月","11 月","12 月");
        document.write("<FONT COLOR=\"black\" class=\"p1\">"+y.getYear()+"年"
        + mName[ y.getMonth()] + y.getDate() + "日" + dName[ y.getDay()] + "" +
        "</FONT>");
}
    showDate();
```

在上述代码中，创建了一个函数 showDate()，获取当前的日期和时间进行格式化后，以中文的形式输出日期。接下来创建 HTML 文件，引用 lib.js 文件，代码如下所示。

```
<h2>链接外部 JS 文件</h2>
<h3>当前日期:
<script src="lib.js"></script>
</h3>
```

在浏览器中运行，具体效果如图 2-3 所示。

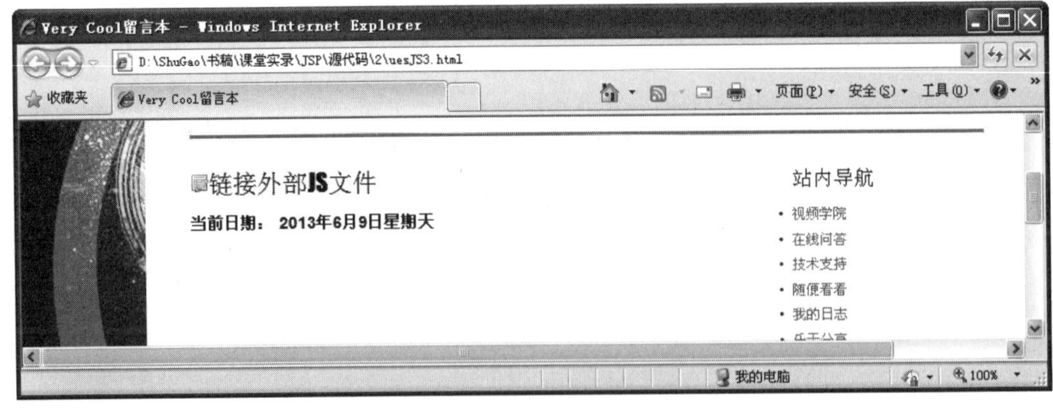

图 2-3　链接外部 JavaScript 文件

2.2.3 注意事项

在编写 JavaScript 程序时有些要点需要读者注意，如代码中的空格、换行以及分号问题，这些细小的问题通常会导致程序错误。

1. 空格

在 JavaScript 脚本语言中，如果代码中有多余的空格，则多余的空格将被忽略，但同一个标识符的所有字母必须连续。例如，下述代码在 JavaScript 中被认为是正确的。

```
<script language="javascript">
<!--
    var a = 100;
    function fun()
    {
        var b= 10;
        document .write ("b 的值是: " +b );
    }
    fun();
    document.write("<br>");
    document.write ("a 的值是: " + a);
-->
</script>
```

2. 换行

在 JavaScript 中，多行代码可以作为一行进行书写，例如下面的这段代码。

```
<script>
    if(typeof a=='undefined')
        alert('a 未定义');
        var
        a=0;
    if(typeof a!='undefined')
        alert('a 已定义');
</script>
```

所有的代码写在一行时，用分号作为各个语句的结束标志。例如，将上述代码写在一行后的效果如下。

```
<script language="javascript">
if(typeof a=='undefined') alert('a 未定义');var a=0;if(typeof a!='undefined')
alert('a 已定义');
</script>
```

3. 分号

在 JavaScript 中，分号通常作为一个语句的结束标志。如果将多个语句写在一行中，则需要使用分号来结束各个语句。这样看起来比较清晰，不会混淆，还增强了代码的可读性。

而当一行只有一个程序语句时，则该语句的结尾可以不使用分号，如以下代码所示。

```
<script language="javascript">
<!--
var username= "祝红涛"
document.write(username)
document.write("<br>")
document.write('http://www.itzcn.com')
```

```
-->
</script>
```

2.3 JavaScript 脚本语法

在掌握 JavaScript 程序的创建和执行方法之后，本节主要介绍与 JavaScript 有关的基础语法，包括 JavaScript 的数据类型、变量和运算符。

2.3.1 数据类型

JavaScript 允许使用三种基础的数据类型：整型、字符串和布尔值。此外，还支持两种复合的数据类型：对象和数组，它们都是表示基础数据类型的集合。作为一种通用数据类型的对象，在 JavaScript 中也支持，函数和数组都是特殊的对象类型。

此外，JavaScript 还为特殊目的定义了其他特殊的对象类型，例如，Date 对象表示的是一个日期和时间类型。在表 2-1 中列出了 JavaScript 支持的 6 种数据类型。

表 2-1　JavaScript 中的数据类型

数据类型	数据类型名称	示　例
number	数值类型	123,-0.129871,071,0X1fa
string	字符串类型	'Hello','get the &','b@911.com'
object	对象类型	Date,Window,Document
boolean	布尔类型	true , false
null	空类型	null
undefined	未定义类型	tmp,demo,today,gettime

例如，下面是数值类型的一些示例。

```
.0001, 0.0001, 1e-4, 1.0e-4 // 4 个浮点数，它们互等
3.45e2        // 一个浮点数，等于 345
42            // 一个整数
0377          // 一个八进制整数，等于 255
00.0001       // 由于八进制数不能有小数部分，因此这个数等于 0
0378          // 一个整数，等于 378
0Xff          // 一个十六进制整数，等于 255
0x37CF        // 一个十六进制整数，等于 14287
0x3e7         // 一个十六进制整数，等于 999
0x3.45e2      // 由于十六进制数不能有小数部分，因此这个数等于 3
```

下面再来看一些字符串类型的示例，如下所示。

```
"Hi, this is ZHT."
'Where are we.  In the hospital'
"84"
"I don't know."
'"Three" she said.'
```

提示

JavaScript 语言为弱类型语言，在不同类型之间的变量进行运算时，会优先考虑字符串类型。例如，表达式 8+"8"的执行结果为 88。

2.3.2 变量与常量

在 JavaScript 中变量用来存放脚本中的值，一个变量可以是一个数字，文本或其他一些东西。JavaScript 是一种对数据类型变量要求不太严格的语言，所以不必声明每一个变量的类型，变量声明尽管不是必需的，但在使用变量之前先进行声明是一种好的习惯。

1. 声明变量

使用 var 语句来进行变量声明。例如：

```
var men = true;        //men 中存储的值为布尔类型
var intCount=1;        //intCount 中存储的是整型数值
var strName='ZHT';     //strName 中存储的为字符串类型值
```

在上面的示例中，命名了三个变量 men、intCount 和 strName，它们的类型分别是布尔型、整型和字符串类型。

2. 变量命名规则

在命名变量时，要注意 JavaScript 是一种区分大小写的语言，因此将一个变量命名为 men 和将其命名为 MEN 是不一样的。另外，变量名称的长度是任意的，但必须遵循以下规则。

（1）第一个字符必须是一个字母（大小写均可）或一个下划线(_)或一个美元符 ($)。

（2）后续的字符可以是字母、数字、下划线或美元符。

（3）变量名称不能是保留字。

3. 变量赋值

变量命名之后，就可以对变量进行赋值了。JavaScript 里对变量赋值方法的语法是：

```
var <变量> [ = <值>];
```

这里的 var 是 JavaScript 的保留字，不可以修改。后面是要命名的变量名称，值是可选的，可以在命名时赋以变量初始值。当要一次定义多个变量时，使用如下语法：

```
var 变量 1, 变量 2, 变量 3 变量 4, …变量 n;
```

例如，下面的几个示例。

```
var minScore=0, minScore=100 ;
var aString = ' ';
var anInteger = 0, ThisDay='2007-7-23';
var isChecker=false, aFarmer=true ;
```

4. 常量

常量是一种恒定的或者不可变的数值或者数据项。在某些特定的时候，虽然声明了一个变量，但却不希望这个数值被修改，这种永不会被修改的变量，统称为常量。在 JavaScript 中常量可以分为以下几种。

（1）整型常量。JavaScript 的常量通常又称字面常量，它是不能改变的数据。其整型常量可以使用十六进制、八进制和十进制表示其值。

（2）实型常量。实型常量是由整数部分加小数部分表示，如 12.32、193.98。可以用科学或者标准方法表示，如 5E7、4e5 等。

（3）布尔值。布尔常量只有两种状态：True 或者 False。 它主要用来说明或者代表一种状态或者标志，以说明操作流程。

（4）字符型常量。使用单引号（'）或者双引号（"）括起来的一个或者几个字符，如 "This is a book of JavaScript "、"3245"、"ewrt234234" 等。

（5）空值。JavaScript 中有一个空值 null，表示什么也没有。如试图引用没有定义的变量，则返回一个 null 值。

2.3.3 运算符

运算符用于将一个或者几个值变成结果值，使用运算符的值称为操作数，运算符及操作数的组合称为表达式。例如，下面的表达式：

```
i=j-100;
```

在这个表达式中，i 和 j 是两个变量；“-” 是运算符，用于将两个操作数执行减运算；100 是一个数值。

1．算术运算符

算术运算符是最简单、最常用的运算符，可以使用它们进行通用的数学计算，如表 2-2 所示。

表 2-2　算术运算符

运　算　符	表　达　式	说　　明	示　　例
+	x+y	返回 x 加 y 的值	X=5+3，结果为 8
-	x-y	返回 x 减 y 的值	X=5-3，结果为 2
*	x*y	返回 x 乘以 y 的值	X=5*3，结果为 15
/	x/y	返回 x 除以 y 的值	X=5/3，结果为 1
%	x%y	返回 x 与 y 的模（x 除以 y 的余数）	X=5%3，结果为 2
++	x++、++x	返回数值递增、递增并返回数值	5++、++5，结果为 5、6
--	x--、--x	返回数值递减、递减并返回数值	5--、--5，结果为 5、4

2．逻辑运算符

逻辑运算符通常用于执行布尔运算，它们常和比较运算符一起使用来表示复杂比较运算，这些运算涉及的变量通常不止一个，而且常用于 if、while 和 for 语句中。如表 2-3 所示列出了 JavaScript 支持的逻辑运算符。

表 2-3　逻辑运算符

运　算　符	表　达　式	说　　明	示　　例
&&	表达式 1 && 表达式 2	若两边表达式的值都为 true，则返回 true；任意一个值为 false，则返回 false	5>3 &&5<6 返回 true 5>3&&5>6 返回 false
||	表达式 1 || 表达式 2	只有表达式的值都为 false 时，才返回 false	5>3||5>6 返回 true 5>7||5>6 返回 false
!	! 表达式	求反。若表达式的值为 true，则返回 false，否则返回 true	!(5>3) 返回 false !(5>6) 返回 true

3．比较运算符

比较运算符用于对运算符的两个表达式进行比较，然后返回 boolean 类型的值，例如，比较两个值是否相同或比较数字值的大小等。在表 2-4 中列出了 JavaScript 支持的比较运算符。

表 2-4　比较运算符

运　算　符	表　达　式	说　　明	示　　例
==	表达式 1 == 表达式 2	判断左右两边表达式是否相等	Score == 100 //比较 Score 的值是否等于 100
!=	表达式 1 != 表达式 2	判断左边表达式是否不等于右边表达式	Score != 100 //比较 Score 的值是否不等于 100

续表

运算符	表达式	说明	示例
>	表达式 1 > 表达式 2	判断左边表达式是否大于右边表达式	Score > 100 //比较 Score 的值是否大于 100
>=	表达式 1 >= 表达式 2	判断左边表达式是否大于等于右边表达式	Score >= 100 //比较 Score 值是大于等于 100
<	表达式 1 < 表达式 2	判断左边表达式是否小于右边表达式	Score < 100 //比较 Score 的值是否小于 100
<=	表达式 1 <= 表达式 2	判断左边表达式是否小于等于右边表达式	Score <= 100 //比较 Score 值是否小于等于 100

4．字符串运算符

JavaScript 支持使用字符串运算符"+"对两个或多个字符串进行连接操作。这个运算符的使用比较简单，下面给出几个应用的示例。

```
var str1="Hello";
var str2="World";
var str3="Love";
var Result1=str1+str2 ;              //结果为" HelloWorld"
var Result2=str1+" "+str2 ;          //结果为" Hello World"
var Result3=str3+"  in  "+str2 ;     //结果为"Love  in  World"
var sqlstr="Select * from [user] where username='"+"ZHT"+"'"
//结果为 Select * from [user] where username='ZHT'
var a="5",b="2", c=a+b;              //c 的结果为"52"
```

5．位操作运算符

位操作运算符对数值的位进行操作，如向左或向右移位等，在表 2-5 中列出了 JavaScript 支持的位操作运算符。

表 2-5　位操作运算符

运算符	表达式	说明
&	表达式 1 & 表达式 2	当两个表达式的值都为 true 时返回 1，否则返回 0
|	表达式 1 | 表达式 2	当两个表达式的值都为 false 时返回 0，否则返回 1
^	表达式 1 ^ 表达式 2	两个表达式中有且只有一个为 false 时返回 0，否则为 1
<<	表达式 1 << 表达式 2	将表达式 1 向左移动表达式 2 指定的位数
>>	表达式 1 >> 表达式 2	将表达式 1 向右移动表达式 2 指定的位数
>>>	表达式 1 >>> 表达式 2	将表达式 1 向右移动表达式 2 指定的位数，空位补 0
~	~表达式	将表达式的值按二进制逐位取反

6．赋值运算符

赋值运算符用于更新变量的值，有些赋值运算符可以和其他运算符组合使用，对变量中包含的值进行计算，然后用新值更新变量，如表 2-6 所示列出了这些赋值运算符。

表 2-6　赋值运算符

运算符	表达式	说明
=	变量=表达式	将表达式的值赋予变量
+=	变量+=表达式	将表达式的值与变量值执行+操作后赋予变量
-=	变量-=表达式	将表达式的值与变量值执行-操作后赋予变量
*=	变量*=表达式	将表达式的值与变量值执行*操作后赋予变量

续表

运 算 符	表 达 式	说 明
/=	变量/=表达式	将表达式的值与变量值执行/操作后赋予变量
%=	变量%=表达式	将表达式的值与变量值执行%操作后赋予变量
<<=	变量<<=表达式	对变量按表达式的值向左移
>>=	变量>>=表达式	对变量按表达式的值向右移
>>>=	变量>>>=表达式	对变量按表达式的值向右移，空位补0
&=	变量&=表达式	将表达式的值与变量值执行&操作后赋予变量
|=	变量|=表达式	将表达式的值与变量值执行|操作后赋予变量
^=	变量^=表达式	将表达式的值与变量值执行^操作后赋予变量

7．条件运算符

JavaScript 支持 Java、C 和 C++中的条件表达式运算符“?”，这个运算符是个二元运算符，它有三个部分：一个计算值的条件和两个根据条件返回的真假值。格式如下所示：

```
条件 ? 值1 : 值2
```

含义为，如果条件为真，则表达值使用值 1，否则使用值 2。例如：

```
( x > y ) ? 30 : 31
```

如果 x 的值大于 y 值，则表达式的值为 30；否则 x 的值小于或等于 y 值时，表达式值为 31。

2.4 脚本控制语句

为了使整个程序按照一定的方式执行，JavaScript 语言提供了对脚本程序执行流程进行控制的语句，使程序按照某种顺序处理语句。这种顺序可以根据条件进行改变，或者循环执行语句，甚至弹出一个对话框提示用户等。

2.4.1 if 条件语句

if 语句是使用最多的条件分支语句，在 JavaScript 中它有很多种形式。每一种形式都需要一个条件表达式，然后再对分支进行选择。

1．基本 if 语句

if 语句的最简单的语法格式如下，此时表示“如果满足某种条件，就进行某种处理”。

```
if (条件表达式) {
    语句块;
}
```

其中，条件表达式可以是任何一种逻辑表达式，如果返回结果为 true，则程序先执行后面大括号对({})中的执行语句，然后接着执行它后面的其他语句。如果返回结果为 false，则程序跳过条件语句后面的执行语句，直接去执行程序后面的其他语句。

【练习 4】

假设学生成绩的等级划分为：80~100 为优秀，60~80 为及格，60 以下不及格。下面使用 if 语句根据成绩显示对应的等级，代码如下。

```
var score=95;
```

```
if (m >= 80 && m <= 100)
   alert("优秀");
if (m >= 60 && m < 80)
   alert("及格");
if (m >= 0 && m < 60)
   alert("不及格");
if (m > 100)
   alert("不存在");
```

2. if else 语句

if else 语句的基本语法为：

```
if (条件表达式) {
     语句块 1;
} else {
     语句块 2;
}
```

上面语句的执行过程是，先判断 if 语句后面的条件表达式，如果值为 true，则执行语句块 1；如果值为 false，则执行语句块 2。

if 和 else 语句中不包含分号。如果在 if 或者 else 之后输入了分号，那么将终止这个语句，并且将无条件执行随后的所有语句。

【练习 5】

例如，在一个会员系统中需要根据当前用户的状态，即是否已经登录来显示一段提示文本和一个跳转链接。如下是区分登录用户与游客的代码。

```
if (userType == "user")
{
     document.write("<h3>欢迎会员的到来，快去新闻中心看看有什么新鲜事吧~</h3>");
     document.write("<a href='http://www.itzcn.com'>新闻中心</a>");
}
else
{
     document.write("<h3>游客，欢迎你的光临。免费注册本站将会有惊喜哦~</h3>");
     document.write("<a href='http://www.itzcn.com/reg'>免费注册会员</a>");
}
```

3. if else if 语句

if else if 多分支语句的语法结构为：

```
if(条件表达式 1){
        语句块 1;
    }else if(条件表达式 2){
        语句块 2;
    }
    else if(条件表达式 n) {
        语句块 n;
    }else {
```

```
        语句块 n+1;
    }
```

以上语句的执行过程是，依次判断表达式的值，当某个分支的条件表达式的值为 true 时，则执行该分支对应的语句块，然后跳到整个 if 语句之外继续执行程序。如果所有的表达式均为 false，则执行语句块 n+1，然后继续执行后续程序。

【练习 6】

如果做一个用户登录模块，需要判断用户输入的用户名和密码是否正确，以下是使用 if else if 语句实现的代码片段。

```
if (name == "王名" && password == "123")
{
    Console.Write("用户名和密码正确，登录成功！");
}
else if (name == "王名" && password != "123")
{
    Console.Write("密码不正确！请重新输入！");
}
else if (name != "王名" && password == "123")
{
    Console.Write("用户名不正确！请重新输入！");
}
else
{
    Console.Write("用户名和密码都不正确！请重新输入！");
}
```

4. if else 嵌套语句

如果在 if 或者 else 子语句中又包含 if else 语句则称为嵌套 if else 语句，语法结构如下。

```
if(条件表达式 1){
    if(条件表达式 n) {
        语句块 n;
    }else {
        语句块 n+1;
    }
}else{
…
    }
```

2.4.2 switch 条件语句

switch 语句提供了 if 语句的一个变通形式，可以从多个语句块中选择其中的一个执行。switch 语句是多分支选择语句，常用来根据表达式的值选择要执行的语句。基本语法形式如下所示。

```
switch(表达式)
{
    case 值 1:
        语句块 1;
        break;
```

```
    case 值 2:
        语句块 2;
        break;
        …
    case 值 n:
        语句块 n;
        break;
    default:
        语句块 n+1;
        break;
}
```

switch 语句在其开始处使用一个简单的表达式。表达式的结果将与结构中每个 case 子句的值进行比较。如果匹配，则执行与该 case 关联的语句块。语句块以 case 语句开头，以 break 语句结尾，然后执行 switch 语句后面的语句。如果结果与所有 case 子句均不匹配，则执行 default 后面的语句。

【练习 7】

等级考试系统中将成绩分为 4 个等级：优、良、中和差。现在要实现知道等级之后，输出一个短评。用 switch 语句的实现如下。

```
switch (scoreLevel) {
    case "优":
        document.write("很不错，注意保持成绩！");
        break;
    case "良":
        document.write("继续加油!!! ");
        break;
    case "中":
        document.write("你是最棒的！");
        break;
    case "差":
        document.write("不及格，要努力啦！");
        break;
    default:
        document.write("请确认你输入的等级：优、良、中、差。");
        break;
}
```

2.4.3 while 循环语句

while 语句属于基本循环语句，用于在指定条件为真时重复执行一个代码片段。while 语句的语法如下所示。

```
while(表达式)
{
        //代码片段
}
```

条件表达式也是一个布尔表达式，控制代码片段被执行的次数，当条件为假时跳出 while 循环。

【练习 8】

通过循环依次输出从 h1 到 h6 标题的字体，下面是使用 while 语句的代码实现。

```
var i=1;
while(i<7)
{
    document.write("<h"+i+">这是 h"+i+"号字体"+"</h"+i+">");
    ++i;
}
```

2.4.4 do while 循环语句

do while 语句的功能和 while 语句类似，只不过它是在执行完第一次循环之后才检测条件表达式的值。这意味着包含在大括号中的代码块至少要被执行一次。另外，do while 语句结尾处的 while 条件语句的括号后有一个分号（;）。该语句的基本格式如下所示。

```
do
{
    执行语句块
}while(条件表达式语句);
```

【练习 9】

下面将通过一个示例介绍 do while 语句的用法，以及其与 while 语句的区别。

```
var i=1,j=1,a=0,b=0;
while(i<1)
{
    a=a+1;
    i++;
}
alert("while 语句循环执行了"+a+"次");
do
{
    b=b+1;
    j++
}
while(j<1);
alert("do while 语句循环执行了"+b+"次");
```

在上述代码中，变量 i、j 的初始值都为 1，do while 语句与 while 语句的条件都是小于 1，但是由于 do while 语句条件检查放在循环的末尾，这样大括号内的语句就执行了一次。

2.4.5 for 循环语句

for 语句也类似于 while 语句，它在条件为真时重复执行一组语句。其差别在于，for 语句用于每次循环之后更新变量。

for 语句的语法如下：

```
for(初始化表达式; 循环条件表达式; 循环后的操作表达式)
{
```

```
    执行语句块
}
```

在使用 for 循环前要先设定一个计数器变量，可以在 for 循环之前预先定义，也可以在使用时直接进行定义。在上述应用格式中，“初始化表达式”表示计数器变量的初始值；“循环条件表达式”是一个计数器变量的表达式，决定了计数器的最大值；“循环后的操作表达式”表示循环的步长，也就是每循环一次，计数器变量值的变化，该变化可以是增大的，也可以是减小的，或进行其他运算。

【练习 10】

使用 for 语句求 10 的阶乘，实现代码如下。

```
var i=1,j=1;
for(i=1;i<11;i++)
{
    j=j*i;
}
alert("10 的阶乘是"+j) ;
```

【练习 11】

使用 for 语句的嵌套形式实现打印九九乘法口诀表，代码如下。

```
var i=1
var j=1
for(i=1;i<10;i++)
{
    for(j=1;j<=i;j++)
    {
        document.write(j+"*"+i+"="+(i*j)+"  ");
    }
    document.write("</br>")
}
```

2.4.6 for in 循环语句

for in 语句主要用来罗列对象属性的循环方式。它并不需要有明确的更新语句，因为循环重复数是由对象属性的数目决定的。它的语法如下：

```
for (var 变量 in 对象)
{
   在此执行代码;
}
```

需要注意三点：① for in 循环中所检查的对象属性并不是按照可预测的顺序来进行的；② 它只能列举用户自定义对象的属性，包括任何继承属性，但内置对象的一些属性以及它的方法就不会被列举；③ for in 循环不能列举出未定义，也就是没有默认值的文本域。

【练习 12】

用 for in 循环输出数组中的元素，代码如下。

```
var myArray = new Array();
myArray [ 0]  = "for";
myArray [ 1]  = "for in";
```

```
myArray [ 2] = "hello";
for (var a in myArray)
{
    document.write(myArray [ a] + "<br />");
}
```

2.4.7 对话框语句

在前面已经多次使用到了消息对话框，给用户传递信息。在 JavaScript 中，可以创建三种消息对话框：警告对话框、确认对话框、提示对话框。本节将依次对这三种消息对话框进行更加详细的介绍。

1. 警告对话框

警告对话框经常用于确保用户可以得到某些信息。当警告对话框出现后，用户需要单击【确定】按钮才能继续进行操作。警告对话框的语法如下所示。

```
alert("文本");
```

【练习 13】

判断一个数字的奇偶性，并使用警告对话框显示判断结果，代码如下所示。

```
<script type="text/javascript">
var i=11;
if(i%2==0)
{
    alert(i+"是偶数! ");
}
else{
    alert(i+"是奇数! ");
}
</script>
```

提示

如果在警告对话框中显示的文本信息比较长，为了美观可以使用 JavaScript 中的转义符“\n”对文本信息进行换行。

2. 确认对话框

确认对话框用于使用户可以验证或者接受某些信息。当确认对话框出现后，用户根据确认对话框提示的信息选择单击【确定】或者【取消】按钮才可以继续进行操作。如果用户单击【确定】按钮，那么返回值为 true，如果用户单击【取消】按钮，那么返回值为 false。确认对话框的语法如下所示。

```
confirm("文本");
```

【练习 14】

下面将通过一个具体实例来分析下确认对话框的具体应用，代码如下所示。

```
<html>
<head>
<title>使用 confirm 语句</title>
<script type="text/javascript">
```

```
function disp_confirm()
 {
 var r=confirm("请选择【确定】或者【取消】");
 if (r==true)
   {
   alert("您选择了确认")
   }
 else
   {
   alert("您选择了取消")
   }
 }
</script>
</head>
<body>
<input type="button" onclick="disp_confirm()" value="单击这里" />
</body>
</html>
```

在上述语句中，使用 if else 语句对用户选择的操作进行判断，并使用警告对话框输出用户的选择，当然也可以定义其他复杂的操作。具体的效果如图 2-4 所示。

图 2-4　使用确认对话框

3．提示对话框

提示对话框经常用于提示用户在进入页面前输入某个值。当提示框出现后，用户需要输入一个值，然后单击【确定】或者【取消】按钮才能继续操作。如果用户单击【确定】按钮，那么返回值为用户输入的值。如果用户单击【取消】按钮，那么返回值为 null。提示对话框的语法如下。

```
prompt("文本","默认值")
```

【练习 15】

下面将使用提示对话框创建一个示例，代码如下所示。

```
<html>
<head>
<title>使用 prompt 语句</title>
<script type="text/javascript">
```

```
function disp_prompt()
 {
 var name=prompt("请输入你的姓名","");
 var sex=prompt("请输入你的性别","男");
 if (name!=null && name!="")
   {
   if(sex=="男")
   {
     var str=name+"先生您好! \n\n 今天天气不错，希望您玩的开心";
     alert(str);
   }
   else
   {
     var str=name+"女士您好! \n\n 今天天气不错，希望您玩的开心";
     alert(str);
   }
   }
 }
</script>
</head>
<body>
<input type="button" onclick="disp_prompt()" value="单击这里" />
</body>
</html>
```

在上述代码中，使用了两个提示对话框，分别让用户输入姓名和性别信息，然后根据用户的输入选择不同的问候语，如图 2-5 所示。

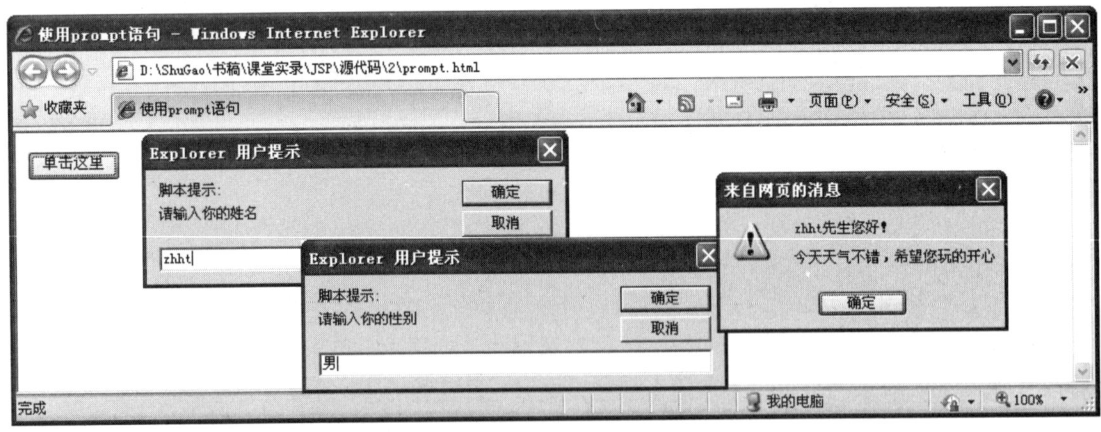

图 2-5 使用提示对话框

2.5 函数

在 JavaScript 语言中，函数是一个既重要又复杂的部分。JavaScript 函数可以封装那些在程序中可能要多次用到的模块，并可作为事件驱动的结果而调用程序，从而使得一个函数与相应的事件驱动相关联。

2.5.1 系统函数

JavaScript 中提供了一些内部函数，也称为系统函数、内部方法或内置函数等。这些函数是与任何对象无关的，在程序中可以直接调用这些函数来完成某些功能。如表 2-7 所示列出了常用的系统函数。

表 2-7 常用系统函数

函 数 名 称	说 明
eval()	返回字符串表达式中的值
parseInt()	返回不同进制的数，默认是十进制，用于将一个字符串按指定的进制转换成一个整数
parseFloat()	返回实数，用于将一个字符串转换成对应的小数
escape()	返回对一个字符串进行编码后的结果字符串
encodeURI()	返回一个对 URI 字符串编码后的结果
decodeURI()	将一个已编码的 URI 字符串解码成最原始的字符串返回
unescape ()	将一个用 escape 方法编码的结果字符串解码成原始字符串并返回
isNaN()	检测 parseInt()和 parseFloat()函数返回值是否为非数值型，如果是返回 true，否则返回 false
abs(x)	返回 x 的绝对值
acos(x)	返回 x 的反余弦值（余弦值等于 x 的角度），用弧度表示
asin(x)	返回 x 的反正弦值
atan(x)	返回 x 的反正切值
ceil(x)	返回大于等于 x 的最小整数
cos(x)	返回 x 的余弦
exp(x)	返回 e 的 x 次幂(ex)
floor(x)	返回小于等于 x 的最大整数
log(x)	返回 x 的自然对数(ln x)
max(a，b)	返回 a，b 中较大的数
min(a，b)	返回 a，b 中较小的数
pow(n，m)	返回 n 的 m 次幂
random()	返回大于 0 小于 1 的一个随机数
round(x)	返回 x 四舍五入后的值
sin(x)	返回 x 的正弦
sqrt(x)	返回 x 的平方根
tan(x)	返回 x 的正切
toString()	用法：<对象>.toString()；把对象转换成字符串。如果在括号中指定一个数值，则转换过程中所有数值转换成特定进制

这里需要说明的是，系统函数不需要创建，也就是说用户可以在任何需要的地方调用它们，如果函数有参数还需要在括号中指定传递的值。

2.5.2 自定义函数

在 JavaScript 中定义一个函数必须以 function 关键字开头，函数名跟在关键字的后面，接着是函数参数列表和函数所执行的程序代码段。定义一个函数格式如下所示。

```
function 函数名(参数列表)
{
    程序代码;
    return 表达式;
}
```

在上述格式中，参数列表表示在程序中调用某个函数时一串传递到函数中的某种类型的值或变量，如果这样的参数多于一个，那么两个参数之间需要用逗号隔开。虽然有些函数并不需要接收任何参数，但在定义函数时也不能省略函数名后面的那对小括号，保留小括号中的内容为空即可。

另外，函数中的程序代码必须位于一对大括号之间，如果主程序要求返回一个结果集，就必须使用 return 语句后面跟上这个要返回的结果。当然，return 语句后可以跟上一个表达式，返回值将是表达式的运算结果。如果在函数程序代码中省略了 return 语句后的表达式，或者函数结束时没有 return 语句，这个函数就返回一个为 undefined 的值。

【练习 16】

下面通过示例演示如何定义函数。在该例子中定义两个函数 Message()和 Sum()，由于在 Message()函数中没有 return 语句，所以没有返回值；在 Sum()函数中，使用 return 语句返回三个数相加的和，具体实现代码如下所示。

```
<html>
<head>
<title>定义函数</title>
</head>
<body>
<script type="text/javascript">
//由于该函数没有 return 语句，所以没有返回值
function Message(msg)
{
  document.write(msg,'<br/>');
}
//该函数是计算三个数的和
function Sum(a,b,c)
{
  return a+b+c;
}
Message("Hello World");
Message("三个数的和是: "+Sum(1,2,3));
</script>
</body>
</html>
```

函数定义好以后，可以直接调用。在上述代码中，分别为 Message()和 Sum()函数传递参数，然后将代码保存为“调用函数.html”双击打开，可以在页面中看到两条输出语句，如下所示。

```
Hello World
三个数的和是: 6
```

参数变量只有在执行函数的时候才会被定义，如果函数返回，那么它们就不再存在。

2.6 浏览器对象模型

JavaScript 除了可以访问本身内置的各种对象外，还可以访问浏览器提供的对象，通过对这些对象的访问，可以得到当前网页以及浏览器本身的一些信息。

2.6.1 文档对象 document

document 对象是非常重要的 JavaScript 对象，它可以更新正在装入或已经装入的文档，并可以访问装入文档的所有 HTML 元素。它包括当前浏览器窗口或框架内区域中的所有内容，包含文本域、按钮、单选框、复选框、下拉框、图片、链接等 HTML 页面可访问元素，但不包含浏览器的菜单栏、工具栏和状态栏。

1．document 对象的属性

document 对象的常见属性及其说明，如表 2-8 所示。

表 2-8 document 对象的常见属性

属性名称	作用说明	属性名称	作用说明
alinkcolor	设定链接字符串的颜色	lastMedified	文档最后修改日期
anchors	表示所有锚点的数组	linkColor	设定链接颜色
applets	表示文档中所有小程序的数组	plugins	表示文档中所有插件的数组
bgColor	设定窗口的背景色	referrer	为文档提供一个链接文档的 URL
cookie	表示 cookie 的值	title	文档的标题
domain	表示提供文档的服务器域名	URL	文档的 URL
fgColor	设定字体颜色	vlinkColor	设定已访问的链接字符串的颜色

【练习 17】

通过前面的学习，读者对 document 对象的属性有了基本的了解。现在许多网站上的链接，当用户使用鼠标单击前、单击时和单击后的颜色会发生不同的变化。这种功能可以通过设置 document 对象的属性来实现，下面就通过一个实例来演示一下。

（1）新建一个 HTML 页面并添加如下代码。

```
<html>
<head>
<meta http-equiv="content-type" content="text/html; charset=utf-8" />
<title>设置颜色属性</title>
<script language="JavaScript">
```

（2）lastModified 属性可以显示最后一次修改文件的日期，该属性返回的字符串为数字形式，所以必须通过 Date 对象转换其属性，代码如下。

```
var modifyday=new Date(document.lastModified)
//使用 Document 对象的 lastModified 获得最后修改时间，并转换成 Date 对象
var year=modifyday.getYear()                    //得到日期对象的年
var month=modifyday.getMonth()+1                //得到日期对象的月
var date=modifyday.getDate()                    //得到日期对象的日
document.write("<h2>本文档最后一次修改时间: "+year+"年"+month+"月"+date+"日</h2>")
//将年月日输出到页面中
```

（3）fgColor 属性用于设置文字的颜色，bgColor 用于设置背景的颜色。下面使用这两个属性设置<body>元素，使浏览器的字体颜色为“白色”，背景颜色为“黑色”，代码如下。

```
document.bgColor="black"          //设置 body 元素的背景色
document.fgColor="white"          //设置 body 元素文字颜色
```

（4）使用 bgColor 和 fgColor 属性，可以在任何位置改变字体颜色和背景颜色。利用<a href>

标签链接其他文件，显示其他文件时显示的颜色被称为链接色。利用 linkColor 属性可以设置链接色。alinkColor 属性用于设置正在单击时链接的颜色，vlinkColor 属性用于设置单击后链接的颜色，代码如下。

```
    document.linkColor="red"          //设置链接的字体颜色
    document.alinkColor="white"       //设置链接单击时的颜色
    document.vlinkColor="yellow"      //设置链接单击后的颜色
</script>
</head>
<body>
<h1>设置颜色属性</h1>
<p>这个页面显示了如何设置颜色属性。</p>
<p>这里<a href="#">是一个简单的链接</a></p>
</body>
</html>
```

（5）上述案例执行效果如图 2-6 和图 2-7 所示。

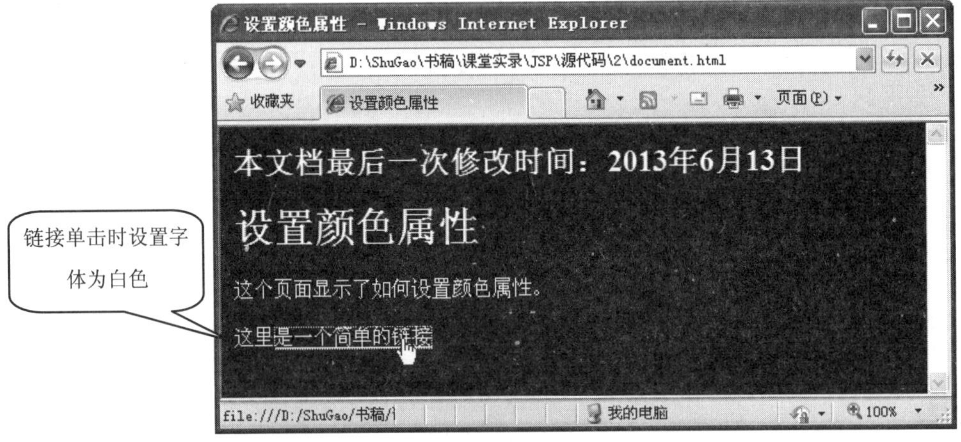

图 2-6　单击链接前

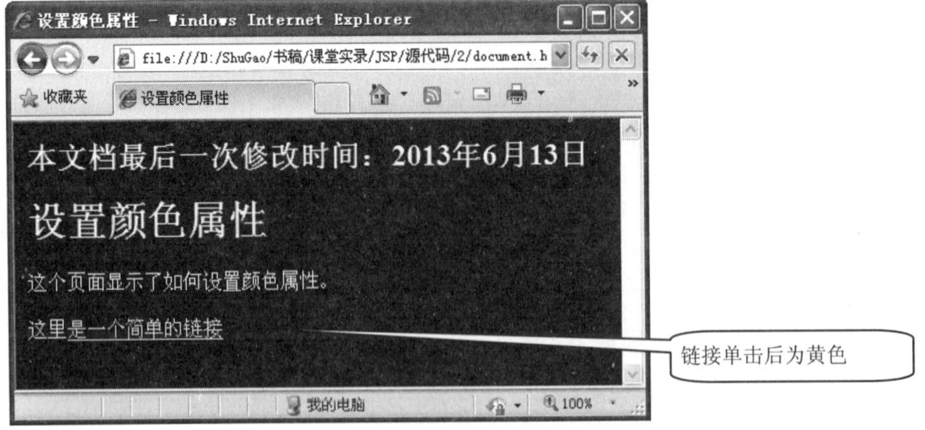

图 2-7　单击链接时

2．document 对象的方法与事件

document 对象的常用方法与事件列表，如表 2-9 所示。

表 2-9 document 对象的常用方法与事件

类 型	成员名称	作用说明
方法	clear()	删除文件的内容
	close()	关闭用 open()方法打开的文件
	open()	准备输出文件的数据信息
	write()	在文件中显示包含标记的字符串
	writeln()	在文件中显示包含标记的字符串并换行
事件	onClick	单击鼠标时发生
	onDbClick	双击鼠标时发生
	onFocus	文件得到焦点时发生
	onKeyDown	按下按键时发生
	onKeyPress	松开按键时发生
	onKeyUp	按下鼠标时发生
	onMouseDown	松开鼠标时发生

2.6.2 表单对象 form

form 对象的主要功能就是能够直接访问 HTML 文档中的 form 表单。一个 Web 页面可以有一个或多个 form 表单，使用 document.forms 数组对象可以访问到各个 form 表单。可以将<form>标签中嵌入的表单字段元素的名称作为一个 form 对象的属性，来引用表示这个表单字段元素的对象。

form 对象的重要方法如下。

（1）submit()：该方法是 form 对象的专用方法，用于向服务器递交表单数据，模拟用户单击<input type=submit …>按钮的效果。

（2）item()：返回代表 form 表单中的某个表单字段元素所对应的对象，接受的参数可以是表单字段元素的名称，也可以是表单字段元素在 form 表单中的索引序号。

HTML 文档中的<form>标签具有 name、target、title、enctype、method 和 action 等属性。与之对应的，JavaScript 中的 form 对象也具有这些属性来访问 HTML 文档中的<form>标签属性。

1．form 对象及属性的访问

form 对象的属性还包括<form>标签中嵌入的表单字段元素的名称，可以将表单字段元素的名称作为 form 对象的属性，来应用表单字段元素所对应的对象。

【练习 18】

下面创建一个实例演示如何使用 form 对象及其属性，代码如下所示。

```
<html>
<head>
<meta http-equiv="content-type" content="text/html; charset=utf-8" />
<title>请按任意键</title>
</head>
<body>
<form name = form1 action='form.jsp' method=post>
<input type = text name = user value = 'zhangsan'>
<input type = submit name=submit value='提交'>
</form>
<script language="javascript">
    function simu_submit(){
        //用 Form 名称直接引用 form 对象
```

```
        form1.method = 'get';
        //将 form 名称作为 document 对象的属性来引用 form 对象，
        //并用 user 作为 form 对象的属性来引用名为 user 的文本框元素对象
        document.form1.user.value = 'lisi';
        //下面两条语句使用 item 方法来访问文本框元素对象
        //document.form1.item('user').value = 'lisi';
        //document.form1.item(0).value = 'lisi';
        //下面的几条语句都是使用 forms 数组对象来引用其中的 form1 表单
        //document.forms.form1.user.value = 'lisi';
        document.forms['form1'].action = 'form.jsp';
        document.forms[0].submit();
    }
</script>
<a href ='javascript:simu_submit()'>提交表单</a>
<!--下面这条语句实现与上面语句同样的功能
<a href='#' onclick = 'simu_submit();return false'>提交表单</a>
-->
</body>
</html>
```

但是，上面的代码运行后，单击【提交】按钮后，页面并没有跳转，单击【提交表单】超链接时，状态栏还会出现错误提示。这是因为表单【提交】按钮的 name 属性设置为 “submit”，从而与 submit 方法发生了冲突。将表单【提交】按钮的 name 属性修改为 submit1 后，运行正常。

> **注意**
> 设置 HTML 元素的 name 和 id 属性值，定义 JavaScript 中的变量名、函数名等时，都要特别注意不能与 DOM 对象模型中定义的对象名、属性名、方法名相冲突。

执行效果如图 2-8 和图 2-9 所示。

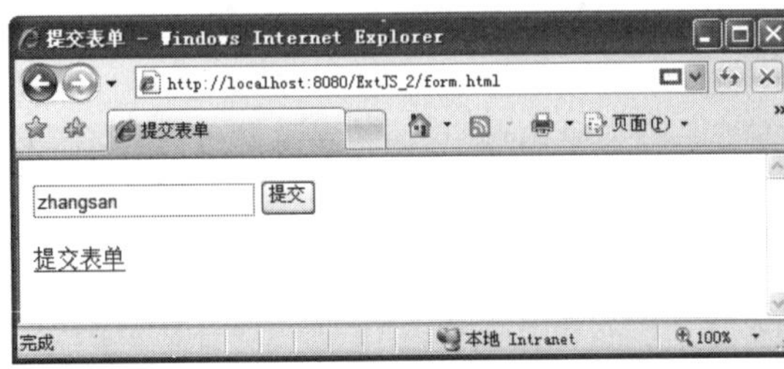

图 2-8　提交表单

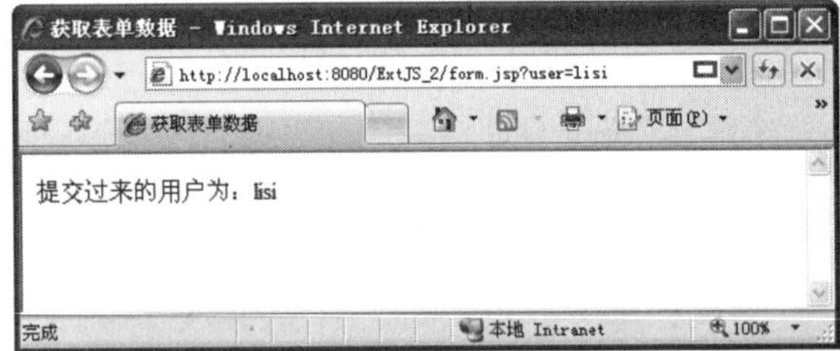

图 2-9　获取表单数据

2．通过 form 对象验证用户输入信息

有了 JavaScript，就可以在客户端来验证用户提交的数据是否合法，而不用提交到服务器后由服务器程序来验证，这样既减少了网络流量，又降低了服务器开销。

【练习 19】

下面创建一个实例演示如何在表单提交数据时，对用户输入进行检查。

（1）新建一个 HTML 页面并添加如下代码。

```
<form name=form1 target='_blank' method=post onsubmit='return dosubmit(this)'>
会员号码（6 位数字）: <input type=text name=mem_id>
<input type=submit name='submit1' value='提交'>
</form>
```

```
<script language='javascript'>
    function dosubmit(frm){
        if (frm.mem_id.value.length != 6){
            alert('会员号必须是 6 位');
            return false;
        }else{
            var mem_value = frm.mem_id.value;
            for (var i=0; i<mem_value.length; i++){
                if(mem_value.charAt(i)<'0' || mem_value.charAt(i)>'9')
                {
                    alert('会员号只能是数字');
                    return false;
                }
            }
        }
```

（2）如果取消“frm.submit();”语句前的注释，在文本输入框中输入正确格式的会员后提交表单，浏览器会打开两个新的窗口，这说明表单数据被提交了两次。这是因为 frm.submit()语句会提交表单数据，当 document 方法返回 true 时，浏览器也会继续提交表单数据。所以，不能让 frm.submit()语句与 return true 语句在 onsubmit 事件处理函数中同时出现。

```
// frm.submit();      //如果上面要用 frm.submit()语句提交表单数据，onsubmit 事件属性
    //设置中必须总是返回 false，在 dosubmit 函数中不必再使用任何 return 语句
    return true;
    }
</script>
```

（3）如果输入会员号码不足 6 位数字会弹出提示框，输入不是数字也会提示出错。执行效果如图 2-10 所示。

图 2-10 输入会员号必须是 6 位

（4）因为浏览器提交表单数据到服务器的动作，是由单击表单上的【提交】按钮事件引发的，所以也可以在表单【提交】按钮的单击事件处理程序中验证表单数据，并决定是否继续提交表单数据。这样，不用修改上面的 JavaScript 代码，只要修改 HTML 表单及【提交】按钮的事件属性设置即可。修改内容如下。

```
<form name=form1 target="_blank" methos=post>
```

```
会员号码(6位数): <input type=text value="提交" onclick=" dosubmit(this.form);
return false" >
</form>
```

这种方式只能在单击表单的【提交】按钮时进行数据验证，当在表单中输入文本并按回车键时，表单数据会直接提交。

2.6.3 窗口对象 window

window 对象是浏览器对象模型的顶层对象，它是一个全局对象，代表打开的浏览器窗口。

由于使用频繁，在使用时一般省略 window 对象的名称。它有 navigator、location、document、history、screen、frames[]等子对象。window 对象常见属性和方法，如表 2-10 所示。

表 2-10 window 对象的属性和方法

类　　型	名　　称	作 用 说 明
属性	window	窗口自身
	window.self	引用本窗口
	window.name	为窗口命名
	window.defaultStatus	设定窗口状态栏信息
	window.location	URL 地址
方法	window.alert("text")	提示信息对话框
	window.confirm("text")	确认对话框
	window.prompt("text")	要求键盘输入对话框
	window.setIntervel("action",time)	每隔指定的时间（ms）就执行一次操作
	window.clearInterval()	清除时间计时器
	window.setTimeout(action,time)	隔了指定的时间（ms）执行一次操作
	window.open()	打开新的窗口
	window.close()	关闭窗口

【练习 20】

下面来实现一个简单的例子，通过 window 对象弹出一些提示框，提示用户进行操作，并显示操作结果。代码如下所示。

```
<html>
<head>
<meta http-equiv="Content-Type" content="text/html; charset=utf-8" />
<title>window 对象</title>
</head>
<body>
<!--window 对象方法举出例子脚本-->
<script language="javascript">
    window.alert("您好!");
</script>
<script language="javascript">
    var action;
    action=window.confirm("请选择操作...");
    if(action)
        document.write("您选择了继续操作");
```

```
    else
        document.write("您选择了取消操作");
</script>
<script language="javascript">
    var info;
    info=window.prompt("请输入一些必要的信息");
    document.write("</br>您输入的内容为: "+info);
</script>
<script language="javascript">
    var i=0;
    function action(){
        i++;
        window.alert(i);                                //监视循环执行情况
        if(i>=10)
            window.clearInterval(stop);                 //终止循环
    }
    stop=window.setInterval("action()",1000);//1000ms=1s，每隔 1s 执行一次
    action()函数
</script>
</body>
</html>
```

页面执行后将依次看到 alert()、confirm()和 prompt()函数运行的对话框，执行效果如图 2-11 和图 2-12 所示。在弹出三个对话框之后将会执行 setInterval()函数创建的定时器，循环 10 次后调用 clearInterval()函数终止循环。

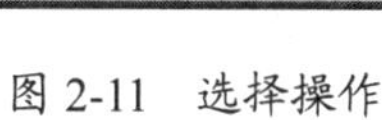

图 2-11　选择操作

图 2-12　执行操作

2.6.4　网址对象 location

location 地址对象描述的是某一个窗口对象所打开的地址。要表示当前窗口的地址，只需要使用“location”就行了；若要表示某一个窗口的地址，就使用“<窗口对象>.location”。

location 包含关于当前 URL 的信息。location 对象描述了与一个给定的 window 对象关联的完整 URL。location 对象的每个属性都描述了 URL 的不同特性。

通常情况下，一个 URL 会有下面的格式：协议//主机:端口/路径名称#哈希标识?搜索条件。例如 http://www.itzcn.com/jiaocheng/index.html#topic1?x=7&y=2 这些部分是满足下列需求的。

（1）“协议”是 URL 的起始部分，直到包含到第一个冒号。

（2）“主机”描述了主机和域名，或者一个网络主机的 IP 地址。

（3）“端口”描述了服务器用于通信的通信端口。

（4）路径名称描述了 URL 路径方面的信息。

（5）“哈希标识”描述了 URL 中的锚名称，包括哈希掩码(#)。此属性只应用于 HTTP 的 URL。

（6）“搜索条件”描述了该 URL 中的任何查询信息，包括问号。此属性只应用于 HTTP 的 URL。“搜索条件”字符串包含变量和值的配对，每对值间由一个“&”连接。

location 常用属性如表 2-11 所示。

表 2-11　location 常用属性

属 性 名 称	作 用 说 明
protocol	返回地址的协议，取值为 http、https、file 等
hostname	返回地址的主机名，例如 http://www.microsoft.com/china/ 地址的主机名为 www.microsoft.com
port	返回地址的端口号，一般 http 的端口号是 80
host	返回主机名和端口号，如 www.itzcn.com:8080
pathname	返回路径名，如 http://www.a.com/b/c.html 的路径名是 b/c.html
hash	返回“#”以及以后的内容，如 http://www.a.com/b/c.html#chapter4 的 hash 是“#chapter4”；如果地址里没有“#”则返回空字符串
search	返回“?”以及以后的内容，如 http://www.a.com/b/c.asp?selection=3&jumpto=4 的 search 是 “?selection=3&jumpto=4”；如果地址里没有“?”，则返回空字符串
href	返回以上全部内容，也就是返回整个地址

location 重要的两个方法如下。

（1）reload()：相当于浏览器上的刷新。

（2）replace()：打开一个 URL，并取代历史对象中当前位置的地址。用这个方法打开一个 URL 后，单击浏览器中的【后退】按钮将不能返回到前面的页面。

【练习 21】

下面使用 location 对象实现一个页面跳转的功能，代码如下所示。

```
<script language="javascript">
function loadFrames(){
    ix=document.URLForm.protocol.options.selectedIndex
    urlString=document.URLForm.protocol.options[ ix] .value+"//"
    urlString +=document.URLForm.hostname.value
    path=document.URLForm.path.value
    if(path.length>0){
        if(path.charAt(0)!="/")
        path="/"+path
    }
    urlString +=path
    alert(urlString);
    window.location=urlString;
}
</script>
```

```
</head>
<body bgcolor=#ffd700>
    <form action="" name="URLForm">
        <p>选择协议类型:
        <select name="protocol" size="1">
        <option value="file:" selected="SELECTED">file</option>
        < option value = "http:">http</ option >
        < option value = "ftp:">ftp</ option ></select></p>
        <p>输入 host name:
        <input type="TEXT" name = "hostname" size="45"></p>
        <p>输入 path:
        <input type = "TEXT" name = "path" size="50"></p>
        <p></p>
        <input type="button" name="load" value = "载入 URL"
        onClick="loadFrames()">
    </form>
</body>
```

上述代码中定义了 loadFrames()函数，它用于处理【载入 URL】按钮的 onClick 事件，确定选择使用哪个 protocol 选项，并用这个选项建立 urlString，它还在 urlString 后面加上字符串“//”和 hostname 主机名以及 path 值。如果 path 字段的第一个字符不是“/”，则它在 path 变量中加上“/”后再加到 urlString 值中。最后，它将 urlString 赋给 window.location。执行效果如图 2-13 所示。

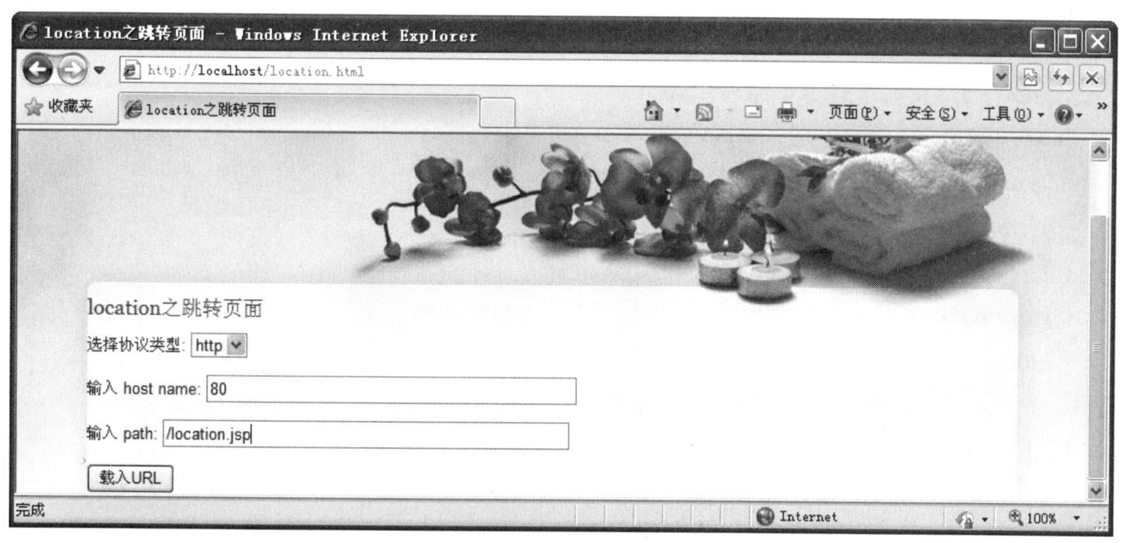

图 2-13　载入输入的 URL

当页面跳转到 location.jsp 时，可以使用 location 对象的一些属性（如 protocol、port 等）获取输入的地址信息，实现代码如下所示。

```
<p>哈哈...不论我输入什么 URL 都可以跳转到指定页面哦。太开心了。</p>
<script>
var http = location.protocol;
var port = location.port;
window.alert("协议: "+http+"   端口号: "+port);
```

```
</script>
```

执行效果如图 2-14 所示。

图 2-14　跳转后的页面

2.6.5　历史记录对象 history

history 对象是 window 对象的属性，history 对象没有事件，但有如下属性。

（1）current：窗口中当前所显示文档的 URL。

（2）length：它表示历史列表的长度。

（3）next：表示历史列表中的下一个 URL。

（4）previous：表示历史列表中的上一个 URL。

history 对象有三个方法：back()、forward()和 go()。这些方法可以调用历史表中包含的文档，如下所示。

（1）back()方法：装入历史列表中的前一个页面，等效于浏览器中的【后退】按钮。

（2）forward()方法：装入历史列表中的后一个页面，等效于浏览器中的【前进】按钮。

（3）go()方法：进入历史列表中的特定文档，可以取整型参数或字符串参数。

提示

IE 不支持 history 对象的 current、next 和 previous 属性。

2.6.6　浏览器信息对象 navigator

navigator 浏览器对象包含正在使用的浏览器的版本信息。JavaScript 客户端运行时引擎会自动创建 navigator 对象。

navigator 浏览器对象的常用属性如下。

（1）appCodeName：返回浏览器的“别名”，示例如下。

```
document.write("navigator.appCodeName 的值是" + navigator.appCodeName);
```

（2）appName：返回浏览器的完整名称。IE 返回 Microsoft Internet Explorer，NN 返回 Netscape，示例如下。

```
document.write("navigator.appName 的值是 " + navigator.appName);
```

（3）appVersion：返回浏览器版本，包括主版本号、次版本号、语言、操作平台等信息。

（4）mimeType：以数组表示所支持的 MIME 类型。

（5）Platform：返回浏览器的操作平台。

（6）userAgent：返回以上全部信息。例如，IE5.01 返回'Mozilla/4.0 (compatible;MSIE 5.01;Windows 98)'。

（7）plugins：以数组表示已安装的外挂程序。

（8）javaEnabled()：返回一个布尔值，代表当前浏览器是否允许执行 Java。

【练习 22】

有时可能需要了解检测浏览器的版本、所支持的 MIME 类型、已安装的外挂程序（plug-in）等信息。可以通过 navigator 对象的上述相应属性来获取这些信息。下面尝试获取浏览器的一些信息，代码如下所示。

```
<script>
    with (document) {
        write ("你的浏览器信息: <ol>");
        write ("<li>代码: "+navigator.appCodeName);
        write ("<li>名称: "+navigator.appName);
        write ("<li>版本: "+navigator.appVersion);
        write ("<li>语言: "+navigator.language);
        write ("<li>编译平台: "+navigator.platform);
        write ("<li>用户表头: "+navigator.userAgent);
    }
</script>
```

2.7 实例应用：自动关闭的计时器

2.7.1 实例目标

在网页中经常会遇到提示某个窗口将在几秒钟后自动关闭这样的情况。例如，在安装完一个软件时，会自动弹出一个文本框，文本框中是对软件应该遵守的协议的描述，此时它的【关闭】按钮一般设置为几秒内为不可用，目的是让用户阅读它。

本次实例以一个网站的会员注册为例，要求先阅读注册条款，此时 10s 内【下一步】按钮为不可用。10s 后才可以单击【下一步】按钮填写基本信息。

2.7.2 技术分析

时间的取得、显示和应用是 JavaScript 技术最基本也是最重要的应用方向之一。本案例主要是使用 Date()方法来创建一个时间对象，进而完成时间的取得、显示和应用。

为了控制页面按钮的显示还需要用到 document 对象、form 对象，以及自定义的函数。

2.7.3 实现步骤

（1）新建一个 HTML 页面，并设计会员注册的布局，添加会员注册时需要阅读的条款内容。

（2）在页面底部使用<input>标记添加一个按钮，并设置 id 属性。代码如下所示。

```
<input type="button" id="agree" value="还剩下(10)秒钟" >
```

（3）在按钮下方添加如下 JavaScript 代码。

```
<script type="text/JavaScript">
 //初始化关闭需要的时间
 var settime=10;
  //定义自变量
var i;
  var showthis;
//设置按钮的 disabled 为 true
  document.all.agree.disabled=true;
//用 for 循环更改时间
  for(i=1;i<=settime;i++)   {
     setTimeout("update("+i+")",i*1000);
  }
</script>
```

从以上代码中可以看出，首先初始化了一个关闭所需时间的变量，然后设置按钮的 disabled 为 true（按钮在默认状态不可用）。接着，用一个循环语句调用函数 update()实现时间递减。

（4）函数 update()代码如下所示，它首先初始化关闭需要的时间，然后用一个 for 循环语句更改时间实现时间的递减。

```
//调用更改时间函数
  function update(num) {
//判断初始时间是否等于要循环的时间
     if(num==settime) {
  document.all.agree.value="下一步";
//设置按钮的 disabled 为 false
  document.all.agree.disabled=false;
   }
     //不相等时用初始时间减去循环时间
   else {
   showthis=settime-num;
   document.all.agree.value="还剩下 ("+showthis+")  秒钟";
   }
  }
```

（5）保存页面，然后在浏览器中运行，效果如图 2-15 所示。

图 2-15　会员注册效果

2.8 拓展训练

1．百钱买百鸡求解

要求使用 100 元钱购买 100 只鸡，其中公鸡 5 元一只、母鸡 3 元一只、小鸡 1 元 3 只，并且要求这三种鸡都必须有。问有多少种买法?

2．求阶乘

创建一个用户自定义函数，该函数带有一个参数用于指定求阶乘的数。例如，求 10 阶乘的公式如下。

```
10!=1×2×3×4×5×6×7×8×9×10
```

再创建一个函数用于统计阶乘之和，例如，计算 5 阶乘和的公式如下。

```
1!+2!+3!+4!+5!
```

2.9 课后练习

一、填空题

1. JavaScript 中关键词，例如 for 和 if 必须使用__________形式。
2. 假设要引用外部的 common.js 文件，应该使用__________语句。

3. 八进制整数 0377 转换为十进制是___________。
4. 布尔常量只有两个值 True 和___________。
5. 下列语句执行后 result 的结果是___________。

```
var s=40,result;
if(s>30)
{    result=1;
}else{
     result=0;
}
```

6. 在空白处填写代码使程序可以输出 1~100 之间的数。

```
var i=1;
while(i<101)
{
     document.write(i);
     ___________;
}
```

二、选择题

1. 下列不属于 JavaScript 特点的是___________。
   A. 可编译性
   B. 动态性
   C. 基于对象性
   D. 跨平台性
2. 下面是合法 JavaScript 变量的是___________。
   A. JavaScript
   B. 51js
   C. if
   D. for
3. 下列 JavaScript 语句不正确的是___________。
   A. var x=2,y=3,z=3;
   B. var // x=2,y=3,z=3;
   C. /* var x=2,y=3,z=3; */
   D. write(str);
4. 在 JavaScript 中使用数据类型___________表示一个空值。
   A. null
   B. undefined
   C. empty
   D. isNull
5. 在 confirm()弹出的对话框中单击【确定】按钮，返回值是___________。
   A. 0
   B. 1
   C. false
   D. true

6. 使用__________函数可以返回一个字符串进行编码后的结果字符串。

   A. encodeURI()

   B. escape()

   C. decodeURI()

   D. unescape ()

7. 网址对象 location 的__________属性可以获取网址的协议信息。

   A. protocol

   B. hostname

   C. port

   D. pathname

三、简答题

1. 简述什么是 JavaScript，有哪些特点以及与 Java 的区别。
2. 罗列 JavaScript 的语法规则和注意事项。
3. 简述 JavaScript 在数据类型方面的分类。
4. 简述 if 和 switch 语句的执行流程。
5. 简述在 JavaScript 中实现循环有哪些方式。
6. 简述如何创建和调用一个自定义函数。
7. JavaScript 提供了哪些浏览器对象模型？各自作用是什么？

第3章 Java Web 概述

J2EE（Java 2 Platform Enterprise Edition）建立在 J2SE（Java 2 Platform Standard Edition）的基础上，为企业级应用提供了完整、稳定、安全和快速的 Java 平台。J2EE 提供的 Web 开发技术主要支持两类软件的开发和应用，一类是做高级信息系统框架的 Web 应用服务器（Web Application Server），另一类是在 Web 应用服务器上运行的 Web 应用（Web Application）。

本章主要介绍 Java Web 的基本知识以及开发环境的配置，最后介绍常见的开发模式。

本章学习目标：

- ❑ 了解什么是 Java Web
- ❑ 掌握 JDK 和 Tomcat 的安装
- ❑ 掌握在 Tomcat 下运行 Java Web 的方法
- ❑ 掌握 MyEclipse 的安装
- ❑ 掌握 MyEclipse 开发 Java Web 程序的方法
- ❑ 熟悉常见的 Java Web 开发模式

3.1 初识 Java Web

Java Web 是用 Java 技术来解决相关 Web 互联网领域的技术总和，一个 Web 应用程序包括 Web 客户端和 Web 服务器端两部分。

1．Web 客户端

Web 客户端通常是指用户计算机上的浏览器，如微软的 IE 浏览器或火狐浏览器等。客户端不需要开发任何用户界面，而统一采用浏览器即可。

2．Web 服务器

Web 服务器是一台或多台可运行 Web 应用程序的计算机，通常在浏览器中输入的网络地址，即 Web 服务器的地址。当用户在浏览器的地址栏中输入网站地址并按回车键后，请求即被发送到 Web 服务器。服务器接收到请求后，会返回给用户带来请求资源的响应消息。Java 在服务器端的应用非常丰富，比如 Servlet、JSP 和第三方框架等。

B/S 中客户端与服务器端采用请求/响应模式进行交互，其工作流程如图 3-1 所示。

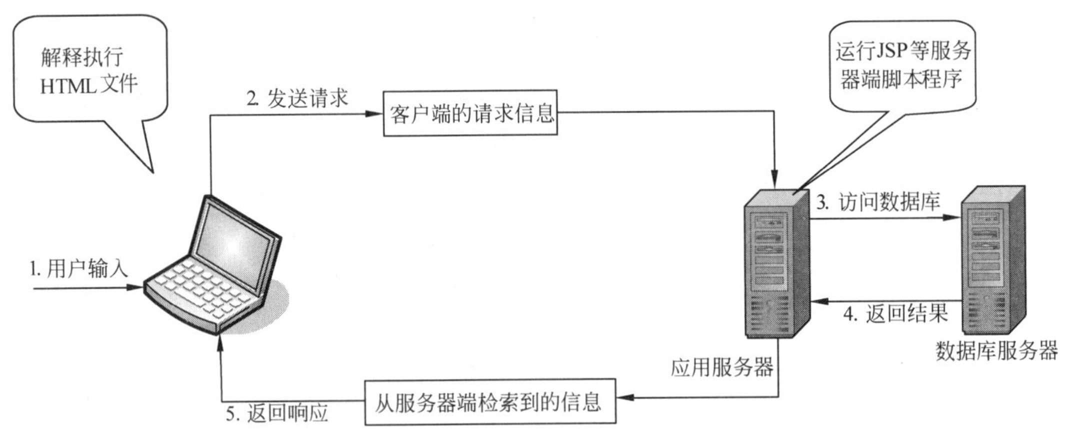

图 3-1　Web 应用程序的工作流程

3.2 配置 Java Web 开发环境

JSP 是一种基于 Java 的、运行在服务器端的动态网站开发技术，所以首先要安装的就是 Java 开发软件包 JDK。另外还需要一个 Web 服务器，在众多 Web 服务器中 Tomcat 是使用最广泛的。为了提高开发效率，通常还需要安装 IDE（集成开发环境）工具——MyEclipse。本节将详细介绍配置 JSP 开发环境的过程。

3.2.1 安装 JDK

JDK（Java Development Kit）是一种用于构建在 Java 平台上发布的应用程序、Applet 和组件的开发环境，即编写 Java 程序必须使用 JDK，它提供了编译 Java 和运行 Java 程序的环境。

JDK 是一切 Java 应用程序的基础，所有的 Java 应用程序都是构建在 JDK 之上的。JDK 中还包括完整的 JRE（Java Runtime Environment，Java 运行环境），包括用于产品环境的各种类库，以及给开发者使用的扩展库，如国际化的库、IDL 库。JDK 中还包括各种示例程序，用以展示 Java API 中的各部分。

【练习 1】

JDK 可以在 Oracle 公司的官方网站 http://www.oracle.com 下载，目前最新版本为 JDK 7u5，下载步骤如下。

（1）打开 Oracle 公司的官方网站，在首页的栏目中选择 Downloads | Java for Developers 选项，如图 3-2 所示。

（2）单击 Java for Developers 超链接后，进入 Java SE 的下载页面，如图 3-3 所示。

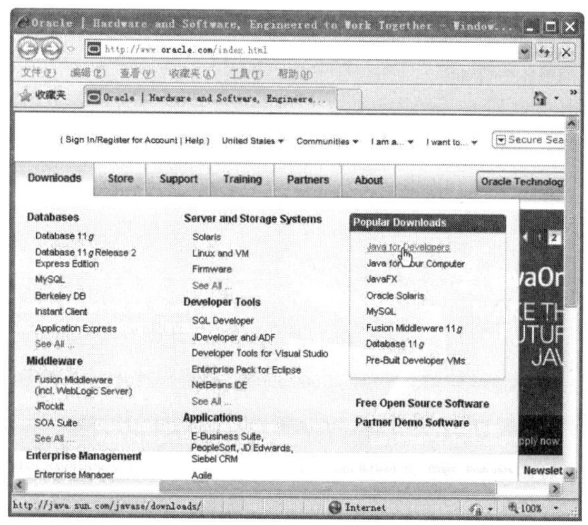

图 3-2 Oracle 官网首页

图 3-3 Java SE 的下载页面

由于 Java 版本不断更新，当读者浏览 Java SE 的下载页面时，显示的是当前最新的版本。

（3）单击 Java Platform (JDK)上方的 DOWNLOAD 按钮，打开 Java SE 的下载列表页面，其中包括 Windows、Solaris 和 Linux 等平台的不同环境 JDK 的下载，如图 3-4 所示。

（4）在下载之前需要选中 Accept License Agreement 单选按钮，接受许可协议。由于本书中使用的是 32 位版的 Windows 操作系统，因此这里需要选择与平台相对应的 Windows x86 类型的 jdk-7u5-windows-i586.exe 超链接，对 JDK 进行下载，如图 3-5 所示。

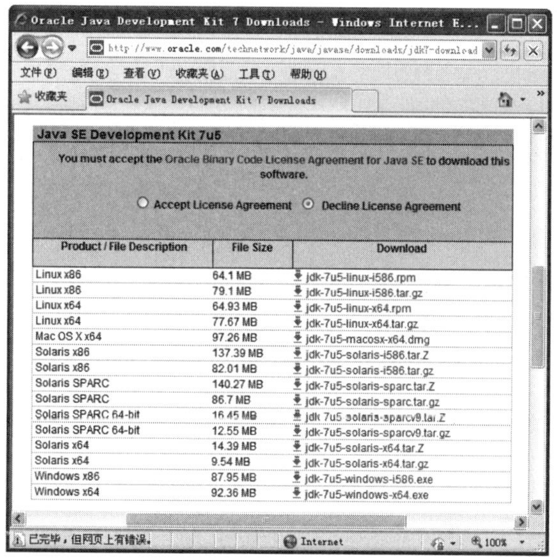

图 3-4 Java SE 的下载列表页面

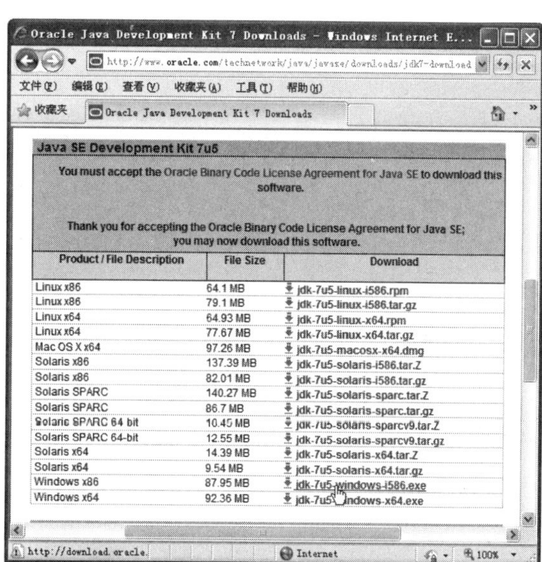

图 3-5 JDK 的下载页面

【练习 2】

当下载完成后，在磁盘中会发现一个名称为 jdk-7u5-windows-i586.exe 的可执行文件。在 Windows 操作系统下安装 JDK 的操作步骤如下。

（1）双击运行 JDK 安装文件 jdk-7u5-windows-i586.exe，打开 JDK 的欢迎界面。

（2）单击【下一步】按钮打开【自定义安装】对话框，在其中选择安装的组件及 JDK 的安装路径，这里修改为 D:\Program Files\Java\jdk1.7.0_05\，如图 3-6 所示。

（3）单击【下一步】按钮打开安装进度对话框，如图 3-7 所示。

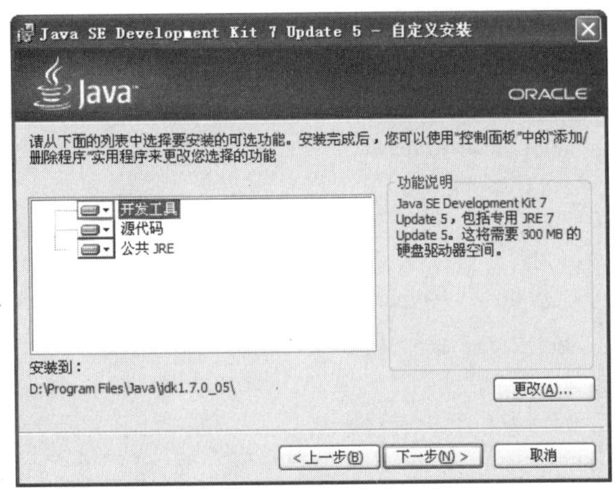

图 3-6 【自定义安装】对话框

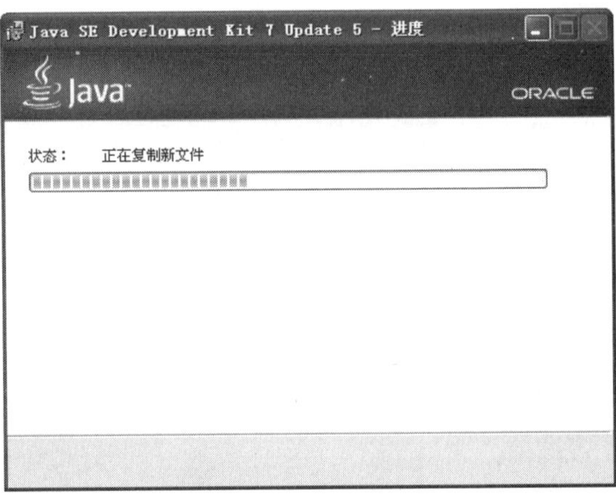

图 3-7 【进度】对话框

（4）在安装过程中，会打开如图 3-8 所示的【目标文件夹】对话框，选择 JRE 的安装路径，这里将其修改为 D:\Program Files\Java\jre7\。

（5）单击【下一步】按钮，安装 JRE。当 JRE 安装完成之后，将打开 JDK 安装完成对话框，如图 3-9 所示。

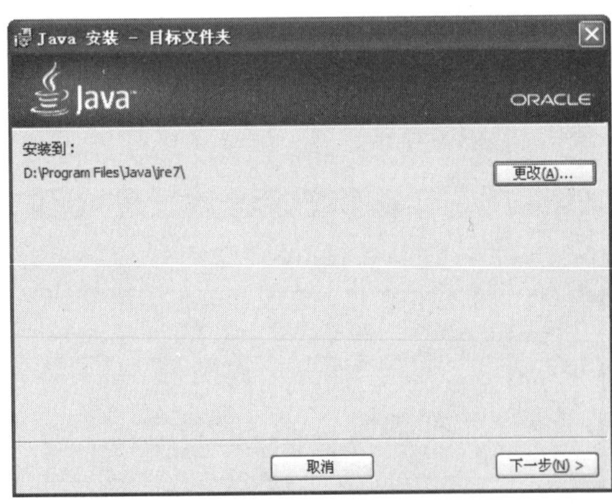

图 3-8 【目标文件夹】对话框

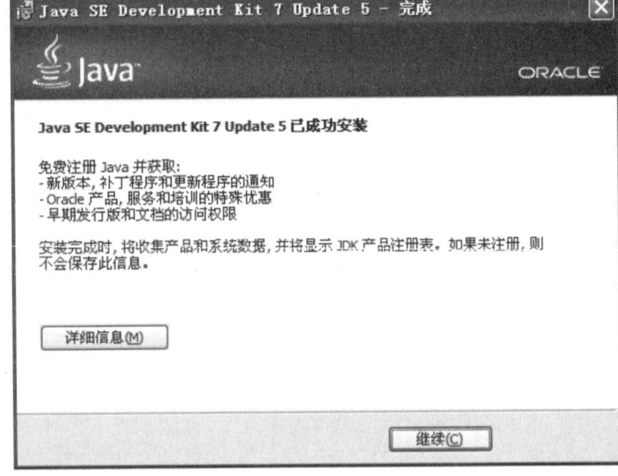

图 3-9 JDK 安装完成对话框

（6）单击【继续】按钮，打开【JavaFX SDK 安装程序】对话框，单击该对话框中的【取消】按钮，取消对 JavaFX SDK 的安装。

提示

JDK 是 Java 的开发环境，在编写 Java 程序时需要使用 JDK 进行编译处理，它是为开发人员提供的工具。JRE 是 Java 程序的运行环境，包含 JVM（Java 虚拟机）的实现及 Java 核心类库，编译后的 Java 程序必须使用 JRE 执行。在 JDK 安装包中集成了 JDK 与 JRE，所以在安装 JDK 的过程中会提示安装 JRE。

当 JDK 安装完成后，会在安装目录下多一个名称为 jdk1.7.0_05 的文件夹，打开该文件夹，如图 3-10 所示。

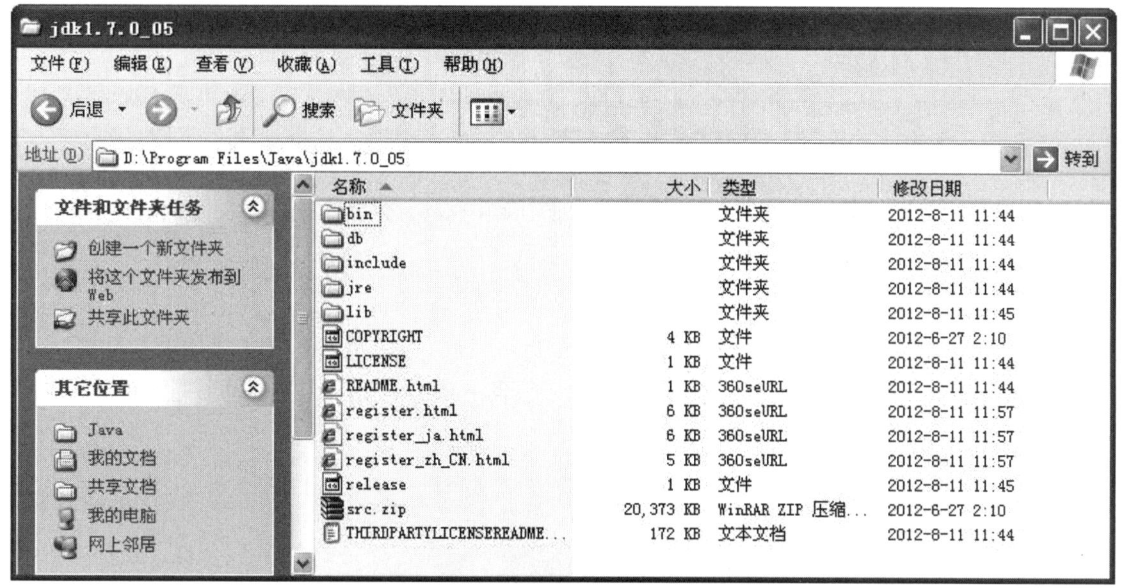

图 3-10　JDK 安装目录

从图 3-10 可以看出，JDK 安装目录下具有多个文件夹和一些网页文件，分别如下。

（1）bin：提供 JDK 工具程序，包括 javac、java、javadoc、appletviewer 等可执行程序。

（2）db：JDK 附带的一个轻量级的数据库。

（3）include：存放用于本地方法的文件。

（4）jre：存放 Java 运行环境文件。

（5）lib：存放 Java 的类库文件，即工具程序实际上使用的是 Java 类库。JDK 中的工具程序，大多也由 Java 编写而成。

（6）src.zip：Java 提供的 API 类的源代码压缩文件。如果将来需要查看 API 的某些功能如何实现，可以查看这个文件中的源代码内容。

【练习 3】

对于初学者来说，环境变量的配置是比较容易出错的，在配置的过程中应当仔细。使用 JDK 一共需要配置两个环境变量：Path 和 classpath（不区分大小写）。

1．Path

该参数用于指定操作系统的可执行指令的路径，也就是要告诉操作系统 Java 编译器在什么地方可以找到。

将安装 JDK 的默认 bin 路径复制后粘贴到【变量值】文本框中，然后在最后加入一个“;”。将 java.exe、javac.exe、javadoc.exe 工具的路径告诉 Windows，如图 3-11 所示。

2．classpath

Java 虚拟机在运行某个类时会按 classpath 指定的目录顺序去查找这个类，单击【环境变量】对话框中的【系统变量】列表下方的【新建】按钮来新建一个变量。在弹出的【新建系统变量】对话框中按如图 3-12 所示输入变量名 classpath 和变量值“D:\Program Files\Java\jdk1.7.0_05\lib\dt.jar;D:\Program Files\Java\jdk1.7.0_05\lib\tools.jar;”。

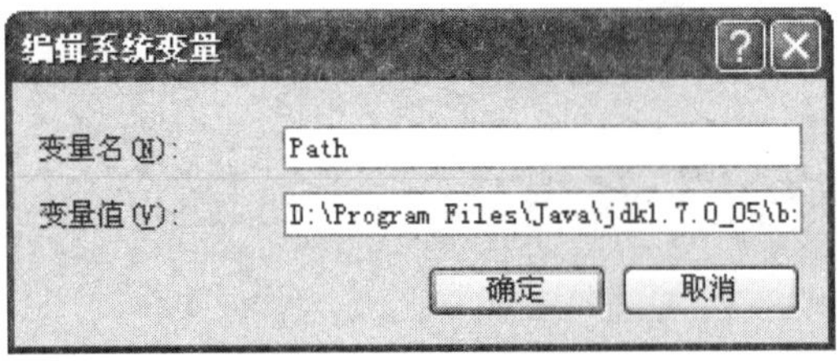

图 3-11 Path 路径设置

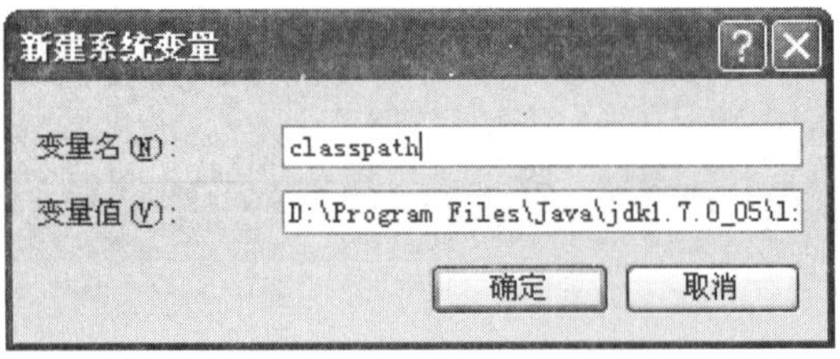

图 3-12 classpath 路径设置

通过上面的介绍，可以了解到 JDK 实际上就是 Java 程序开发的一个简易平台，它不但提供了运行时环境，也提供了 Java 程序在运行时需要加载的类库包。可以这样说，JDK 是开发一切 Java 程序的基石，无论何种强大的开发工具都要包含 JDK 开发工具包。

JDK 安装和配置完成后，可以测试其是否能够正常运行。选择【开始】|【运行】命令，打开【运行】窗口输入“cmd”命令，按回车键进入 DOS 环境中。在命令提示符中输入“java –version”，系统将输出 JDK 的版本信息，如下所示。

```
C:\Documents and Settings\Administrator>java -version
java version "1.7.0_05"
Java(TM) SE Runtime Environment (build 1.7.0_05-b06)
Java HotSpot(TM) Client VM (build 23.1-b03, mixed mode, sharing)
```

这说明 JDK 已经配置成功。

在命令提示符中输入测试命令时，需要注意“java”和减号之间有一个空格。减号和“version”之间没有空格。

3.2.2 安装 Tomcat

Tomcat 是一个免费的、开源的 Servlet 容器，它是 Apache 基金会的 Jakarta 项目中的一个核心项目，由 Apache、Sun 和其他一些公司及个人共同开发而成。由于有了 Sun 的参与和支持，最新的 Servlet 和 JSP 规范总能在 Tomcat 中得到体现。由于 Tomcat 技术先进、性能稳定，而且免费，因而深受 Java 爱好者的喜爱并得到了部分软件开发商的认可，成为目前最流行的 Web 应用服务器。

Tomcat 最新版本是 6.0x，Tomcat 6 支持最新的 Servlet 2.4 和 JSP 2.0 规范。Tomcat 提供了各种平台的版本供下载，可以从 http://jakarta.apache.org 上下载其源代码版或者二进制版。由于 Java 的跨平台特性，基于 Java 的 Tomcat 也具有跨平台性。

【练习 4】

Tomcat 官方下载地址为 http://www.apache.org，下载完成之后即可双击安装 Tomcat，安装步骤如下。

（1）双击下载的 EXE 文件开始安装，进入安装向导的欢迎界面，如图 3-13 所示。

（2）单击 Next 按钮，进入 Tomcat 的 License Agreement 界面，如图 3-14 所示。

（3）单击 I Agree 按钮接受协议条款，进入选择安装 Tomcat 组件界面。启用 Service 复选框将把 Tomcat 作为 Windows 服务，启用 Source Code 复选框将会安装 Tomcat 的源代码，启用 Start Menu Items 复选框将会在【开始】菜单中增加 Tomcat 的菜单项，启用 Examples 复选框将会安装 JSP 和 Servlet 示例程序，如图 3-15 所示。

（4）单击 Next 按钮，进入下一步安装，指定 Tomcat 的安装路径，可以单击 Browse 按钮任意选择安装路径，在此采用默认的安装路径，如图 3-16 所示。

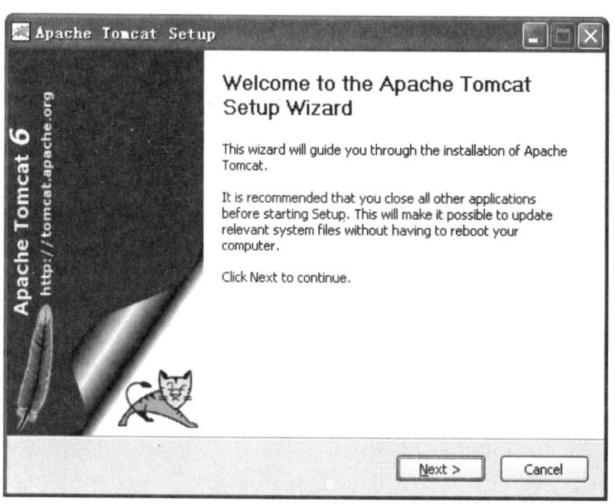

图 3-13 欢迎界面

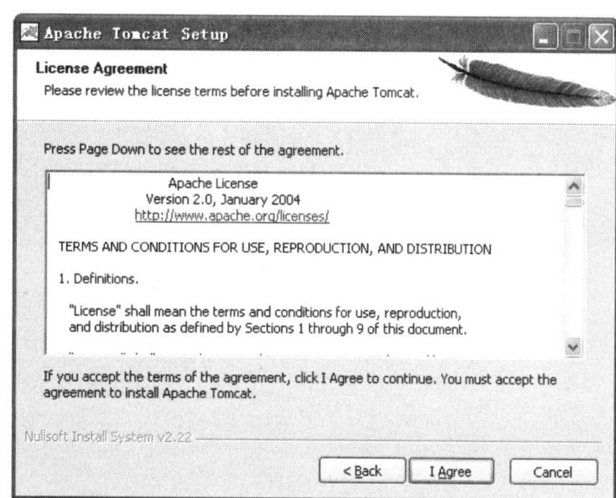

图 3-14 License Agreement 界面

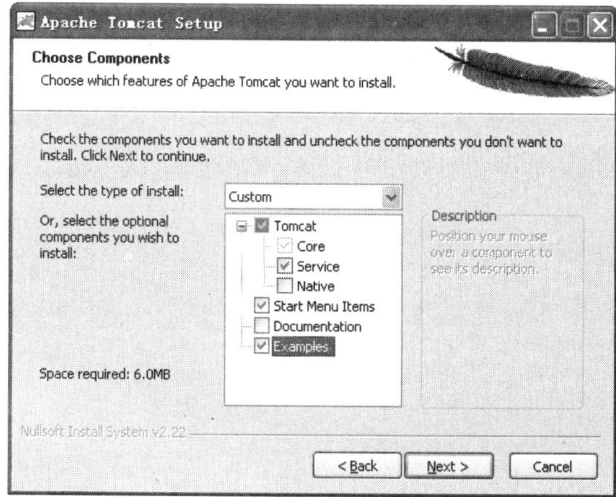

图 3-15 选择安装组件

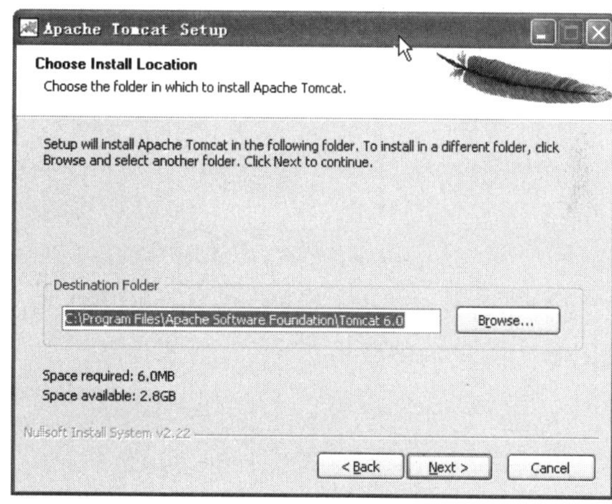

图 3-16 选择安装路径

（5）指定完安装路径之后，单击 Next 按钮进入 Tomcat 的配置界面，配置 Tomcat 的监听端口，默认为 8080 端口，还可指定用户名 admin 的密码，如图 3-17 所示。

（6）单击 Next 按钮，进入下一步安装界面，安装 Java Virtual Machine，指定 jre 的安装路径，在此采用默认安装路径，如图 3-18 所示。

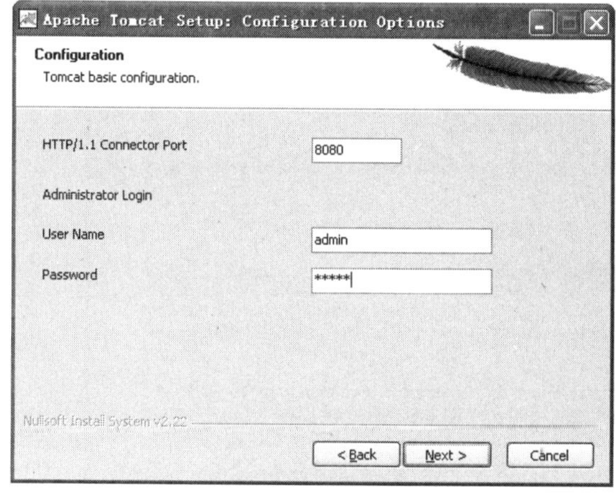

图 3-17 配置界面

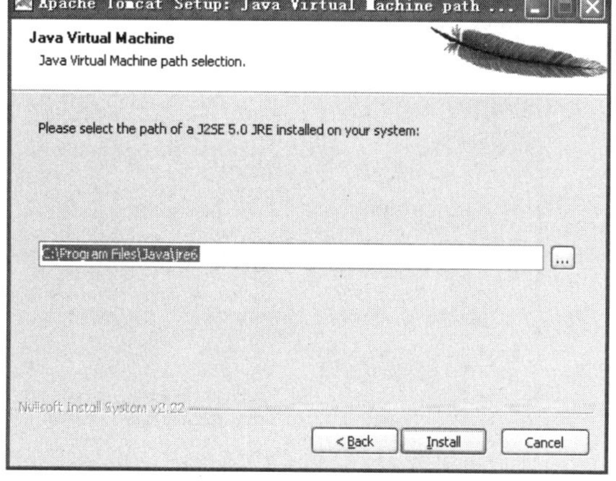

图 3-18 Java Virtual Machine 的安装

（7）单击 Install 按钮进入安装界面，如图 3-19 所示。

（8）安装完成显示如图 3-20 所示界面。单击 Finish 按钮，结束安装。

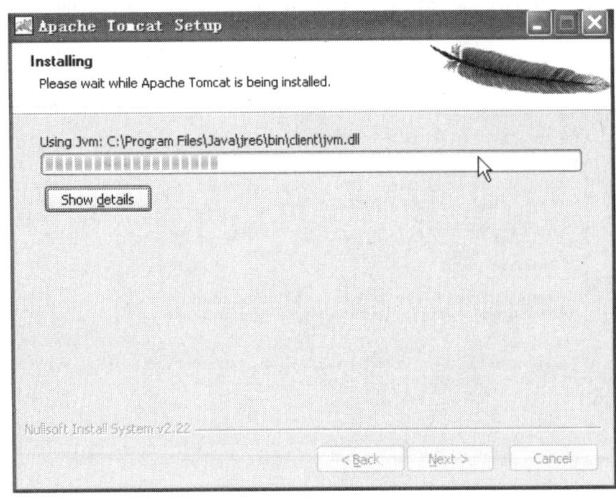

图 3-19 安装界面

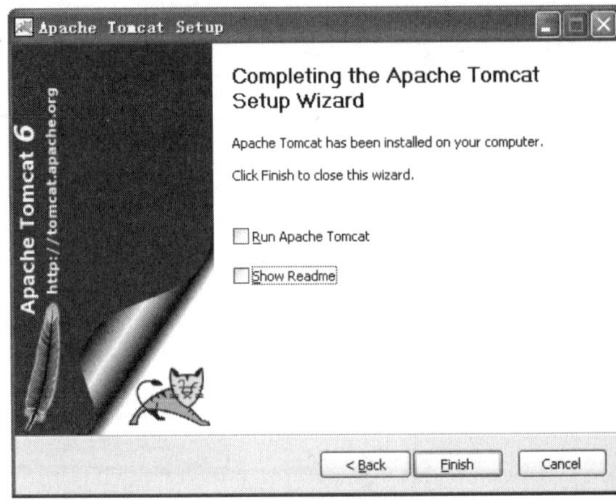

图 3-20 安装完成界面

（9）安装完 Tomcat 后，进行配置，在【我的电脑】|【属性】|【高级】|【环境变量】|【系统变量】中添加以下环境变量（本节中 Tomcat 安装在 C:\Program Files\Apache Software Foundation\Tomcat 6.0）：

```
CATALINA_HOME: C:\Program Files\Apache Software Foundation\Tomcat 6.0
CATALINA_BASE: C:\Program Files\Apache Software Foundation\Tomcat 6.0
TOMCAT_HOME: C:\Program Files\Apache Software Foundation\Tomcat 6.0
```

（10）修改环境变量中的 classpath，把 Tomcat 安装目录下的 servlet.jar 追加到 classpath 中去，修改后的 classpath 如下。

```
classpath=.;%JAVA_HOME%\lib\dt.jar;%JAVA_HOME%\lib\tools.jar;%CATALINA_HOME
%\lib\servlet-api.jar
```

（11）在 IE 中访问 http://localhost:8080，如果看到 Tomcat 的欢迎页面说明安装成功了，如图 3-21 所示。

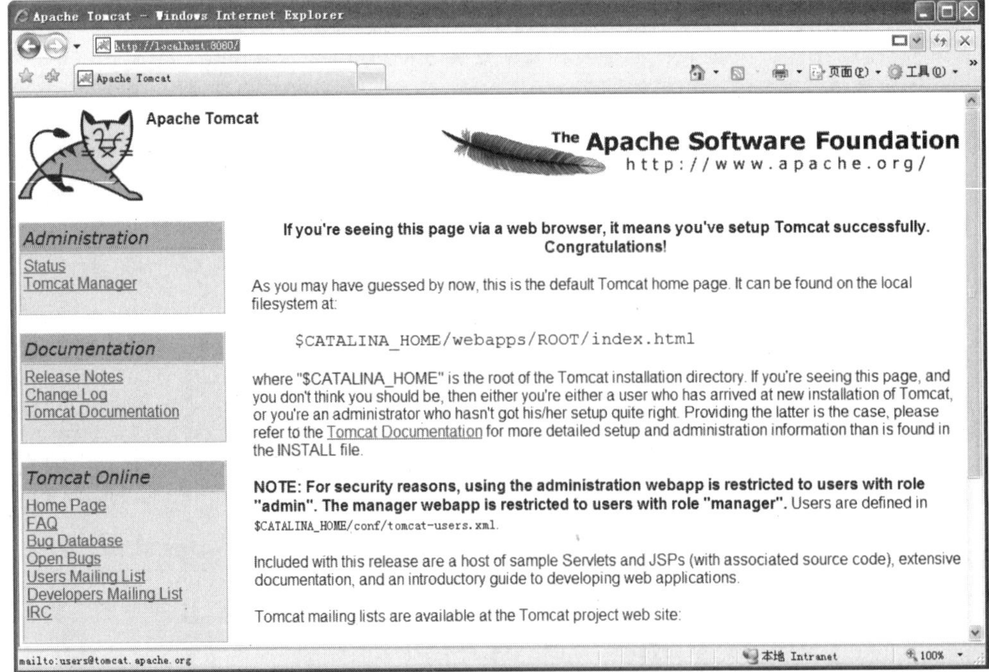

图 3-21 Tomcat 欢迎界面

【练习 5】

安装 JDK 和 Tomcat 之后便可以开发 JSP 程序了，只是这种开发模式比较笨拙和麻烦。下面以一个简单的 JSP 页面介绍这种开发的过程，具体步骤如下。

（1）首先打开 Tomcat 安装目录，在 webApps 目录下使用项目名称创建一个新目录，这里为 test。

（2）在 test 目录下创建一个名为 test.jsp 的 JSP 文件。

（3）用记事本打开 test.jsp，并添加如下的代码。

```
<%@ page contentType="text/html; charset=gb2312" %>
<html>
<head>
<title>第一个 JSP 页面</title>
</head>
<body>
<h3>这是运行在 Tomcat 服务器下，创建的第一个 JSP 页面。</h3>
<h4>
<%
java.util.Date dt=new java.util.Date();
int year=dt.getYear();
year+=1900;
int month=dt.getMonth();
month+=1;
int date=dt.getDate();
int day=dt.getDay();
String str_year=String.valueOf(year);
String str_month=String.valueOf(month);
String str_date=String.valueOf(date);
String str_day=String.valueOf(day);
out.print("现在时间是:"+str_year+"年");
out.print(str_month+"月");
out.print(str_date+"日");
out.println("星期"+str_day);
%></h4>
</body>
</html>
```

（4）在输入时注意大小写必须完全一致，否则可能出错，最后保存 test.jsp 文件。

（5）启动 Tomcat 服务器，然后在浏览器中输入“http://localhost:8080/test/test.jsp”访问 test.jsp，运行效果如图 3-22 所示。

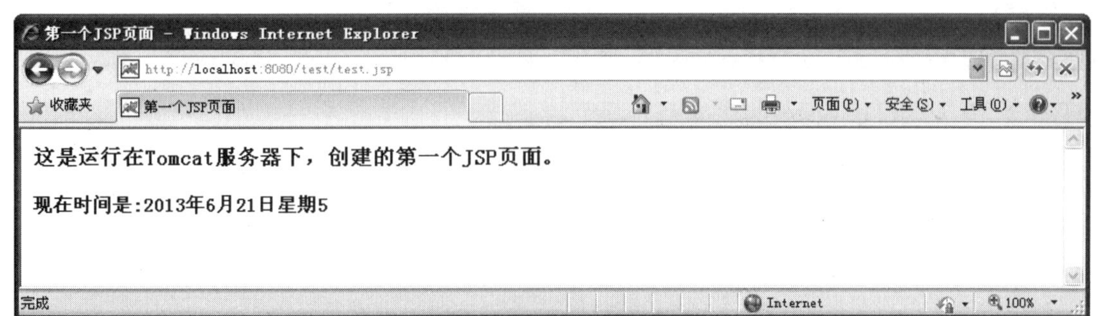

图 3-22　test.jsp 运行效果

3.2.3 安装 MyEclipse

MyEclipse 是一个十分优秀的用于开发 Java J2EE 的 Eclipse 插件集合，MyEclipse 的功能非常强大，支持也十分广泛，尤其是对各种开源产品的支持十分不错。

MyEclipse 企业级工作平台（MyEclipse Enterprise Workbench ，MyEclipse）是对 Eclipse IDE 的扩展，利用它可以在数据库和 JavaEE 的开发、发布，以及应用程序服务器的整合方面极大地提高工作效率。它是功能丰富的 JavaEE 集成开发环境，包括完备的编码、调试、测试和发布功能，完整支持 HTML、Struts、JSF、CSS、JavaScript、SQL、Hibernate。MyEclipse 提供了如下几方面的工具。

（1）JavaEE 模型。

（2）Web 开发工具。

（3）EJB 开发工具。

（4）应用程序服务器的连接器。

（5）JavaEE 项目部署服务。

（6）数据库服务。

【练习 6】

MyEclipse 最新版本为 MyEclipse 10，它基于最新的 Eclipse 3.7，使用了最新的桌面与 Web 开发技术，包括 HTML5 和 JavaEE 6，支持 JPA 2.0、JSF 2.0、Eclipselink 2.1 以及 Apache 的 OpenJPA 2.0。读者可以到官方网站 http://downloads.myeclipseide.com 下载最新版本。

下面介绍 MyEclipse 10 的安装过程。

（1）双击下面的 MyEclipse 10 安装程序进入欢迎界面，如图 3-23 所示。

（2）单击 Next 按钮进入下一步安装界面，如图 3-24 所示。在该界面中启用 I accept the terms of the license agreement 复选框表示同意安装协议，再单击 Next 按钮。

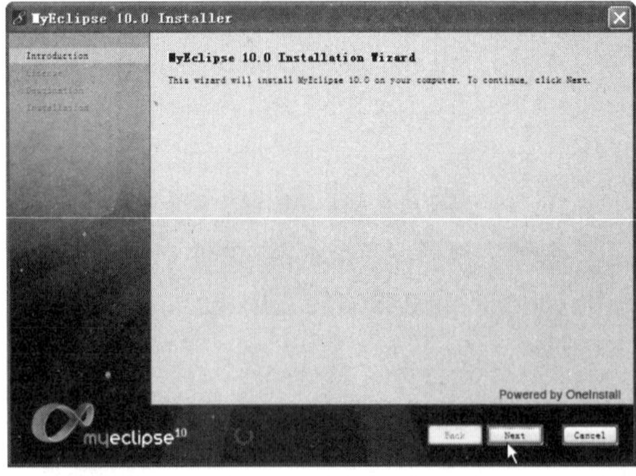

图 3-23 MyEclipse 欢迎界面

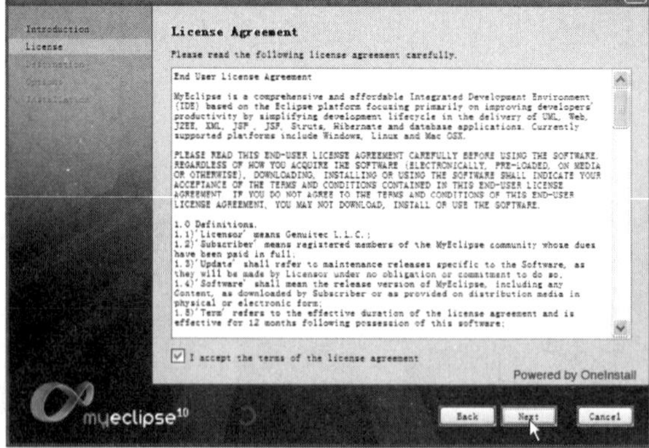

图 3-24 选择协议界面

（3）在进入的安装界面中指定安装目录，单击 Change 按钮可以更改安装路径。在本书中就采用默认的安装路径，如图 3-25 所示。

（4）单击 Next 按钮选择要安装的内容，其中默认为 ALL（全部安装），如图 3-26 所示。

（5）单击 Next 按钮进行安装，如图 3-27 所示为安装时的进度界面。

（6）安装完成之后单击 Next 按钮进入安装完成界面，再单击 Finish 按钮结束安装，如图 3-28

所示。

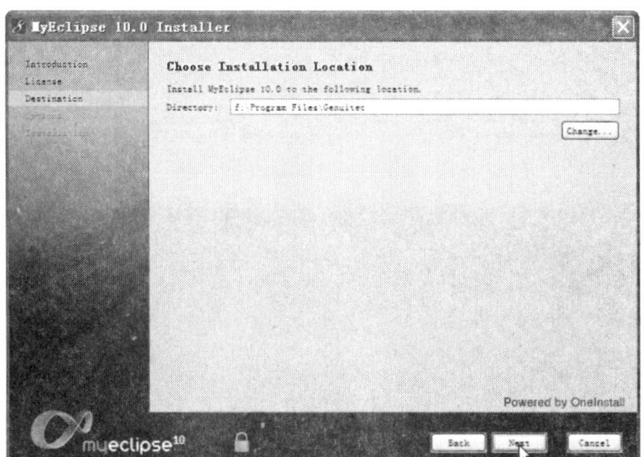

图 3-25　选择安装界面

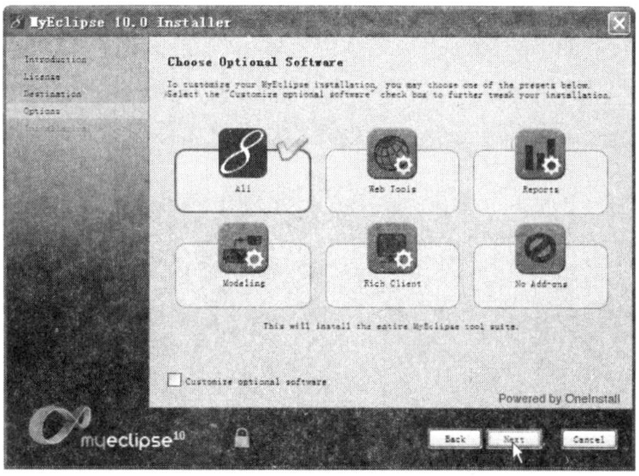

图 3-26　选择要安装的内容

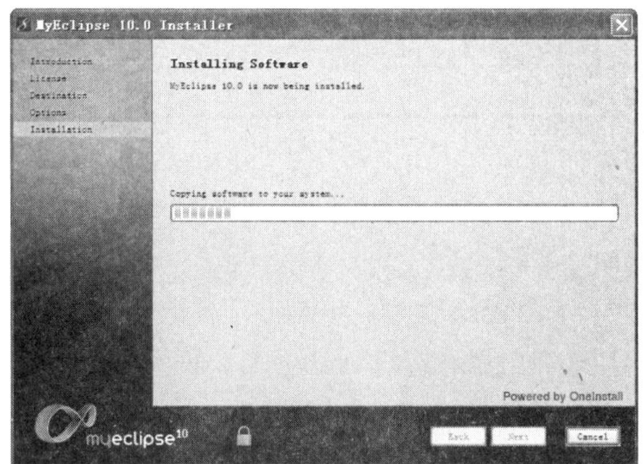

图 3-27　安装进度界面

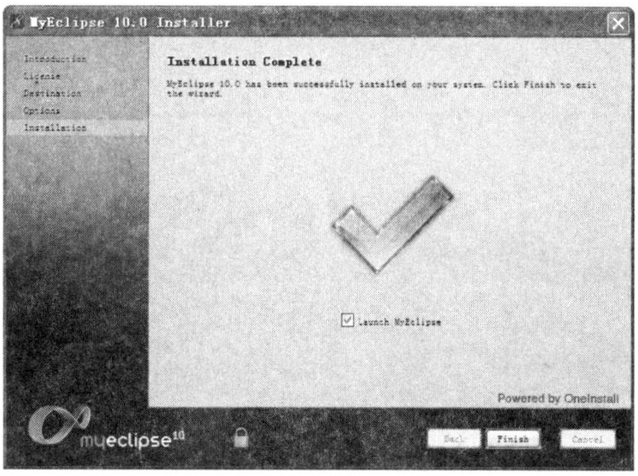

图 3-28　安装完成界面

安装完成之后，首次运行 MyEclipse 10 时会弹出指定工作空间对话框，如图 3-29 所示。单击 Browse 按钮可以选择一个目录用来保存项目，启用 Use this as the default and do not ask again 复选框可以将此目录作为默认的工作空间，再次打开时将不会提示。

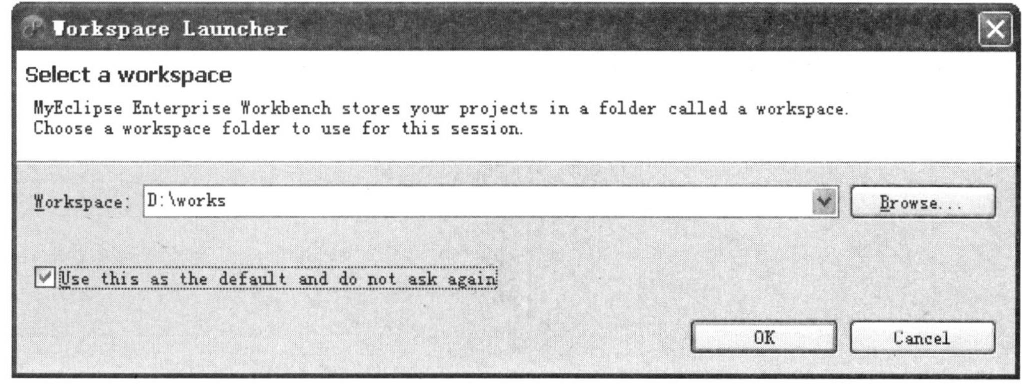

图 3-29　选择工作空间目录

单击 OK 按钮进入 MyEclipse 10 的工作界面，如图 3-30 所示。

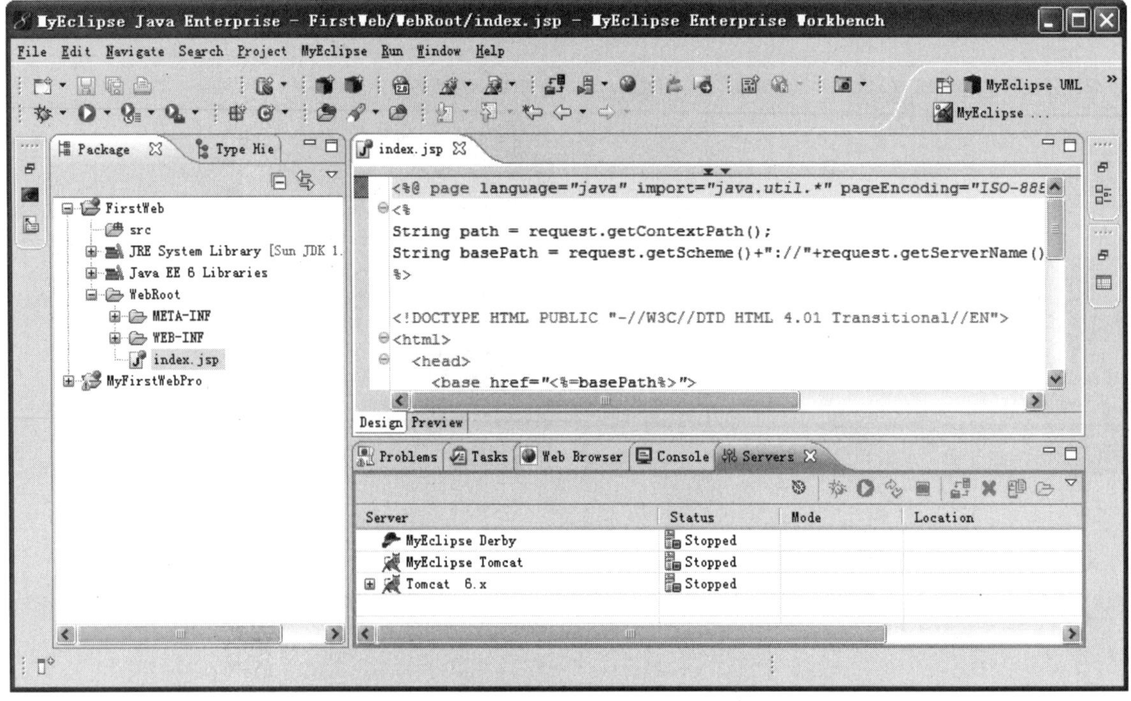

图 3-30 MyEclipse 10

【练习 7】

为了提高开发效率，需要将 Tomcat 服务器配置到 MyEclipse 之中，为 Web 项目指定一台 Web 应用服务器，然后即可在 MyEclipse 中操作 Tomcat 并自动部署和运行 Web 项目，操作步骤如下。

（1）在 MyEclipse 中单击 Window | Preferences 选项打开 Preferences 窗口。

（2）在 Preferences 窗口中选择 MyEclipse | Servers | Tomcat | Tomcat 6.x（这里选择的 Tomcat 必须是已经成功安装的版本），如图 3-31 所示。

（3）选择 Enable 单选按钮，启用 Tomcat 服务器。并单击 Tomcat home directory 右边的 Browse... 按钮，指定 Tomcat 6 的安装目录，如图 3-32 所示。其中，Tomcat base directory 和 Tomcat temp directory 两项是自动生成的，不需要手动配置。

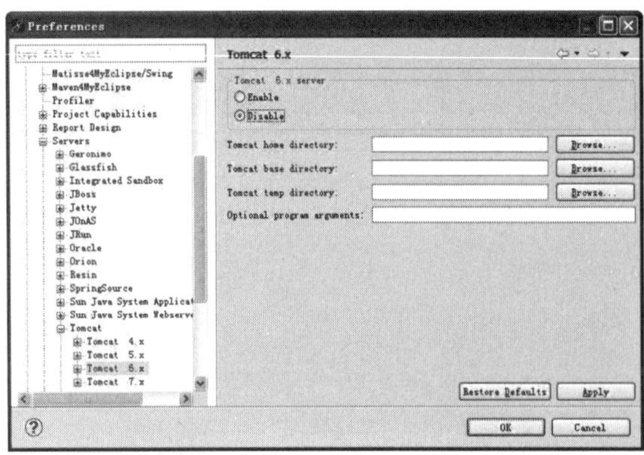

图 3-31 Tomcat 6.x 的配置界面

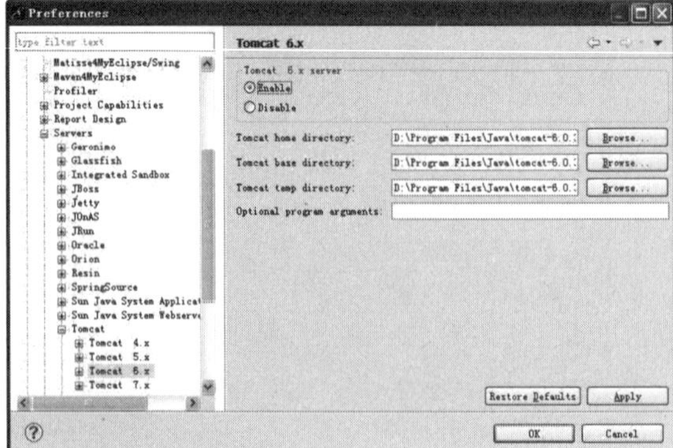

图 3-32 指定 Tomcat 的安装目录

（4）单击 Apply 按钮，应用当前的 Tomcat 6.x 配置。

（5）选中 Tomcat 6.x 中的 JDK 一项，如图 3-33 所示。

> 如果只配置了 Tomcat 服务器，而没有配置 JDK，则 MyEclipse 是无法正常部署 Web 应用的，也无法正常运行 Tomcat 服务器。

（6）单击 Tomcat 6.x JDK name 文本框右边的 Add... 按钮，将打开 Add JDK 窗口。在该窗口中单击 JRE home 文本框右边的 Directory... 按钮，指定 JDK 的安装目录，如图 3-34 所示。其中 JRE name 会自动生成，也可以手动修改。

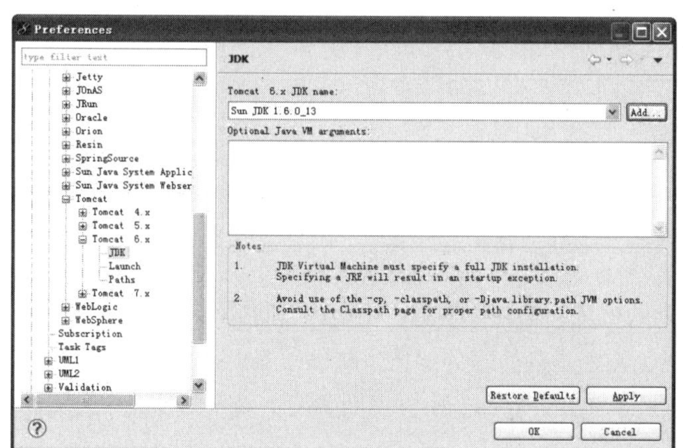

图 3-33 JDK 配置界面

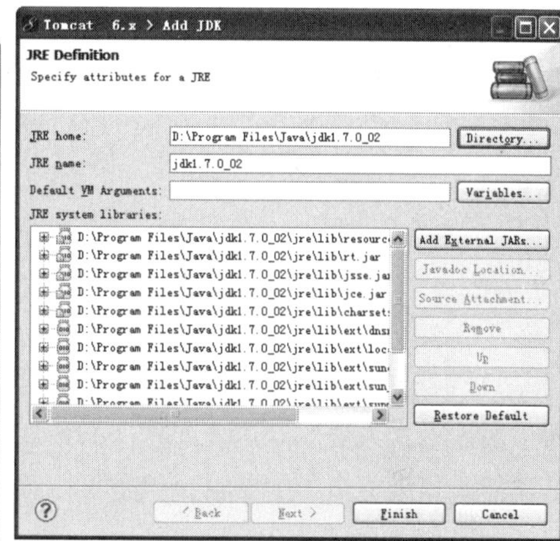

图 3-34 指定 JDK 的安装目录

（7）单击 Finish 按钮，关闭 Add JDK 窗口，回到 JDK 配置窗口。单击该窗口中的 Apply 按钮，并单击 OK 按钮，完成 Tomcat 应用程序服务器的配置。

3.3 Java Web 开发模式

使用 Java Web 技术实现时可以借助于多种相关的开发技术，如常见的 JavaBean、Servlet 等，也可以使用支持 MVC（Model View Controller）的设计框架，常见的框架有 Struts、Spring、JSF 等。

不同技术的组合产生了不同的开发模式，本节将介绍最常用的 5 种 Java Web 开发模式。

3.3.1 单一 JSP 模式

作为一个 JSP 技术初学者，使用纯粹 JSP 代码实现网站是其首选。在这种模式中实现网站，其实就是在 JSP 页面中包含各种代码，如 HTML 标记、CSS 标记、JavaScript 标记、逻辑处理、数据库处理代码等。这么多种代码放置在一个页面中，如果出现错误，不容易查找和调试。

这种模式设计出的网站，除了运行速度和安全性外，采用 JSP 技术或采用 ASP 技术就没有什么大的差别了。其执行原理如图 3-35 所示。

3.3.2 JSP+JavaBean 模式

对单一模式进行改进，将 JSP 页面响应请求转交给 JavaBean 处理，最后将结果返回客户。所有的数据通过 bean 来处理，JSP 实现页面的显示。JSP+JavaBean 模式技术实现了页面的显示和业务逻辑相分离。在这种模式中，使用 JSP 技术中的 HTML、CSS 等可以非常容易地构建数据显示页面，而对于数据处理可以交给 JavaBean 技术，如连接数据库代码、显示数据库代码。将执行特定功能代码封装到 JavaBean 中时，同时也达到了代码重用的目的。如显示当前时间的 JavaBean，不仅可以用在当前页面，还可以用在其他页面。

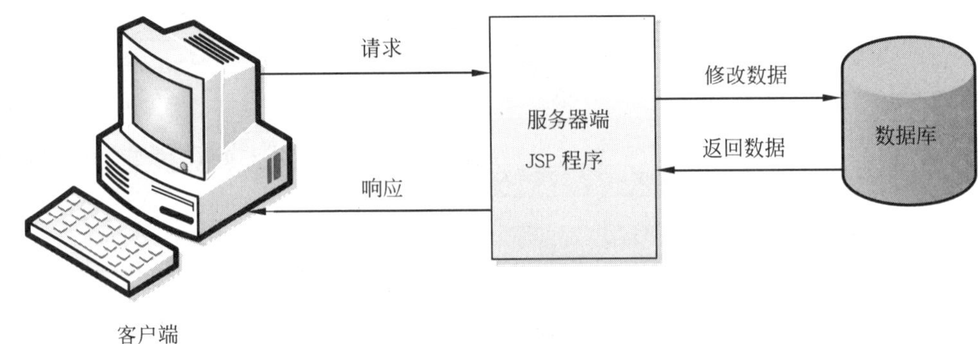

图 3-35　单一 JSP 模式

这种模式的使用，已经显示出 JSP 技术的优势，但并不明显。因为大量使用该模式时，常常会导致页面嵌入大量脚本语言或者 Java 代码，特别是在处理的业务逻辑很复杂时。综上所述，该模式不能满足大型应用的要求，但是可以很好地满足中小型 Web 应用的需要，其执行原理如图 3-36 所示。

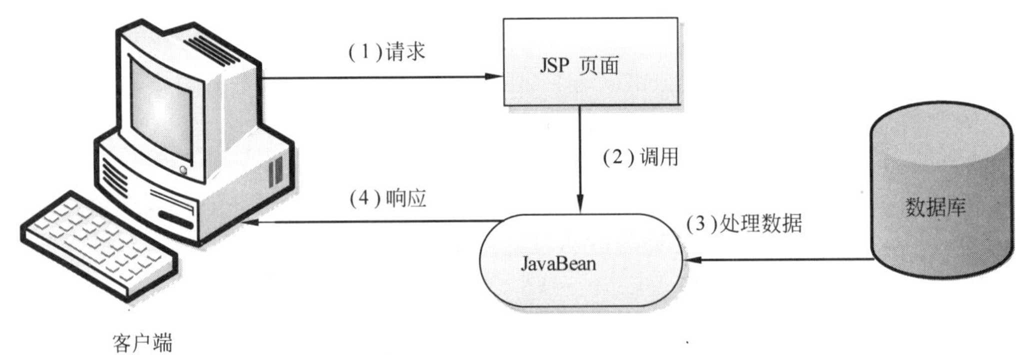

图 3-36　JSP+JavaBean 解决 Web 问题

3.3.3　JSP+JavaBean+Servlet 模式

MVC（Model、View、Controller）是一个设计模式，它强制性地使应用程序的输入、处理和输出分开。使用 MVC 应用程序被分成三个核心部件：模型、视图、控制器，每个部分各自处理自己的任务。

1．模型

模型（Model）就是业务流程/状态的处理以及业务规则的制定。业务流程的处理过程对其他层来说是黑箱操作，模型接受视图请求的数据，并返回最终的处理结果。业务模型的设计可以说是 MVC 最主要的核心。MVC 设计模式告诉我们，把应用的模型按一定的规则抽取出来，抽取的层次很重要，这也是判断开发人员是否优秀的设计依据。抽象与具体不能隔得太远，也不能太近。

2．视图

视图（View）代表用户交互界面，对于 Web 应用来说可以概括为 HTML 界面，也可以是 XHTML、XML 和 Applet。随着应用的复杂性和规模性，界面的处理也变得具有挑战性。一个应用可能有很多不同的视图，MVC 设计模式对于视图的处理仅限于视图上数据的采集和处理，以及用户的请求，而不包括在视图上的业务流程的处理。业务流程的处理交给模型处理。例如一个订单的视图只接受来自模型的数据并显示给用户，以及将用户界面的输入数据和请求传递给控制和模型。

3．控制器

控制器（Controller）可以理解为从用户接收请求将模型与视图匹配在一起，共同完成用户的请求。划分控制层的作用也很明显，它清楚地告诉你，它就是一个分发器，选择什么样的模型，选择什么样的视图，可以完成什么样的用户请求。控制层并不做任何的数据处理。例如，用户单击一个连接，控制层接受请求后并不处理业务信息，它只把用户的信息传递给模型，告诉模型做什么，选择符合要求的视图返回给用户。因此，一个模型可能对应多个视图，一个视图可能对应多个模型。

模型、视图与控制器的分离，使得一个模型可以具有多个显示视图。如果用户通过某个视图的控制器改变了模型的数据，所有其他依赖于这些数据的视图都会反映出这些变化。因此，无论何时发生了何种数据变化，控制器都会将变化通知所有的视图，导致显示的更新。

JSP+JavaBean+Servlet 技术组合很好地实现了 MVC 模式，其中 View 通常是 JSP 文件，即页面显示部分；Controller 用 Servlet 来实现，即页面显示的逻辑部分实现；Model 通常用服务端的 JavaBean 或者 EJB 实现，即业务逻辑部分的实现，其形式如图 3-37 所示。

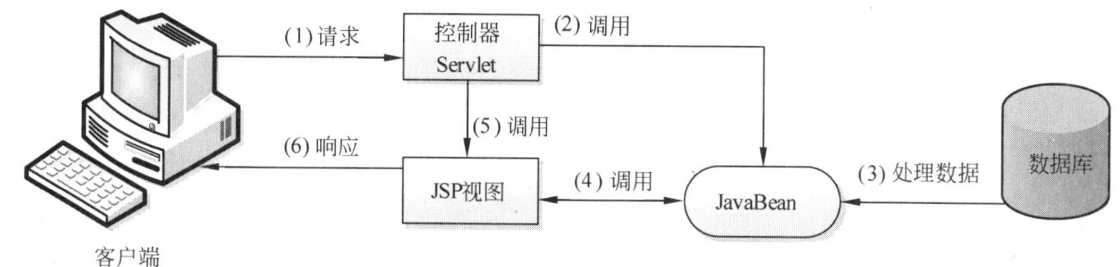

图 3-37　MVC 模式

3.3.4　Struts 框架模式

除了以上这些模式之外，还可以使用框架实现 JSP 应用，如 Struts、JSF 等框架。本节以 Struts 为例，介绍使用框架实现 JSP 网站。Struts 是由一组相互协作的类、Servlet 以及丰富的标签库和独立于该框架工作的实用程序类组成。Struts 有其自己的控制器，同时整合了其他的一些技术去实现模型层和视图层。在模型层，Struts 可以很容易地与数据访问技术相结合，包括 EJB、JDBC 和 Object Relation Bridge。在视图层，Struts 能够与 JSP、XSL 等这些表示层组件相结合。

Struts 框架是 MVC 模式的体现，可以分别从模型、视图、控制几方面来了解 Struts 的体系结构（Architecture）。如图 3-38 所示显示了 Struts 框架的体系结构在响应客户请求时，各个部分工作的原理。

在图 3-38 中可以看到，当用户在客户端发出一个请求后，Controller 控制器获得该请求会调用 struts-config.xml 文件找到处理该请求的 JavaBean 模型。此时控制权转交给 Action 来处理，或者调用相应的 ActionForm。在做上述工作的同时，控制器调用相应的 JSP 视图，并在视图中调用 JavaBean 或 EJB 处理结果。最后直接转到视图中显示，在显示视图的时候需要调用 Struts 的标签和应用程序的属性文件。

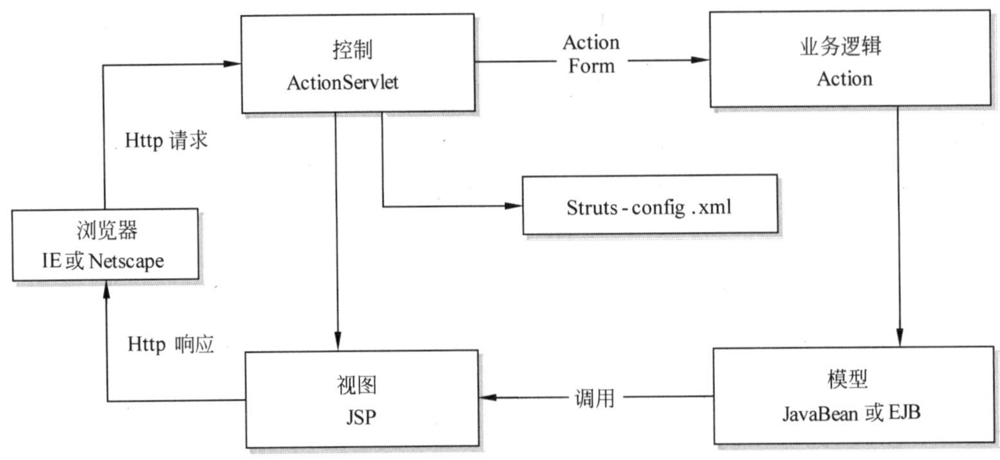

图 3-38 Struts 体系结构

3.3.5 J2EE 模式实现

Struts 等框架的出现已经解决了大部分 JSP 网站的实现，但还不能满足一些大公司的业务逻辑较为复杂、安全性要求较高的网站实现。J2EE 是 JSP 实现企业级 Web 开发的标准，是纯粹基于 Java 的解决方案。1998 年，Sun 发布了 EJB 1.0 标准。EJB 为企业级应用中必不可少的数据封装、事务处理、交易控制等功能提供了良好的技术基础。至此，J2EE 平台的三大核心技术 Servlet、JSP 和 EJB 都已先后问世。

1999 年，Sun 正式发布了 J2EE 的第一个版本。到 2003 年时，Sun 的 J2EE 版本已经升级到了 1.4 版，其中三个关键组件的版本也演进到了 Servlet 2.4、JSP 2.0 和 EJB 2.1。至此，J2EE 体系及相关的软件产品已经成为 Web 服务端开发的一个强有力的支撑环境。在这种模式里，EJB 替代了前面提到的 JavaBean 技术。

J2EE 设计模式由于框架大，不容易编写，不容易调试，比较难以掌握，目前只是应用在一些大型的网站上。J2EE 应用程序是由组件构成的 J2EE 组件是具有独立功能的软件单元，它们通过相关的类和文件组装成 J2EE 应用程序，并与其他组件交互，如图 3-39 所示。

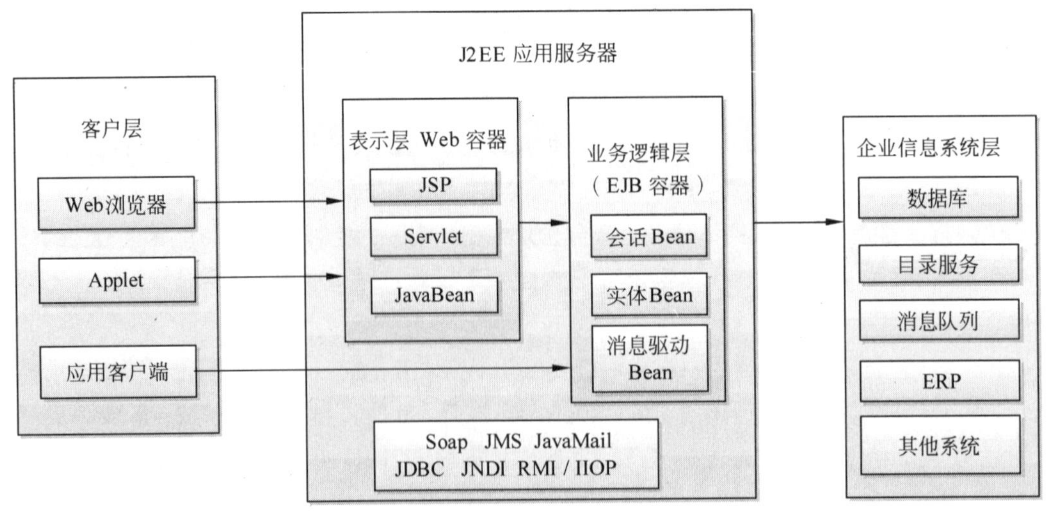

图 3-39 J2EE 体系结构

3.4 实例应用：使用 MyEclipse 开发 Java Web 程序

3.4.1 实例目标

MyEclipse 是开发 Java Web 程序的首选工具，它为开发人员提供了一流的 Java 集成开发环境。前面介绍了 MyEclipse 的安装，以及与 Tomcat 服务器的整合。本次实例将使用 MyEclipse 开发一个简单的 Java Web 程序，讲解使用 MyEclipse 开发 Web 应用的具体方法。

3.4.2 技术分析

MyEclipse 提供了很多记事本不具有的特点和显著的优势，如自动编译、语法着色、代码格式化以及自动提示等。

使用 MyEclipse 开发时大致需要经过三个阶段，第一个是创建项目，第二个是在项目中进行具体的开发和编码，最后是发布项目到 Tomcat 并测试运行。

3.4.3 实现步骤

（1）打开 MyEclipse 开发界面，选择 File | New | Project 选项，打开 New Project 窗口。在该窗口中选择 Web Project 选项，启动 Web 项目创建向导，如图 3-40 所示。

（2）单击 Next 按钮，在打开的 New Web Project 窗口的 Project Name 文本框中输入“MyFirstWebPro”，并选中 J2EE Specification Level 为 Java EE 6.0，其他采用默认设置，如图 3-41 所示。

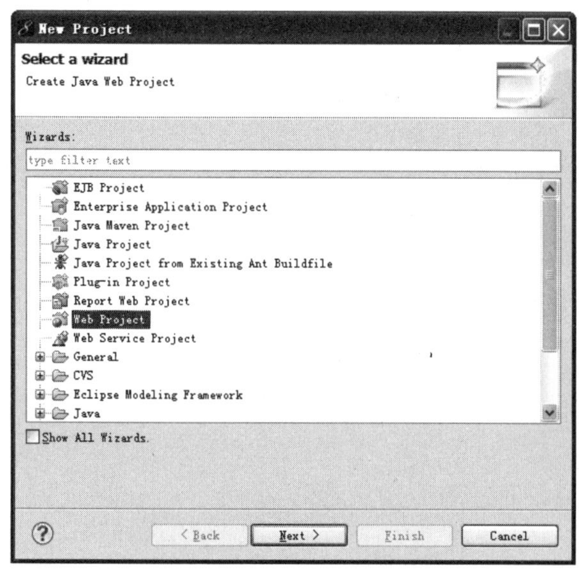

图 3-40 启动 Web 项目创建向导

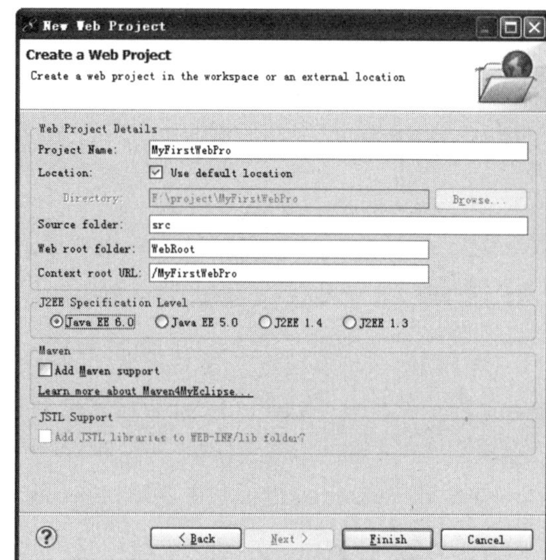

图 3-41 创建新的 Web 项目

（3）单击 Finish 按钮，完成项目 MyFirstWebPro 的创建。此时在 MyEclipse 平台左侧的项目资源管理器中将显示 MyFirstWebPro 项目的目录结构，如图 3-42 所示。

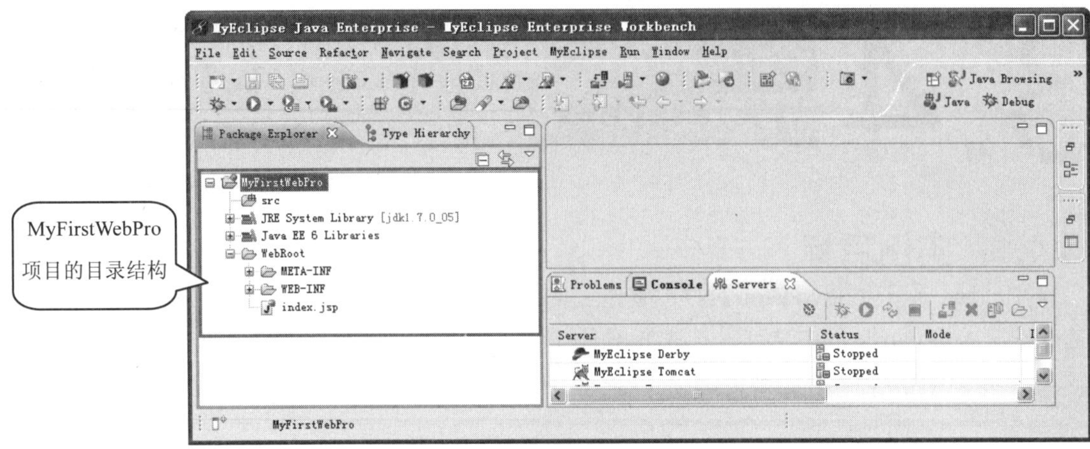

图 3-42　项目 MyFirstWebPro 的目录结构

Web 项目创建完成后，就可以根据实际需要创建类文件、JSP 文件或其他文件了。

（4）在 MyFirstWebPro 项目中右击 WebRoot 节点选择 New | Other 选项打开 New 窗口。在该窗口中选择 MyEclipse | Web | JSP（Advanced Templates）选项，如图 3-43 所示。

（5）单击 Next 按钮在打开的 Create a new JSP page 窗口中将文件的名字修改为 welcome.jsp，然后选择使用默认的 JSP 模板，如图 3-44 所示。

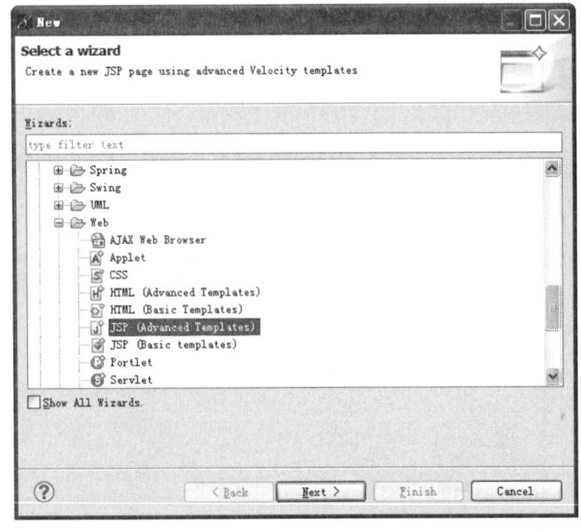

图 3-43　New 窗口

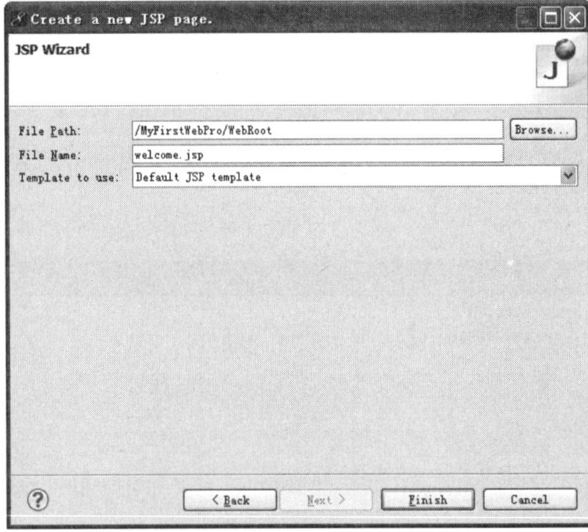

图 3-44　创建 JSP 页面窗口

（6）单击 Finish 按钮完成 JSP 文件的创建。此时，在项目资源管理器的 WebRoot 节点下，将自动添加一个名称为 welcome.jsp 的文件，同时，MyEclipse 会自动以默认的与 JSP 文件关联的编辑器将文件在右侧的编辑窗口中打开。

（7）将 welcome.jsp 文件中的默认代码修改为如下的代码。

```
<%@ page language="java" import="java.util.*" pageEncoding="gb2312"%>
<%
    String path = request.getContextPath();
    String basePath = request.getScheme() + "://"
            + request.getServerName() + ":" + request.getServerPort()
            + path + "/";
%>
```

```
<!DOCTYPE HTML PUBLIC "-//W3C//DTD HTML 4.01 Transitional//EN">
<html>
    <head>
        <base href="<%=basePath%>">
        <title>第一个 Java Web 应用</title>
    </head>
    <body>
        <center>欢迎访问我的第一个 Java Web 应用! </center>
    </body>
</html>
```

将编辑好的 JSP 文件保存。至此就完成了一个简单的 JSP 页面的创建。剩下的工作就是发布到 Tomcat 并运行了。

（8）选中 MyFirstWebPro 应用的根目录，单击工具栏中的按钮弹出 Project Deployments 对话框，如图 3-45 所示。

（9）单击 Add 按钮打开 New Deployment 窗口。在 Server 下拉列表选项中选择 Tomcat 6.x，其他采用默认设置，如图 3-46 所示。

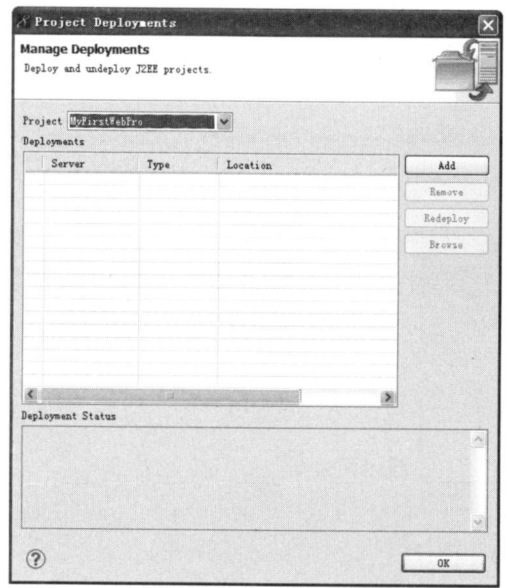

图 3-45　Project Deployments 对话框

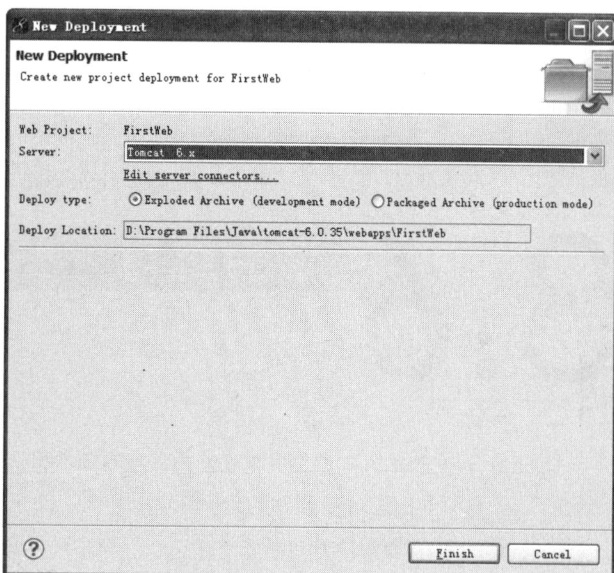

图 3-46　选择服务窗口

（10）当 Project Deployments 对话框的底部出现 Successfully deployed 时表示部署成功。

成功部署后，单击中右边的倒三角箭头，选择 Tomcat 6.x | Start 选项，启动 Tomcat 应用服务器。启动成功后，打开 IE 浏览器，在地址栏中输入“http://localhost:8080/MyFirstWebPro/welcome.jsp”，显示如图 3-47 所示的页面效果。

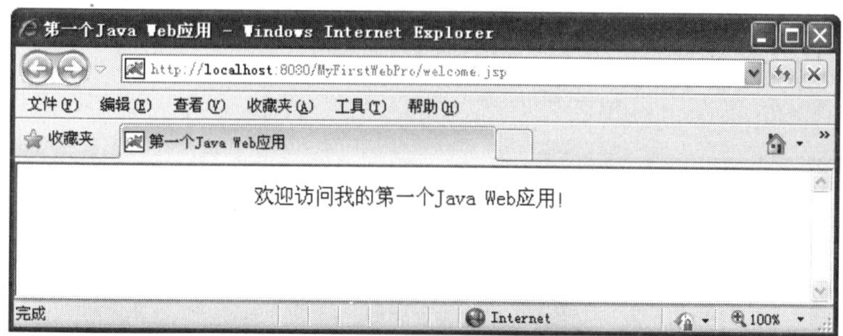

图 3-47　访问 JSP 页面

3.5 拓展训练

在 Tomcat 中手动部署 Web 应用

在 MyEclipse 中创建一个名称为 WebTest 的 Web 项目，并在项目下创建一个 index.jsp。然后在 Tomcat 的 webapps 目录下创建一个与 Web 项目名称相同的文件夹 WebTest。再将 WebTest 项目中的 WebRoot 目录下的所有文件复制到该文件夹下。接下来双击 startup.bat 文件启动 Tomcat 服务器，输入“http://localhost:8080/WebTest”请求 index.jsp 文件，运行效果如图 3-48 所示。

图 3-48　index.jsp 运行效果

3.6 课后练习

一、填空题

1. Web 开发技术大体上也可以被分为客户端技术和__________技术两大类。
2. __________是 Java 程序的运行环境。
3. 使用 JDK 需要配置 Path 和__________两个环境变量。
4. 配置 JDK 时需要将 java.exe 的路径添加到__________环境变量中。

二、选择题

1. Javac 位于 JDK 的__________目录下。

   A. bin

   B. include

   C. jre

   D. lib

2. Tomcat 服务器的默认端口是__________。

   A. 80

   B. 8080

   C. 3366

   D. 1433

3. 在 JSP 页面中包含各种代码，如 HTML 标记、CSS 标记、JavaScript 标记、逻辑处理、数据库处理代码。这属于__________开发模式。

A. JSP+JavaBean

B. J2EE 框架

C. Struts 框架

D. 单一 JSP

4. MVC 模式中的 Controller 使用__________来实现。

A. Servlet

B. JSP

C. JavaBean

D. EJB

三、简答题

1. 运行一个 Java Web 页面需要哪些工具?
2. 简述 JDK 在 JSP 开发中的作用，以及配置方法。
3. 简述 MyEclipse 的安装以及开发 JSP 页面的过程。
4. 谈谈单一 JSP 模式的开发方法。
5. 论述常见的几种 JSP 开发模式，以及各自的特点。

第 4 章 JSP 语法基础

JSP 脚本采用 Java 语言，继承了 Java 的所有优点。JSP 的使用类似于 HTML 和 Java 代码段，能将 HTML 代码从 Web 页面的业务逻辑中分离出来，JSP 成功之处在于动态代码的封装，如使用指令标记、动作标记、内置对象。通过这些 JSP 元素达到页面显示和数据处理的相互分离。

JSP 元素可分为脚本元素、指令元素与动作元素三种类型。脚本元素是嵌入到 JSP 页面中的 Java 代码；指令元素则是针对 JSP 引擎设计，它控制 JSP 引擎如何处理代码；而动作元素主要用于连接所要使用的组件，另外还可以控制 JSP 引擎的动作。为了能加强程序的可读性，在 JSP 页面中往往添加一定的注释。

本章主要讲解 JSP 语法基础，包括 JSP 页面构成、JSP 指令标记、JSP 脚本元素、JSP 动作元素和 JSP 页面的注释部分。

本章学习目标：

- ❑ 了解构成 JSP 页面的基本构成
- ❑ 了解构成 JSP 脚本的基本元素
- ❑ 熟练掌握 JSP 的指令标记
- ❑ 理解 JSP 程序中的页面指令的各个属性
- ❑ 掌握在 JSP 程序中使用脚本
- ❑ 理解 JSP 程序中各种动作元素

4.1 JSP 页面的基本构成

JSP 页面是指扩展名为.jsp 的文件。JSP 页面由指令标签、HTML 标记语言、注释、Java 代码、JSP 动作标签组成，这 5 个元素构成了基本的 JSP 页面。

【练习 1】

创建简单的 index.jsp 页面，包含 JSP 页面的基本元素，代码如下。

```
<%@ page language="java" import="java.util.*,java.text.SimpleDateFormat"
pageEncoding="gbk"%>
<!DOCTYPE HTML PUBLIC "-//W3C//DTD HTML 4.01 Transitional//EN">
<html>
  <head>
    <title>一个简单的注册用户页面</title>
  </head>
 <body >
     <div align="center" style="padding-top:75px"   style="font-size:20px"  >
         <form action="LoginVote" method="post">
             欢迎来注册一个登录用户：<br>
             用户名:<input type="text" name="user" /><br><br>
             密码：    <input type="password" name="psw" /><br><br>
             <input type="submit" name="commit" value="提交" />
             <input type="reset" value="重置" />
         </form>
     <%
         Date date = new Date();//获取日期对象
         SimpleDateFormat dateformat = new SimpleDateFormat("yyyy-MM-dd  HH:MM:
         SS");
         String day = dateformat.format(date);//获取当前日期
     %>
     注册时间是：<%=day%><!-- 输出系统时间 -->
     </div>
     </body>
</html>
```

将程序发布到 Tomcat 服务器，运行结果如图 4-1 所示。

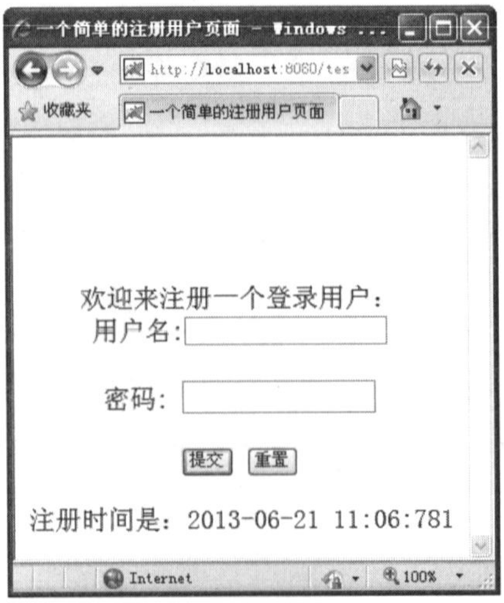

图 4-1　页面运行结果

分析练习 1 中的 JSP 页面，在该页面中包含指令标签、HTML 代码、嵌入的 Java 代码和注释等内容，如图 4-2 所示。

```
1  <%@ page language="java" import="java.util.*,java.text.SimpleDateFormat"
2  pageEncoding="gbk"%>
3  <!DOCTYPE HTML PUBLIC "-//W3C//DTD HTML 4.01 Transitional//EN">
4  <html>
5    <head>
6      <title>一个简单的注册用户页面</title>
7    </head>
8   <body >
9      <div align="center" style="padding-top:75px"   style="font-size:20px"  >
10         <form action="LoginVote" method="post">
11             欢迎来注册一个登录用户：<br>
12             用户名:<input type="text" name="user" /><br><br>
13             密码：<input type="password" name="psw" /><br><br>
14             <input type="submit" name="commit" value="提交" />
15             <input type="reset" value="重置" />
16         </form>
17     <%
18         Date date = new Date();//获取日期对象
19         SimpleDateFormat dateformat = new SimpleDateFormat("yyyy-MM-dd  HH:MM:SS");
20         String day = dateformat.format(date);//获取当前日期
21     %>
22 注册时间是：<%=day%><!-- 输出系统时间 -->
23     </div>
24     </body>
25 </html>
```


图 4-2　JSP 页面结构

下面主要对 JSP 页面的各个结构进行说明。

（1）JSP 指令标签：图 4-2 代码中的第 1、2 行，通常位于文件的首位。

（2）HTML 标记语言：图 4-2 代码中的第 4~16 行、第 23~25 行，定义了网页内容的显示格式。

（3）注释：图 4-2 代码中第 22 行使用了 HTML 的注释格式，在 JSP 页面中也可以使用 JSP 页面的注释格式和嵌入 Java 代码的注释格式。

（4）嵌入的 Java 代码：图 4-2 代码中第 17~21 行，这些代码被包含在<% %>标签中，这部分可以看作是 Java 类的部分代码。

（5）JSP 动作标签：上述练习中没有使用动作标签，主要进行用户请求的转发，在以后的课程中会讲到详细的使用。

4.2 JSP 指令标记

指令标识主要是用于设置整个 JSP 页面范围内有效的相关信息，这些标识会被各种服务器解释执行，但是不会产生任何内容输出到网页中。

JSP 包含 page、include 和 taglib 共三个指令标识，其语法结构相同，定义方法如下。

```
<%@ 指令名 属性 1="属性值 1" 属性 2="属性值 2" ...%>
```

其中各个参数含义如下。

（1）指令名：指定指令名，取值为 page、include 和 taglib 指令。

（2）属性：指定属性名称，不同的指令包含不同的属性。如果在一个指令中需要设置多个属性，则属性之间用逗号或空格分隔。

（3）属性值：指定属性值。

注意在使用一个指令时要注意，指令名与@符号之间应该有一个空格。

4.2.1 页面指令（page）

页面指令 page 指令是 JSP 页面中最常用到的指令，也是每一个 JSP 页面中必须要用到的指令。page 指令用于定义整个 JSP 页面中的全局属性，描述了和页面相关的指示。在一个 JSP 页面中 page 指令可以出现多次，但是每一种属性只可以出现一次，重复的属性设置将覆盖先前的设置。

page 指令的语法格式如下。

```
<%@ page 属性 1="属性值 1" 属性 2="属性值 2" …%>
```

page 指令提供了多个属性，其中，有些在实际应用中可以省去。下面将详细介绍每个属性的作用。

1．language 属性

language 属性指定在脚本元素中使用的脚本语言，默认值为 Java。设置 language 属性语法格式如下。

```
<%@ page language="java"%>
```

2．extends 属性

extends 属性用于指定 JSP 页面转换后的 Servlet 类从哪个类继承，属性值是完整的限定类名。通常不需要使用这个属性，JSP 容器会提供转换后的 Servlet 类的父类。设置 extends 属性语法格式如下。

```
<%@ page extends="package.ClassName"%>
```

3．import 属性

import 属性用于定义此 JSP 页面要导入的类包，可以使用哪些 Java API。用逗号分隔列出一个或多个类全名。设置 import 属性语法格式如下。

```
<%@ page import="java.util.*,java.text.SimpleDateFormat"%>
```

4．contentType 属性

指定相应的 JSP 页面的 MIME 类型和字符编码，浏览器会根据该属性指定的类型和编码显示网页内容。设置 contentType 属性语法格式如下。

```
<%@ page contentType="text/html; charset=gbk" %>
```

5．pageEncoding 属性

pageEncoding 属性用于指定 JSP 页面的字符编码格式，也就是指定文件编码，如果没有设置这个属性，则 JSP 页面使用 contentType 指定的字符集，如果都没有指定，则使用 ISO-8859-1（不支持中文字符）。设置 pageEncoding 属性语法格式如下。

```
<%@ page pageEncoding="gbk"%>
```

注意

JSP 页面的默认编码是 ISO-8859-1，该编码是不支持中文字符的，因此在使用的过程中应该将其改为 GBK、GB2312 或 GB18030，那么浏览器在显示该页面的时候，就不会产生中文乱码的问题。

6. session 属性

session 属性用于指定在 JSP 页面中是否可以使用 HTTP 的 session 对象，该属性值是 boolean 类型，默认值为 true，还可以设置为 false。

如果为 true，表示可以使用 session 会话对象，如果为 false，表示当前 JSP 页面不可以使用 session 会话对象。设置 session 属性语法格式如下。

```
<%@ page session="false" %>
```

7. buffer 属性

buffer 属性用于指定 JSP 的 out 输出对象使用的缓冲区的大小，该属性默认值为 8KB，还可以是 none 或者自定义一个数值。设置 buffer 属性语法格式如下。

```
<%@ page buffer="32KB"%>
```

8. autoflush 属性

autoflush 属性用于决定输出流的缓冲区是否要自动清除。默认值为 true，当值为 true 时缓存满时将被自动刷新，当值为 false 时，缓冲区缓存满时会抛出溢出异常。设置 autoflush 属性语法格式如下。

```
<%@ page autoflush="false" %>
```

当 buffer 属性为 none 时，不能将 autoFlush 属性设置为 false。通常在同一 page 指令中设置 buffer 和 autoFlush 属性。

9. isThreadSafe 属性

isThreadSafe 属性用于设置此 JSP 页面是否能处理来自多个线程的同步请求，该属性默认值为 true，也可以设置为 false，如果设置为 true，当多个客户请求发向 JSP 引擎时，可以被一次处理。如果被设置为 false，则采用单线程模式控制客户端访问该页面。设置 isThreadSafe 属性语法格式如下。

```
<%@ page isThreadSafe="true" %>
```

10. info 属性

info 属性用于设置 JSP 页面的相关信息，由 Servlet 接口的 getServletInfo()方法获取，通常情况下该方法返回作者、版本或版权这样的信息。设置 info 属性语法格式如下。

```
<%@ page info="作者: 李明" %>
```

11. errorPage 属性

errorPage 属性用于指定处理 JSP 页面异常错误的另一个 JSP 页面的错误，errorPage 属性值是一个 url 字符串。设置 errorPage 属性语法格式如下。

```
<%@ page errorPage="error.jsp" %>
```

如果一个页面通过使用该属性定义了错误页面，那么在 web.xml 中定义的任何错误将不会被使用。

12. isErrorPage 属性

isErrorPage 属性用于设置该页面是否作为其他页面的错误处理页面，即如果此页面被用作处理异常错误的页面，则为 true。在这种情况下，页面可被指定为另一页面 page 指令元素中 errorPage

属性的取值。指定此属性为 true 将使 exception 隐含变量对此页面可用。默认值为 false。设置 isErrorPage 属性语法格式如下。

```
<%@ page isErrorPage="true" %>
```

13. isELIgnored 属性

isELIgnored 属性用于定义 JSP 页面是否忽略 EL 表达式。如果为 true 时 JSP 将忽略 EL 表达式。设置 isELIgnored 属性语法格式如下。

```
<%@ page isELIgnored="false" %>
```

4.2.2 文件包含指令（include）

include 指令是 JSP 提供的用于页面文件包含的指令，可以在 JSP 编译时插入包含一个文件。包含文件的过程如图 4-3 所示。包含的过程是静态的，包含的文件可以是 JSP、HTML、文本或是 Java 程序。设置 include 指令的语法格式如下。

```
< %@ include file="URL" %>
```

file 的属性值是相对于当前 JSP 文件的 URL，一般来说，也可以是网络服务器的根目录，被包含进来的文件内容将被解析成 JSP 文本，因此包含的文件必须符合 JSP 语法。

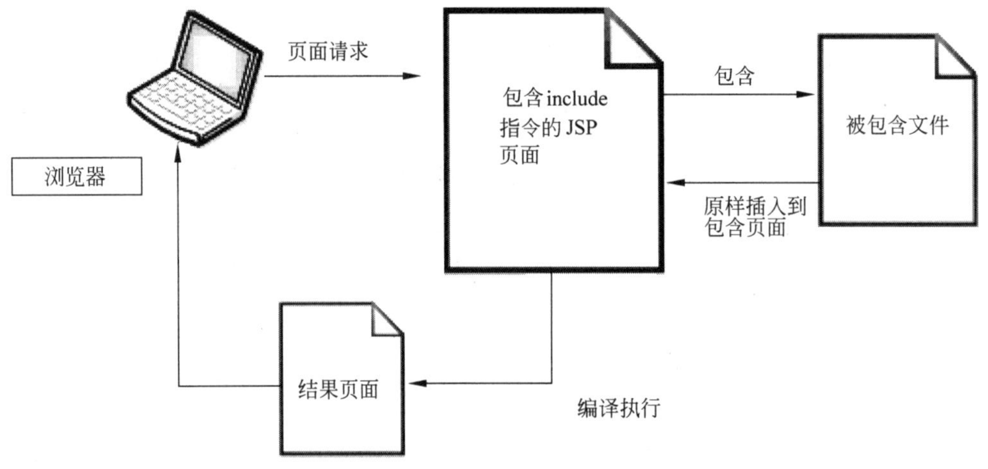

图 4-3 include 指令包含文件的过程

注意

使用 include 指令最终将生成一个文件，所以包含文件和被包含文件中不能有相同名称的变量，否则会发生编译错误。

【练习 2】

分别创建页面上方和页面下方的 top.jsp 和 down.jsp 页面，创建 success.jsp 页面，使用 include 指令包含 top.jsp 和 down.jsp 页面。

（1）创建 top.jsp 页面显示在网页上方，代码如下。

```
<%@ page language="java" import="java.util.*" pageEncoding="GBK"%>
<html><body>
<img src="bookstore/imgs/top.jpg" width="900" height="180" />
</body></html>
```

（2）创建 down.jsp 页面显示在网页下方，代码如下。

```
<%@ page language="java" import="java.util.*" pageEncoding="GBK"%>
<html><body>
<img src="bookstore/imgs/bottom.jpg" width="900" height="180" />
</body></html>
```

（3）在 success.jsp 页面中使用 include 指令包含 top.jsp 页面和 down.jsp 页面，其代码如下。

```
<%@ page language="java" import="java.util.*" pageEncoding="GBK"%>
<html><body>
    <%@ include file="top.jsp" %><br><!-- 在页面中包含 top.jsp -->
   <h1>Itzcn 书店</h1>
    <h2>Itzcn 书店</h2>  <!-- success.jsp 的内容 -->
   <h3>Itzcn 书店</h3>
    <%@ include file="bottom.jsp" %><!-- 在页面中包含 down.jsp -->
</body></html>
```

将该项目部署在 Tomcat 服务器下，启动服务器。运行 succes.jsp 页面，效果如图 4-4 所示。

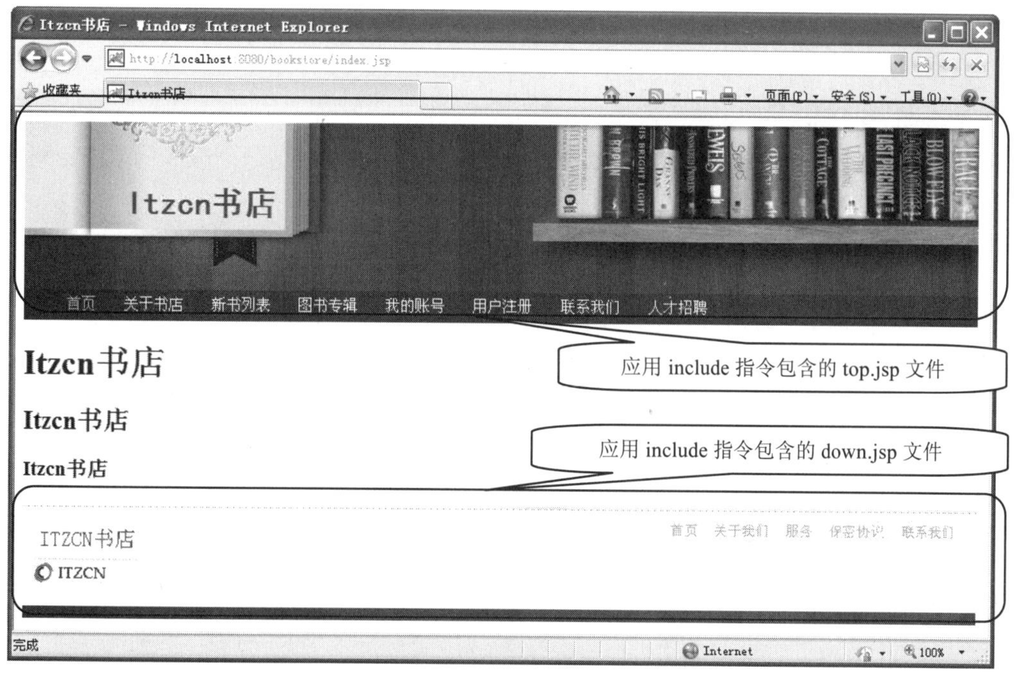

图 4-4　使用 include 包含多个页面的 JSP 页面

4.2.3　引用标签库指令（taglib）

taglib 指令允许页面使用用户自定义的标签，首先用户开发标签库，为标签库编写.tld 配置文件，然后在 JSP 页面里使用自定义标签。使用这个标签可以增加代码的重用度，比如可以把迭代显示的内容制作成一个标签，在每次要迭代显示的时候，就可以使用这个标签。

在 JSP 2.0 中增加了 JSTL 标签库。taglib 指令的语法如下。

```
<%@ taglib uri="taglibraryURI"|prefix="tagPrefix"%>
```

其中，uri 是描述标签库位置的 URI，可以是相对路径或绝对路径。prefix 属性指定了那些自定义标记的前缀，这些前缀不可以是：jsp、jspx、java、javax、sun、servlet 和 sunw。

4.3 JSP 脚本元素

JSP 脚本元素用来插入 Java 代码，这些 Java 代码将出现在由当前 JSP 页面生成的 Servlet 中。JSP 的页面组成可以是静态类、指令、表达式、脚本、声明、标注动作和注释。

在 JSP 中，主要的程序部分就是脚本元素。脚本元素包括三部分：声明（declaration）、表达式（expression）和脚本（scriptlet）。从功能上讲，声明用于定义一个或多个变量，表达式是一个完整的语言表达式，脚本代码部分则是一些程序片段。

所有的脚本元素都以“<%”标记开始，以“%>”标记结束。为了区别表达式、脚本和声明，声明使用“!”，表达式使用“=”，而脚本不使用任何符号，如下所示。

```
<%!declaration %>        <!-- 声明 -->
<%=expression %>         <!-- 表达式 -->
<%scriptlet %>           <!-- 脚本 -->
```

4.3.1 声明标识

JSP 声明用于定义一个或多个变量或方法，声明不会有任何输出，它一般和脚本结合到一起来使用。声明的格式如下。

```
<%!Java 声明%>
```

在一个 JSP 页面中可以插入多个声明，一个声明中可以插入多个 Java 声明，例如：

```
<%!
    String userName="吴波";
    String password="888888";
    int num = 1;
%>
```

1．变量的声明

在声明变量的时候，要注意变量的作用域，声明的变量将在生成的 Java 类中为它们赋予对象作用域或类作用域，这取决于是否在声明中使用了 static 关键字。

2．方法的声明

在声明变量时要注意变量的作用域，例如，在方法中声明一个变量，该变量具有方法作用域，具有方法作用域的变量只有在方法调用时才有效。

所有的 Java 方法都具有类或对象的作用域。下面声明了一个具有类作用域的方法 test()，该方法为自增函数，代码如下。

```
<%! public static void test(){
    for (int i=0;i<10;i++){
        System.out.println(i);
    }
} %>
```

3．类的声明

声明类是 JSP 页面对应的 Servlet 类的内部类，页面上所有脚本元素都可以创建该类的对象。下面定义一个 sum 类，代码如下。

```
<%! public static class sum
    {
        int num1;
        int num2;
        sum(int num1,int num2){
            this.num1=num1;
            this.num2=num2;
        }
        static int getsum(int num1,int num2){
            return  num1+num2;
        }
    } %>
```

4.3.2 JSP 表达式

JSP 表达式是用来把 Java 的数据直接输出到页面上，其具体语法如下。

```
<%=Java 表达式%>
```

容器会把 Java 表达式计算得到的结果转换成字符串，然后插入到页面中。例如，下面的 JSP 页面将显示被请求时的系统时间。

```
<body>
    当前系统时间是:<%=new java.util.Date()%>
</body>
```

所有表达式，无论复杂还是简单，都会被计算成一个单独的结果或值。JSP 页面依赖于 JspWriter 对象输出 JSP 表达式，该对象可以接受任何 Java 表达式结果，将其转换为 String 类型，然后输出到响应缓冲区。

4.3.3 脚本程序

脚本是任意的 Java 代码段。如果需要使用 Java 实现更加复杂的操作和控制时，声明就不能满足要求了。脚本代码可以通过 JSP 内置对象在页面输出内容、访问 session 会话、编写流程控制语句等。JSP 脚本可以把任意的 Java 代码插入到 Servlet 中，格式如下。

```
<%...任意的 Java 代码...%>
```

1．脚本代码中的变量

在脚本代码中可以声明变量，与在 JSP 中的声明一样，不过 JSP 声明的变量是具有类或对象作用域的成员变量，JSP 脚本代码声明的变量值具有方法作用域，代码如下。

```
<%! int i = 0; %>
<%  String s = "ssss"; %>
```

2. 脚本代码中的表达式

在脚本代码中可以使用任何符合 Java 语法的表达式，代码如下。

```
<%@ page language="java" import="java.util.*" pageEncoding="gbk"%>
<!DOCTYPE HTML PUBLIC "-//W3C//DTD HTML 4.01 Transitional//EN">
<html>
<title>输出数组</title>
<body>
    <%@ include file="top.jsp" %><br><!-- 在页面中包含 top.jsp -->
    <h1>Itzcn 书店图书分类</h1>
    <table border="1">
   <%
    String[] name={ "SQL Server 完全学习手册","Oracle 完全学习手册","PHP 技术 ","ASP.
    NET 实践"};
    for(int i=0;i<name.length;i++){  %>
    <tr>
    <td><%=name[ i]  %></td>
    </tr>
    <%}  %>
 </table>    <!-- success.jsp 的内容 -->
    <h3>Itzcn 书店</h3>
    <%@ include file="bottom.jsp" %><!-- 在页面中包含 down.jsp -->
</body>
</html>
```

将项目部署到 Tomcat 服务器上，运行结果如图 4-5 所示。

图 4-5　使用 include 包含多个页面的 JSP 页面

4.4 JSP 的动作元素

JSP 动作利用 XML 语法格式的标记来控制 Servlet 引擎的行为。利用 JSP 动作可以动态地插入文件、重用 JavaBean 组件、把用户重定向到另外的页面、为 Java 插件生成 HTML 代码。JSP 基本动作包括以下几种。

（1）jsp:include：在页面被请求的时候引入一个文件。

（2）jsp:useBean：寻找或者实例化一个 JavaBean。

（3）jsp:setProperty：设置 JavaBean 的属性。

（4）jsp:getProperty：输出某个 JavaBean 的属性。

（5）jsp:forward：把请求转到一个新的页面。

（6）jsp:plugin：根据浏览器类型为 Java 插件生成 OBJECT 或 EMBED 标记。

动作元素和指令元素不同，动作元素是在客户端请求时期动态执行的，每次有客户端请求时可能都会被执行一次。而指令元素是在编译时期被编译执行，它只会被编译一次。

4.4.1 <jsp:include>动作标识

<jsp:include>动作标识作用于包含的其他页面，被包含的页面可以是静态页面或者动态页面。<jsp:include>包含的原理是将被包含的页面编译处理后将结果包含在页面中。包含页面的过程如图 4-6 所示。

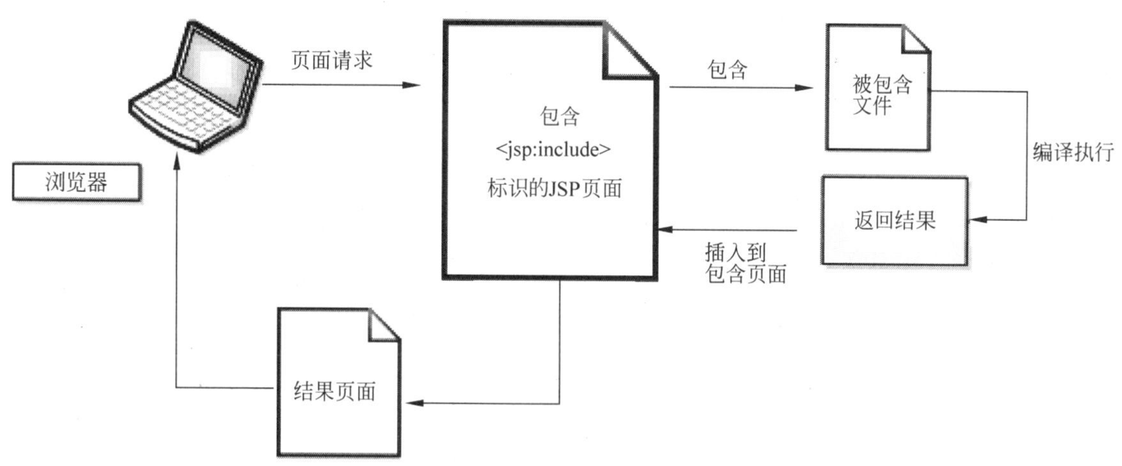

图 4-6 <jsp:include>指令包含文件的过程

当浏览器第一次请求一个使用<jsp:include>包含其他页面的页面时，Web 容器首先会编译被包含页面。然后将编译处理后的返回结果包含在页面中，之后编译包含文件，最后将两个页面组合的结果回应给浏览器。

注意

由于静态页面不需要编译就可以被 Web 容器解析，所以如果包含的页面是一个静态页面，将不会经历编译处理这一过程。

<jsp:include>动作具体有两种形式的语法，最简单的形式是不设置任何参数，其语法如下。

```
<jsp:include page="URL" flush="true" />
```

另一种复杂的形式支持为<jsp:param>动作设置参数，其语法形式如下。

```
<jsp:include page="relative URL" flush="true">
    [<jsp:param…/>]  *
</jsp:include>
```

（1）page 属性：指定被包含文件的相对路径。例如，指定属性值为“top.jsp”，则表示将与当前 JSP 文件相同文件夹中的 top.jsp 文件包含到当前 JSP 页面中。

（2）flush 属性：可选，设置是否刷新缓冲区，默认值为 false。如果设置为 true，在当前页面输出使用缓冲区的情况下首先刷新缓冲区，然后执行包含操作。

前面已经介绍过 include 指令，它是在 JSP 文件被转换成 Servlet 的时候引入文件，而这里的<jsp:include>动作不同，插入文件的时间是在页面被请求的时候。<jsp:include>动作的文件引入时间决定了它的效率要稍微差一点儿，而且被引用文件不能包含某些 JSP 代码，例如不能设置 HTTP 头，但它的灵活性却要好得多。

注意

被包含的 JSP 页面中不要使用<html>和<body>标签，它们是 HTML 的标签，被包含进其他的 JSP 页面会破坏页面格式。另外，要注意源文件和被包含文件的变量和方法名称不要冲突。

【练习 3】

使用练习 2 中创建的 top.jsp 和 down.jsp 页面分别存放页面的导航栏和页面的版权信息。创建 include.jsp 页面包含 top.jsp 和 down.jsp 页面。文件代码如下所示。

```
<%@ page language="java" import="java.util.*" pageEncoding="gbk"%>
<!DOCTYPE HTML PUBLIC "-//W3C//DTD HTML 4.01 Transitional//EN">
<html>
  <head>
    <title>使用 jsp:include 动作标识</title>
  </head>
<body>
    <jsp:include page="top.jsp"></jsp:include> <!-- 在页面中包含 top.jsp -->
    <h1>Itzcn 书店</h1>
    <h2>Itzcn 书店</h2>  <!-- success.jsp 的内容 -->
    <h3>Itzcn 书店</h3>
    <jsp:include page="down.jsp"></jsp:include><!-- 在页面中包含 down.jsp -->
</body>
</html>
```

将上述练习部署到 Tomcat 服务器，运行结果如图 4-7 所示。

4.4.2 <jsp:forward>动作标识

<jsp:forward>动作把请求重定向到另外的页面，用户看到的地址是当前网页的地址，内容则是另一个页面的。在执行请求转发之后当前页面不再执行，而是执行该标识指定的目标页面。执行请求转发的基本流程如图 4-8 所示。

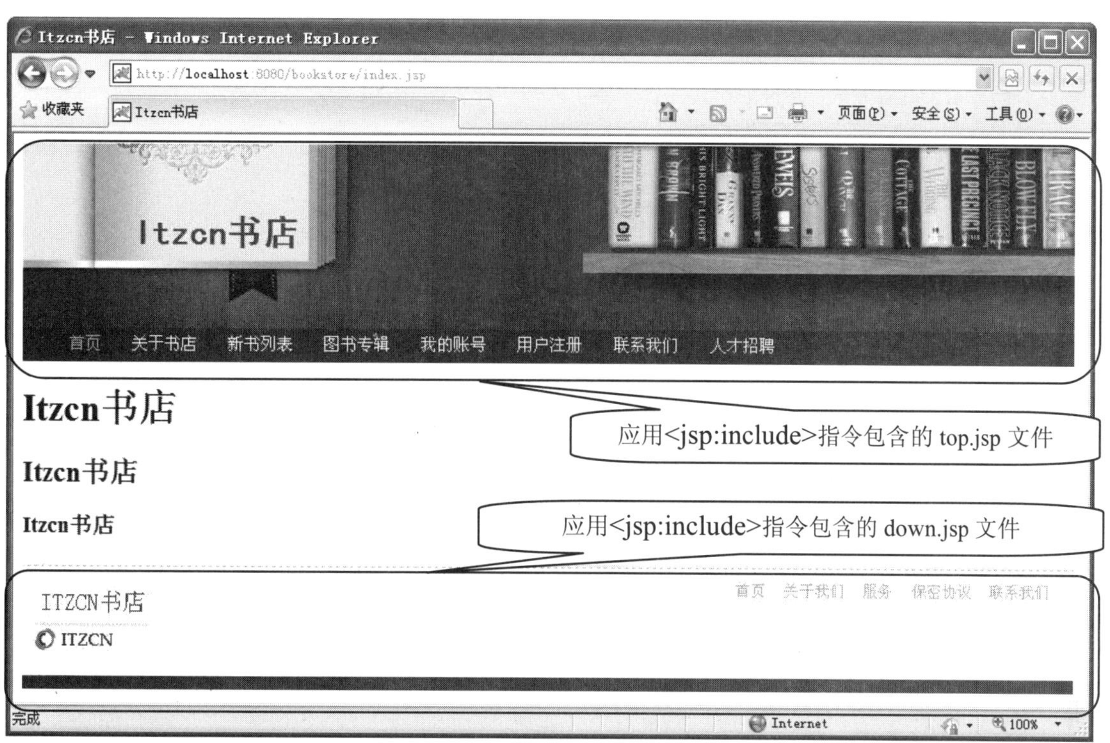

图 4-7 使用<jsp:include>包含多个页面的 JSP 页面

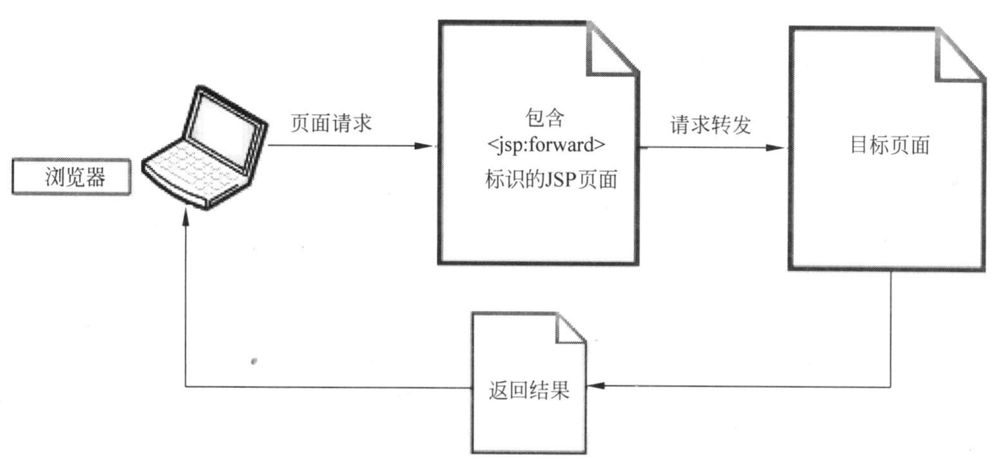

图 4-8 执行请求转发的基本流程

<jsp:forward>动作只有一个属性 page。page 属性包含的是一个相对 URL。page 的值既可以直接给出，也可以在请求的时候动态计算，如下面的例子所示。

```
<jsp:forward page="URL" />                           //直接给出 URL
<jsp:forward page="<%= someJavaExpression %>"/>      //动态计算
```

该动作有两种形式，如果没有使用<param>动作添加参数，其语法如上述代码所示，如果需要添加参数，语法如下所示。

```
<jsp:forward page={ "URL" | "<%= expression %>"} >
    <jsp:param name="parameterName" value="{ parameterValue | <%= expression
    %>} " />
</jsp:forward>
```

使用<jsp:forward>请求转发，被转向到的目标资源必须与当前 JSP 页面处于同一上下文环境中，否则会出现页面找不到的错误。

【练习 4】

通过判断用户的登录信息，来进行页面跳转。具体过程如下所示：

创建一个登录页面 login.jsp，主要是一个表单，将登录信息提交给 judge.jsp 页面进行处理，在 form 中包括【用户名】、【密码】两个文本框和一个【提交】按钮。

```
<%@ page language="java" import="java.util.*" pageEncoding="GBK"%>
<html>
  <head>
    <title>使用 jsp:forward 动作</title>
    <style type="text/css">
 #site {
    position: absolute;
    margin-top: 180px;
    padding-left:480px;
    color: #44434c;
}
</style>
  </head>
  <body style="background:url(logo.jpg)  no-repeat">
    <div id="site">
          欢迎登录窗内网
     <form action="judge.jsp" method="post">
          用户名: <input type="text" name="username" /><br>  <br>
         密   码: <input type="password" name="password" />  <br>
         <br>
         <input type="submit" name="commit" value="提交" />
         <input type="reset" value="重置" />
     </form>
    </div>
   </body>
</html>
```

从上述代码的 form 表单可以看出，数据被提交到 judge.jsp 页面。judge.jsp 页面首先获取用户提交的数据，可以使用内置对象 request 的 getParameter()方法。当获取到用户信息后，判断用户名是否是字符串“chensi”，密码是否是“123456”，如果是，则由动作元素<jsp:forward>重新导向到 success.jsp 页面；如果不是，就重新导向到错误提示页面 error.jsp。具体代码如下。

```
<%@ page language="java" import="java.util.*" pageEncoding="GBK"%>
<!DOCTYPE HTML PUBLIC "-//W3C//DTD HTML 4.01 Transitional//EN">
<html>
  <head>
    <title>判断用户名与密码</title>
  </head>
  <body>
    <%
         String userName=request.getParameter("username");
         String password=request.getParameter("password");
         if(userName.equals("chensi")&&password.equals("123456")){
   %>
```

```
        <jsp:forward page="success.jsp"></jsp:forward>
        <%} else { %>
        <jsp:forward page="error.jsp"></jsp:forward>
        <%
        }
        %>
    </body>
</html>
```

将项目部署到 Tomcat 服务器下，运行结果如图 4-9 所示。

图 4-9 login.jsp 页面运行结果

用户名与密码输入为“chensi”和“123456”，页面重定向结果如图 4-10 所示。

图 4-10 跳转到 success.jsp 页面运行结果

4.4.3 <jsp:param>动作标识

JSP 的动作标识<jsp:param>可以作为其他标识的子标识，用于为其他标识传递参数。<jsp:param>动作是以“名-值”对的形式为其他标签提供附加信息。它和<jsp:include>、<jsp:forward>、<jsp:plugin>一起使用传递参数，语法如下。

```
<jsp:param value="value" name="name"/>
```

（1）value 属性：表示传递的参数值。

（2）name 属性：表示参数名。

【练习 5】

通过<jsp:param>动作元素与<jsp:forward>动作元素配合使用，来介绍<jsp:param>动作元素的作用。

（1）创建 param.jsp 页面，包含系统时间，使用<jsp:forward>进行页面跳转，并且使用<jsp:param>代码传递参数，代码如下。

```
<%@ page language="java" import="java.util.*,java.text.SimpleDateFormat"
pageEncoding="GBK"%>
<!DOCTYPE HTML PUBLIC "-//W3C//DTD HTML 4.01 Transitional//EN">
<html>
  <head>
    <title>使用 param 动作标签</title>
  </head>
  <body>
    <%
         Date date = new Date();
         SimpleDateFormat dateformat = new SimpleDateFormat("yyyy-MM-dd  HH:MM:
         SS");
         String day = dateformat.format(date);
     %>
     <jsp:forward page="params.jsp">
    <jsp:param value="<%=day %>" name="date"/>
    </jsp:forward>
  </body>
</html>
```

（2）创建 params.jsp 页面。获得 param.jsp 页面传递的值，代码如下。

```
<%@ page language="java" import="java.util.*" pageEncoding="GBK"%>
<html>
  <head>
    <title> params.jsp </title>
  </head>
  <body>
    <%
     String str=request.getParameter("date");
     %>
     从 paran.jsp 页面中传来的值为: <%=str %>
  </body>
```

```
</html>
```

将上述项目部署到 Tomcat 服务器下运行，显示结果“从 paran.jsp 页面中传来的值为：2013-06-17 09:06:15”。

4.4.4 <jsp:useBean>动作标识

将 JavaBean 应用到 JSP 编程中，使 JSP 的发展进入到一个崭新的结果。它将 HTML 网页代码与 Java 代码相分离，使业务逻辑变得更加清晰。在 JSP 页面中可以通过 JSP 提供的动作标签来操作 JavaBean 对象。<jsp:useBean>动作用来装载一个将在 JSP 页面中使用的 JavaBean。这个功能非常有用，因为它使得我们既可以发挥 Java 组件重用的优势，同时也避免了损失 JSP 区别于 Servlet 的方便性。

设置<jsp:useBean>动作标识的语法格式如下。

```
<jsp:useBean
    id="变量名"
    scope="application|request|session|page"
    {
        class="完整类名"|
        type="数据类型"|
        class="完整类名" type="数据类型"|
        beanName="完整类名" type="数据类型"
    } />
```

其中各个参数含义如下。

（1）id：用于定义一个变量名（可以理解为 JavaBean 的一个代号），程序中通过此变量名对 JavaBean 进行引用。

（2）scope：指定 Bean 在哪种上下文内可用。可以取下面的 4 个值之一：page、request、session 和 application。默认值是 page，表示该 Bean 只在当前页面内可用（保存在当前页面的 PageContext 内）。request 表示该 Bean 在当前的客户请求内有效（保存在 ServletRequest 对象内）。session 表示该 Bean 对当前 HttpSession 内的所有页面都有效。最后，如果取值 application，则表示该 Bean 对所有具有相同 ServletContext 的页面都有效。scope 之所以很重要，是因为 jsp:useBean 只有在不存在具有相同 id 和 scope 的对象时才会实例化新的对象；如果已有 id 和 scope 都相同的对象则直接使用已有的对象，此时 jsp:useBean 开始标记和结束标记之间的任何内容都将被忽略。

（3）class：指定 JavaBean 的完整类名（包名与类名的结合方式），如 class="com.csy.userbean"。此属性与 BeanName 属性不能同时存在。

（4）type：指定 id 属性所定义的变量类型。

（5）beanName：指定 JavaBean 的完整类名，此属性与 class 属性不能同时存在。

【练习 6】

创建一个 Java 类，使用<jsp:useBean>动作标识的属性，在 JSP 页面输出 JavaBean 的数据。

（1）创建一个 Bean 的类（一个 JavaBean），类中有 name、sex、age 属性，以及对应的 getXXX() 与 setXXX()方法，代码如下。

```
package com.csy;
public class Bean {
    private String name;
    private String sex;
```

```
    private int age;
    public Bean() {
    }
    public String getName() {
        return name;
    }
    public void setName(String name) {
        this.name = name;
    }
    public String getSex() {
        return sex;
    }
    public void setSex(String sex) {
        this.sex = sex;
    }
    public int getAge() {
        return age;
    }
    public void setAge(int age) {
        this.age = age;
    }
}
```

（2）创建 JavaBean 之后，在 index.jsp 页面中通过<jsp:useBean>标签实例化此对象，并调用此对象的方法，代码如下。

```
<%@ page language="java" import="java.util.*" pageEncoding="GBK"%>
<html>
  <head>
    <title>使用 useBean</title>
<style type="text/css">
 #site {
    position: absolute;
    top: 20%;
    padding-left: 25px;
    color: #44434c;
}
</style>
  </head>
   <body style="background:url(top.jpg)  no-repeat">
    <jsp:useBean id="Bean" scope="page" class="com.csy.Bean"></jsp:useBean>
    <%
    Bean.setName("陈思");
    Bean.setSex("女");
    Bean.setAge(20);
     %>
    <div id="site">
    <h1>
      姓名: <%=Bean.getName() %><br>
      性别: <%=Bean.getSex() %><br>
```

```
        年龄:  <%=Bean.getAge() %><br>
      </h1>
      </div>
    </body>
  </html>
```

将该项目部署在 Tomcat 服务器上，运行结果如图 4-11 所示。

图 4-11　包含<jsp:useBean>动作标签的实例

4.4.5　<jsp:setProperty>动作标识

<jsp:setProperty>动作用来对 JavaBean 中的属性赋值，但 JavaBean 的属性要提供相应的 setXXX()方法。通常情况下该标签要与前面所讲的<jsp:useBean>动作标签配合一起使用。语法格式如下。

```
<jsp:setProperty
 name="实例名"
   {
     property="*"|
     property="属性名"|
     property="属性名" param="参数名"|
     property="属性名" value="值"
     }
 />
```

其中，各个参数说明如下。

（1）name：此属性指定需要设置属性的 JavaBean 实例名称。

（2）property：此属性表明了需要设定值的 JavaBean 属性名。这里有个特殊的 property 设定：如果 property 设定为“*”时，JSP 容器将把系统 ServletRequest 对象中的参数逐个列举出来，检查这个 JavaBean 的属性是否和 ServletRequest 对象中的参数具有相同的名称，如果有，就自动将 ServletRequest 对象中同名参数的值传递给相应的 JavaBean 属性。

（3）value：此属性为可选，它规定了 JavaBean 实例的属性具体值。它不可以与 param 同时使用。

（4）param：该属性值是指向指定的 JavaBean 属性赋值的 HTTP 请求参数名。

表单信息中的属性名称最好设置成 JavaBean 中的属性名称，这样就可以通过“<jsp:setProperty property="*"”的形式来接受所有参数，此种方式可以减少程序中的代码量。

【练习 7】

将 property 的属性设置为“*”时，意味着所有的 HTTP 请求的参数被输入到 JavaBean 中。JavaBean 获取与属性名相同的参数的值。

（1）创建 JavaBean 文件 com.csy.UserBean.java。代码如下。

```
package com.csy;
public class UserBean {
    private String username;
    private String password;
    public UserBean() {
    }
    public String getUsername() {
        return username;
    }
    public void setUsername(String username) {
        this.username = username;
    }
    public String getPassword() {
        return password;
    }
    public void setPassword(String password) {
        this.password = password;
    }
}
```

（2）创建一个 form 表单，将其放置在 MyJsp.jsp 页面中，代码如下。

```
<%@ page language="java" import="java.util.*" pageEncoding="GBK"%>
<html>
  <head>
    <title>使用 set: Property 动作</title>
    <style type="text/css">
 #site {
    position: absolute;
    margin-top: 180px;
    padding-left:480px;
    color: #44434c;
}
</style>
  </head>
  <body style="background:url(logo.jpg)  no-repeat">
    <div id="site">
         欢迎登录窗内网
          用户名:
              <input type="text" name="user" />
              <br>
```

```
            <br>
            密  码:
            <input type="password" name="psw" />
            <br>
            <br>
            <input type="submit" name="commit" value="提交" />
            <input type="reset" value="重置" />
    </div>
  </body>
</html>
```

（3）创建 success.jsp 页面，用于实例化 UserBean 对象，并且输出相应的属性值，代码如下。

```
<body>
    <jsp:useBean id="UserBean" class="com.csy.UserBean"></jsp:useBean>
    <jsp:setProperty property="*" name="UserBean"/>
    <p>用户名: <%=UserBean.getUsername() %>
     <P>密码: <%=UserBean.getPassword() %>
  <br>
</body>
```

将上述练习部署到 Tomcat 中，运行 index.jsp 页面，输入数据，如图 4-12 所示。

图 4-12 运行 index.jsp 的结果

在【用户名】和【密码】文本框中输入“蓝星佐”和“123456”，单击【提交】按钮跳转到 success.jsp 页面中得到用户名与密码框的值。

使用<jsp:setProperty>动作元素向 JavaBean 赋值时，客户端传到服务器上的参数值一般都是 String 类型，这些字符串为了能够在 JavaBean 中匹配就必须转换成其他的类型，表 4-1 列出了 JavaBean 属性的类型以及它们的转换方法。

表 4-1　使用<jsp:setProperty>时的类型转换

属 性 类 型	由 String 转换为其他类型的方法
boolean 或 Boolean	java.lang.Boolean.valueOf(String)
byte 或 Byte	java.lang.Byte.valueOf(String)
char 或 Character	java.lang.Character.valueOf(String)
double 或 Double	java.lang.Double.valueOf(String)
integer 或 Integer	java.lang.Integer.valueOf(String)
float 或 Float	java.lang.Float.valueOf(String)
long 或 Long	java.lang.Long.valueOf(String)

4.4.6　<jsp:getProperty>动作标识

<jsp:getProperty>动作元素对应 JavaBean 中设置属性的<jsp:setProperty>动作元素，用来获取 JavaBean 的属性值，用于显示在页面中。使用的过程中要求 JavaBean 的属性必须具有相对应的 getXXX()方法。它的语法结构如下。

```
<jsp:getProperty name="beanInstanceName" property="propertyName" />
```

其中，参数含义如下。

（1）name：指定存在某一范围的 JavaBean 实例的引用。

（2）property：指定 JavaBean 的属性名称。

使用<jsp:getProperty>动作可以代替在 JSP 表达式内部调用方法获取属性的值，例如，下面两段代码实现的效果是相同的。

```
用户名: <%= UserBean. getUsername ()%><br/>
密码: <%=UserBean.getPassword() %>
```

上述代码为 setProperty.jsp 页面中用来显示属相值的内部调用方法，可以用下列代码替换。

```
用户名: <jsp:getProperty property="username" name="UserBean"/>
密码: <jsp:getProperty property="password" name="UserBean"/>
```

上述代码中，name 是 JavaBean 的名字，也就是<jsp:useBean>中 id 的值。property 为所指定的 JavaBean 的属性名。

4.4.7　<jsp:plugin>动作标识

<jsp:plugin>动作为 Web 开发人员提供了一种在 JSP 文件中嵌入客户端运行的 Java 程序的方法，在 JSP 处理这个动作的时候，根据客户端浏览器的不同，JSP 在执行以后分别输出为 OBJECT 或 EMBED 这两个不同的 HTML 元素。它的语法如下。

```
<jsp:plugin
    type="bean | applet"
    code="classFileName"
    codebase="classFileDirectoryName"
    [ name="instanceName" ]
    [ archive="URIToArchive, ..." ]
    [ align="bottom | top | middle | left | right" ]
    [ height="displayPixels" ]
    [ width="displayPixels" ]
```

```
        [ hspace="leftRightPixels" ]
        [ vspace="topBottomPixels" ]
        [ jreversion="JREVersionNumber | 1.1" ]
        [ nspluginurl="URLToPlugin" ]
        [ iepluginurl="URLToPlugin" ] >
        [ <jsp:params>
        [ <jsp:param name="parameterName" value="{ parameterValue | <%= expression
        %>} " /> ]+
        </jsp:params> ]
        [ <jsp:fallback> text message for user </jsp:fallback> ]
    </jsp:plugin>
```

其中，各个参数说明如下。

（1）align="bottom | top | middle | left | right"：控制对象相对于文字的基准线的水平对齐方式，对齐方式包括 bottom（下对齐）、top（上对齐）、middle（居中对齐）、left（左对齐）、right（右对齐）。

（2）code="classFileName"：将会被 Java 插件执行的 Java Class 的名字，必须以.class 结尾。这个文件必须存在于 codebase 属性指定的目录中。

（3）codebase="classFileDirectoryName"：将会被执行的 Java Class 文件的目录（或者是路径)，如果没有提供此属性，那么使用<jsp:plugin>的 jsp 文件的目录将会被使用。

（4）name="instanceName"：这个 Bean 或 Applet 实例的名字，它将会在 JSP 其他的地方调用。

（5）archive="URIToArchive,…"：一些由逗号分开的路径名，这些路径名用于预装一些将要使用的类，这会提高 Applet 的性能。

（6）align="bottom | top | middle | left | right"：控制对象相对于文字的基准线的水平对齐方式，对齐方式包括 bottom（下对齐）、top（上对齐）、middle（居中对齐）、left（左对齐）、right（右对齐）。

（7）height="displayPixels" width="displayPixels"：Applet 或 Bean 将要显示的长宽的值，此值为数字，单位为像素。

（8）hspace="leftRightPixels" vspace="topBottomPixels"：对象与环绕文本之间的垂直空白空间，单位为像素。

（9）jreversion="JREVersionNumber |"：Applet 或 Bean 运行所需的 Java Runtime Environment (JRE)的版本号。

（10）nspluginurl="URLToPlugin"：Netscape Navigator 用户能够使用的 JRE 的下载地址，此值为一个标准的 URL。

（11）iepluginurl="URLToPlugin"：IE 用户能够使用的 JRE 的下载地址，此值为一个标准的 URL。

4.5 注释

在程序中合理地添加注释是非常有必要的，在一个 JSP 页面中可能会包含 HTML 标签、JS 代码与 Java 代码，而这些代码块的注释也是独立的。不同的注释位于不同的位置，其作用也是不同的。

4.5.1 HTML 注释

HTML 是 Web 程序开发的基础，HTML 注释就是应用在 HTML 代码中的解释或者说明行文字。HTML 的注释不会被显示在网页中，但是在浏览器中查看源代码命令时，还是可以看到相应的注释。

语法格式如下。

```
<!-- 注释文本 -->
```

例如：

```
<!--设置表单数据 -->
欢迎登录窗内网
<form action="judge.jsp" method="post">
 用户名: <input type="text" name="username" />
</form>
```

4.5.2 JSP 隐藏注释

程序注释通常是用于帮助程序开发人员理解代码的用途，使用 HTML 注释可以为页面代码添加说明性的注释，但是在浏览器中查看网页源代码时将暴漏这些注释信息，如果使用 JSP 隐藏注释就不用担心这些问题，因为 JSP 隐藏注释是被服务器编译运行的，不会发送到客户端，也就是在客户端查看源代码时也不会被看到。

语法格式如下。

```
<%--注释文本 --%>
```

例如：

```
<%--定义表单信息，设置按钮--%>
<form action="LoginVote" method="post">
    欢迎来注册一个登录用户: <br>
    用户名:<input type="text" name="user" /><br><br>
    密码:    <input type="password" name="psw" /><br><br>
    <input type="submit" name="commit" value="提交" />
    <input type="reset" value="重置" />
</form>
```

上述代码在 Web 应用服务器解析后使用隐藏注释的代码将被忽略，生成的 HTML 代码如下。

```
<form action="LoginVote" method="post">
    欢迎来注册一个登录用户: <br>
    用户名:<input type="text" name="user" /><br><br>
    密码:    <input type="password" name="psw" /><br><br>
    <input type="submit" name="commit" value="提交" />
    <input type="reset" value="重置" />
</form>
```

4.5.3 代码注释

JSP 页面支持嵌入的 Java 代码，这些 Java 代码的语法和注释方法都与 Java 类的代码格式相同，所以在 JSP 页面中嵌入的 Java 代码可以使用 Java 的代码注释方式，可分为单行注释和多行注释。其中，单行注释以“//”开头，后面接注释内容，语法格式如下。

```
//注释内容
```

多行注释以“/*”开头，以“*/”结束。在这个标识之间的内容为注释内容，并且注释内容可以换行。语法格式如下。

```
/*
    注释内容 1
    注释内容 2
    ...
    */
```

此外，在 JSP 中也可以使用 Java 代码中的规范形式注释，即 Java doc 的注释方式，以“/**”开头并以“*/”结束，语法格式如下。

```
/**
    *注释内容 1
    *注释内容 2
    *...
    */
```

4.5.4 动态注释

由于 HTML 注释对 JSP 嵌入代码不起作用，所以可以利用它们的组合构成动态的 HTML 注释文本。例如：

```
<!-- <%=new Date() %> -->
```

上述代码将当前日期和事件作为 HTML 注释的注释文体。

4.6 实例应用：页面的注册与登录

4.6.1 实例目标

本章主要讲解 JSP 的基本知识，包括 JSP 页面元素、JSP 指令标记以及动作元素等。本节根据所讲内容创建一个简单的用户注册登录项目，实例判断注册之后进行页面提交与跳转，并且进行数据信息的传输和验证。

4.6.2 技术分析

进行页面的注册登录需要使用到页面包含文件，使用<jsp:forward>动作元素，以及使用表单数据的传输。要使用 JSP 脚本元素进行对数据的验证。

4.6.3 实现步骤

（1）创建登录主页面 login.jsp，主要代码如下。

```
<div id="one">
  <div id="two">
      <p align="center">欢迎登录窗内网</p>
      <form action="judge.jsp" method="post">
          用户名: <input type="text" name="username" style="width:110px"/>
          <br> 密    码: <input  type="password" name=
          "password" style="width:110px"/> <br> <br>
                 <input type="submit"
             name="commit" value="  登  录  " style=
             "color:#666"/>
             <input type="reset" value="返回首页"  style=
          "color:#666"/>
      </form>
      </div>
    </div>
```

（2）创建 judge.jsp 页面，判断输入的用户名与密码，使用<jsp:forward>命令进行页面重定向，具体代码如下所示。

```
<%
String userName=request.getParameter("username");
String password=request.getParameter("password");
if(userName.equals("hzkj")&&password.equals("888888")){
%>
<jsp:forward page="index.jsp"></jsp:forward>
<%} else { %>
<jsp:forward page="loginerror.jsp"></jsp:forward>
<%
}
%>
```

（3）创建主页面 index.jsp，用户名输入正确之后进行页面的跳转。

执行登录页面，运行结果如图 4-13 所示。

图 4-13　登录页面

输入用户名和密码，如果输入错误，就跳转到登录错误提示页面，如图 4-14 所示，提示错误信息。输入用户名“hzkj”和密码 888888 之后，登录成功，跳转到网站主页面，如图 4-15 所示。

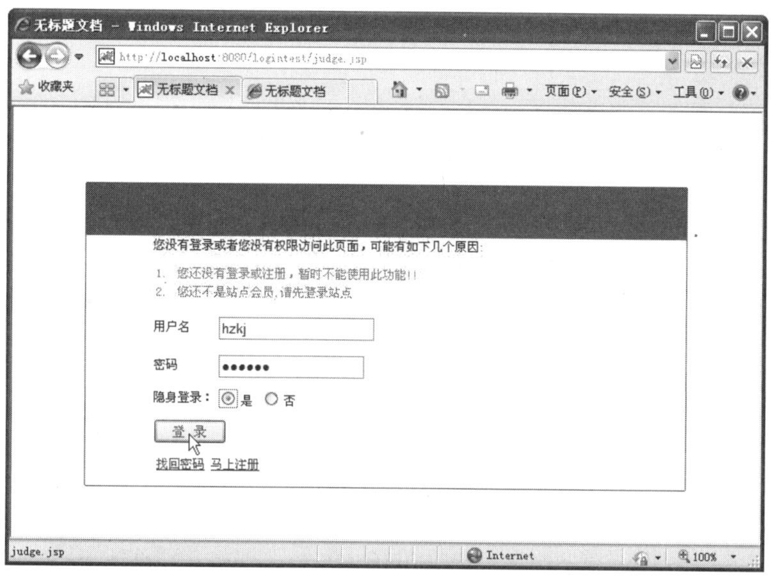

图 4-14　登录失败提示页面

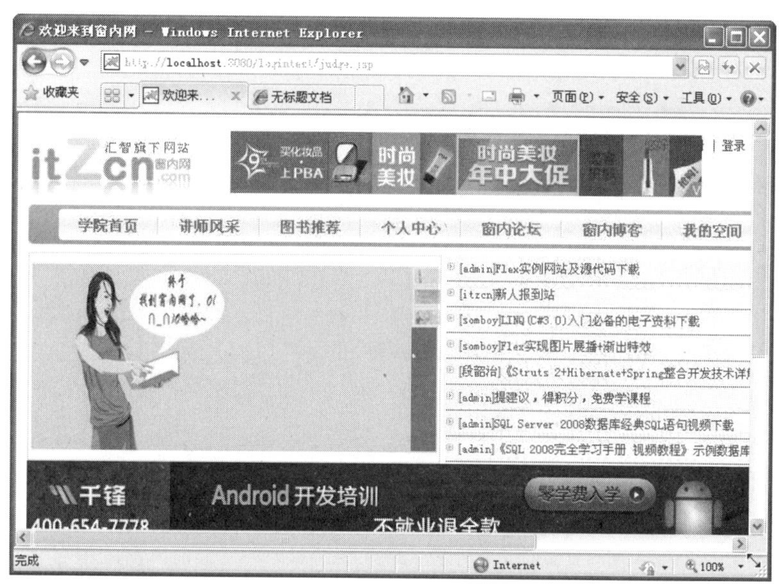

图 4-15　登录成功页面

可以在登录错误提示页面单击【马上注册】超链接进行用户名注册。具体的用户信息存储数据库内容，以后的章节中会讲到。

4.7 扩展训练

自定义一个错误页面，表单输入验证不正确时进行跳转

根据本章讲的知识点，使用 page 指令以及<jsp:forward>动作标签进行页面跳转，书写代码的过程中要注意注释的应用。

4.8 课后练习

一、填空题

1. JSP 指令元素主要有三种类型的指令，分别为 page 指令、include 指令和__________。
2. __________、脚本和声明统称为 JSP 脚本元素。
3. __________指令标记 contentType 属性的作用是指定该页面的类型，如 html 或 img/jpeg 等。
4. __________动作用来装载一个将在 JSP 页面中使用的 JavaBean。
5. <jsp:useBean>所对应的页面范围有 page，request，session 和__________4 种。
6. 在页面指令 page 中的__________属性是表示线程安全的。
7. 引用标签库指令 taglib 的__________是指指定标签库的前缀。

二、选择题

1. 当需要在一个页面中包含多个页面时，需要用到 JSP 的__________指令来完成。
   A. page
   B. include
   C. taglib
   D. 都不行
2. __________动作把请求重定向到另外的页面。
   A. <jsp:plugin>
   B. <jsp:forward>
   C. <jsp:fallback>
   D. <jsp:include>
3. 要设置 JSP 页面支持的语言，需要设置 page 指令的__________属性。
   A. language
   B. errorPage
   C. extends
   D. contentType
4. 声明的语法是__________。
   A. <% java 语句 %>
   B. <%=java 语句%>
   C. <%! java 语句 %>
   D. <%@java 语句%>
5. 在 JSP 页面中，正确引入 JavaBean 的是__________。
   A. <%jsp:userBean id="myBean" scope="page" class="pkg.MyBean"%>
   B. <jsp:userBean name="myBean" scope="page" class="pkg.MyBean">
   C. <jsp:userBean id="myBean" scope="page" class="pkg.MyBean"/>
   D. <jsp:userBean name="myBean" scope="page" class="pkg.MyBean"/>
6. 下面的注释语句中哪一个是不正确的？__________
   A. <!-- 注释文字 -->

B. <%-- 注释 --%>

C. <% //注释语句 %>

D. <!--<% 注释语句 %>-->

7. 在 JSP 中，test.jsp 文件如下，试图运行时，将发生___________。

```
<%
        Date date = new Date();//获取日期对象
        SimpleDateFormat dateformat = new SimpleDateFormat("yyyy-MM-dd  HH:MM:
        SS");
        String day = dateformat.format(date);//获取当前日期
 %>
注册时间是: <%=day%>
```

A. 编译期有误

B. 编译 Servlet 源码时发生错误

C. 执行编译后的 Servlet 时发生错误

D. 运行后，浏览器上显示当前的系统时间

8. <jsp:param>动作是以“名-值”对的形式为其他标签提供附加信息。它和___________一起使用传递参数。

A. <jsp:include> <jsp:forward> <jsp:plugin>

B. <jsp:include> <jsp:forward> <jsp:useBean>

C. <jsp:forward> <jsp:getProperty> <jsp:setProperty>

D. <jsp:include> <jsp:fallback> <jsp:plugin>

三、简答题

1. 简述 include 指令和<jsp:include>动作标识的区别。

2. 解释<jsp:useBean>动作中 scope 的 4 种参数的不同范围。

3. 简述 page 指令不同的属性以及作用。

4，JSP 页面中的 4 种注释方法具体是哪些？其使用范围是什么？

第 5 章 JSP 内置对象

所谓内置对象就是可以不加声明就可以在 JSP 页面脚本（Java 程序片和 Java 表达式）中使用的成员变量，使用这些对象可以使用户更容易收集客户端发送的请求信息，并响应客户端的请求以及存储客户信息，从而简化了 JSP 程序开发的复杂性。

这些内置的对象也称为隐含对象（Implicit Object），JSP 共提供了以下几个内置对象，它们分别是：request、response、out、session、application、page、pageContext、config 和 exception。

本章将根据每个内置对象常用的方法，对 JSP 的内置对象做详细讲解。

本章学习目标：

- ❑ 掌握请求对象 request 的方法以及应用
- ❑ 掌握应答对象 response 的方法及应用
- ❑ 掌握输出对象 out 的方法及应用
- ❑ 掌握会话对象 session 的方法及应用
- ❑ 掌握全局应用程序对象 application 的方法及应用
- ❑ 了解页面答应请求对象 page 的方法及应用
- ❑ 了解会话范围对象 pageContext 的方法及应用
- ❑ 掌握配置对象 config 的方法及应用
- ❑ 了解异常信息对象 exception 的方法及应用

5.1 JSP 内置对象的概述

为使 Web 应用程序开发方便，JSP 对部分 Java 对象做了声明，所以即使不重新声明这些对象，也可以直接在 JSP 页面中使用。这些对象是在 JSP 页面初始化时生成的。我们称这些对象为内置对象或者隐含对象（Implicit Object）。

内置对象是一个与语法有关的组件，使用 JSP 语法可以存取这些内置对象来与执行 JSP 网页的 Servlet 环境相互作用。它们的存取都是可接受的，要完整地利用内置对象则需要对最新的 Java Servlet API 有所了解。

我们知道在 JSP 中使用的（唯一）脚本语言是 Java，所以每一个内置对象都映射到一个特定的 Java 类或者接口，例如 Request 是 HttpServletRequest 类型对象。下面对 JSP 中的 9 个内置对象进行简要说明。

1. request

这是一个 javax.servlet.HttpServletRequest 类型对象，通过 getParameter()方法能够得到请求的参数、请求类型（GET、POST 或 HEAD 等）以及 HTTP headers（Cookies、Referer 等）。严格地说，request 是 ServletRequest 而不是 HttpServletRequest 的子类，但 Request 还没有 HTTP 之外其他可实际应用的协议。该对象的作用域为用户请求期间。

2. response

这是一个 javax.servlet.HttpServletResponse 类型对象，它的作用是向客户端返回请求。注意输出流首先需要进行缓存。虽然在 Servlet 中，一旦将结果输出到客户端就不再允许设置 HTTP 状态及 response 头文件，但在 JSP 中进行这些设置是合法的。该对象的作用域为页面执行（响应）期间。

3. out

这是一个 javax.servlet.JspWriter 类型对象，其作用是将结果输出到客户端。为了区分 response 对象，JspWriter 是具有缓存的 PrintWriter。要注意，可以通过指令元素 page 属性调整缓存的大小，甚至关闭缓存。同时，out 在程序代码中几乎不用，因为 JSP 表达式会自动地放入输出流中，而无须再明确指向 out 输出。该对象的作用域为页面执行期间。

4. session

这是与 request 对象相关的一个 javax.servlet.http.HttpSession 对象。会话是自动建立的，因此即使没有引入会话，这个对象也会自动创建，除非在指令元素 page 属性中将会话关闭，在这种情况下，如果要参照会话就会在 JSP 转换成 Servlet 时出错。

该对象适用于在同一个应用程序中每个客户端的各个页面中共享数据，session 对象通常应用在保存用户/管理员信息和购物车信息等。该对象的作用域为会话期间。

5. application

这是一个 javax.servlet.ServletContext 类型对象，可通过 getServletConfig()、getContext()获得。该对象适用于在同一个应用程序中各个用户间共享数据，application 对象通常应用在计数器或是聊天室中。该对象的作用域为整个应用程序执行期间。

6. page

这是一个 javax.server.jsp.HttpJspPage 类型对象，适用于操作 JSP 页面自身，在开发 Web 应用时很少应用，用来表示 JSP 页面 Servlet 的一个实例，相当于 Java 中的 this 关键字。该对象的作用域为页面执行期间。

7．pageContext

这是一个 javax.servlet.jsp.PageContext 类型对象，是 JSP 中引入的新类，它封装了如高效执行的 JspWriter 等服务端的特征。

该对象适用于获取 JSP 页面的 request、response、session、application 和 out 等对象。由于这些对象均为 JSP 的内置对象，所以在实际 Web 应用开发时很少使用 pageContext 对象，而是直接使用相应的内置对象，该对象的作用域为页面执行期间。

8．config

这是一个 javax.servlet.ServletConfig 类型对象，适用于读取服务器配置信息。该对象的作用域为页面执行期间。

9．exception

这是一个 java.lang.Throwable 类型对象，仅在处理错误页面有效，可以用来处理捕捉的异常。该对象的作用域为页面执行期间。

在 JSP 提供的 9 个内置对象中有 5 个内置对象对应于 Servlet API 中的 7 个对象，因此理解并熟练使用 Servlet 中的这 7 个对象显得尤其重要。这 5 个 JSP 的内置对象和 Servlet API 中的对象的对应关系如表 5-1 所示。

表 5-1　内置对象和与其对应的 Servlet API

内 置 对 象	Servlet API
request	javax.servlet.http.HttpServletRequest 和 javax.servlet.ServletRequest
response	javax.servlet.http.HttpServletResponse 和 javax.servlet.ServletResponse
session	javax.servlet.http.HttpSession
application	javax.servlet.ServletContext
config	javax.servlet.ServletConfig

在表 5-1 中的 Servlet API 对象含义如下。

1．javax.servlet.http.HttpServletRequest

这是一个接口，在提到接口之前，先来复习一下 Java 中接口的一个初步的解释：接口在语法上与类相似，但是接口没有实例，使用接口，只是指定类必须做什么而不是如何做。HttpServletRequest 接口用来处理一个对 Servlet 的 HTTP 格式的请求信息。

2．javax.servlet.ServletRequest

这也是一个接口，这个接口定义一个 Servlet 引擎产生的对象，通过这个对象，Servlet 可以获得客户端请求的数据。这个对象通过读取请求体的数据提供包括参数的名称、值和属性以及输入流的所有数据。而 javax.servlet.http.HttpServletRequest 也只是该接口的一个扩展，也就是说，该接口的所有方法也可以被 javax.servlet.http.HttpServletRequest 所使用。

3．javax.servlet.http.HttpServletResponse

该接口用来描述一个返回到客户端的 HTTP 回应。

4．javax.servlet.ServletResponse

该接口用来定义一个 Servlet 引擎产生的对象，通过这个对象，Servlet 对客户端的请求做出响应。这个响应应该是一个 MIME 实体，可能是一个 HTML 页、图像数据或其他 MIME 的格式。javax.servlet.http.HttpServletResponse 接口是该接口的扩展。

5．javax.servlet.http.HttpSession

该接口用来描述一个 session，至于什么是 session 将在后面介绍。

6. javax.servlet.ServletContext

该接口用来定义一个Servlet的环境对象。也可以认为这是多个客户端共享的信息，它与session的区别在于应用范围的不同，session 只对应于一个用户。

7. javax.servlet.ServletConfig

该接口定义了一个对象，通过这个对象，Servlet 引擎配置一个 Servlet。每一个 ServletConfig 对象对应着一个唯一的 Servlet。

8. javax.servlet.http.Cookie 类

这个类描述了一个 cookie，cookie 的作用其实与 session 很类似，只是 cookie 保存在客户端，session 保存在服务器端。

可以通过查看某一个 JSP 页面所生成的 Servlet 代码，了解在_jspService()方法的上述对象的定义。JSP 中用到的 out、request、response、session、config、page 和 pageContext 是线程安全的，而 application 在整个系统内被使用，所以不是线程安全的。使用时应该采用 synchronized(application)进行同步处理。

5.2 页面请求对象 request

request 对象是 javax.servlet.HttpServletRequest 接口的一个实例，HttpServletRequest 接口的父类接口是 ServletRequest。request 对象的作用是与客户端交互，获取客户端的 Form、Cookies 和超链接的信息，或者收集服务器端的环境变量信息。

request 对象是从客户端向服务器发出请求，这些请求包括用户提交的信息以及客户端的一些信息。客户端可通过 HTML 表单或在网页地址后面提供参数的方法提交数据，然后通过 request 对象的相关方法来获取这些数据。request 的各种方法主要用来处理客户端浏览器提交的请求中的各项参数和选项。关于它的方法使用较多的是 getParameter、getParameterNames 和 getParameterValues，通过调用这几个方法来获取请求对象中所包含的参数的值。

5.2.1 request 对象方法介绍

Java 服务器小程序容器将客户端信息打包在一个对象中，该对象具有与协议有关的 javax.servlet.ServletRequest 的子类型。对于 HTTP，默认对象是 javax.servlet.HttpServletRequest 类型。它具有请求作用域，这意味着服务器小程序容器在请求时创建它，在请求完成时撤销它。

这些请求的客户端信息的内容包括请求的头信息（Header）、系统信息（比如编码方式）、请求的方式（比如 GET 或 POST）、请求的参数名称、参数值、获取 cookie、访问请求行元素和访问安全信息等。

在 HttpServletRequest 对象中包含从当前 JSP 页的 URL 查询字符串得到的信息，还有可能包含从 HTML 表单传递来的 URL 数据信息。request 对象的常用的部分方法如表 5-2 所示。

表 5-2 request 对象常用的方法

方 法	使 用 说 明
String getAttribute()	用于返回指定名称的属性值，如果这个属性不存在则返回 null。与 setAttribute 方法配合使用可实现两个 JSP 文件之间传递参数.
void setAttribute()	用给出的对象来替代这个请求属性的现有值
Enumeration getAttributeNames()	返回请求中所有属性的名字的枚举
void setCharacterEncoding()	设置编码方式，避免汉字乱码

续表

方　法	使用说明
String getCharacterEncoding()	返回请求内容的字符集编码，如果未知则返回空值
int getContentLength()	返回请求体的长度（以字节数），如果未知则返回空值
String getContentType()	得到请求体的 MIME 类型，如果未知则返回空值
ServletInputStream getInputStream()	返回一个可以用来读入客户端请求内容的输入流
String getParameter(String name)	返回 name 指定参数的参数值，如果参数不存在则返回空值
Enumeration getParameterNames()	返回客户端传送给服务器端的所有参数名，结果类型为枚举类型，当传递给此方法的参数名没有实际参数与之对应时，返回空值
Sring[]getParameterValues(String name)	以字符串数组形式返回包含参数 name 的所有值，如果这个参数不存在则返回空值
String getProtocol()	返回一个由客户端请求使用的协议及其版本号组成的字符串
Sring getRemoteAddr()	返回由提交请求的客户端的 IP 地址组成的字符串
String getRemoteHost()	返回提交请求的客户端的主机名，如果主机名不能确定，那么就返回客户端的 IP
int getServerPort()	用于返回接收当前请求的端口号
String getServerName()	返回接收当前请求的服务器的主机名，如果主机名不能确定，那么返回这个主机的 IP
String getAuthType()	返回这个请求所使用的认证方式，如果当前没有使用认证，则返回空值
Cookie[] getCookies()	将当前请求中所能找到的所有 cookie 都放在一个对象数组中返回
getDateHeader(String name)	返回指定的日期域的值，如果这个域未知，则返回空值
Enumeration getHeaderNames()	返回头部所有域名所构成的枚举，如果服务器不能访问该头部的域名，那么返回空值
String geMethod()	返回客户端产生请求所使用的方法
String getPathInfo()	返回 URL 中跟在服务器路径后面的可选路径信息，如果没有路径信息，则返回空值
getPathTranslated()	返回额外的路径信息，这个路径将被翻译成物理路径，如果没有给出这个额外路径，那么返回空值
String getQueryString()	返回 URL 的请求字符串部分，如果没有请求字符串，那么返回空值
String getRemoteUser()	返回产生请求的用户的用户名，如果该用户未知，则返回空值
getRequestSessionId()	返回当前请求所指定的会话 ID
String getRequestURI()	返回当前请求的客户端地址
HttpSession getSession()	获得与当前请求绑定的 Session，如果当前 Session 尚不存在，那么就为这个请求创建一个新的 Session
boolean isRequestSessionIdFromCookie()	如果这个请求的会话 ID 是从一个 Cookie 中得来的，那么返回真
boolean isRequestSessionIdFromURL()	如果这个请求的会话 ID 是从一个 URL 的一部分中得来的，那么返回真

【练习 1】

使用 request 对象的相关方法获取客户端信息。创建 index.jsp,调用 request 对象的相关方法获取客户端信息，代码如下。

```
<body style="background:url(1017.jpg) no-repeat;">
  <div id="text">
      获取客户端信息<br>
  <br>客户提交的方式：<%= request.getMethod() %>
  <br>使用的协议：<%= request.getProtocol() %>
  <br>获取发生请求字符串的客户端地址（不包括请求参数）：<%= request.getRequestURI() %>
```

```
<br>获取发生请求字符串的客户端地址: <%= request.getRequestURL() %>
<br>获取提交数据的客户端 IP 地址: <%= request.getRemoteAddr() %>
<br>获取服务器端口号: <%= request.getServerPort() %>
<br>获取服务器的名称: <%= request.getServerName() %>
<br>获取客户端的主机名: <%= request.getRemoteHost() %>
<br>获取客户端所请求的脚本文件的文件路径: <%= request.getServletPath() %>
<br>获取 Http 协议定义的文件头信息 Host 的值: <%= request.getHeader("host") %>
<br>获取 Http 协议定义的文件头信息 User_Agent 的值: <br>
        
<%= request.getHeader("user-agent") %>
<br>获取 Http 协议定义的文件头信息 accept-language 的值: <%= request.getHeader
("accept-language") %>
</div>
</body>
```

将项目部署在 Tomcat 服务器下，运行结果如图 5-1 所示。

图 5-1 获取客户端数据

5.2.2 获得页面请求参数

客户端向服务器发送一个请求时，通常情况下会包含一些请求参数。如请求删除数据库中的一条信息时，需要在请求之中传递一个主键值，在传递过程中其参数加载在 request 对象中。

当通过超链接的形式发送请求时，可以为该请求传递参数，可以通过在超链接的后面加上问号“?”来实现（注意这个问号是英文半角符号）。

【练习 2】

发送一个请求到 index.jsp 页面并传递一个名为“id”的参数，代码如下。

```
<a href="delete.jsp>id=1">删除</a>
```

在通过问号“？”指定请求参数时，参数值不需要使用单引号或者双引号括起来，包括字符型的参数。在指定多个参数时，各个参数之间使用“&”符号分隔。

在 delete.jsp 页面中可以通过 request 对象的 getParameter()方法获取传递的参数值，代码如下。

```
<%
   String id = request.getParameter("id");
%>
```

提示

在使用 request 对象的 getParameter()方法获取传递的参数值时，如果指定的参数不存在，将返回 null；如果指定了参数名，但未指定参数值，将返回空的字符串""。

5.2.3 获取表单提交数据

除了获取请求参数中传递的值之外，还可以使用 request 对象获取从表单中提交过来的信息。在一个表单中会有不同的标签元素，对于文本元素、单选按钮、下拉列表框都可以使用getParameter()方法来获取其具体的值，但对于复选框以及多选列表框被选定的内容就要使用getParameterValues()这个方法来获取了，该方法会返回一个字符串数组，通过循环遍历这个数组就可以得到用户选定的所有内容。

【练习 3】

（1）创建一个简单 index.jsp 页面，在该页面中创建一个 form 表单，在表单中分别加入文本框、下拉列表框、单选按钮和复选框。获取表单数据。代码如下。

```
<body><div id="one">
    <div id="two">
        <p style="font-size:30px">学生毕业登记信息统计：</p>
        <ul style="list-style:none;line-height:30px">
            <li>输入学生姓名：<input name="name" type="text" /><br /></li>
            <li>输入学生密码：<input name="password" type="password" /><br
            /></li>
            <li>选择性别：<input name="sex" type="radio" value="男" />男
                        <input name="sex" type="radio" value="女" />女</li>
            <li>选择个人专业：<select name="question">
                <option value="计算机应用技术">计算机应用技术</option>
                <option value="计算机网络维护">计算机网络维</option>
                <option value="计算机信息管理">计算机信息管理</option>
                <option value="计算机软件技术">计算机软件技术</option> </select>
                </li>
            <li>请输入所在专业班级： <input type="text" name="answer" /></li>
            <li>请选择个人必修课程：
                <div style="width:500px">
                    <table width="454" height="142" border="0">
```

```
                    <tr>
                        <td width="145" height="28"><input name="subject"
                        type="checkbox" value="Java 软件编程" /> Java 软件编
                        程</td>
                        <td width="129"><input name="subject" type=
                        "checkbox"
                            value="C#软件编程" /> C#软件编程</td>
                        <td width="158"><input name="subject" type=
                        "checkbox"
                            value="PhotoShop" /> PhotoShop</td>
                    </tr>
                    <tr>
                        <td height="28"><input name="subject" type=
                        "checkbox"
                            value="计算机信息管理" /> 计算机信息管理</td>
                        <td><input name="subject" type="checkbox" value="
                        数据结构" />
                                数据结构</td>
                        <td><input name="subject" type="checkbox" value="
                        软件编程" />
                                软件编程</td>
                    </tr>
                    <tr>
                        <td height="28"><input name="subject" type=
                        "checkbox"
                            value="PHP 编程" /> PHP 编程</td>
                        <td><input name="subject" type="checkbox" value=
                        "Flash 制作" />
                                Flash 制作</td>
                            <td><input name="subject" type="checkbox"
                                value="SQL Server 数据库" /> SQL Server 数据
                                库</td>
                    </tr></table></div></li>
                <li style=" padding-left:350px">
                    <input type="submit" value="提交"style="width:80px" />
                    <input type="reset" value="重置"style="width:80px" /></li>
            </ul></div></div>
</body>
```

(2)创建 show.jsp 页面，用来获取表单填写数据，具体代码如下所示。

```
<body>
    <div id="one">
        <div id="two">
            <p style="font-size:30px">学生毕业登记信息查看: </p>
            <ul style="list-style:none;line-height:30px">
                <li>学生姓名: <%=new String(request.getParameter("name").
                getBytes(
                    "ISO-8859-1"), "UTF-8")%></li>
                <li>学生密码: <%=new String(request.getParameter
```

```
            ("password").getBytes(
                "ISO-8859-1"), "UTF-8")%></li>
            <li>学生性别: <%=new String(request.getParameter("sex").
            getBytes(
                "ISO-8859-1"), "UTF-8")%></li>
            <li>学生个人专业: <%=new String(request.getParameter
            ("question").getBytes(
                "ISO-8859-1"), "UTF-8")%></li>
            <li>学生所在专业班级: <%=new String(request.getParameter
            ("answer").getBytes(
                "ISO-8859-1"), "UTF-8")%></li>
            <li>个人必修课程:
                <div style="width:500px">
                    <%
                        String[] subject = request.getParameterValues
                        ("subject");
                        for (int i = 0; i < subject.length; i++) {
                    %>
                    <%=new String(subject[i].getBytes("ISO-8859-1"), "UTF
                    -8")%>
                    <%
                        }
                    %>
                </div></li>
        </ul>
    </div>
  </div>
</body>
```

将项目部署在 Tomcat 上，运行 index.jsp 页面，如图 5-2 所示。输入正确的信息，单击【提交】按钮，跳转到 show.jsp 页面，获得数据，如图 5-3 所示。

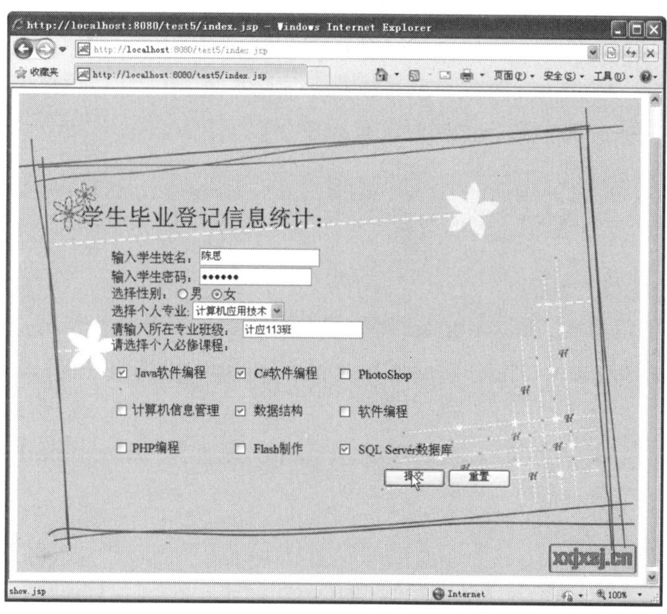

图 5-2 表单页面运行结果

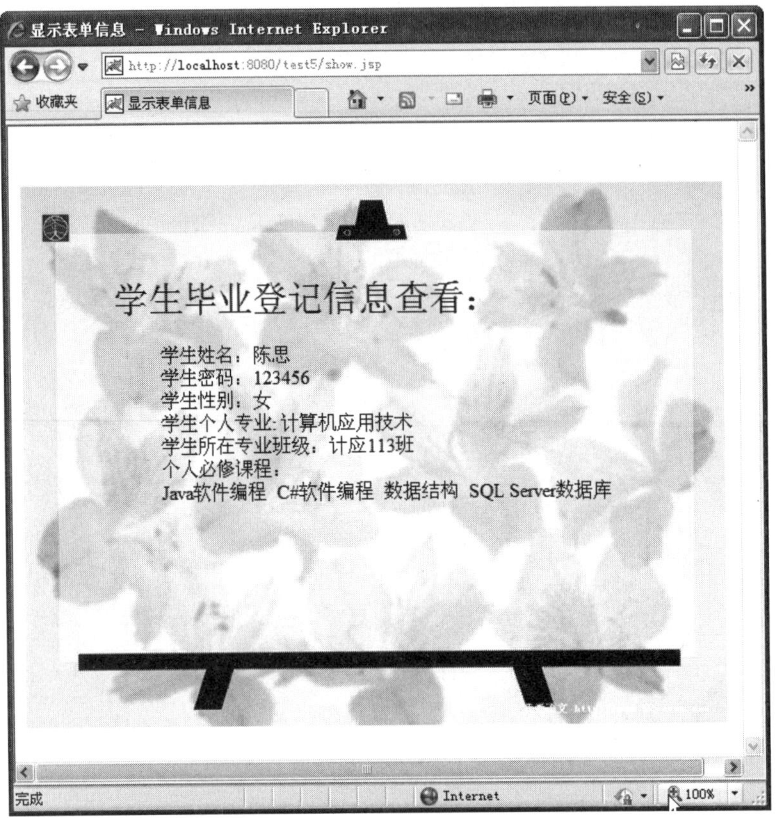

图 5-3　获取表单信息结果

5.2.4　中文乱码的处理

当用 request 对象获取客户端请求的参数时，如果参数值为中文且未经处理，则获取的参数值将是乱码。在 JSP 页面中解决获取请求参数的中文乱码问题有以下两种情况。

1．获取访问请求参数时乱码

当访问请求参数为中文时通过 request 对象获取的中文参数值为乱码，这是因为请求参数采用的 ISO-8859-1 编码不支持中文。所以只有将获取的数据通过 String 的构造方法使用 UTF-8 或者 GB2312 编码重新构造一个 String 对象，就可以正常显示中文。

例如，在获取中文信息的参数 name 时，可以使用以下代码。

```
<% String name = new String(request.getParameter("name").getBytes
("ISO-8859-1"),"UTF-8"); %>
```

2．获取表单提交的信息乱码

在获取表单提交的信息时，通过 request 对象获取到的中文参数值为乱码。这里可以通过在 page 指令的下方加上调用 request 对象的 setCharacterEncoding()方法将编码设置为 UTF-8 或者 GB2312 解决。

例如，在获取包括中文信息的用户名文本框（name 属性为 username）的值时，可以在获取全部表单信息前加上以下代码。

```
<%
    request.setCharacterEncoding("UTF-8");
%>
```

这样，在使用 request 获取表单信息的时候，就不会产生中文乱码了。

调用 request 对象的 setCharacterEncoding()方法的语句一定要在页面中没有调用任何 request 对象的方法之前使用，否则该语句将不起作用。

5.2.5 在 request 对象域管理属性

属性是用户将值存储在 HttpServletRequest 对象中的一种方式。这些属性允许用户在页面和服务器程序之间传递信息。与始终是 Java 的 String 对象的参数不同，属性可以是任何 Java 类型。

在管理 request 属性的方法中，其语句如下。

（1）getAttribute(String name)：将已命名的属性的值返回一个 Object，如果指定名称的任何属性都不存在，则返回 null。

（2）removeAttribute(String attributeName)：从该请求中删除一个指定的属性。

（3）setAttribute(String name,Object object)：存储该请求中的一个属性，服务器程序容器将在请求之间重置属性。

（4）getAttributeNames()：返回一个枚举，其中包含可以供这个请求使用的属性的名称。

在只有一个属性值时，可以与指定的属性名相关联。

【练习 4】

将 CurrentDate 属性添加到 request 属性列表中，然后输出这个属性的值（当前的系统时间）；接下来 removeAttribute()方法将这个 CurrentDate 属性删除，删除之后输出该属性，查看结果，代码如下。

```
<body>
    <%request.setAttribute("CurrentDate",new Date());%>
    获取 CurrentDate 属性: <%=request.getAttribute("CurrentDate") %><br>
    <% request.removeAttribute("CurrentDate"); %>
    删除之后再获取 CurrentDate 属性: <%=request.getAttribute("CurrentDate") %>
</body>
```

运行结果显示“CurrentDate 属性：Mon Jun 24 10:44:01 CST 2013 删除之后再获取 CurrentDate 属性：null”。

request 对象的作用域为一次请求，超出作用域的属性列表中的属性就会失效。

5.2.6 获取 cookie

request 对象的 getCookies 方法，可以获取一组在请求中的 cookie。cookie 是客户做出每一个请求后自动从客户端发送到服务器的数据。cookie 的一种常用方法是自动从客户计算机发送登录等信息。getCookies 方法表示为 javax.servlet.http.Cookie[]getCookies()，它返回所有 cookie 名和值的一个数组。

【练习 5】

设计简单的学生信息操作，应用 cookie 跟踪用户信息。

（1）创建 getCookie.jsp 页面，在其中创建 form 表单，并且从 request 对象中获取 cookie，判断是否含有此服务器发送过的 cookie。如果没有，则说明该用户第一次访问本站；如果有，则直接将值读取出来，并赋给对应的表单。关键代码如下。

```
<%
    request.setCharacterEncoding("UTF-8");          //设置请求编码
    String welcome = "第一次访问";
    String[] info = new String[] {"","","","",""}; //定义字符串数组
    Cookie[] cook = request.getCookies();           //获取所有 cookie 对象
    if (cook != null) {
        for (int i = 0; i < cook.length; i++) {
            if (cook[i].getName().equals("mrsoft")) { //循环遍历 cookie 对象
                //获取指定名称的 cookie 对象
                String cookievalue = URLDecoder.decode(cook[i].getValue());
                        //将 cookie 对象进行编码转换，避免乱码问题
                info = cookievalue.split("#");//将获取的 cookie 值进行拆分
                welcome = "，欢迎回来！";
            }
        }
    }
%>
<%
    String name=info[0];    //页面显示内容
%>
<%=name+welcome %>
<form action="show.jsp" method="post">
    <ul style="line-height: 25">
        <li>姓名: <input name="name" type="text" value="<%=info[0]%>"></li>
        <li>性别: <input name="sex" type="text" value="<%=info[1]%>"></li>
        <li>学号信息: <input name="number" type="text" value="<%=info[2]%>">
        </li>
        <li>专业班级: <input name="classname" type="text" value="<%=info[3]%>">
        </li>
        <li>通信地址:<input name="email" type="text" value="<%=info[4]%>"></li>
        <li><input type="submit" value="提交"></li>
    </ul>
</form>
```

（2）创建 show.jsp 页面，在该页面中通过 request 对象将用户输入的表单信息提取出来；创建一个 cookie 对象，并通过 response 对象的 addCookie()方法将其发送到客户端。关键代码如下。

```
<body>
    <%
        request.setCharacterEncoding("UTF-8");//设置请求编码，避免产生乱码
        String name = request.getParameter("name");//获取页面请求参数
        String sex = request.getParameter("sex");
        String number = request.getParameter("number");
        String classname = request.getParameter("classname");
        String email = request.getParameter("email");
        Cookie myCook = new Cookie("mrsoft",URLEncoder.encode(name+"#"
        +sex+"#"+number+"#"+classname+"#"+email));//创建 cookie 对象
        myCook.setMaxAge(60*60*24*365);       //设置 cookie 有效期
        response.addCookie(myCook);           //将 cookie 发送到客户端
    %>
```

```
        表单提交成功
        <ul style="line-height: 25px"> <%--在页面显示 --%>
            <li>姓名: <%=name%></li>
            <li>性别: <%=sex%></li>
            <li>学号信息: <%=number%></li>
            <li>专业班级: <%=classname%></li>
            <li>邮箱地址: <%=email%></li><br>
            <a href="getCookie.jsp">返回 getCookie.jsp 页面</a>
        </ul>
    </body>
```

将该项目部署在 Tomcat 服务器下，运行 getCookie.jsp 页面，结果如图 5-4 所示。填写正确信息，单击【提交】按钮，页面跳转到 show.jsp 页面，如图 5-5 所示。

图 5-4 第一次登录 getCookie 页面

图 5-5 跳转到 show.jsp 页面跟踪 cookie

5.3 客户端响应对象 response

当服务器处理完客户请求时，往往需要发送一些信息给客户端浏览器，或者需要重定向到其他页面。和 request 对象一样，它由容器生成，作为 jspService()方法的参数被传入 JSP。因为输出流是缓冲的，所以可以设置 Http 状态码和 response 头。

5.3.1 response 对象方法的介绍

内部对象 response 也是一个 HttpServletResponse 对象，它提供了几个用于设置送回浏览器的响应方法(例如，cookies 信息)。response 对象常用的方法如表 5-3 所示。

表 5-3 response 对象常用的方法

方 法	使 用 说 明
String getCharacterEncoding()	返回响应的字符编码的 MIME 类型，如果没有指定类型，那么字符编码被默认设置为 text/plain
ServletOutputStream getOutputStream()	返回用来写入响应数据的输出流
printWriter getWriter()	返回一个打印 writer 来产生发回用户端的格式化的文本响应
void setContentLength(int length)	设置返回响应的数据的长度

续表

方　法	使 用 说 明
void setContentType(String type)	设置响应的 MIME 类型
void addCookie(Cookie cookie)	添加一个 Cookie 对象，用来保存客户端的用户信息
String encodingRedirect(String url)	对指定的 URL 进行编码，以便在 sendRedirect()方法中使用
String encodingURL()	将指定的 URL 和会话 ID 一起编码
void sendError(int code)	用某个状态代码向用户端发送一个发现错误代码，出错信息使用默认值，如 505 为服务器内部错误；404 为网页找不到错误
void sendError(int code,String message)	用给出的状态代码和消息向用户端发送一个发现错误响应
void sendRedirect(String url)	用于将对客户端的响应重定向到指定的 URL 上，这里可以使用相对 URL
void setDataHeader(String name,long value)	将指定的域加到响应首部，并赋给它一个时间值，如果这个域已经设置了值，那么它将被新设置的值代替
void setStatus(int code)	设置响应的状态代码，使用默认的消息
void setStatus(int code,String message)	设置响应的状态代码及消息
void setHeader(String name,String value)	设定指定名字的 HTTP 文件头的值，若该值存在，它将会被新值覆盖
boolean isCommitted()	返回一个布尔值，表示响应是否已经提交；提交的响应已经写入了状态码和报头
void addHeader(String name,String value)	添加 HTTP 文件头，该 header 将会传到客户端，若同名的 header 存在，原来的 header 会被覆盖
void addDateHeader(String name，long date)	使用给定的名称和日期值添加一个响应报头。日期是根据从新纪元开始的毫秒指定的
boolean containsHeader(String name)	判断指定名字的 HTTP 文件头是否存在并返回布尔值
void flushBuffer()	强制缓冲区中的任何内容写入客户
int getBufferSize()	返回响应所使用的实际缓冲区大小，如果没有使用缓冲区，则该方法返回 0
void setBufferSize(int size)	为响应的主体设置首选的缓冲区大小
setContextLength(int length)	设置数据传输的长度以 Byte 为单位，通常在下载文件时使用
setContextType(String contentType)	设置 JSP 页面的文档格式，与 page 指令的 setContentType 有相同的功能
void reset()	清除缓冲区中存在的任何数据，同时清除状态码和报头

5.3.2 处理 HTTP 头信息

通过 response 对象可以设置 HTTP 响应报头，其中最常用的是设置响应的内容类型、禁用缓存、设置页面自动刷新和定时跳转网页。

1．禁用缓存

在默认的情况下，浏览器会缓存显示的网页内容。这样当用户再次访问相同的网页时，浏览器会判断网页是否有变化，如果没有变化，则直接显示缓存中的内容，这样可以提高网页的显示速度。对于一些安全性要求较高的网站，通常需要禁用缓存。通过设置 HTTP 头的方式实现禁用缓存可以通过以下代码实现。

```
<%
    response.setHeader("Cache-Control", "no-store");
```

```
    response.setDateHeader("Expires", 0);
%>
```

2. 设置页面自动刷新

通过设置 HTTP 头可以实现页面的自动刷新，如让网页隔 10s 自动筛选一次，可以使用以下代码实现。

```
<%
    response.setHeader("refresh", "10");
%>
```

3. 定时跳转网页

通过设置 HTTP 头就可以实现定时跳转网页功能，如让网页每 10s 就自动跳转到指定的页面，可以使用下面代码。

```
<%
    response.setHeader("refresh", "10;URL=index.jsp");
 %>
```

5.3.3 页面重定向

使用 response 重定向，也就是使用 response 对象的 sendRedirect 方法将客户请求重定向到一个不同的 Web 地址（URL）。如下面的代码将使当前页面转向 Login.jsp，一个要求用户输入登录信息的页面。

```
<% response.sendRedirect("Login.jsp") %>
```

sendRedirect 方法设置合适的报头和内容主体，以便客户重定向到这个相对 URL。JSP 容器将这个相对路径转换为一个完整的 URL。

JSP 页面还可以用 response 对象的 sendError 方法来指明一个错误状态。该方法接受一个错误码以及一个可选的出错消息，该消息将被返回给客户。如下所示的代码用于将客户重定向到一个包含出错信息的页面。

```
<% response.sendError(404, "页面没有找到！"); %>
```

上述 sendRedirect 和 sendError 方法都会终止当前请求和响应。如果响应已经提交给客户，则不会调用这些方法。所以在实际使用中要慎重，比如，在出现异常或者出错的情况下使用这两种方法。

在通常情况下，用 Request 对象的 getParameter()方法获取客户端提交的表单内容，并将该内容显示到客户端。在这里仍然用此方法获取同样的内容，但并不把它直接显示到客户端，而是先判断该用户是否为合法的用户，再根据判断结果使用 request 对象的 sendRedirect 方法、encodeURL 方法和 sendError 方法对不同用户指定不同登录页面。

提示

在 JSP 页面中，使用该方法之后就不要再使用其他的 JSP 脚本代码（包括 return 语句），因为重定向之后的代码已经没有意义，并且还可能有错误。

【练习 6】

创建一个计算机基础知识大赛的试题网站，主要包括基础知识问题以及答案显示和判断用户学号和密码的输入，具体步骤如下所示。

（1）创建 index.jsp 页面，包含用户名和密码的输入，以及问题的显示，代码如下。

```
<body>
    <div id="one">
        <div id="two">
            网络基础知识大赛试题：
            <ul style="line-height:25px;">
                <li>X.25 网络是什么样的网络？</li>
                <li>Internet 的基本结构与技术起源于什么？</li>
                <li>计算机网络中，所有的计算机都连接到一个中心节点上，一个网络节点需
                    要传输数据，首先传输到中心节点上，然后由中心节点转发到目的节点，这种
                    连接结构被称为什么？</li>
                <li>在 OSI 的七层参考模型中，工作在第二层上的网间连接设备是什么？</li>
                <li>物理层上信息传输的基本单位称为什么？</li>
                <li>ARP 协议实现的功能是什么？</li>
                <li>局域网的特征是什么？</li>
            </ul>
            <form action="judge.jsp" method="post">
                欢迎来注册一个登录用户：<br> 用户名:<input type="text" name="user"
                /> <br>
                <br> 密   码: <input type="password" name="psw" />
                <br>
                <br> <input type="submit" name="commit" value="提交" /> <input
                    type="reset" value="重置" />
            </form>
        </div>
    </div>
</body>
```

（2）创建 judge.jsp 页面，判断输入的用户名与密码。输入符合规范的密码，跳转到 answer.jsp 页面，输入错误跳转到 error.jsp 页面，代码如下。

```
<body>
    <%
        String username = request.getParameter("user");
        String password = request.getParameter("psw");%>
    <% if (username.equals("1510103021")||password.equals("888888")) { %>
    <%
        response.sendRedirect("answer.jsp");
         %>
    <%}
          else {
            response.sendRedirect("error.jsp");
        } %>
</body>
```

（3）创建 answer.jsp 页面，包含问题的答案，代码如下。

```
<body>
```

```
    <div id="one">
        <div id="two">
            网络基础知识大赛试题答案：
            <ul style="line-height:25px;">
                <li>分组交换网</li>
                <li>ARPANET</li>
                <li>星型结构</li>
                <li>交换机</li>
                <li>位</li>
                <li>IP 地址到物理地址的解析</li>
                <li>提供给用户一个带宽高的访问环境</li>
            </ul>
            <h2>根据试题答案判断自己所得成绩</h2>
        </div>
</body>
```

（4）创建错误页面，包含错误信息和返回主页面链接，代码如下。

```
<body>
  您输入的用户名或密码错误，请点击这里返回，输入正确的学号和密码
  <a href="index.jsp">点击这里，返回首页</a> <br>
</body>
```

将项目部署在 Tomcat 上，运行 index.jsp 页面如图 5-6 所示，输入正确的用户名和密码，结果如图 5-7 所示。

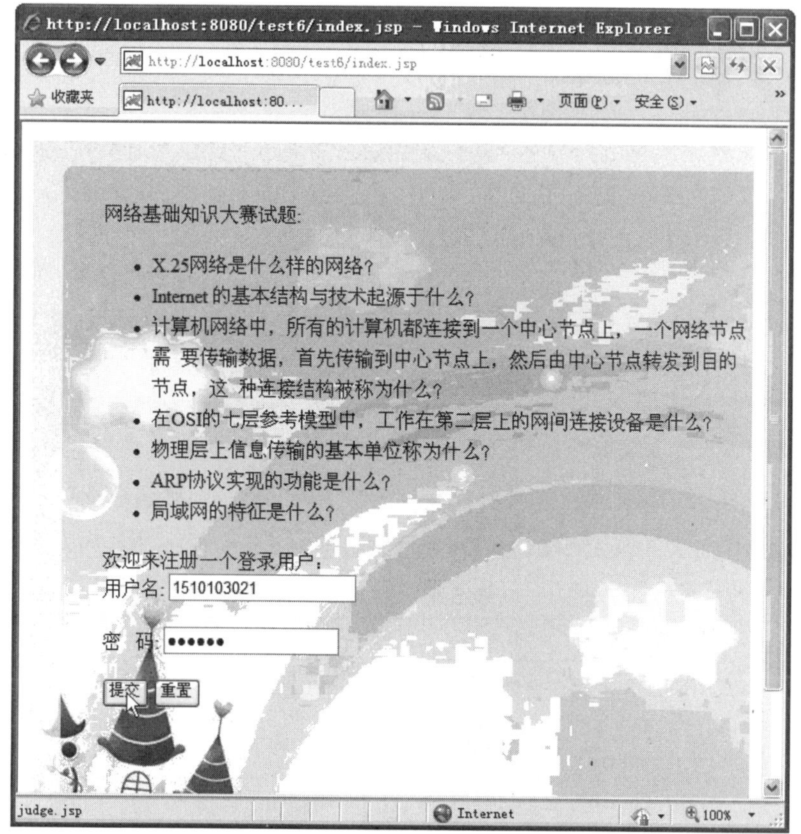

图 5-6　index.jsp 页面运行结果

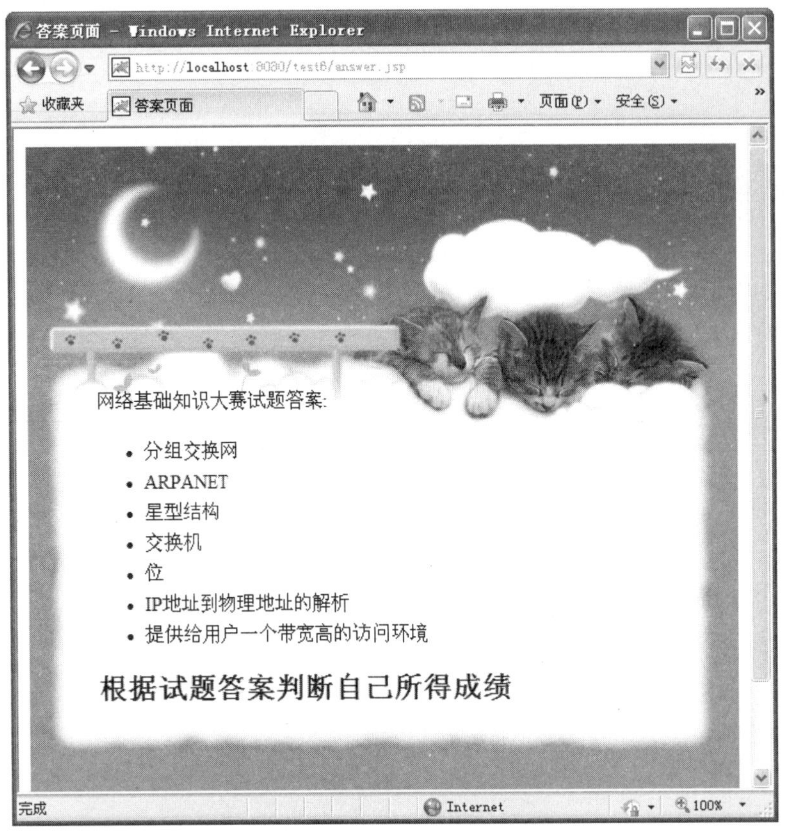

图 5-7　输入正确的用户名的密码结果

5.4 out 输出对象

out 对象是向客户端的输出流进行写操作的对象。在 JSP 页面中可以用 out 对象把除脚本以外的所有信息发送到客户端的浏览器。out 对象主要应用在脚本程序中，它会通过 JSP 容器自动转换为 java.io.PrintWriter 对象。

5.4.1　out 对象的基本方法

out 对象的基类是 JspWriter。out 对象主要的方法是：print()方法和 println()方法。两者的区别在于 print()方法输出完后，并不结束当前行，而 println()方法在输出完毕后，会结束当前行。上述两种方法在 JSP 页面设计中是经常用到的，它们可以输出各种格式的数据类型，如字符型、整型、浮点型、布尔型甚至可以是一个对象，还可以是字符串与变量的混合型以及表达式。表 5-4 列出了 out 对象常用的方法。

表 5-4　out 对象的方法

方　　法	使 用 说 明
void clear()	清除缓冲区里的数据，而不把数据写到客户端
void clearBuffer()	清除缓冲区的当前内容，并把数据写到客户端
void flush()	输出缓冲区的数据
int getBufferSize()	返回缓冲区以字节数的大小，如不设缓冲区则为 0，缓冲区的大小可用<%@ page buffer="Size"%>设置

续表

方　法	使用说明
int getRemainning()	获取缓冲区剩余空间大小
boolean isAutoFlush()	返回缓冲区满时，是自动清空还是抛出异常
void close()	关闭输出流，从而可以强制终止当前页面的剩余部分向浏览器输出
void print()	显示各种数据类型的内容
void println()	分行显示各种数据类型的内容

【练习 7】

设置 out 对象的属性，要求在执行下面的程序时，如果浏览器的字符编码设置为英文，就输出“Hello World”到客户端浏览器上显示，否则显示“你好，世界”。代码如下。

```
<%
String MainEncoding=request.getLocale().getDisplayLanguage();
if(MainEncoding.equals("English"))
out.println("<h3>Hello World!</h3>");
else
out.println("<h3>你好，世界!</h3>");
%>
```

5.4.2　向客户端输出数据

在使用 out 对象时会自动转换为 java.io.PrintWriter 对象，我们实际上使用的是 PrintWriter 对象，它属于 javax.servlet.JspWriter 类实例。

为了区分 response 对象，JspWriter 对象提供了几个将内容写入响应缓冲区的方法。由于 JspWriter 是从 java.io.Writer 派生而来的，java.io.Writer 提供了一系列的写方法。因此，JspWriter 本身也提供了一系列的 print 方法。对于每一个 print 方法，都有一个等效的 println 方法，在请求的数据显示到响应操作之后，该方法还会插入一个分行符。

【练习 8】

创建简单的 JSP 页面，运行后会在客户端浏览器上显示乘法口诀和从小到大的 4 个“汇智科技”字符串。代码如下。

```
<body>
    <div id="one">
        <div id="two">
            <h3>九九乘法口诀表</h3>
            <table width="90%" border="0" align="center" cellpadding="0"
                cellspacing="1" ID="Table1">
                <%
                    for (int i = 1; i <= 9; i++) {
                %>
                <tr height="25px">
                    <%
                        for (int j = 1; j <= i; j++) {
                    %>
                    <td align="center"><%=i%>*<%=j%>=<%=i * j%></td>
```

```
                        <%
                            }
                        %>
                    </tr>
                    <%
                        }
                    %>
                </table>
                <%
                    for (int i = 0; i < 4; i++) {
                        out.print("<font size=+" + i + ">");
                        out.print("汇智科技" + "</font><BR>");
                    }
                %>
            </div>
        </div>
</body>
```

将该项目部署在 Tomcat 下，运行 index.jsp 页面，运行结果如图 5-8 所示。页面显示乘法口诀和“汇智科技”字样。

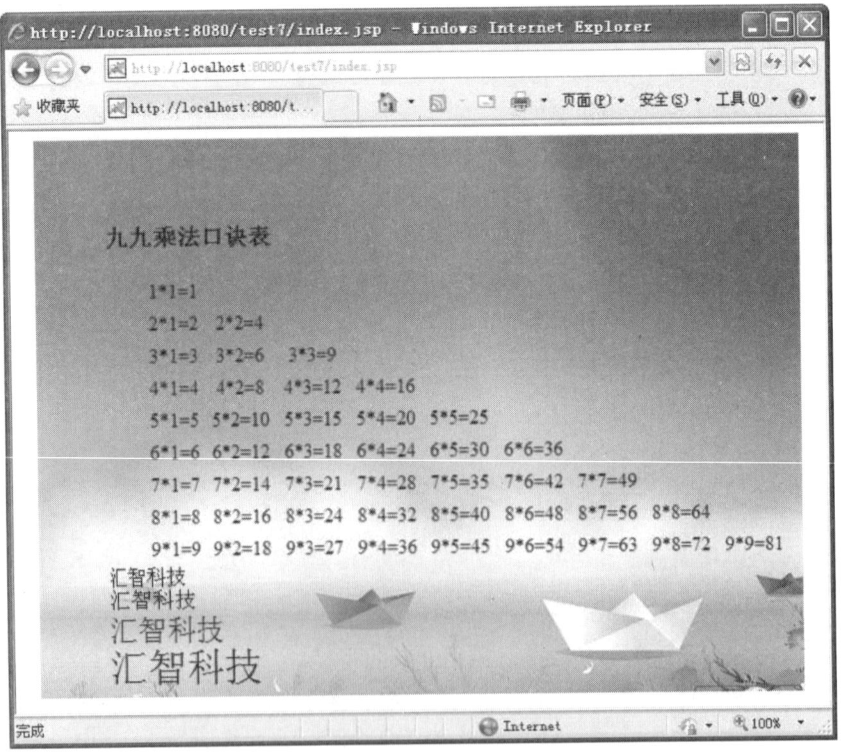

图 5-8 out 输出对象运行结果

5.4.3 管理缓冲区

在 JSP 页面中使用 out.clear()方法清除缓冲区的数据时，类似于重置响应操作将会重新开始。如果响应已经提交，则会产生 IOException 异常；相反，另外一种方法 clearBuffer 清除缓冲区的数据，而且即使内容已经提交，也可以使用该方法。此外，用户在使用过程中还可以用 getRemaining 方法获得缓冲区的当前状态。

例如，下面是两行简单的代码。

```
out.print("<h3>Hello World!</h3>");
out.print("<h3>你好世界! </h3>");
```

这两行代码的效果是在客户端的浏览器上输出两行文本。但是，程序真正在处理时是先将两行文本存放在缓冲区中，而非直接输出。如此一来，就不用每次执行 out.print()语句向客户端进行响应，这样可以加快处理的速度。而真正的输出操作是等到 JSP 容器解析完整个程序后才把缓冲区的数据输出到客户端浏览器上。现在，在上面程序的后面添加一行程序，变成如下的程序。

```
out.print("<h3>Hello World!</h3>");
out.print("<h3>你好世界! </h3>");
out.clearBuffer();
```

新增的 out.clearBuffer()语句是用来清空缓冲区中的数据。这样一来，输出到客户端的浏览器上的便是空白。接着，再来对这个程序进行修改，如下所示。

```
out.clearBuffer();
out.print("<h3>Hello World!</h3>");
out.print("<h3>你好世界! </h3>");
```

这样修改后，out.clearBuffer()将会清除执行至该行程序之前缓冲区里的数据，而接下来的 out.print()语句则将两行文本送到缓冲区中，最后显示在浏览器上。

flush()方法与 clearBuffer()方法一样会清除缓冲区中的数据。不同的是，flush()方法会在清除之前先将缓冲区中的数据输出至客户端。

【练习 9】

使用 out 输出对象，输出缓存信息，代码如下。

```
<%
    out.println("<h3>Hello User!</h3>");
    out.clearBuffer();
    out.println("<h3>Hello World!</h3>");
    out.flush();
    out.print("剩余缓冲区大小为: "+out.getRemaining()+"bytes<BR>");
    out.print("默认缓冲区大小为: "+out.getBufferSize()+"bytes<BR>");
    out.print("剩余缓冲区大小为: "+out.getRemaining()+"bytes<BR>");
    out.print("是否使用默认 AutoFlush: "+out.isAutoFlush());
%>
```

运行结果如图 5-9 所示。在这个程序中语句“out.clearBuffer()”之前的任何内容都不会输出到浏览器，可以从图 5-9 中看到，“Hello User!”内容并未显示。这是因为 clearBuffer()方法将缓冲区中的数据清除了，而 flush()方法同样会清除缓冲区中的数据，但会先将信息输出到浏览器，所以在浏览器上看到了“Hello World!”。

最后 4 行语句调用 print()方法，在客户端的浏览器输出剩余和默认缓冲区大小以及是否使用了默认 AutoFlush 等信息。

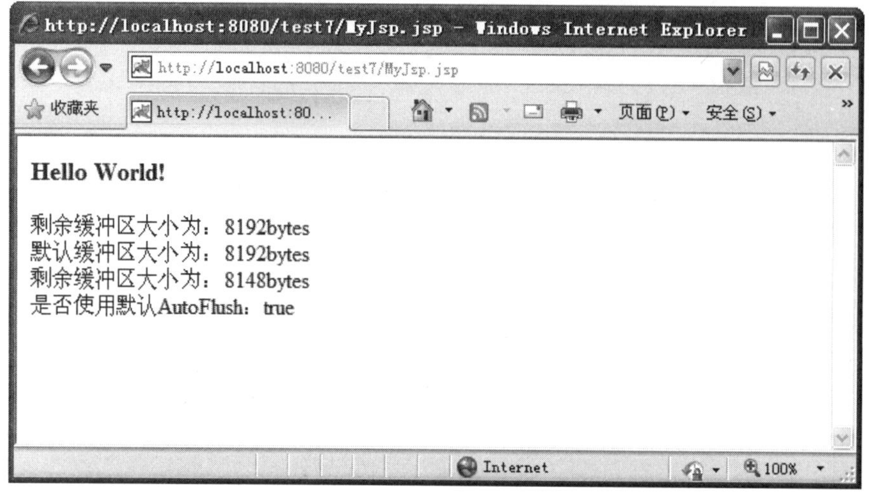

图 5-9 缓存区管理运行结果

5.5 session 会话对象

session 对象是 JSP 中一个很重要的内置对象，在 JSP 网络编程中，有多种方法可以保存客户信息，但最常用、最实用的还是 session 对象。session 对象是类 javax.servlet.httpServletSession 的一个对象，它提供了当前用户会话的信息，还提供了对可用于存储信息的会话范围的缓存的访问，以及控制如何管理会话的方法。

session 对象指的是客户端与服务器端的一次会话，从客户端连到服务器的一个 Web 应用程序开始，直到客户端与服务器断开为止。每一个客户端都有一个 session 对象用来存放与这个客户端相关的信息。

5.5.1 session 生命周期以及常用方法

session 作用于同一浏览器中，在各个页面中共享数据。无论当前浏览器是否在多个页面之间执行了跳转操作，整个用户会话一直存在，直到关闭浏览器，其生命周期结束。如果在一个会话中客户端长时间不向服务器发出请求，session 对象就会消失，这个时间取决于服务器。例如，Tomcat 服务器默认为 30min，这个时间可以通过编写程序修改。

创建用户的 session 对象，就是产生一个 HttpSession 对象。这个对象的接口被放置在 JSP 的默认包 javax.servlet.http 中，编程时可以不必导入这个包而直接使用接口所提供的方法。session 对象常用方法如表 5-5 所示。

表 5-5 session 对象常用的方法

方 法	使 用 说 明
setAttribute(String name,java.lang.Object value)	将 value 对象以 name 名称绑定到会话，变成其 name 属性。如果 name 属性已经存在，其对应的对象被转换为 value 对象
Object getAttribute(String name)	从会话中取得 name 属性，如果 name 属性不存在，则返回 null
Enumeration getAttributeNames()	返回 session 对象中存储的每一个对象，结果为 Enumeration 类实例
void removeAttribute(String name)	可以从会话中删除 name 属性。如果 name 属性不存在，则不会执行其他操作，也不会抛出异常
long getCreationTime()	返回创建时间，单位为 ms，从 1970 年 1 月 1 日算起

续表

方　法	使用说明
long getLastAccessedTime()	返回在会话创建的时间内 Web 容器接收到客户最后一次发出请求的时间
void setMaxInactiveInterval(int interval)	设定允许客户请求之间的最长时间间隔。如果请求之间超过这个时间，Web 容器则会认为请求属于两个不同的会话。Interval 的单位为 s，如果指定时间为一小时，就需要将 interval 的值设置为 3600
int getMaxInactiveInterval()	返回在会话期间内客户请求的最长时间间隔，以 s 为单位
String getId()	返回当前编号，因为每生成一个 session 对象，服务器会给一个编号，并且编号无重复
boolean isNew()	检查当前客户是否属于新的会话
void invalidate()	使会话失效，同时删除其属性对象
ServletContext getServletContext ( )	返回当前会话所在的上下文环境，ServletContext 对象可以使 Servlet 与 Web 容器进行通信

5.5.2 session 对象的 ID

当一个客户第一次访问服务器上的 JSP 页面时，JSP 容器会自动创建一个 session 对象，该对象将调用适当的方法存储客户在访问各个页面期间提交的各种信息。同时被创建的这个 session 对象被分配一个 ID 号，JSP 容器会将这个 ID 号发送到客户端，保存在客户的 cookie 当中。这样，session 对象和客户之间就建立起了一一对应的关系，即每个客户都对应一个 session 对象（该客户的会话），这些 session 对象互不相同，具有不同的 ID。

根据 JSP 运行原理，JSP 容器将为每个客户启动一个线程，即 JSP 容器为每个线程分配不同的 session 对象。当客户再访问连接服务器的其他页面时，或者从该服务器连接到其他服务器再回到该服务器时，JSP 容器不再分配给客户新的 session 对象，而是使用完全相同的一个 ID，直到客户关闭浏览器，服务器上该客户的 session 对象才被撤销，并且和客户的会话对应关系也随即撤销。当客户重新打开浏览器并再次连接到该服务器时，服务器将为该客户再创建一个新的 session 对象。

【练习 10】

创建三个页面，让客户在服务器的三个页面之间进行链接。客户只要不关闭浏览器，三个页面的 session 对象是完全相同的。客户首先访问 index1.jsp 页面，从这个页面再链接到 index2.jsp 页面，然后从 index2.jsp 页面再链接到 index3.jsp 页面，具体如下。

（1）创建 index1.jsp 页面，获取当前页面 session 对象中的 id，使用表单进行数据提交，在 index2.jsp 页面获得，代码如下。

```
<body>
    <p>这是 index1.jsp 页面</p>
    <%
        String id = session.getId();
    %>
    在 index1.jsp 页面中 session 对象的 id 是:
    <br><%=id%>
    <br>输入姓名连接到 index2.jsp
    <form action="index2.jsp" method="post" name="form">
        用户名: <input type="text" name="name"> <input type="submit"
            name="Submit" value="确定">
    </form>
```

```
    </body>
```

（2）创建 index2.jsp 页面，保证在浏览器不关闭的状态，获得 session 的 id，并且使用超链接跳转到 index3.jsp 页面，代码如下。

```
<body>
    <p>这是 index2.jsp 页面</p>
    <%
        String id = session.getId();
    %>
    用户<%=request.getParameter("name")%>在 index2.jsp 页面中 session 对象的 id 是:
    <br><%=id%><br>
    <a href="index3.jsp">欢迎到 index3.jsp 页面来!</a>
</body>
```

（3）创建 index3.jsp 页面，获得 session 对象的 id，使用超链接返回到 index1.jsp 页面，代码如下。

```
<body>
    <p>这是 index1.jsp 页面</p>
    <%
        String id = session.getId();
    %>
    在 index1.jsp 页面中 session 对象的 id 是:
    <br><%=id%>
    <br>输入姓名连接到 index2.jsp
    <form action="index2.jsp" method="post" name="form">
        用户名: <input type="text" name="name"> <input type="submit"
            name="Submit" value="确定">
    </form>
</body>
```

将该程序部署在 Tomcat 服务器上，运行，保持浏览器不关闭的状态，会发现，在不同的页面，获得 session 对象的 id 是相同的。由此不难看出的是客户只要不关闭浏览器让浏览器保持连接状态，页面的 session 对象是完全相同的。

5.5.3 设置会话的有效时间

当用户访问网站时会产生一个新的会话，这个会话可以记录用户的状态，但是它并不是永久存在的。如果在一个会话中，客户端长时间不向服务器发出请求，这个会话将被自动销毁。这个时间取决于服务器，如 Tomcat 服务器默认为 30min。不过 session 对象提供了一个设置 session 有效时间的方法 setMaxInactiveInterval()。

例如，要将 session 对象的有效时间设置为 1h，代码如下。

```
session.setMaxInactiveInterval(3600);
```

在操作 session 时，有时需要获取最后一次与会话相关联的请求时间和两个请求的最大时间间隔，可以通过 session 对象提供的 getLastAccessedTime()和 getMaxInactiveInterval()方法实现。

虽然当客户端长时间不向服务器发送请求后，session 对象会自动消失，但是对于某些实时统计在线人数的网站（如聊天室），每次在 session 过期之后才能统计出准确人数。这是远远不够的，需要手动销毁 session。通过 session 对象的 invalidate()方法，可以进行销毁。

5.6 全局应用程序对象 application

有的服务器需要管理面向整个应用的参数，使每个客户都能获得同样的参数值。这时候就用到了 application 对象，它负责提供应用程序在服务器中运行时的一些全局信息，与 session 对象不同的是，当 Web 应用中的 JSP 页面开始执行时，都只产生一个 application 对象，所有客户的 application 对象都是同一个，即所有客户共享这个内置的 application 对象。直到服务器关闭时 application 对象才消失。

如果客户浏览不同的 Web 应用页面，将产生不同的 application 对象。同一个 Web 应用中的所有 JSP 页面都将存取同一个 application 对象，即使浏览这些 JSP 网页的客户不是同一个也是如此。因此，保存于 application 对象的数据，不仅可以跨网页分享数据，更可以联机分享数据。所以如果想计算某个 web 应用的目前联机人数，利用 application 对象就可以达到这个目的。

5.6.1 application 对象的生命周期

application 对象在服务器启动时自动创建，在服务器停止时自动销毁。当 application 对象没有被销毁时，所有用户都可以共享它，其生命周期如图 5-10 所示。它适用于在同一个应用程序中的各个用户共享数据。

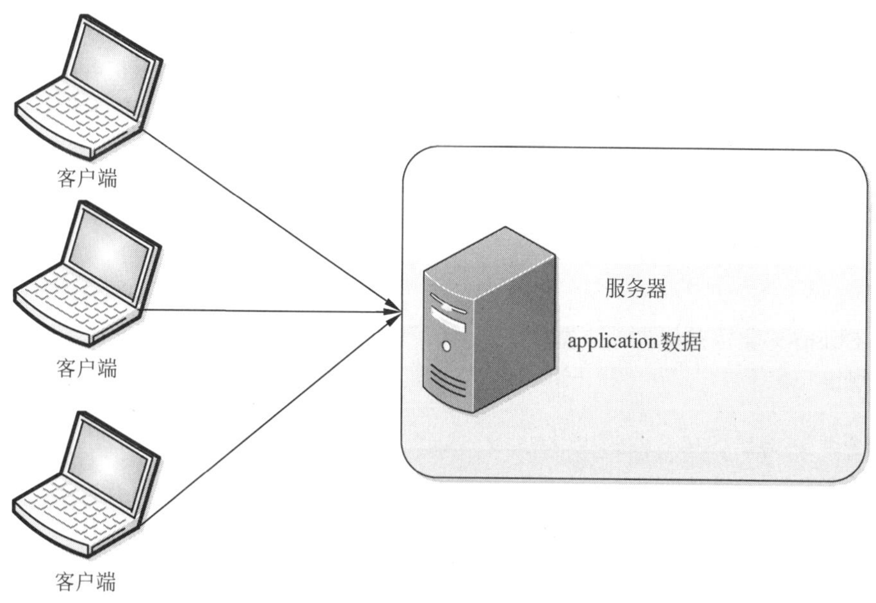

图 5-10 application 对象的生命周期

5.6.2 application 对象的成员和方法

application 对象提供了对 javax.serlvet.ServletContext 对象的访问。servletContext 对象提供了以下 5 种服务。

（1）应用程序初始化参数。

（2）管理应用程序环境属性。

（3）支持资源的提取。

（4）RequestDispatcher 方法。

（5）实用方法。

application 对象提供了对应用程序环境属性的访问。这对于将安装信息与给定的应用程序关联起来是很有用的。表 5-6 列出了访问应用程序环境初始化参数的方法。

表 5-6　应用程序环境初始化参数

方　　法	使 用 说 明
getInitParameter(String name)	返回一个已命名的初始化参数的值
getInitParameterNames()	返回所有已定义的应用程序初始化参数的枚举

我们可以使用初始化信息为数据库提供一个主机名，每一个客户和 JSP 页面都可以使用它连接到该数据库并检索应用程序数据。当使用部署工具或者通过修改一段配置脚本来部署应用程序时，为应用程序指定这些参数。

Servlet 对象还帮助缓存和管理带有应用程序作用域的属性。Javax.servlet.ServletContext 接口提供了 4 个方法访问 ServletContext 附带的属性，如表 5-7 所示。

表 5-7　ServletContext 附带属性

方　　法	使 用 说 明
getAttributeNames()	该方法返回属性名字的一个列举
getAttribute(String name)	该方法取得保存在 application 对象内的属性
removeAttribute(String name)	该方法将从 application 对象中删除指定的属性
setAttribute(String name,Object object)	该方法将数据保存在 application 对象内

下面的语句将从 application 对象中取得名称为 name 的数据，并赋给 obj 对象。

```
Object obj=application.getAttribute("name") ;
```

从 application 对象中取得的数据不仅可以是某种类型的对象，也可以将返回值由 Object 类型直接转换为所要求的对象类型。下面的语句从 application 对象中取得名称为 name 的数据，并直接转换为 String 对象。

```
String obj=(String)application.getAttribute("name") ;
```

如果该 String 对象保存的是一个整数，则可以利用 Integer 类型的 parseInt 方法将字符串转换为整数。实现语句如下。

```
int name=Integer.parseInt("name") ;
```

下面的语句把一个整型的 name 变量转换为字符串，再保存进 application 对象。

```
application.setAttribute("name",String.valueOf(name));
```

ServletContext 对象提供了各种实用方法，例如，它允许将消息记录到服务器应用文件中。application 对象常用的方法如表 5-8 所示。

表 5-8　application 对象的常用方法

方　　法	使 用 说 明
log(String message)	将一个消息记录到应用程序的日志文件中
log(String message,Throwable throwable)	将一个消息和栈跟踪记录到 Web 日志文件中
getMimeType(String file)	返回指定文件的 MIME 类型

续表

方　　法	使 用 说 明
getRealPath(String virtualPath)	返回一个 String，其中包含一个给定的虚拟路径的真实系统路径
getServerInfo()	返回一个字符串，其中包含关于服务器小程序容器的信息
getMajorVersion()	返回 Web 容器的主版本。对于支持版本 2.2 的容器，该方法返回 2
getMinerVersion()	返回 Web 容器的次版本。对支持版本 2.2 的容器，该方法返回 2

application 对象主要作用就是存取 servlet 环境变量，保存用户的所有公共信息。前面已经对 application 对象的属性和作用做了详细的介绍。接下来将通过一个示例进一步地了解 application 对象。

【练习 11】

创建一个简单的网站访问计数器，具体了解 application 对象的使用方法，代码如下。

```
<%
    String counter = (String) application.getAttribute("counter");
    if (counter != null) {
        int int_counter = Integer.parseInt(counter);
        int_counter += 1;
        String s_counter = Integer.toString(int_counter);
        application.setAttribute("counter", s_counter);
    } else {
        application.setAttribute("counter", "1");
    }
    out.println("您是第" + counter + "位访问本网站的朋友!");
%>
```

5.7 答应或请求的 page 对象

内置 page 对象是一个包含当前 Servlet 接口引用的变量，也称为 this 变量的别名。page 对象是为了执行当前页面的应答请求而设置的 Servlet 类的实例，即显示的 JSP 页面本身。如果在网页中声明使用的 Language 为 Java，那么 page 对象和 this 对象等价。如果 page 对象的 Language 没有声明为 Java 而是其他语言形式，page 对象则提供了很多附加功能。在其他语言中也可以使用 javax.Servlet.jsp.JspPage 对象的方法。

HttpJspPage 接口扩展了 JspPage 接口，该接口又扩展了 javax.servlet.Servlet 接口。这提供了两个重要的函数 getServletConfig 和 getServletInfo，可以通过 page 对象来调用这两个函数以及它们提供的方法，如表 5-9 所示。

表 5-9　page 对象的常用方法

方　　法	使 用 说 明
void hasCode()	返回网页文件中的 hasCode
void getClass()	返回网页的类信息
void toString()	返回代表当前网页的文字字符串
boolean equals(Object o)	比较 o 对象和指定的对象是否相等
Javax.servlet.ServletConfig getServletConfig()	获得当前的 config 对象
String getServletInfo()	返回关于服务器程序的信息

【练习 12】

创建一个 index.jsp 页面，在该文件中调用 page 对象的方法，并将结果显示在页面上，代码如下。

```
<%@ page language="java" import="java.util.*" pageEncoding="UTF-8"
    info="学习使用 page 对象"%>
<!DOCTYPE html PUBLIC "-//W3C//DTD XHTML 1.0 Transitional//EN"
"http://www.w3.org/TR/xhtml1/DTD/xhtml1-transitional.dtd">
<html xmlns="http://www.w3.org/1999/xhtml">
<head>
<meta http-equiv="Content-Type" content="text/html; charset=utf-8" />
<title>page 对象的简单使用</title>
<style>
#one {
    background: url(http_imgload.jpg) no-repeat;
    margin: auto;
    width: 600px;
    height: 450px;
}

#two {
    padding-top: 150px;
    padding-left: 60px;
    width: 600px
}
</style>
</head>

<body>
    <div id="one">
        <div id="two">
            <h2>当前 JSP 页面信息:</h2>
            <h3>
                <%
                    String info;
                    info = ((javax.servlet.jsp.HttpJspPage) page).
                    getServletInfo();
                    out.print(info);
                %>
            </h3>
            <%!Object object;//声明一个 Object 变量%>
            <ui>
            <li>getClass()方法的返回值: <%=page.getClass()%></li>
            <li>hashCode()方法的返回值: <%=page.hashCode()%></li>
            <li>toString()方法的返回值<%=page.toString()%></li>
            <li>与 Object 对象比较的返回值: <%=page.equals(object)%></li>
            <li>与 this 对象比较的返回值: <%=page.equals(this)%></li>
            </ui>
        </div>
```

```
    </div>
</body>
```

示例代码中使用语句“((javax.servlet.jsp.HttpJspPage)page).getServletInfo()”的原因是 page 对象的类型为 java.lang.Object，所在页面类型转换为 javax.servlet.jsp.HttpJspPage 后，再使用 getServletInfo()获取服务器信息。这条语句也可以写成下面的形式。

```
info=((javax.servlet.jsp.HttpJspPage)this).getServletInfo();
```

如此修改后，程序依然能够得出正确结果，因为在页面中 page 对象的 Language 是 Java，此时使用 page 对象和 this 是等价的，结果如图 5-11 所示。

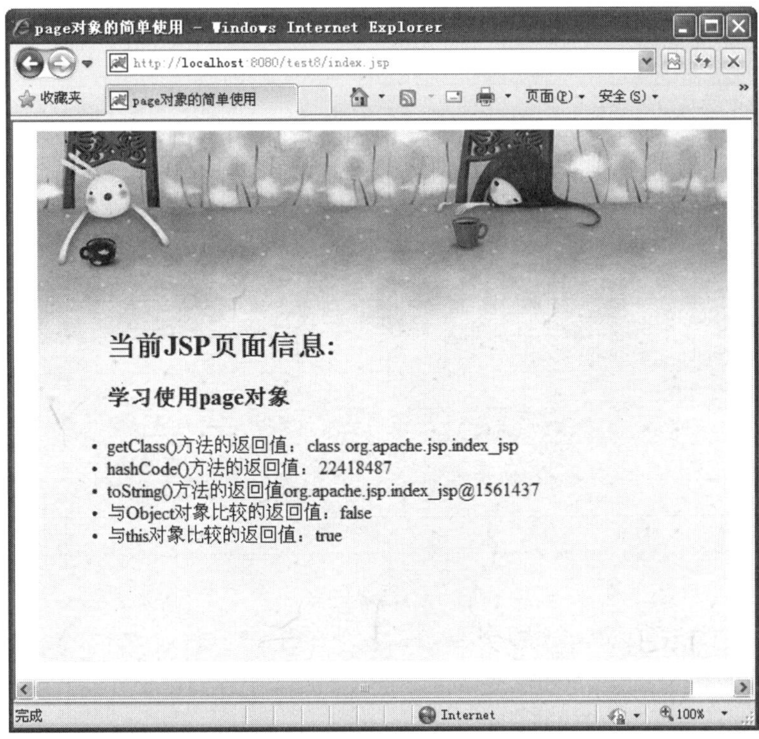

图 5-11 page 对象获取信息

5.8 获取会话范围的 pageContext 对象

pageContext 对象是 javax.servlet.jsp.PageContext 类的一个实例。该类提供对几种页面属性的访问，并且允许向其他应用组件转发 request 对象，或者从其他应用组件包含 request 对象。

使用 pageContext 对象可以存取关于 JSP 执行时期所要用到的属性和方法。例如，用 setAttribute()函数可以调用 page、request、session 和 application 对象，使用 removeAttribute()函数删除指定对象的属性。

由于 pageContext 是一个抽象类，因此 JSP 容器开发商必须扩展它。在使用 pageContext 对象时，可以在多个作用域上进行操作（页面作用域、请求作用域和应用程序作用域），而且还为简便方法提供了一个与开发商无关的接口。一个开发商可以对该对象提供一种自定义实现，还可以提供独有的额外方法。

使用 pageContext 对象可以访问除本身以外的 8 个 JSP 内置对象，还可以直接访问绑定在 application 对象、page 对象、request 对象、session 对象上的 Java 对象。pageContext 对象的主要方法如表 5-10 所示。

表 5-10　pageContext 对象的方法

方　法	使用说明
JspWriter getOut()	返回当前客户端响应被使用的 JspWriter 流，即 out 对象
HttpSession getSession()	返回当前页中的 HttpSession 对象，即 session 对象
Object getPage()	返回当前页的 Object 对象，即 page 对象
ServletRequest getRequest()	返回当前页的 ServletRequest 对象，即 requeset 对象
ServletResponse getResponse()	返回当前页的 ServletResponse 对象，即 response 对象
Exception getException()	返回当前页的 Exception 对象，即 exception 对象
ServletConfig getServletConfig()	返回当前页的 ServletConfig 对象，即 config 对象
ServletContext getServletContext()	返回当前页的 ServletContext 对象，即 application 对象
void setAttribute(String name,Object attribute)	设置属性及属性值
void setAttribute(String name,Object obj,int scope)	在指定范围内设置属性及属性值
public Object getAttribute(String name)	取属性的值
Object getAttribute(String name,int scope)	在指定范围内取属性的值
public Object findAttribute(String name)	寻找一属性,返回其属性值或 NULL
void removeAttribute(String name)	删除某属性
void removeAttribute(String name,int scope)	在指定范围删除某属性
int getAttributeScope(String name)	返回某属性的作用范围
Enumeration getAttributeNamesInScope(int scope)	返回指定范围内可用的属性名枚举
void release()	释放 pageContext 所占用的资源
void forward(String relativeUrlPath)	使当前页面重导到另一页面
void include(String relativeUrlPath)	在当前位置包含另一文件

下面介绍表 5-10 中的方法，该表中的前 8 个方法是获取 JSP 其他内置对象的方法，pageContext 对象的 setAttribute()方法可以将参数或者 Java 对象绑定到 application 对象、session 对象、request 对象或者 page 对象上，这里的 scope 参数可以取以下的值。

（1）pageContext.PAGE_SCOPE

（2）pageContext.REQUEST_SCOPE

（3）pageContext.SESSION_SCOPE

（4）pageContext.APPLICATION_SCOPE

当 scope 参数的值为 pageContext.SESSION_SCOPE 时，调用 pageContext 对象的 setAttribute()方法和调用 session 对象的 putValue()方法等效，都是将某个参数或者 Java 对象和当前的 session 绑定起来。如果 scope 参数的值为 pageContext.APPLICATION_SCOPE，那么调用 pageContext 对象的 setAttribute()方法和调用 application 对象的 setAttribute()方法等效，scope 的参数值还可以为其他值，原理一样，例如下列代码。

```
<%
    pageContext.setAttribute("password", "123456", pageContext.SESSION_SCOPE);
%>
```

pageContext 对象的 getArrtribute()方法和 setArrtribute()是对应的，这个方法的 scope 参数的意义和 setAttribute()方法一样。如果 scope 参数的值是 pageContext.SESSION_SCOPE，那么 getAtttribute()方法就在当前的 session 对象内部查找有没有绑定一个名为 name 的 Java 对象，如

果有，就返回这个对象，如果没有，返回 null 值，例如下列代码。

```
<%
    pageContext.getAttribute("userName",pageContext.SESSION_SCOPE);
%>
```

5.9 获取 web.xml 配置信息的 config 对象

config 对象提供了对每一个服务器或者 JSP 页面的 javax.servlet.ServletConfig 对象的访问。该对象包含初始化参数以及一些实用方法。在初始化参数中，可以为使用 web.xml 文件的服务器程序和 JSP 页面在其环境中设置初始化参数。

config 对象的范围也是 page。它提供一些配置信息，通过使用 config 对象的方法来获得 Servlet 初始化时的参数。config 对象常用的方法如表 5-11 所示。

表 5-11　config 对象常用的方法

方　法	使 用 说 明
ServletContext getServletContext()	返回一个含有服务器相关信息的 ServerContext 对象
String name getServletName()	返回 Servlet 的名称
Enumeration getInitParameterNames()	返回一个枚举对象，该对象由 Servlet 程序初始化需要的所有参数的名称构成
String getInitParameter(String name)	返回 Servlet 程序初始参数的值，参数名由 name 指定

【练习 13】

（1）创建一个名为 testconfig.jsp 页面，页面包含以下内容。

```
<table width="471" border="0" height="150">
        <tr>
                <td width="150px">窗内网网址</td>
                <td><%=config.getInitParameter("url")%></td>
    </tr>
    <tr>
        <td>窗内网服务信箱</td>
        <td><%=config.getInitParameter("email")%></td>
    </tr>
    <tr>
        <td>联系电话</td>
        <td><%=config.getInitParameter("phone")%></td>
    </tr>
    <tr>
        <td>本站服务 QQ</td>
        <td><%=config.getInitParameter("qq")%></td>
    </tr>
    <tr>
        <td>本站服务信息</td>
        <td>
            <%
```

```
                out.println(config.getServletContext().getServerInfo());
            %>
        </td>
    </tr>
    </table>
```

（2）在应用程序环境的 web.xml 文件中为该 JSP 页面指定一个逻辑名称，指定方法如下所示。

```
<servlet>
    <servlet-name>Myconfig</servlet-name>
    <jsp-file>/testconfig.jsp</jsp-file>
    <init-param>
        <param-name>url</param-name>
        <param-value>www.itzcn.com</param-value>
    </init-param>
    <init-param>
        <param-name>email</param-name>
        <param-value>951323596@qq.com</param-value>
    </init-param>
    <init-param>
        <param-name>phone</param-name>
        <param-value>15993548892</param-value>
    </init-param>
    <init-param>
        <param-name>qq</param-name>
        <param-value>33925615</param-value>
    </init-param>
  </servlet>
  <servlet-mapping>
    <servlet-name>Myconfig</servlet-name>
    <url-pattern>/testconfig.jsp</url-pattern>
   </servlet-mapping>
```

将该项目部署在 Tomcat 服务器上，运行结果如图 5-12 所示。

图 5-12　获取 web.xml 配置信息

5.10 获取异常信息的 exception 对象

exception 对象是 java.lang.Throwable 类的一个实例。它指的是运行时的异常，也就是被调用的错误页面的结果，只有在错误页面（在页面指令有 isErrorPage=true 的页面）才可以使用。它所包含的常用方法如表 5-12 所示。

表 5-12　exception 对象常用的方法

方　法	使 用 说 明
String getMessage()	该方法返回错误信息
void printStackTrace()	该方法用于输出一个错误和一个错误堆栈
String toString()	该方法用于以字符串形式返回一个错误信息
String getLocalizedMessage()	返回本地化的异常错误

exception 对象与 page 指令结合时，可以指定某一个页面为错误处理页面，保证系统产生错误后也能正常地进行处理，同时使程序流程更加简明。这个过程的整个处理机制的描述如图 5-13 所示。

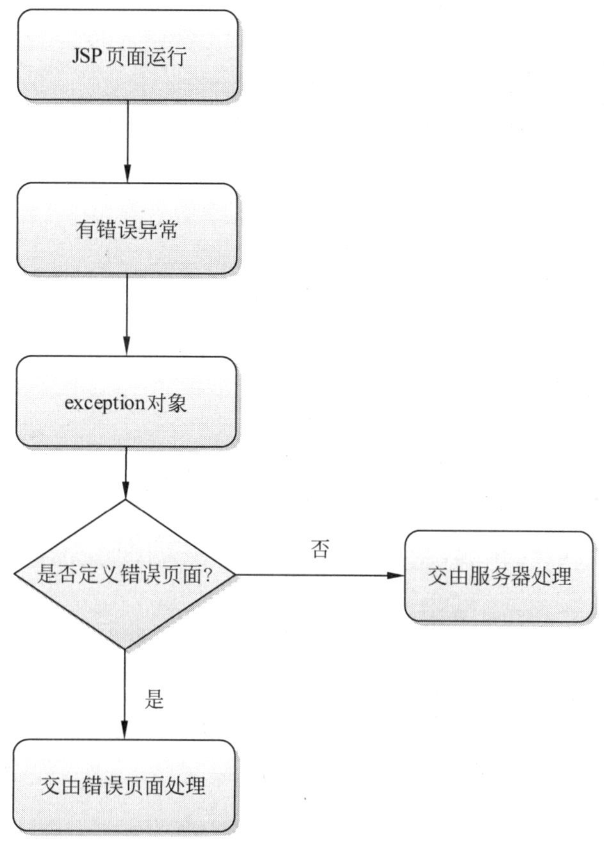

图 5-13　exception 对象处理错误流程图

执行一个 JSP 页面时，如果出现异常信息而又没有捕获的话，程序会终止运行。但如果事先配合 page 编译指令做了配置，JSP 容器会自动产生一个异常对象。如果这个 JSP 页面指定了另一个 JSP 页面为错误处理程序，那么 JSP 引擎会将这个异常对象放入到 request 对象中，传入错误处理程序中。由于 page 编译指令的 isErrorPage 属性的值被设为 true，因此，JSP 容器会自动声明一个 exception 对象，这个 exception 对象从 request 对象所包含的 HTTP 参数中获得。

```
<%
    Throwable exception=(Throwable)request.getAttribute("javax.servlet.
    jspException");
%>
```

javax.servlet.jspException 是 JSP 容器为 exception 对象所取的名字，并不存在所谓的 jspException 类，exception 对象是 java.lang.Throwable 类的实例对象。

【练习 14】

创建 Web 项目，在该页面中使用 exception 对象获取错误信息。

（1）创建 index.jsp 页面，定义页面指令 errorPage 的指向为 error.jsp，如果在 index.jsp 页面中发生错误异常，就会转发到 error.jsp 页面，代码如下。

```
<%@ page language="java" import="java.util.*" pageEncoding="UTF-8" errorPage=
"error.jsp"%>
<!DOCTYPE HTML PUBLIC "-//W3C//DTD HTML 4.01 Transitional//EN">
<html>
  <head>
  <title>使用 exception 处理异常信息</title>
  </head>
  <body>
    <%
     int num1 = 10;
     int num2 = 0;
     int result = num1/num2;
     out.print(result);
     %>
  </body>
</html>
```

（2）创建 error.jsp 页面，用来显示页面错误异常信息，代码如下。

```
<%@ page language="java" import="java.util.*" pageEncoding="UTF-8" isErrorPage
="True"%>
<!DOCTYPE HTML PUBLIC "-//W3C//DTD HTML 4.01 Transitional//EN">
<html>
  <head>
    <title>错误页面</title>
  </head>
    <body>
         <h2>有异常发生。</h2>
         <h2>异常：</h2><%=exception.toString()%>
         <h2>描述：</h2><%=exception.getMessage()%>
      </body>
</html>
```

在上述代码中，只有将 isErrorPage 属性设置为 True，才能在该页面中处理 exception 对象。exception.toString()语句调用 exception 对象的 toString()方法，返回 exception 的名称和 exception

的错误提示页面；exception.getMessage()显示了与 exception 相关的错误信息。

将该项目部署在 Tomcat 服务器下，在浏览器中运行，如图 5-14 所示。由于出现错误将由 error.jsp 页面处理，但地址并未改变。

图 5-14 捕捉错误信息运行结果

5.11 实例应用：简单的购物车

session 用于跟踪客户状态。session 指的是在一段时间内，单个客户与 Web 服务器的一连串相关的交互过程。在一个 session 中，客户可能会多次请求访问同一个网页，也有可能请求访问不同的服务器资源。根据 session 对象的应用，创建一个简易的购物车功能。

5.11.1 实例目标

使用 JSP 的 session 对象实现一个简易的购物车，主要就是进行商品的添加和添加之后购物车信息的显示。

5.11.2 技术分析

该实例主要做的就是购物车的实现。创建一个 ArrayList 列表对象，使用 ArrayList 列表添加存储了各种商品的对象，并且把该列表添加到 session 中，在整个会话中，就可以获取购物车信息，并且进行各种操作，如显示购物车中的信息。

5.11.3 实现步骤

（1）在项目 Shopcart 的 src 目录下新建一个包，命名为 com.jsp.main。然后在该包中新建一个类。类名为 Books.java，并且定义书本的各个属性，返回书本属性的方法，以及书本对象进行比较的方法，代码如下。

```
package com.jsp.main;
public class Books implements Comparable {
    private String id = null;         //图书编号
    private String name = null;       //图书名称
    private float price = 0.00F;      //图书价格
```

```
    private int number = 0;      //图书数量
    public Books(String id, String name, float price, int number) {
        this.id = id;
        this.name = name;
        this.price = price;
        this.number = number;
    }
    public String getId() {      //返回订购图书的编号 id
        return this.id;
    }
    public String getName() {    //返回订购图书的名称
        return this.name;
    }
    public float getPrice() {    //返回订购图书的价格
        return this.price;
    }
    public int getNumber() {     //返回订购图书的数量
        return this.number;
    }
    public int compareTo(Object o) { //比较这两个对象是否相同
        Books b = (Books) o;
        int compare = id.compareTo(b.id);
        return compare;
    }
}
```

（2）在 Shopcart 项目下，新建一个 JSP 页面，命名为 shopcart.jsp。首先创建 Books（书本）对象 books，并建立 ArrayList 对象 arrayList。由于 ArrayList 对象具有添加和删除成员的方法，从而实现多个商品存储在 ArrayList 对象中进行管理，将 ArrayList 对象 arrayList 存储于 session 对象中，实现购物车功能，代码如下。

```
<%@ page language="java" import="java.util.*,java.sql.*,com.jsp.main.*
"pageEncoding="UTF-8"%>
<!DOCTYPE HTML PUBLIC "-//W3C//DTD HTML 4.01 Transitional//EN">
<html>
<head>
<title>购物车</title>
</head>
<body>
    <%
        request.setCharacterEncoding("UTF-8");//设置编码格式
        Books books = new Books("11223","SQL Server基础",25.5f,2);
        //创建图书对象
        ArrayList arrayList = null;//声明一个 ArrayList 对象
        if((ArrayList)session.getAttribute("cart")==null)
        //如果 session 中从未写入过，
        //则将建立商品对象添加到 ArrayList 对象中，并写入 session
            {
            arrayList = new ArrayList();
```

```
            arrayList.add(books);
            session.setAttribute("cart", arrayList);
            response.sendRedirect("orderindex.jsp");
        }
        else{ //如果写入过，则将书本对象添加到ArrayList对象中，并写入session
            arrayList=(ArrayList)session.getAttribute("cart");
            if(arrayList.isEmpty()){
            //如果ArrayList对象不为空，则判断购入书本是否已经存在购物车中
                arrayList.add(books);
                session.setAttribute("cart", arrayList);
                response.sendRedirect("orderindex.jsp");
            }
            else{
                Iterator it = arrayList.iterator();
                for(int i = 0;i<arrayList.size();i++){
                    Books book = (Books)it.next();
                    if(book.compareTo(books)==0){
                    //如果商品已经存在，则打印输入提示错误信息
                        out.print("<script>alert('您以添加过该图书');window.
                        close();</script>");
                    }
                    else{
                    //如果商品不存在，则直接将该商品添加到ArrayList对象中，并写入
                    session
                        arrayList.add(books);
                        session.setAttribute("cart", arrayList);
                        response.sendRedirect("orderindex.jsp");
                    }
                }
            }
        }
    %>
</body>
</html>
```

（3）在 Shopcart 项目下，创建一个 orderindex.jsp 页面，从 session 中取出购物车对象 cart，将商品依次取出，计算商品的金额和购物车中所有商品的总结算金额，输出显示购物车的信息，核心代码如下。

```
<table width="200" border="1">
    <tr>
        <td>名称</td>
        <td>数量</td>
    <td>价格</td>
    <td>小计</td>
    </tr>
    <%
        ArrayList cart = (ArrayList) session.getAttribute("cart");
        if (cart == null || cart.size() == 0)
```

```
            out.print("<p>购物车当前为空</p>");
        else {
            Books books;
            int quantity;
            double price, subtotal;
            double total = 0;
            Iterator it = cart.iterator();
            for (int i = 0; i < cart.size(); i++) {
                Books shop = (Books) it.next();
                quantity = shop.getNumber();
                price = shop.getPrice();
                subtotal = quantity * price;
                total += subtotal;
    %>
    <tr>
        <td><%=shop.getName()%></td>
        <td><%=quantity%></td>
        <td><%=price%></td>
        <td><%=subtotal%></td>
    </tr>
    <%
            }
        }
    %>
</table>
```

（4）将该项目部署在 Tomcat 上，运行 shopcart.jsp 页面，可以查看 session 中的购物信息，如图 5-15 所示。

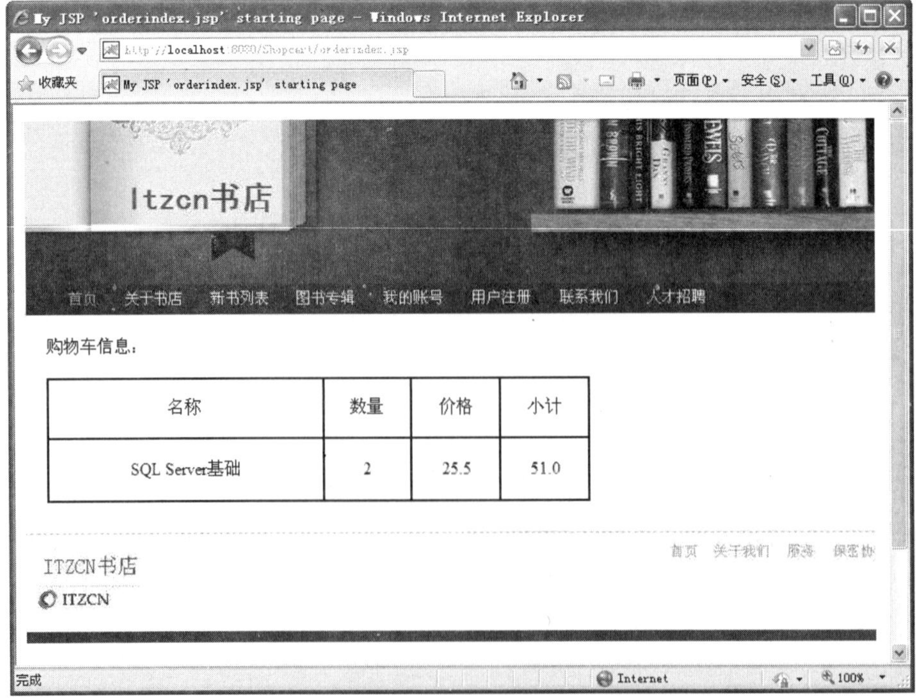

图 5-15　查看购物车信息

5.12 扩展训练

1．创建一个简单的网页计数器，判断当前网页的访问量

application 对象保存了应用程序中许多页面使用的信息（比如数据库连接信息），它存在于服务器的内存空间中，服务器一旦启动，就会产生一个 application 对象，除非服务器被关闭，否则这个 application 对象将一直保存下去。

利用 application 对象的这种特性，设计一个网页计数器，要求测试出当前网站的访问量大小，并且保持在服务器不关闭的状态下，该计数器正确运行。

2．获取 web.xml 的初始参数

Web 容器在初始化时使用一个 ServletConfig（即 config）对象向 JSP 页面传递信息，此配置信息包括初始化参数（在当前 Web 应用部署描述文件 web.xml 中定义）以及表示 Servlet 或 JSP 页面所属 Web 应用的 ServletContext 对象。

config 对象提供了对每一个给定的服务器小程序或 JSP 页面的 javax.servlet.ServletConfig 对象的访问。它封装了初始化参数以及一些使用方法，其作用范围是当前页面，对于无效的 JSP 页面而言无效，而在 Servlet 中却有很大作用。

使用 config 对象获得 web.xml 中的配置信息。

5.13 课后练习

一、填空题

1. 在 JSP 中提供了 9 个内置对象，分别是 request 对象、__________、out 对象、session 对象、application 对象、config 对象、exception 对象、page 对象和 pageContext 对象。

2. request 对象的__________方法，可以设置编码方式，避免汉字乱码。

3. 在当前页面下，想要重定向到 index.jsp 页面，可以使用 response 对象的__________方法。

4. 在提交表单时有两种不同的提交方法，分别是__________和 get。

5. 在 JSP 中实现客户端和服务器的会话可使用__________实现。

6. 在页面中使用应答或请求对象 page 中的__________方法可以获得当前 Object 的类。

7. 向客户端输出动态内容，需要使用__________内置对象。

8. session 对象的__________方法用于判断是否开始新的会话。

二、选择题

1. 当需要从一个跳转的页面中取得表单中文本框中的内容，应该使用 request 对象的__________方法。

   A. getHeader()

   B. getParameter()

   C. getContextPath()

   D. getRequestURL()

2. exception 对象的__________方法可以获取错误信息。

   A. getMessage

   B. toString()

C. getLocalizedMessage()

D. printStackTrace()

3. 作用域不属于页面范围的下列内置对象的是__________。

A. request

B. out

C. page

D. pageContext

4. 使用 session 对象从会话中移除指定对象，应该使用__________方法。

A. getAttribute()

B. invalidate()

C. removeAttribute()

D. isNew()

5. JSP 的 out 对象提供了管理缓冲区的方法，其中__________可以清除当前缓冲区中的内容。

A. clear()

B. clearBuffer()

C. getBufferSize()

D. flush()

6. 要使浏览器重定向到新的 index.jsp 页面，则应使用语句__________。

A. response.sendError()

B. response.sendRedirect()

C. out.Transfer()

D. request.sendRedirect()

7. 编写一个网站访问人数计数器，应该使用 JSP 内置对象中的__________对象。

A. response

B. page

C. session

D. application

8. 释放 session 对象时，使用的是 session 对象的__________方法。

A. invalidate()

B. getAttribute()

C. getMaxInactiveInterval()

D. isNew()

三、简答题

1. 列举 JSP 中的几种内置对象。
2. 简述使用 request 对象获取数据的方法。
3. 描述在 JSP 中解决中文编码的两种解决方案。
4. 页面进行跳转的方法有哪些?
5. 如何使用 response 对象设置缓冲区大小的值?
6. 简述 config 对象的作用。
7. 简述 session 和 application 对象的区别。
8. 在 JSP 页面中如何获取应用程序初始化数值?

第 6 章 使用 JavaBean

JavaBean 其实就是一个可以在 Web 中调用的 Java 类，它遵循 Java 类的命名规则和语法。使用 JavaBean 可以将实体对象及业务逻辑处理封装到 Java 类中，使 JSP 脚本具有面向对象的功能，并使页面显示与业务逻辑分离。另外，一个编写好的 JavaBean 可以作为组件重复使用，从而提高代码的重用性。

本章主要介绍 JavaBean 不同类型的属性、使用 JavaBean 的方法以及 JavaBean 的作用域范围，最后制作一个 JavaBean 连接数据库的案例。

本章学习目标：

- ❑ 了解 JavaBean 的规范
- ❑ 掌握 Simple 属性和 Indexed 属性的实现
- ❑ 了解 Bound 属性和 Constrained 属性
- ❑ 掌握 JavaBean 的编写和部署
- ❑ 掌握 JSP 中使用 JavaBean 的语法
- ❑ 理解 JavaBean 的作用域范围
- ❑ 掌握各种 JavaBean 作用域的应用

6.1 JavaBean 概述

JavaBean 是一种 Java 语言编写的可重用组件。为了能够在页面上使用 JavaBean，它必须遵循一些规则，如类必须是公共的，并且具有无参构造函数等。下面让我们来全面认识一下 JavaBean。

6.1.1 JavaBean 简介

JSP 网页最大的特点之一就是其能够结合 JavaBean 技术来扩展程序的功能。JavaBean 是一种专门为当前软件开发人员设计的全新的组件技术，它为软件开发人员提供了一种最佳的问题解决方案。

JavaBean 可以创建可重新使用的、与平台无关的独立组件。JavaBean 组件又被称为 Bean，是在 Java 里最严格遵循组件模型的 Java 技术。我们知道，JavaBean 是具有组件模型特性的 Java 技术，拥有组件模型中的三大特性，外部可以通过属性接口控制内部运行。

JavaBean 的属性是内部核心的重要信息，当 JavaBean 被实例化为一个对象时，改变它的属性值，也就等于改变了这个 Bean 的状态。这种状态的改变，常常也伴随着许多的数据处理动作，使得其他相关的属性值也跟着发生变化。

例如，对于一个日历 JavaBean，可以通过 setYear()和 setMonth()来决定“年”和“月”的属性值，然后再使用 getCalendar()获取这个年份和月份所对应产生的月历。因此可以说，“年”“月”和“月历”都是这个 JavaBean 的重要属性，当“年”与“月”的属性值被设置时，则相应的“月历”属性值也将跟着被改变。

6.1.2 JavaBean 规范

通常一个标准的 JavaBean 类需要遵循以下规范。

1．实现可序列接口

JavaBean 应该直接或间接实现 java.io.Serializable 接口，以支持序列化机制。

2．公共的无参构造方法

一个 JavaBean 对象必须拥有一个公共类型、默认的无参构造方法，从而可以通过 new 关键字直接对其进行实例化。

3．类的声明是非 final 类型的

当一个类声明为 final 类型时，它是不可以更改的，所以 JavaBean 对象的声明应该是非 final 类型的。

4．为属性声明访问器

JavaBean 中的属性应该设置为私有类型（private），可以防止外部直接访问，它需要提供对应的 setXxx()和 getXxx()方法来存取类中的属性，方法中的“Xxx”为属性名称，属性的第一个字母应大写。若属性为布尔类型，则可使用 isXxx()方法代替 getXxx()方法。

JavaBean 的属性是内部核心的重要信息，当 JavaBean 被实例化为一个对象时，改变它的属性值也就等于改变了这个 Bean 的状态。这种状态的改变常常也伴随着许多数据处理动作，使得其他相关的属性值也跟着发生变化。

实现 java.io.Serializable 接口的类实例化的对象被 JVM(Java virtual Machine，Java 虚拟机)转化为一个字节序列，并且能够将这个字节序列完全恢复为原来的对象，序列化机制可以弥补网络传输中不同操作系统的差异问题。作为 JavaBean，对象的序列化也是必须的。使用一个 JavaBean 时，一般情况下是在设计阶段对它的状态信息进行配置，并在程序启动后期恢复，这种具体工作是由序列化完成的。

【练习 1】

使用 JavaBean 封装一个员工类 Employee，要求该类包含属性 name、age、sex，分别表示员工的姓名、年龄、性别。

Employee 类的实现代码如下。

```
import java.io.Serializable;
public class Student implements Serializable {
    public Student(){}              //无参的构造函数
    private String name;            //员工姓名
    private int age;                //员工年龄
    private String sex;             //员工性别
    public String getName() {
        return name;                          name 属性的 setXxx()
    }                                         和 getXxx()方法
    public void setName(String name) {
        this.name = name;
    }
    public int getAge() {
        return age;                           age 属性的 setXxx()
    }                                         和 getXxx()方法
    public void setAge(int age) {
        this.age = age;
    }
    public String getSex() {
        return sex;                           sex 属性的 setXxx()
    }                                         和 getXxx()方法
    public void setSex(String sex) {
        this.sex = sex;
    }
}
```

6.2 JavaBean 的属性

JavaBean 的属性与面向对象中对象的属性是同一个概念。根据 JavaBean 应用场景的不同，将 JavaBean 属性分为 4 类：Simple 属性、Index 属性、Bound 属性与 Constrained 属性。

6.2.1 Simple 属性

Simple 属性是 JavaBean 最常用的属性之一，其实现方法就是在 JavaBean 中为变量创建对应的 setXxx()方法和 getXxx()方法。

对于普通类型的属性 getXxx()方法与 setXxx()方法形式如下。

```
public void setXxx(type value);
```

```
public type getXxx();
```

而对于 Boolean 类型的属性，则应使用 isXxx()方法和 setXxx()方法，其形式如下。

```
public void setXxx(boolean value){…}
public boolean isXxx (){…}
```

【练习 2】

使用 JavaBean 封装一个会员类 Member，要求该类包含属性 name、pass 和 lock，分别表示员工的会员名称、登录密码和是否可用。当 lock 属性值为 true 时表示当前不可用，否则为正常可用状态。

Member 类的代码如下所示。

```
public class Member {
    private String name;        //会员名
    private String pass;        //密码
    private boolean lock;       //是否可用，true 表示不可用，false 表示可用
    public String getName() {
        return name;
    }
    public void setName(String name) {
        this.name = name;
    }
    public String getPass() {
        return pass;
    }
    public void setPass(String pass) {
        this.pass = pass;
    }
    public boolean isLock() {
        return lock;
    }
    public void setLock(boolean lock) {
        this.lock = lock;
    }
}
```

在上述代码中，Member 类包含三个使用 private 作用域的属性，这样可以避免使用者直接通过访问属性修改其值。如果在类中只为属性提供了对应的 getXxx()方法，表示该属性是只读的；如果某个属性只提供了 setXxx()方法，表示该属性只允许写入；两个方法都提供的属性是可读写的。

6.2.2 Indexed 属性

Indexed 属性适用于 JavaBean 中包含数组的属性值，可以使用索引直接进行访问。在实现时需要为该属性相对应的 set 方法和 get 方法编写存取数组中元素数值的代码。

在 JavaBean 中 Indexed 属性的 getXxx()方法与 setXxx()方法形式如下。

```
public void setXxx(type[ ] value);
public type[ ] getXxx();
public void setXxx(int index,type value);
```

```
public type getXxx(int index);
```

【练习 3】

一个群组可能有多个名称，里面可以包含多个会员。下面就创建一个群组类 Group，并定义数组类型属性 names 表示群组名称，List 类型的变量 members 表示会员列表。然后为这两个属性添加 getXxx()方法与 setXxx()，实现代码如下。

```
public class Group {
    private String[] names = new String[3];                  //定义 String 类型的数组
    private List<Member> members = new ArrayList<Member>();//定义 List 型数组
    public String[] getNames() {                                 //获取一个数组
        return names;
    }
    public void setNames(String[] names) {                       //为数组赋值
        this.names = names;
    }
    public String getNames(int index){                //根据索引，获取数组中的某个元素
        return names[index];
    }
    public void setNames(int index , String name){        //为数组中的某个元素赋值
        this.names[index] = name;
    }
    public List<Member> getMembers() {                         //获取一个集合
        return members;
    }
    public void setMembers(List<Member> member) {         //为集合赋值
        this.members = member;
    }
    public Member getMembers(int index){              //根据索引，获取集合中的某个元素
        return members.get(index);
    }
    public void setMembers(int index , Member member){ //为集合中的某个元素赋值
        this.members.set(index, member);
    }
}
```

6.2.3 Bound 属性

如果希望当某个属性值发生改变时通知监听器，则可以使用 Bound 属性。监听器需要实现 java.beans.PropertyChangeListener 接口，负责接收由 JavaBean 组件产生的 java.beans.PropertyChangeEvent 对象，在该对象中包含发生改变的属性名、改变前后的值，以及每个监听器可能要访问的新属性值。

JavaBean 还需要实现 addPropertyChangeListener()方法和 removePropertyChangeListener()方法，以添加和取消属性变化监听器。这两个方法的定义如下。

```
void addPropertyChangeListener(PropertyChangeListener listener);
void removePropertyChangeListener(PropertyChangeListener listener);
```

除此之外，还可以通过 java.beans.PropertyChangeSupport 类来管理监听器。通常情况下，使

用该类的实例作为 JavaBean 的成员字段，并将各种工作委托给它。PropertyChangeSupport 类的构造方法及主要方法如下。

```
public PropertyChangeSupport(Object paramObject)
public void addPropertyChangeListener(PropertyChangeListener paramProperty
ChangeListener)
public void removePropertyChangeListener(PropertyChangeListener paramProperty
ChangeListener)
public void firePropertyChange(String paramString, Object paramObject1, Object
paramObject2)
```

如上述代码所示，在 PropertyChangeSupport 类中主要有三个方法，其中，addPropertyChangeListener()方法表示在监听者列表中加入一个 PropertyChangeListener 监听器；removePropertyChangeListener()方法表示从监听者列表中删除一个 PropertyChangeListener 监听器；firePropertyChange()方法表示通知用于更新任何注册监听者的一个绑定属性，若改变前的值和改变后的值相等且为非空，则不激发事件。

提示

Constrained 属性适用于实现 Java 图形编程的 JavaBean 中，JSP 中很少用到。

6.2.4 Constrained 属性

Constrained 属性在 Bound 属性的基础上添加了一个约束条件，即当某个监听器检测到某个属性值发生改变后，需要由所有的监听器验证通过才能够修改该属性值。只要有一个监听器否决了该属性的变化，值就不能被修改。

监听器需要实现 java.beans.VetoableChangeListener 接口，该接口负责接收由 JavaBean 组件产生的 java.beans.PropertyChangeEvent 对象，JavaBean 组件可以通过 java.beans.VetoableChangeSupport 类激活由监听器接收的实际事件。

JavaBean 还需要实现 addVetoableChangeListener()方法和 removeVetoableChangeListener()方法，以便添加和取消可否决属性变化的监听器。这两个方法的一般定义如下。

```
void addVetoableChangeListener(VetoableChangeListener listener);
void removeVetoableChangeListener(VetoableChangeListener listener);
```

除此之外，还可以通过 java.beans.VetoableChangeSupport 类的 fireVetoableChange()方法传递属性名称、改变前的值和改变后的值等信息。

提示

Constrained 属性适用于实现 Java 图形编程的 JavaBean 中，JSP 中很少用到。

6.3 开始使用 JavaBean

我们知道 JavaBean 是一个满足特定规范的 Java 类。如果要在 JSP 页面中调用 JavaBean，则必须先将编写好的 JavaBean（Java 类）进行部署，然后可以使用代码或者标签形式引用。

6.3.1 编写 JavaBean

JavaBean 是具有特点的 Java 类，包括：具有 public 类；没有参数的 public 构造函数；属性使用 private 修饰；实现属性的 set 和 get 方法；get 方法没有参数。

了解 JavaBean 的特性之后，编写一个 JavaBean 并非难事，下面通过一个实例来讲解。

【练习 4】

每本图书都有编号、书名和 ISBN 号信息。使用 JavaBean 实现一个图书类 Book，其中 isbn 是不可修改的，再添加一个 loan 属性表示是否借出。

Book 类最终代码如下所示。

```
package com.bean;
public class Book {
    private int id;                      //图书编号
    private String name;                 //图书名称
    private String isbn;                 //图书出版号
    private boolean loan;                //是否借出
    //省略 id 和 name 的 get/set 方法
    public String getIsbn() {            //ISBN 的只读属性
        return "1234567890";
    }
    public boolean isLoan() {
        return loan;
    }
    public void setLoan(boolean loan) {
        this.loan = loan;
    }
}
```

上述代码为 Book 类指定包名为 com.bean，将类保存在 Book.java 文件中完成 JavaBean 的编写。

6.3.2 部署 JavaBean

JavaBean 被组织成为 package（包）以便进行管理，实际上就是把一组属于同一个包的 JavaBean 一起放在某个目录中，目录名即为包名。每个 Bean 文件都要加上包定义语句。存放 JavaBean(class 文件)的目录必须包含在系统环境 CLASSPATH 中，系统才能找到其中的 JavaBean。JSWDK 在默认状态下将<jswdk>\examples\WEB-INF\jsp\beans\加入 CLASSPATH，所以可在这个目录下建立一个子目录，来存放自己的 JavaBean（目录名应与包名相同）。

这里要在 Tomcat 中部署 Bean 类，则需要在自己的应用程序根目录（root 目录）下的 WEB-INF\classes 文件夹中部署所有的类。源代码可以保存在任何位置。但是，为了安全起见，可能想把所有的原始文件保存在实际应用程序中的 WEB-INF 文件夹下面。

类必须在合适的类路径中被编译和安装。当一个类被编译后，生成的类文件（以.class 为扩展名的文件）就被放置在由包语句指定的文件夹中。如果包中指定的文件夹不存在，编译器会自动创建该文件夹。可以使用下列命令编译类。

```
javac -d classpath classfile
```

要编译包中的类，参数-d 被传递至编译器来指定在包中创建所有文件夹的位置，如果文件夹存在，则找到文件夹的位置。classpath 是一个文件夹，JSP 容器在其中查找类。

【练习 5】

假设要编译练习 4 创建的 Bean 类 Book.java，需要执行如下命令。

```
javac -d . Book.java
```

这里-d 后面的 classpath 为点“.”是不可缺少的，代表当前所在的目录。执行后在当前目录会多出一个 com 目录，在 com 目录中包含 bean 目录，bean 目录中有 Book.class 文件。

最后是部署编译后的 JavaBean 文件，即将编译后的 com 目录复制到要使用该 JavaBean 项目的 WEB-INF\classes 文件夹中。

6.3.3 JSP 页面引入 JavaBean

在 JSP 网页中既可以程序代码来访问 JavaBean，也可以通过 JSP 标签来访问 JavaBean。第一种方式与在页面中编写 JSP 脚本是相同的，就不再介绍。下面重点讲解第二种方法，它可以减少 JSP 网页中的程序代码，使 JavaBean 更接近于 HTML 页面。

1．导入 JavaBean 类

如果在 JSP 网页中访问 JavaBean，首先要通过<%@ page import=""%>指令引入 JavaBean 类。例如，引入 Book 类的代码如下。

```
<%@ page import=" com.bean.Book "%>
```

2．调用 JavaBean

调用 JavaBean 的最简单的方法就是使用<jsp:useBean>动作标签，语法如下所示。

```
<jsp:useBean id="bookbean" class=" com.bean.Book " scope="session"/>
```

上述代码声明了一个名字为 bookbean 的 JavaBean 对象。<jsp:useBean>标签具有以下属性。

（1）id 属性：代表 JavaBean 对象的 ID，实际上表示引用 JavaBean 对象的局部变量名，以及存放在特定范围内的属性名。

（2）class 属性：用来指定 JavaBean 对象的类名。

（3）scope 属性：用来指定 JavaBean 对象的作用域，在 6.4 节详细介绍。

3．访问 JavaBean 属性

JSP 提供了访问 JavaBean 属性的标签。如果要将 JavaBean 的某个属性输出到网页上可以用<jsp:getProperty>标签，要注意<jsp:getProperty>中的 name 属性值一定要与<jsp:useBean>中的 id 属性值匹配。getProperty 动作标记的语法如下。

```
<jsp:getProperty property="id" name="bookbean"/>
```

以上标签根据 name 属性的值 bookbean 找到由<jsp:useBean>标签声明的 ID 为“bookbean”的 JavaBean 对象，然后输出它的 id 属性。等价于以下 Java 程序片段。

```
<%= bookbean.getId()%>
```

4．设置 JavaBean 属性

设置 JavaBean 属性使用<jsp:setProperty>标签，这个动作元素有几种不同的使用方式，下面是最简单的使用方式。

```
<jsp:setProperty name=" bookbean " property="id " value="1"/>
```

相当于使用：

```
<% bookbean.setId(1);%>
```

【练习 6】

使用 JSP 脚本方式访问图书 JavaBean 类 Book，并设置属性后将结果显示到页面，代码如下所示。

```
<%@page import="com.bean.Book"%>        <!-- 引入 com.bean.Book 类 -->
<%
    Book book=new Book();                                          //创建 Book 类实例
    book.setId(105500);                                            //设置图书编号
    book.setName("Java Web 动态网站开发大全");                      //设置图书名称
    book.setLoan(false);                                           //设置是否借出
    String loanStr=book.isLoan()?"已借出":"未借";                  //将布尔值转换为字符串
    out.print("<li>图书编号: "+book.getId()+"</li>");              //输出编号
    out.print("<li>图书名称: "+book.getName()+"</li>");            //输出名称
    out.print("<li>图书状态: "+loanStr+"</li>");                   //输出状态
%>
```

将上述代码保存到 index.jsp 文件，并将 Book 类部署到当前目录下。启动 Tomcat 后在浏览器中访问 index.jsp 页面，运行效果如图 6-1 所示。

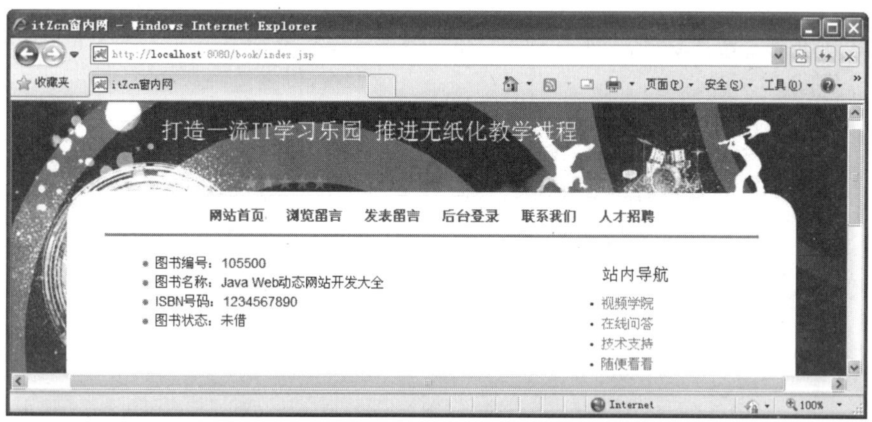

图 6-1 显示图书信息运行效果

【练习 7】

使用 JSP 提供的动作标签访问图书 JavaBean 类 Book，并设置属性后将结果显示到页面，代码如下所示。

```
<jsp:useBean id="bookBean" class="com.bean.Book"/>
<jsp:setProperty name="bookBean" property="id"  value="105500"/>
<jsp:setProperty name="bookBean" property="name"  value="Java Web 动态网站开
发大全"/>
<jsp:setProperty name="bookBean" property="loan"  value="false"/>
<ul>
 <li>图书编号: <jsp:getProperty name="bookBean" property="id" /></li>
 <li>图书名称: <jsp:getProperty name="bookBean" property="name" /></li>
 <li>ISBN 号码: <jsp:getProperty name="bookBean" property="isbn" /></li>
 <li>图书状态: <jsp:getProperty name="bookBean" property="loan" /></li>
</ul>
```

上述代码中使用了 useBean 动作标签、setProperty 动作标签和 getProperty 动作标签，运行效果与图 6-1 类似就不再演示。

6.4 JavaBean 作用域

在 Java 语言中根据作用域可将变量分为全局变量和局部变量。全局变量是指变量的生命周期与整个程序的执行周期一致，而且不区分区域，可被所有的程序引用。相反地，局部变量是指变量的生命周期在固定的区域内，当程序执行完这个区域后，则该变量就被释放而不存在了。

与此类似，JavaBean 的作用域就是用来限制一个 JavaBean 的有效区域和生命周期。通过设置 JavaBean 的 scope 属性可以设置 4 个不同类型的生命周期，分别是 Page、Request、Session 和 Application。

6.4.1 Page

Page 是 JavaBean 的默认作用域，也是所有作用域中范围最小的。Page 的有效范围是客户请求访问的当前页面文件，当客户执行当前的页面文件完毕后，JavaBean 对象的生命周期结束。

在 Page 范围内，每次访问页面文件时都会生成新的 JavaBean 对象，原有的 JavaBean 对象已经结束生命周期。

设置 JavaBean 作用域为 Page 的代码如下。

```
<jsp:useBean id="myBean" class="com.beans.MyBean" scope="page"/>
```

【练习 8】

创建一个计数器 JavaBean 实现统计页面的浏览次数。JavaBean 类 PageCount 的代码如下。

```
package com.bean;
public class PageCount {
    private int count=0;                    //计数器变量
    public int getCount() {
        count++;                            //值递增
        return count;
    }
}
```

如上述代码所示，计数器 JavaBean 的代码非常简单，只包含一个 count 属性表示初始的计数器值。然后为 count 属性添加了只读方法，并在方法中递增计数器。

接下来在新闻浏览页面中使用 Page 作用域引入 JavaBean，再调用 count 属性显示计数器值。这部分代码如下。

```
<jsp:useBean id="pageBean" class="com.bean.PageCount" scope="page" />
<h2>来源: 窗内网 | 浏览次数: <jsp:getProperty name="pageBean" property="count"
/>次 | 发布时间: 2013-6-1</h2>
```

在 Tomcat 中访问页面，运行效果如图 6-2 所示。

在 page.jsp 页面中无论是刷新多少次或者打开多少个新窗口，每次都会显示相同的浏览次数。这是因为页面使用的 JavaBean 作用域为 Page，所以每次请求该页面时就会创建新的 JavaBean 对象。

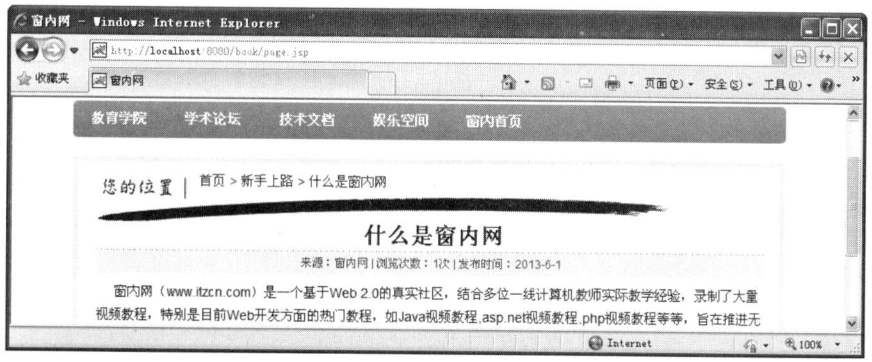

图 6-2 查看浏览次数

6.4.2 Request

Request 范围的 JavaBean 与 request 对象有着很大的关系，它的存取范围除了 Page 外，还包括使用动作元素<jsp:forward>和<jsp:include>包含的页面，所有通过这两个操作指令连接在一起的 JSP 程序都可以共享一个 Request 范围的 JavaBean，该 JavaBean 对象使得 JSP 程序之间传递信息更为容易，不过美中不足的是这种 JavaBean 不能用于客户端与服务端之间传递信息，因为客户端没有办法执行 JSP 程序和创建新的 JavaBean 对象。

设置 JavaBean 作用域为 Request 的代码如下。

```
<jsp:useBean id="myBean" class="com.beans.MyBean" scope="request"/>
```

当 scope 属性为 Request 时，JavaBean 对象被创建后，它将存在于整个 Request 的生命周期内，request 对象是一个内置对象，使用它的 getParameter()方法可以获取表单中的数据信息。

【练习 9】

创建一个 JavaBean 用于收集会员名称和邮箱地址，代码如下所示。

```
package com.bean;
public class Email {
    private String username;        //会员名称
    private String email;           //邮箱地址
    /* 省略 username 和 email 的 get/ set */
}
```

上述代码创建了一个 Email 类，其中包含 username 和 email 两个属性。

Request 作用域通常适用于表单，因此下面创建一个表单让用户输入会员名称和邮箱地址。这部分代码如下所示。

```
<h2>订阅内容</h2>
<form name=form1 action="request1.jsp" method="post">
  会员名称: <INPUT maxLength=30 size=24 value="" name="username"><br/>
  邮箱地址: <INPUT maxLength=30 size=24 value="" name="email"><br/>
  <input type="submit" name="submit" value="订阅"/>
</form>
```

form 的 action 属性将表单请求提交到 request1.jsp 页面。request1.jsp 页面的内容非常简单，代码如下。

```
<h2>订阅成功</h2>
<jsp:include page="request2.jsp" />
```

在 request1.jsp 页面并没有处理表单的提交请求，而是使用<jsp:include>动作元素包含 request2.jsp 文件。request2.jsp 文件的代码如下。

```
<jsp:useBean id="emailBean" class="com.bean.Email" scope="request">
  <jsp:setProperty name="emailBean" property="*"/>
</jsp:useBean>
<P> 恭喜您订阅成功，我们将定期向您指定的邮箱内发送最新内容和优惠活动介绍。<br/>
  订阅信息如下:
  <ul>
  <li>会员名称: <jsp:getProperty name="emailBean" property="username" /></li>
  <li>邮箱地址: <jsp:getProperty name="emailBean" property="email" /></li>
  </ul>
</P>
```

如上述代码所示，在 request2.jsp 里使用 request 作用域引用 com.bean.Email 类，然后使用<jsp:setProperty>动作元素设置属性的值，再使用<jsp:setProperty>动作元素获取并显示。

在 Tomcat 中首先访问 request.jsp 页面，并在表单中输入内容，运行效果如图 6-3 所示。

图 6-3　表单运行效果

单击【订阅】按钮提交表单到 request1.jsp，此时会看到由 request2.jsp 页面处理的结果，如图 6-4 所示。

图 6-4　提交结果

如果单独浏览 request2.jsp 文件，由于没有表单请求所以获取不到数据，运行效果如图 6-5 所示。

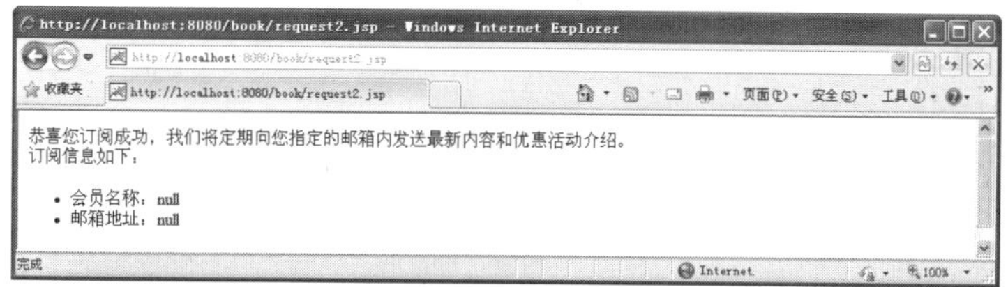

图 6-5　直接访问 reqeuest2.jsp 运行效果

6.4.3　Session

Session 作用域的 JavaBean 对象被创建后，它将存在于整个 Session 的生命周期内。Session 对象是一个内置对象，当用户使用浏览器访问某个页面时，就创建了一个代表该链接的 Session 对象，同一个 Session 中的文件共享这个 JavaBean 对象。客户对应的 Session 生命周期结束时，JavaBean 对象的生命周期也结束。在同一个浏览器中，JavaBean 对象就存在于一个 Session 中。当重新打开新的浏览器时，就会开始一个新的 Session。每个 Session 中拥有各自的 JavaBean 对象。

设置 JavaBean 作用域为 Session 的代码如下。

```
<jsp:useBean id="myBean" class="com.beans.MyBean" scope="session"/>
```

【练习 10】

Session 作用域与 session 对象一样适用于跟踪用户的访问信息。为了与 Page 作用域做比较，下面以 6.4.1 节创建的计数器为例，使用 Session 作用域实现统计用户浏览页面数量的功能。

首先需要引用计数器 JavaBean 所在的 com.bean.PageCount 类，并指定作用域为 Session，代码如下。

```
<jsp:useBean id="pageBean" class="com.bean.PageCount" scope="session" />
```

在页面要显示的位置使用<jsp:getProperty>获取 count 属性的值。代码如下：

```
<span style="color:#000000;font-size:16px;">
您本次一共访问了<jsp:getProperty name="pageBean" property="count" />个页面。
</span>
```

使用同样的方法，在网站的其他页面中加入相同的代码。然后在浏览器中运行首页，会发现第一次访问时计数器是 1，如图 6-6 所示。

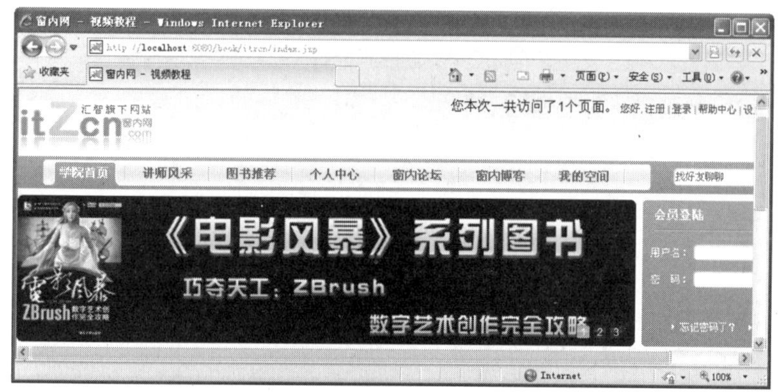

图 6-6　浏览第一个页面效果

随着访问页面的增多，计数器的值也会递增，如图 6-7 所示为浏览第三个页面效果。

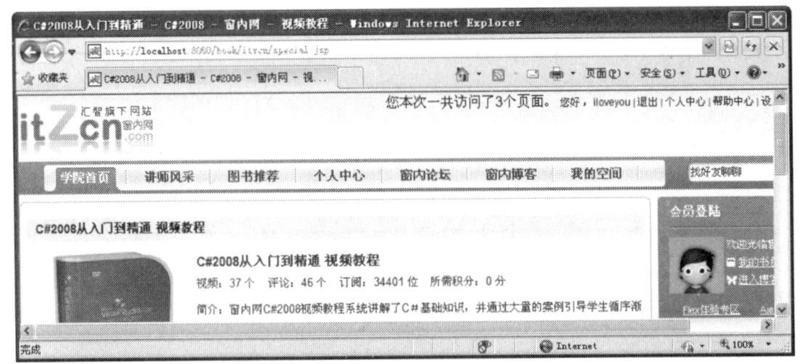

图 6-7　浏览第三个页面效果

计数数值会一直递增，直到用户关闭浏览器，此时 Session 作用域失效，下次访问时将会重新计数。

6.4.4　Application

Application 作用域的 JavaBean 对象被创建后将存在于整个应用程序的生命周期内。Application 是 JavaBean 中生命周期最大的，同一个应用程序中的所有文件共享这个 JavaBean 对象。如果服务器不重新启动，Application 的 JavaBean 对象会一直存放在内存中，随时处理客户的请求，直到服务器关闭，它在内存中占用的资源才会被释放。在此期间，服务器并不会创建新的 JavaBean 组件，而是创建源对象的一个同步副本，任何副本对象发生改变都会使源对象随之改变，不过这个改变不会影响其他已经存在的副本对象。

设置 JavaBean 作用域为 Application 的代码如下。

```
<jsp:useBean id="myBean" class="com.beans.MyBean" scope="application"/>
```

【练习 11】

同样以 6.4.1 节的计数器为例，现在为其设置 Application 作用域实现了统计站点在线人数，代码如下。

```
<jsp:useBean id="countBean" class="com.bean.PageCount" scope="session" />
<span style="color:#000000;font-size:16px;">
当前在线人数：<jsp:getProperty name="countBean" property="count" /></span>
```

Application 作用域最大，所以当新建一个窗口访问时 JavaBean 仍然有效，运行效果如图 6-8 所示。

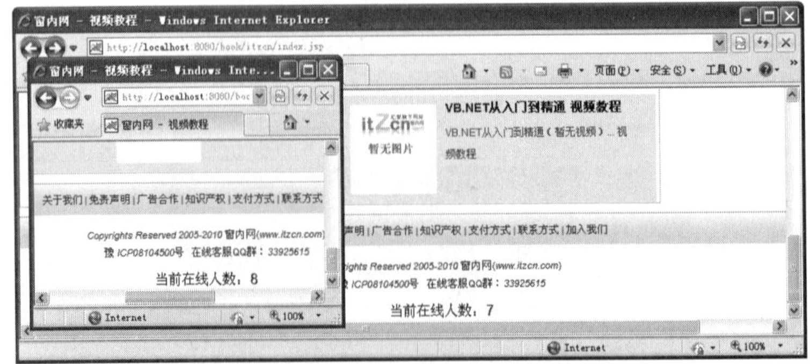

图 6-8　统计在线人数

6.5 实例应用：JavaBean 连接数据库

6.5.1 实例目标

JavaBean 数据库技术也是 JavaBean 的典型应用之一。在前面详细介绍了 JavaBean 的基础应用之后，本节通过案例学习 JavaBean 连接数据库的内容。案例实现了连接和关闭数据库、执行查询、获取查询结果集的行数以及显示数据的功能。

6.5.2 技术分析

本实例使用的是 Access 数据库，而且还需要创建一个名为 myBooks 的系统数据源指向该数据库。然后创建一个 JavaBean 实现要显示的数据表，并添加属性的 setXxx 方法和 getXxx 方法。

另外还需要创建一个 JavaBean 实现数据库功能，包含建立连接、执行查询、关闭连接以及抛出错误信息。

做好以上准备工作之后，剩下的只是在 JSP 中调用 JavaBean 并显示结果。

6.5.3 实现步骤

（1）图书分类表 types 中包含编号列 id 和分类名称列 typename。创建一个 BookType 类作为 JavaBean，并添加 id 和 typename 属性，最终代码如下所示。

```
package com.bean;
public class BookType {
    private String id;                                  //分类编号
    private String typename;                            //分类名称
    public BookType(){}                                 //默认构造函数
    public  BookType(String id,String typename){        //自定义构造函数
        this.id=id;
        this.typename=typename;
    }
    /* 省略属性的 set 和 get */
}
```

如上述代码所示，在 BookType 类中除了默认的构造函数之外，还添加了一个带两个参数的自定义构造函数。调用自定义构造函数可以一次性初始化类的两个属性。

（2）创建操作数据库的 JavaBean 类 DbHelper，代码如下所示。

```
package com.db;

import com.bean.*;
import java.sql.*;
import java.util.Vector;

public class DbHelper {
    private Vector v = new Vector();                            //声明集合
```

```
    private Connection con;                              //声明数据库连接
    private String URL = "jdbc:odbc:myBooks";            //声明连接字符串
    private String Message;                              //声明错误显示变量
}
```

（3）创建一个连接数据库的方法 connection()，实现代码如下所示。

```
private boolean connection() {
    try {
        //加载 JDBC-ODBC 桥驱动程序
        Class.forName("sun.jdbc.odbc.JdbcOdbcDriver");
    } catch (ClassNotFoundException ex) {
        Message = ex.getMessage();
        System.exit(-1);
    }
    try {
        //通过 JDBC-ODBC 桥建立一个与 myBooks 数据源的连接
        con = DriverManager.getConnection(URL);
        //数据库连接成功
        return true;
    } catch (SQLException ex) {
        Message = ex.getMessage();
        return false;
    }
}
```

在 connection()方法中使用了标准访问数据库的流程，首先是加载 JDBC-ODBC 桥驱动程序，利用这个桥创建与 myBooks 数据源的连接，接下来由 myBooks 数据源负责连接到 Access 数据库。connection()方法返回一个布尔值表示连接是否成功，如果失败，在 Message 属性中保存了出错信息。

（4）创建一个关闭数据库连接的方法 close()，实现代码如下所示。

```
private boolean close() {
    try {
        con.close();
        return true;
    } catch (Exception ex) {
        Message = ex.getMessage();
        return false;
    }
}
```

close()方法与 connection()方法相似，返回一个布尔值，发生错误时可以调用 Message 属性查看错误信息。

（5）创建一个用于查询图书分类信息并返回结果的方法 GetTypeList()，实现代码如下所示。

```
public Vector GetTypeList() throws SQLException, Exception {
    ResultSet rs = null;                         //结果集对象
    if (con == null) {
        connection();                            //打开连接
        rs = null;
```

```
    }
    try {
        String sql = "select * from types";
        Statement s = con.createStatement();
        rs = s.executeQuery(sql);                 //执行查询 sql 语句，返回结果集
        while (rs.next()) {
            BookType bk = new BookType(rs.getString("id"),
                    rs.getString("typename"));  //调用构造函数进行实例化
            v.add(bk);                          //添加到集合
        }
    } catch (SQLException e) {
        throw new SQLException("Cound not execute query.");
    } catch (Exception e) {
        throw new Exception("Cound not execute query.");
    }
    close();                                      //关闭数据库连接
    return (v);
}
```

（6）经过前面的步骤 JavaBean 已经编写好了。接下来创建一个 JSP 页面，然后调用 JavaBean 在页面显示结果，这部分代码如下所示。

```
<jsp:useBean id="dbBean" scope="session" class="com.db.DbHelper" />
<jsp:useBean id="bookBean" scope="page" class="com.bean.BookType" />
<%
 Vector v=new Vector();                      //创建一个集合
 v=dbBean.GetTypeList();                     //保存 JavaBean 返回的结果集合
 out.println("<h2>一共查询到"+v.size()+"个数据。</h2>");
 out.println("<ul>");
 for (int i = 0; i < v.size(); i++){              //遍历集合
  bookBean = (com.bean.BookType) v.get(i);    //转换为 BookType 类型
  out.println("<li>编号: "+bookBean.getId()+"  名称: "+bookBean.
  getTypename()+"</li>");
  }
 out.println("</ul>");
 %>
```

（7）将上面创建的 JavaBean 和 JSP 页面部署到 Tomcat 下，浏览 JSP 页面将看到案例的运行效果，如图 6-9 所示。

图 6-9 连接数据库运行效果

6.6 拓展训练

1．设计 JavaBean 保存图片信息

在本章详细介绍了 JavaBean 的创建规范以及各个属性的实现。本次练习要求读者创建一个 JavaBean 保存图片信息，要求 JavaBean 类名为 com.system.beans.Picture，包含图片名称、图片扩展名、图片大小、图片路径、图片宽度、图片高度、图片是否压缩以及附加信息。其中是否压缩为 Boolean 类型，附加信息是一个数组。创建完成之后对它进行编译和部署，并在页面中进行测试。

2．使用 JavaBean 检测字符串

当用户登录系统后台时，程序会对用户输入的登录用户名信息进行检测，检测通过才可登录，否则登录失败。本次练习要求读者在 JSP 页面中使用 JavaBean，实现判断字符串是否包含数字的功能，运行效果如图 6-10 所示。

图 6-10　系统验证登录用户名的运行结果

6.7 课后练习

一、填空题

1. 一个 JavaBean 应该直接或间接实现__________接口。
2. 如果希望当某个属性值发生改变时通知监听器，则可以使用 JavaBean 的__________属性。
3. 假设有如下 JSP 代码：

```
<jsp:useBean id= "user" scope= "__________" type= "com.UserBea "/>
```

要使 user 对象在用户对其发出请求时存在，下划线中应该填入__________。

4. __________标签可以定义一个具有一定生存范围以及一个唯一 ID 的 JavaBean 的实例。
5. 设置 JavaBean 属性使用的是__________标签。

二、选择题

1. 在 JavaBean 规范中类的属性需要使用__________修饰符来定义。

A. public

B. private

C. protected

D. friendly

2. 设置 JavaBean 属性值使用的是__________标签。

A. <jsp:useBean>

B. <jsp:setProperty>

C. <jsp:getProperty>

D. 上述三个标签都可以

3. 在 JavaBean 中对于 Boolean 类型的属性 Open，则对应的赋值方法和取值方法应为__________。

A. setOpen()和 getOpen()

B. isOpen()和 getOpen()

C. isOpen()和 setOpen()

D. setOpen()和 isOpen()

4. 下列关于<jsp:useBean>说法错误的是____________。

A. <jsp:useBean>用于定位或示例一个 JavaBeans 组件

B. <jsp:useBean>元素的主体通常包含<jsp:setProperty>元素，用于设置 Bean 的属性值

C. 如果这个 Bean 已经存在，<jsp:useBean>能够定位它，那么主体中的内容将不会起作用

D. 以上说法全不对

5. 某 JSP 程序中声明使用 JavaBean 的语句如下。

```
<jsp:useBean id="user" class="mypackage.User" scope="page"/>
```

要取出该 JavaBean 的 loginName 属性值，以下语句正确的是____________。

A. <jsp:setProperty name="user" property="loginName"/>

B. <jsp:getProperty id="User" property="loginName"/>

C. <%=user.getLoginName()%>

D. <%=user.getProperty("loginName")%>

6. <jsp:useBean>标签的 scope 属性不可以设置为__________。

A. out

B. session

C. request

D. application

三、简答题

1. 谈谈什么是 JavaBean。

2. 简述创建一个 JavaBean 需要遵循的约束。

3. 在为 JavaBean 添加 Simple 属性和 Indexed 属性时应该注意什么?

4. 如何使用 JavaBean 的 Constrained 属性?

5. 简述在 JSP 中使用一个 JavaBean 的过程。

6. 简述 JavaBean 的 4 个作用域，并分别说明其作用范围。

第 7 章 使用 Servlet

Servlet 是一种服务器端的 Java 应用程序，具有独立于平台和协议的特性，可以动态地生成 Web 页面。它担当客户请求与服务器响应的中间层。Servlet 是位于 Web 服务器内部的服务器端的 Java 应用程序，与传统的从命令行启动的 Java 应用程序不同，Servlet 由 Web 服务器进行加载，该 Web 服务器必须包含支持 Servlet 的 Java 虚拟机。

Servlet 属于 JavaEE 中间层技术，它的功能就是处理客户端请求，并做出响应，Servlet 是 JavaEE 重要的技术，只有好好掌握 Servlet 技术，才能很好地学习其他框架技术。

本章讲述的主要是 Servlet 开发的基础知识，首先介绍了 Servlet 的概念、特点、生命周期，如何开发部署一个 Servlet，常用类和接口及其使用，然后介绍了 Servlet 的配置选项，最后介绍了使用 Servlet 的一些基本应用以及关于过滤器和监听器的使用。

本章学习目标：

- 了解什么是 Servlet
- 了解 Servlet 的生命周期
- 了解 Servlet 的特点
- 熟悉 Servlet 的配置
- 熟练掌握实现 Servlet 的接口和方法
- 熟练掌握 Servlet 处理请求和响应
- 了解 Servlet 如何进行会话管理
- 理解过滤器的概念以及工作原理
- 掌握过滤器的使用方法及配置
- 掌握监听器的用法

7.1 Servlet 基础

Servlet是使用Java Servlet接口(API)运行在Web应用服务器上的Java程序，与普通 Java 程序不同的是，它可以对 Web 浏览器或其他 HTTP 客户端程序发送的请求进行处理，是位于 Web 服务器内部的服务器端的 Java 应用程序。

Servlet 先于 J2EE 平台出现，在过去的一段时间内曾经得到过广泛应用，如今在 J2EE 项目开发中仍然被广泛应用，并且是一种非常成熟的技术。

7.1.1 Servlet 技术概述

在 JSP 页面开发过程中，人们不断地将 JSP 进行模式化的分离处理，模式化的分离处理将网页中的表示、业务处理及逻辑处理层进行了很好的分离，增强了程序的可扩张性以及维护性。最初的 JSP 开发模式为 JSP+JavaBean，称为 Model 1 模式。在建立中小型网站的过程中，这种模式使用较多。JSP+Servlet+JavaBean 则慢慢演变为 Model 2 模式，它在实际中得到更为广泛的应用，一般的大型网站中都采用这种技术进行构建。

Servlet 是一种独立于平台和协议的服务端的 Java 应用，可以生成动态的 Web 页面。与传统的 CGI（计算机图形接口）和许多其他类似 CGI 技术相比，Servlet 具有更好的可移植性、更强大的功能、更节省投资、效率更高、安全性更好及代码结构更清晰的特点。

Servlet 是使用 Java Servlet 应用程序设计接口(API)及相关类和方法的 Java 程序。除了 Java Servlet API，它还可以扩展和添加 API 的 Java 类软件包。Java 语言能够实现的功能，Servlet 也基本上可以实现（除了图形界面外）。Servlet 主要用于处理客户端传来的 HTTP 请求，并返回一个响应。通常说的 Servlet 就是指 HttpServlet，用于处理 HTTP 请求，能够处理的请求有 doGet()、doPost()、service()等。在开发 Servlet 时，可以直接继承 javax.servlet.http.HttpServlet。

Servlet 需要在 web.xml 中描述，例如映射 Servlet 的名字；配置 Servlet 类、初始化参数；进行安全配置、URL 映射和设置启动的优先权等。Servlet 不仅可以生成 HTML 脚本输出，也可以生成二进制表单输出。

7.1.2 Servlet 技术功能

Servlet 通过创建一个框架来扩展服务器的能力，以在 Web 上进行请求和响应服务。当客户机发送请求至服务器时，服务器可以将请求信息发送给 Servlet，并让 Servlet 建立起服务器返回给客户机的响应。当启动 Web 服务器或客户机第一次请求服务时，可以自动装入 Servlet，然后 Servlet 继续运行直到其他客户机发出请求。Servlet 的工作流程如图 7-1 所示。

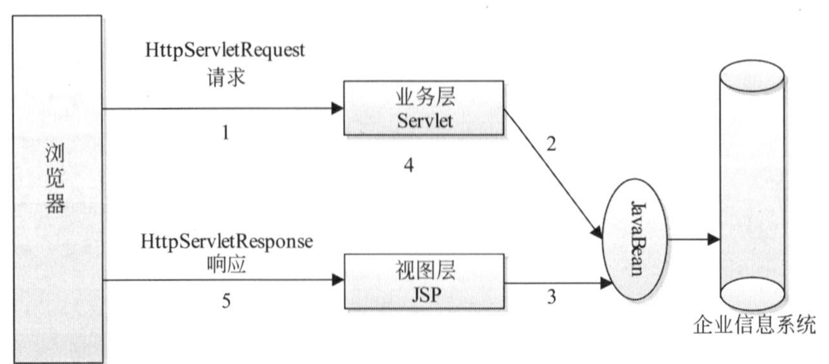

图 7-1 Servlet 的工作流程

Servlet 涉及的范围很广，具体可完成如下功能。

（1）创建并返回一个包含基于客户请求性质的、动态内容的 JSP 页面。

（2）创建可嵌入到现有的 HTML 页面和 JSP 页面中的部分片段。

（3）与其他服务器资源（文件、数据库、Applet、Java 应用程序等）进行通信。

（4）处理多个客户连接，接收多个客户的输入，并将结果发送到多个客户机上。

（5）对特殊的处理采用 MIME 类型的过滤数据，例如图像转换。

（6）将定制的处理提供给所有的服务器的标准例行程序。例如，Servlet 可以设置如何认证合法用户。

7.1.3 Servlet 技术特点

Servlet 是一个 Java 类，需要被称为 Servlet 引擎的 Java 虚拟机执行。Servlet 被调用时，就会被引擎装载，并且一直运行直到 Servlet 被显式卸下或者引擎被关闭。即当客户机发送请求至服务器时，服务器可以将请求信息发送给 Servlet，并让 Servlet 建立起服务器返回给客户机的响应。当启动 Web 服务器或客户机第一次请求服务时，可以自动装入 Servlet。装入后，Servlet 继续运行直到其他客户机发出请求。

相对于使用传统的 CGI 编程，Servlet 的优点如下所示。

（1）效率：使用传统的 CGI 编程，对于每个 HTTP 请求都会打开一个新的进程，这样将会带来性能和扩展性的问题。使用 Servlet，由于 Java VM（Java 虚拟机）是一直运行的，因此开始一个 Servlet 只会创建一个新的 Java 线程而不是一个系统进程。

（2）功能强大：相对于传统的 CGI，由于有着广泛的 Java API 支持，Servlet 可做到传统 CGI 很难甚至不能做的事。Servlet 可轻松做到共享数据、维护信息、跟踪 session 等。

（3）安全：Servlet 通过 Servlet 引擎在一个受到限制的环境下运行，与 Web 浏览器对 Applet 的限制相似。这可以避免恶意 Servlet 的破坏。

（4）节省投资：不仅有许多廉价甚至免费的 Web 服务器可供个人或小规模网站使用，而且对于现有的服务器，如果它不支持 Servlet，要加上这部分功能也往往是免费的（或只需要极少的投资）。

（5）可移植性：Servlet API 得益于 Java 平台，这是一个相当简单的 API，几乎被所有的 Web 浏览器支持，因此 Servlet 可以轻松地在平台间移植，而且通常都无须做任何的修改。

7.1.4 Servlet 生命周期

Servlet 生命周期并不由程序员控制，而是由 Servlet 容器掌管。当启动 Servlet 容器后，就会加载 Servlet 类，形成 Servlet 实例，此时服务器端就处在一个等待的状态，当客户端向服务器发送一个请求，服务器端就会调用相应 Servlet 实例处理客户端发送的请求，处理完毕后，把执行的结果返回。上述操作基本上构成了 Servlet 的生命周期。

1．生命周期概述

Servlet 作为一种在 Servlet 容器中运行的组件，必然有一个从创建到删除的过程，这个过程通常被称为 Servlet 的生命周期。Servlet 的生命周期包括加载、实例化、初始化、处理客户请求和卸载几个阶段。这个生命周期由 javax.servlet.Servlet 接口的 init()、service()和 destroy()方法所定义。

Servlet 生命周期如图 7-2 所示。

我们将整个 Servlet 自加载到使用，最后消亡的整个过程，称为 Servlet 的生命周期。Servlet 生命周期定义了一个 Servlet 如何被加载、初始化，以及它怎样接受请求，响应请求，提供服务的整个过程。Servlet 的生命周期始于将它装入 Web 服务器的内存时，并在终止或重新装入 Servlet 时结束。每一个 Servlet 都要经历这样的过程。

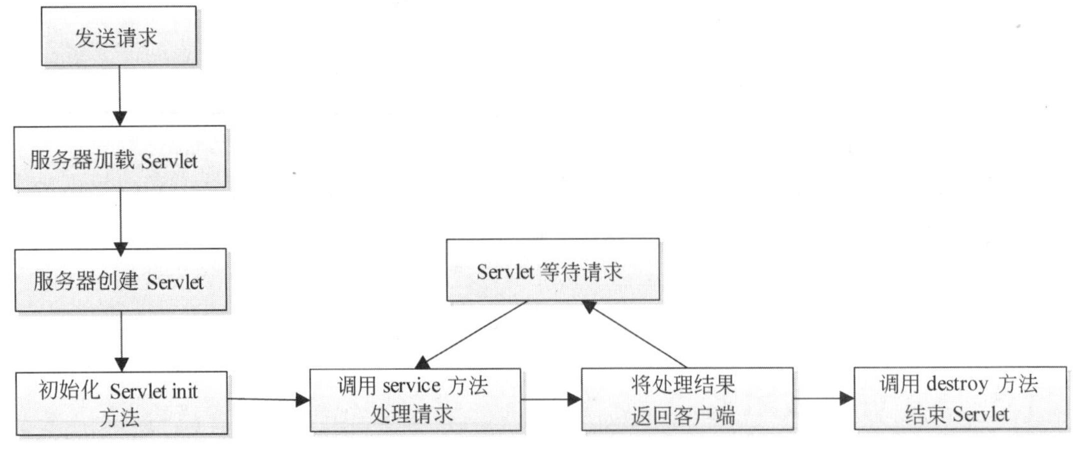

图 7-2　Servlet 生命周期

2．生命周期的三个阶段

Servlet 整个生命周期可以划分为三个阶段：初始化阶段、响应客户请求阶段和终止阶段，分别对应 javax.servlet.Servlet 接口中定义的三个方法 init()、service()和 destroy()。每个阶段完成的任务不同，其详细信息如下。

1）初始化

init()方法是 Servlet 生命周期的起点。在 init 方法中，Servlet 创建和初始化它在处理请求时需要用到的资源。下列几种情况下 Tomcat 服务器会装入 Servlet：如果已配置好 Servlet 类的自动装入选项，则在启动服务器时自动装入；在服务器启动后，客户机首次向 Servlet 发出请求时；装入一个 Servlet 类时，服务器创建一个 Servlet 实例并且调用 Servlet 的 init()方法；在初始化阶段，Servlet 初始化参数被传递给 Servlet 配置对象。该阶段主要由 init 方法完成，init 方法仅执行一次，以后就不再执行。

2）处理客户请求

对于到达服务器的客户机请求，服务器创建特定于请求的一个“请求”对象和一个“响应”对象。服务器调用 Servlet 的 service()方法，该方法用于传递“请求”和“响应”对象。service()方法从“请求”对象获得请求信息、处理该请求并用“响应”对象的方法以将响应传回客户机。service()方法可以调用其他方法来处理请求，例如 doGet()、doPost() 或其他的方法。Service()方法处于等待的状态，一旦获取请求就会马上执行，该方法可以多次执行。

3）终止

destroy()方法标志 Servlet 生命周期的结束。当服务器不再需要 Servlet 或重新装入 Servlet 的新实例时，服务器会调用 Servlet 的 destroy()方法。调用过 destroy 方法后，前面 Servlet 所占有的资源就会得到释放。

在 Servlet 的生命周期的三个阶段中，能够重复执行的是第二个阶段中的 service 方法，该方法中保存的代码主要是对客户端所有的请求做出的响应。第一个和第三个阶段中的 init 和 destroy 方法仅能执行一次，这两个方法主要完成资源的初始化和撤销。

7.2 Servlet 技术开发

在 Java 的 Web 开发中，Servlet 具有重要的功能，程序中的业务逻辑可以由 Servlet 进行处理，也可以通过 HttpServletResponse 对象对请求做出回应。

7.2.1 创建 Servlet

Servlet 的创建有两种方法：一种是创建一个普通的 Java 类，使这个类继承 HttpServlet 类，再通过手动配置 web.xml 文件注册 Servlet 对象；第二种方法是直接通过 IDE 集成开发工具进行创建。

1．使用继承类的方法创建 Servlet

【练习 1】

创建一个简单的 newservlet 类，暂不对数据业务进行任何处理，代码如下。

```
import java.io.IOException;
import javax.servlet.ServletConfig;
import javax.servlet.ServletException;
import javax.servlet.http.HttpServlet;
import javax.servlet.http.HttpServletRequest;
import javax.servlet.http.HttpServletResponse;
public class newservlet extends HttpServlet {
    public void init(ServletConfig config) throws ServletException {
        //业务处理
    }
    public void destory() {
        //业务处理
    }
    public void doGet(HttpServletRequest request, HttpServletResponse response)
            throws ServletException, IOException {
        //业务处理
    }
    public void doPost(HttpServletRequest request, HttpServletResponse response)
            throws ServletException, IOException {
        //业务处理
    }
    public void doPut(HttpServletRequest request, HttpServletResponse response)
            throws ServletException, IOException {
        //业务处理
    }
}
```

2．使用 IDE 集成开发工具创建 Servlet

【练习 2】

（1）在指定的项目中打开 MyEclipse 的 New 命令找到 Servlet 命令，如图 7-3 所示。

（2）进入到创建 Servlet 对话框，按提示创建 Servlet 对象，如图 7-4 所示。

（3）单击 Next 按钮进入 Servlet 配置对话框，保持默认设置，单击 Finish 按钮完成创建。

7.2.2 配置 Servlet 相关元素

一个 Servlet 对象正常运行需要进行适当的配置，以告知 Web 容器哪一个请求调用哪一个 Servlet 对象处理，对 Servlet 起到注册作用。首先需要将该 Servlet 文件编译为字节码文件。在使用 JDK 编译 Servlet 文件时，由于 JDK 中并不包含 javax.servlet 和 javax.servlet.http 程序包，而这两个程序包被包含在“Tomcat 的安装目录下\common\lib\servlet-api.jar”，因此，需要为 JDK 配置环境变量，即将%tomcat%\common\lib\servlet-api.jar 添加到 classpath 环境变量中。

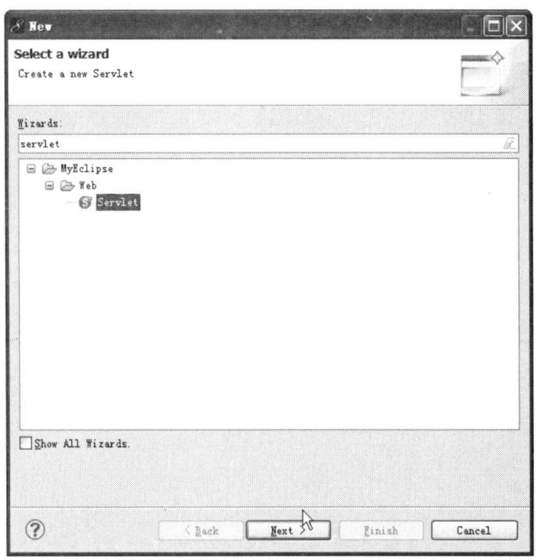

图 7-3　新建 Servlet 选项

图 7-4　创建 Servlet 对话框

Servlet 的配置包含在 web.xml 文件中，主要通过以下两个步骤进行设置。

（1）在 web.xml 文件中，通过<servlet>标签声明一个 Servlet 对象，在此标签下包含两个主要子元素，分别为<servlet-name>和<servlet-class>。其中，<servlet-name>元素用于指定 Servlet 的名称，此名称可以为自定义的名称。<servlet-class>元素用于指定 Servlet 对象的完整位置，包含 Servlet 对象的包名与类名，其声明格式如下。

```
<servlet>
    <servlet-name>myservlet</servlet-name>
    <servlet-class>com.cs.myservlet</servlet-class>
  </servlet>
```

（2）在 web.xml 文件中声明了 Servlet 对象后，需要映射访问 Servlet 的 URL，此操作使用<servlet-mapping>标签进行配置。<servlet-mapping>标签有两个元素，分别为<servlet-name>和<url-pattern>，其中，<servlet-name>元素与<servlet>标签中的<servlet-name>对应，不可以随意命名。<url-pattern>元素用于映射访问 URL，其声明格式如下。

```
<servlet-mapping>
  <servlet-name>myservlet</servlet-name>
  <url-pattern>/myservlet</url-pattern>
</servlet-mapping>
```

最后，还需要重新启动 Tomcat。重启 Tomcat 后，就可在浏览器地址栏中输入 Servlet 的地址进行访问。

7.2.3　Servlet 核心 API

Servlet 是运行在服务器端的 Java 应用程序，由 Servlet 容器对其进行管理，当用户对容器发送HTTP 请求时，容器将通知相对应的Servlet对象进行处理，完成用户与程序之间的交互。在Servlet 编程中，Servle API 提供了标准的接口与类，这些对象对 Servlet 的操作非常重要，它们为 HTTP

请求与程序回应提供丰富的方法。

1. javax.servlet.Servlet 接口

javax.servlet.Servlet 接口规定了必须由 Servlet 类实现由 Servlet 容器识别和管理的方法集。Servlet 接口的基本目标是提供生命期方法 init()、service()和 destroy()方法。该接口常用的方法如表 7-1 所示。

表 7-1 Servlet 接口中的方法及说明

方 法	使 用 说 明
void init(ServletConfit config)	Servlet 实例化之后，Servlet 容器调用此方法来完成初始化工作
ServletConfig getServletConfig()	返回传递到 Servlet 的 init()方法的 ServletConfig 对象
void service(ServletRequest request, ServletResponse response)	处理 request 对象中描述的请求，使用 response 对象返回请求结果
String getServletInfo()	返回有关 Servlet 的信息，是纯文本格式的字符串，如作者、版权等
void destory()	当 Servlet 将要卸载时由 Servlet 容器调用，释放资源

2. javax.servlet.GenericServlet 抽象类

GenericServlet 是一种与 HTTP 无关的 Servlet，主要用于开发其他 Web 协议的 Servlet 时使用。Servlet API 提供了 Servlet 接口的直接实现，称为 GenericServlet。此类提供除了 service()方法外所有接口中方法的默认实现。这意味着通过简单地扩展 GenericServlte 可以编写一个基本的 Servlet。除了 Servlet 接口外，GenericServlet 也实现了 ServletConfig 接口，处理初始化参数和 Servlet 上下文，提供对授权传递到 init()方法中的 ServletConfig 对象的方法。

3. javax.servlet.HttpServletRequest 接口

HttpServletRequest 接口封装了 HTTP 请求，通过此接口可以获取客户端传递的 HTTP 请求参数，该接口常用的方法如表 7-2 所示。

表 7-2 HttpServletRequest 接口中的方法及说明

方 法	使 用 说 明
String getContextPath()	返回上下文路径，此路径以"/"开头
Cookie[] getCookies()	返回所有 Cookie 对象，返回值类型为 Cookie 数组
String getMethod()	返回 HTTP 请求的类型，如 GET 和 POST 等
String getQueryString()	返回请求的查询字符串
String getRequestURI()	返回主机名到请求参数之间部分的字符串
HttpSession getSession()	返回与客户端关联的 HttpSession 对象

4. javax.servlet.HttpServletResponse 接口

HttpServletResponse 接口封装了对 HTTP 请求的响应。通过此接口可以向客户端发送回应，该接口常用的方法如表 7-3 所示。

表 7-3 HttpServletResponse 接口中的方法及说明

方 法	使 用 说 明
void addCookie(Cookie cookie)	向客户端发送 Cookie 信息
void sendError(int sc)	发送一个错误状态代码为 sc 的错误响应到客户端
void sendError(int sc,String name)	发送包含错误代码状态及错误信息的响应到客户端
void sendRedirect(String location)	将客户端请求重新定向到新的 URL

5. javax.servlet.http.HttpServlet 抽象类

开发一个 Servlet，通常不是通过直接实现 javax.servlet.Servlet 接口，而是通过继承 javax.servlet.http.HttpServlet 抽象类来实现的。HttpServlet 抽象类是专门为 HTTP 设计的，对

javax.servlet.Servlet 接口中的方法都提供了默认实现。一般地，通过继承 HttpServlet 抽象类重写它的 doGet()和 doPost()方法就可以实现自己的 Servlet。

在 HttpServlet 抽象类中的 service()方法一般不需要被重写，它会自动调用和用户请求对应的 doPost()和 doGet()方法。HttpServlet 抽象类支持 7 种典型的 doXxx()方法和一些辅助方法，分别是 doPost()、doGet()、doPut()、doDelete()、doHead()、doOptions()和 doTrace()。这 7 个方法中除了对 doTrace()方法与 doOptions()方法进行简单实现外，其他的都需要开发人员在使用过程中根据实际需要对其进行重写。

【练习 3】

通过上述几种方法的介绍，实现一个页面登录过程，在登录页面中有表单数据的提交，在 Servlet 中进行数据的处理，进行页面信息的跳转。具体过程如下。

（1）创建 login.jsp 页面，页面中包含 form 表单，在表单中提供两个文本框分别用来输入姓名和密码，然后通过 form 表单提交给 Servlet 进行处理，主要代码如下。

```
<body style="background:url(logo.jpg)  no-repeat">
    <div id="site">
     <!--设置表单数据 -->
         欢迎登登录窗内网
         <form action="judge " method="post">
          用户名:
              <input type="text" name="username" />
              <br>
              <br>
              密  码:
              <input type="password" name="password" />
              <br>
              <br>
              <input type="submit" name="commit" value="提交" />
              <input type="reset" value="重置" />
              </form>
   </div>
  </body>
```

上述代码中，<form>表单的 action 属性值为 Servlet 的名字，method 的值是指传递的请求为 post。

（2）创建 Servlet 对数据进行操作判断，其中 doXxx()代码如下。

```
public void doPost(HttpServletRequest request, HttpServletResponse response)
            throws ServletException, IOException {
        String userName=request.getParameter("username");
        String password=request.getParameter("password");
        if(userName.equals("chensi")&&password.equals("123456")){
            request.getRequestDispatcher("success.jsp").forward(request,
            response);
        }
        else {
            request.getRequestDispatcher("error.jsp").forward(request,
            response);
        }
```

```
}
```

将项目部署在 Tomcat 下，输入地址访问 login.jsp 页面，如图 7-5 所示；输入规定的用户名和密码后单击【提交】按钮，跳转到 Servlet 进行数据处理，会跳转到 success.jsp 页面，如图 7-6 所示。

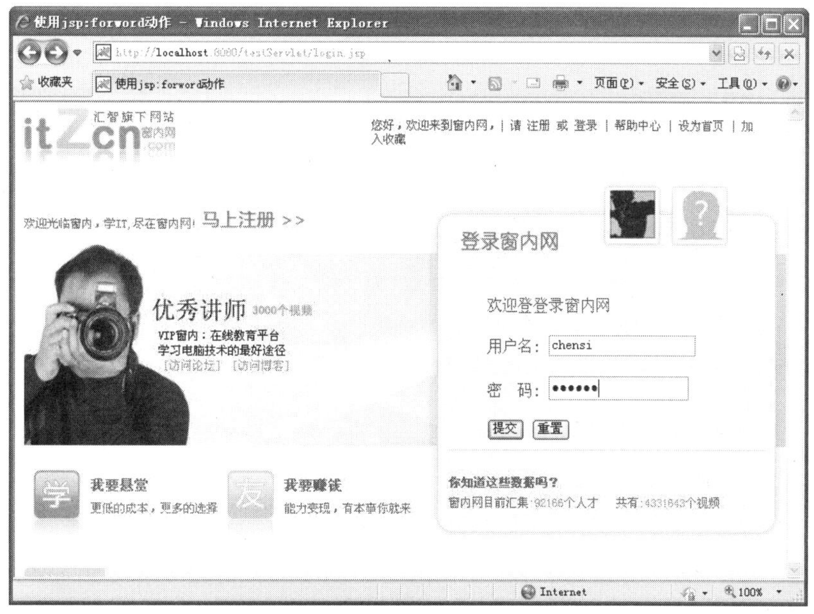

图 7-5 login.jsp 页面运行结果

图 7-6 Servlet 处理结果

6. javax.servlet.ServletConfig 接口

Servlet 容器初始化一个 Servlet 对象时，会为这个 Servlet 对象创建一个 ServletConfig 对象，

在 ServletConfig 对象中包含 Servlet 初始化参数信息。此外，ServletConfig 对象还与当前 Web 应用的 ServletContext 对象关联。Servlet 容器在调用 Servlet 对象的 init(ServletConfig config)方法时，会把 ServletConfig 对象作为参数传给 Servlet 对象，init(ServletConfig config)方法会使得当前 Servlet 对象与 ServletConfig 对象之间建立关联关系。该接口常用的方法如表 7-4 所示。

表 7-4　ServletConfig 接口中的方法及说明

方　法	使用说明
ServletContext getServletContext()	返回这个 Servlet 的 ServletContext 对象
String getInitParameter(String name)	返回一个包含 Servlet 指定的初始化参数的 String，如果这个参数不存在，返回空值
Enumeration getInitParameterNames()	返回一个列表 String 对象，该对象包括 Servlet 的所有初始化参数名。如果 Servlet 没有初始化参数，getInitParameterNames 返回一个空的列表

7. javax.servlet.ServletContext 接口

ServletContext 对象表示一个 Web 应用程序的上下文。该接口用于 Servlet 和 Web 应用之间的连接，这样可以使 Servlet 和 Web 应用在运行时能够相互传递数据，在 Servlet 之间也可以通过这个接口实现数据共享。

Servlet 容器在 Servlet 初始化期间，向其传递 ServletConfig 对象，可以通过 ServletConfig 对象的 getServletContext()方法来得到 ServletContext 对象，也可以通过 GenericServlet 类的 getServletContext()方法得到 ServletContext 对象。不过 GenericServlet 类的 getServletContext() 也是调用 ServletConfig 对象的 getServletContext()方法来得到这个对象的。该接口常用的方法如表 7-5 所示。

表 7-5　ServletContext 接口中的方法及说明

方　法	使用说明
Object getAttribute(String name)	返回 Servlet 环境对象中指定的属性对象
Enumeration getAttributeNames()	返回一个 Servlet 环境对象中可用的属性名的列表
ServletContext getContext(String uripath)	返回一个 Servlet 环境对象，这个对象包括特定 URI 路径的 Servlets 和资源
int getMajorVersion()	返回 Servlet 引擎支持的 Servlet API 的主版本号
int getMinorVersion()	返回 Servlet 引擎支持的 Servlet API 的次版本号
String getMimeType(String file)	返回指定文件的 MIME 类型，如果这种 MIME 类型未知，则返回一个空值
URL getResource(String uripath)	返回相对于 Servlet 上下文或读取 URL 的输入流指定的绝对路径相对应的 URL，如果资源不存在返回 null
void log(String msg, Throwable t)	写指定的信息到一个 Servlet 环境对象的 log 文件中
void setAttribute(String name, Object o)	给予 Servlet 环境对象中所指定的对象一个名称
void removeAttribute(String name)	从指定的 Servlet 环境对象中删除一个属性
RequestDispatcher getRequestDispatcher(String uripath)	如果这个指定的路径下能够找到活动的资源(例如一个 Servlet，JSP 页面，CGI 等)就返回一个特定 URL 的 RequestDispatcher 对象，否则，就返回一个空值
String getMimeType(String file)	返回指定文件的 MIME 类型，如果这种 MIME 类型未知，则返回一个空值

8. RequestDispatcher 接口

RequestDispatcher 对象由 Servlet 容器创建，用于封装一个由路径所标识的服务器资源。利用 RequestDispatcher 对象，可以把请求转发给其他的 Servlet 或 JSP 页面。在该接口中定义了两种方法。

1）forward(ServletRequest request, ServletResponse response)

该方法用于将请求从一个Servlet传递给服务器上的另外的Servlet、JSP页面或者是HTML文件。在Servlet中，可以对请求做一个初步的处理，然后调用这个方法，将请求传递给其他的资源来输出响应。要注意的是，这个方法必须在响应被提交给客户端之前调用，否则，它将抛出IllegalStateException异常。在forward()方法调用之后，原先在响应缓存中的没有提交的内容将被自动清除。

2）include(ServletRequest request, ServletResponse response)

该方法用于在响应中包含其他资源（Servlet、JSP页面或HTML文件）的内容。和forward()方法的区别在于：利用include()方法将请求转发给其他的Servlet，被调用的Servlet对该请求做出的响应将并入原先的响应对象中，原先的Servlet还可以继续输出响应信息。而利用forward()方法将请求转发给其他的Servlet，将由被调用的Servlet负责对请求做出响应，而原先Servlet的执行则终止。

获取RequestDispatcher对象的方法有三种，第一种是通过ServletRequest接口中的getRequestDispathcher()方法，定义如下。

```
public RequestDispatcher getRequestDispatcher(java.lang.String path)
```

另外两种是通过ServletContext接口中的getNamedDispatcher()方法和getRequestDispathcher()方法，定义如下。

```
public RequestDispatcher getRequestDispatcher(java.lang.String path)
public RequestDispatcher getNamedDispatcher(java.lang.String name)
```

上述方法中可以看到ServletRequest接口和ServletContext接口各自提供了一个同名的方法getRequestDispatcher()，两种方法的参数都是资源路径名，可是两种方法有什么区别呢？ServletContext接口中的getRequestDispatcher()方法的参数必须以斜杠（/）开始，被解释为相对于当前上下文根（context root）的路径；而ServletRequest接口中的getRequestDispatcher()方法的参数不但可以是相对于上下文根的路径，而且可以是相对于当前Servlet的路径。ServletContext接口中的getNamedDispatcher()方法则是以在部署描述符中给出的Servlet（或JSP页面）的名字作为参数。

7.3 会话跟踪技术

从客户端打开与服务器的连接发出请求到服务器响应客户端请求的全过程称为会话，而对同一个用户对服务器的连续的请求和接受响应的监视被称为会话跟踪。为什么要使用会话跟踪呢？这是由于HTTP是一种无状态的协议，也即当浏览器与服务器之间的请求响应结束后，服务器上不会保留任何客户端的信息，因而下一次的请求需要重新连接，这样就需要判断是否是同一个用户，所以才用会话跟踪技术来实现这种要求。

7.3.1 三种会话机制

会话跟踪是一种灵活、轻便的机制，它使在页面上编程成为可能。在Servlet规范中，支持下列三种机制用于会话跟踪。

1. SSL 会话

SSL 是运行在 TCP/IP 之上 HTTP 之下的加密技术。SSL 是在 HTTPS 中使用的加密技术。SSL 可以让采用 SSL 的服务器采用 SSL 的客户端，并在客户端与服务器端保持一种加密的链接。在加密链接的过程中会产生"会话密钥"，它是一种用于加密和解密消息对称的密钥，基于 HTTPS 的服务器可以使用这个客户的对称密钥来建立会话。

2. Cookie

Cookie 是 Web 服务器发送给客户端的一小段信息，客户端请求时可以读取该信息发送到服务器端，进而进行用户的识别。对于客户端的每次请求，服务器都会将 Cookie 发送到客户端，在客户端可以进行保存，以便下次使用。客户端可以采用两种方式来保存这个 Cookie 对象，一种方式是保存在客户端内存中称为临时 Cookie，浏览器关闭后这个 Cookie 对象将消失。另外一种方式是保存在客户机的磁盘上，称为永久 Cookie。以后客户端只要访问该网站，就会将这个 Cookie 再次发送到服务器上，前提是这个 Cookie 在有效期内。这样就实现了对客户的跟踪。

Session 是一种保存上下文信息的机制，它是针对每一个用户的，变量的值保存在服务器端，通过 SessionID 来区分不同的用户，Session 是以 Cookie 和 URL 重写为基础的，默认使用 Cookie 来实现，系统会创造一个名为 JSESSIONID 的输出 Cookie，或称为 Session Cookie(会话 Cookie)。会话 Cookie 存储在内存中，并非写在硬盘上，但是把浏览器的 Cookie 禁止以后，可以使用 response 对象的 encodeURL 或者 encodeRedirectURL 方法编码 URL。Web 服务器会采用 URL 重写的方式传递 SessionID。

通常情况下，会话 Cookie 不能跨窗口使用，也即当用户重新打开一个浏览器进入相同的页面时，会产生一个新的 SessionID，这样达不到信息共享的目的，因此可以把信息保存在 Persistent Cookie 中，它可以将用户信息保存到硬盘上，关闭后再次打开浏览器，这些 Cookie 仍然有效直到超过设定的过期时间。存储在硬盘上的 Cookie 可以在不同的浏览器进程间共享，这样把两个 Cookie 互相结合实现了跨窗口的会话跟踪。

常见的例子就是，登录邮箱或网站时，比如百度贴吧，可以把账号和密码保存在本机中的 Cookie 中，当再次打开这个网站时，会发现不需要输入账号和密码就可以直接进入个人账号中。这就是 Cookie 的实际应用。

3. URL 重写

如果客户端禁用 Cookie 时，该如何实现会话跟踪呢？这个时候最简单的就是使用 URL 重写，即以参数的形式附加到要请求页面的 URL 后面，当第二次提交页面时，会同时解析此 URL，得到所需要的参数。但是这样有一个缺点，就是暴露了一些敏感的信息。在 response 对象中有一个 encodeURL()的方法，通过这个方法可以隐藏部分敏感信息。

使用 URL 重写，每个页面都必须使用 Servlet 或 JSP 动态生成，因为附加在 URL 上的 SessionID 是动态产生的，所以，对于静态页面的跳转，URL 重写机制是没有什么作用的，即使使用动态页面，如果用户离开了会话并且通过书签或者其他网站链接再次回来，会话信息也会丢失，因为存储下来的链接含有错误的标识信息。

使用 URL 重写的优点就是在 Cookie 被禁用或者不支持的情况下依旧能够工作，但也有一些缺点。

（1）必须对所有指向自己网站的 URL 进行编码。

（2）所有页面必须动态生成。

（3）不能使用预先记录下来的 URL 或者从其他网站链接进行访问。

7.3.2 HTTP 会话

javax.servlet.http.HttpSession 接口是 Servlet 提供会话跟踪的解决方案。该接口可用于识别一个用户和一系列 Web 请求的关联关系，还可用于记载用户的一些特别信息。在 Servlet 的运行过程中，Web 容器使用 HttpSession 建立 HTTP 客户与 Web 服务器之间的会话关系。这种会话关系一旦建立起来就可以知道客户请求是从哪一个已经联系过的客户发送过来的或者是从一个新的用户发送过来的。一个会话可以在客户端与服务器之间保存一定的时间。在这个时间范围内一个用户可以和服务器连接多次。

1. HttpSession 接口

该接口主要被 Servlet 容器用来实现在 HTTP 客户端和 HTTP 会话两者的关联从而使用户信息能够在多用户之间实现共享；也可以查看与会话有关的信息，例如创建时间、会话代号等。HttpSession 接口提供了核心会话管理功能，抽象了一个会话。Session 用来在无状态的 HTTP 下越过多个请求页面来维持状态和识别用户，一个 Session 可以通过 Cookie 或重写 URL 来维持。

2. 获取 HttpSession 接口

HttpServletRequest 提供了以下两种方法来获取 HttpSession 实例。

```
HttpSession session=request.getSession(boolean value);
HttpSession session=request.getSession();
```

其中第一种方法中，如果参数值为 true 时表示如果用户第一次登录没有 Session 记录，则创建一个并返回，此后所有来自同一用户的请求都属于这个会话；如果参数值为 false 时表示，如果客户第一次登录没有 Session 记录，返回 null，如果有记录返回相应的 Session。

3. HttpSession 生命周期

HttpSession 提供了创建和结束会话的方法，也提供了判断和定义会话生命周期的方法，它们使 Web 应用能够根据会话的状态对客户请求进行恰当的响应，以下三种情况会使 HTTP 会话失效。

（1）关闭浏览器：重新被打开的浏览器被确认属于一个新的会话。

（2）HttpSession 过时：每个 Web 请求的 HttpSession 都有一个过时期限，它是 Web 容器允许的一个 Web 请求的最长时间间隔。

（3）invalidate()方法：在 Servlet 中直接调用该方法可以使 HttpSession 失效，同时删除所有与该会话有关的属性。

4. HttpSession 基本方法

HttpSession 接口提供的方法可以访问关于会话的信息，并且可以把对象绑定到会话上，绑定的对象可以包含状态信息，这样就可供每个请求访问这些状态信息。HttpSession 接口用于使用和管理会话的方法如表 7-6 所示。

表 7-6 HttpSession 基本方法

方　法	使用说明
long getCreationTime()	返回建立 Session 的时间
String getId()	返回分配给这个 Session 的标识符是一个由服务器来建立和维持的唯一的字符串
int getMaxInactiveInterval()	如果没有和客户端交互，设置和返回会话存活的最大毫秒数
long getLastAccessedTime()	返回客户端最后一次发出与这个 Session 有关的请求的时间
void invalidate()	这个方法会终止这个 Session。所有绑定在这个 Session 上的数据都会被清除
boolean isNew()	返回一个布尔值以判断这个 Session 是不是新的
Object getAttribute(String name)	返回一个指定字符串绑定的对象
Object setAttribute(String name,object value)	将会话中的一个对象和字符串绑定
void removeAttribute(String name)	删除与该字符串绑定的对象
Enumeration getAttribute()	返回绑定到当前会话的所有属性名的枚举值

【练习 4】

创建一个登录页面，刚开始采用 Cookie 跟踪，当 Cookie 被禁止之后，使用 URL 重写的机制进行会话跟踪。

（1）创建 sessionlogin.jsp 页面，包含访问时间以及用户名和密码的表单提交，代码如下。

```
<body>
    <div id="one">
        <div id="two">
        <table width="800" border="0" height="125" >
            <tr align="left">
                <td width="180">当前会话状态: </td>
                <%
                    DateFormat f = DateFormat.getTimeInstance();
                %>
                <td><%
                    if (session.isNew()) {
                        out.print("新的会话 ");
                    } else {
                        out.print("旧的会话  ");
                    }
                %></td>
            </tr>
            <tr align="left">
                <td>会话 ID: </td>
                <td><%=session.getId()%></td>
            </tr>
            <tr align="left">
                <td>创建时间: </td>
                <td><%=f.format(session.getCreationTime())%></td>
            </tr>
            <tr align="left">
                <td>上次访问时间: </td>
                <td><%=f.format(session.getLastAccessedTime())%> </td>
            <tr align="left">
                <td>最大不活动间隔:  </td>
                <td> <%=session.getMaxInactiveInterval()%></td>
            </tr>
        </table><br />
    <form id="form1" name="form1" method="post" action="sessionlogin">
        用户名: <input type="text" name="userName" />
        密    码:  <input  type="password" name="password" />
        <input type="submit" value="登录" style="width: 60px" />
        <input type="reset" value="重置" style="width: 60px" />
    </form>
        </div>
    </div>
</body>
```

上述代码中，主要输出 Session 的相关信息，其中 Session 中的方法 isNew()判断是否为新对象，然后输出相应的会话状态，调用 getId()方法得到会话的 ID，调用 getCreationTime()方法得到会话的创建时间，利用 DateFormat 将其转换为固定格式，调用 getLastAccessedTime()方法获取上一次访问的返回时间。调用 session.getMaxInactiveInterval()方法得到当前最大的非活动的时间间隔。

（2）在用户登录时，需要对用户进行输入验证，创建一个登录验证类 sessionlogin.java，代码如下所示。

```
public void doPost(HttpServletRequest request, HttpServletResponse response)
        throws ServletException, IOException {
    String name = request.getParameter("userName");
    String password = request.getParameter("password");
    boolean n;
    String id;
    Date create;
    Date lastDate;
    long max;
    if (name == null || password == null || name.equals("")
            || password.equals("")) {
        response.sendRedirect(response
                .encodeRedirectURL("sessionlogin.jsp"));
    } else {
        HttpSession session = request.getSession();
        session.setAttribute("name", name);
        n = session.isNew();
        id = session.getId();
        create = new Date(session.getCreationTime());
        lastDate = new Date(session.getLastAccessedTime());
        max = session.getMaxInactiveInterval();
        session.setAttribute("n", n);
        session.setAttribute("id", id);
        session.setAttribute("create", create);
        session.setAttribute("lastDate", lastDate);
        session.setAttribute("max", max);
        response.sendRedirect(response.encodeRedirectURL("success.jsp"));
    }
}
```

上述代码中，使用了一个 if 语句，用来判断用户名和密码是否为空，如果为空就调用响应对象的 sendRedirect()方法，使客户端重定向到 sessionLogin.jsp；如果不为空则将 name 绑定到 Session 中，之后再接着调用响应对象的 sendRedirect()方法，使客户端重定向到 success.jsp 页面。

（3）创建 success.jsp 页面，包含当前的会话信息，具体代码如下所示。

```
<body>
    <div id="one">
        <div id="two">
            <table width="800" border="0" height="125">
                <tr align="left">
                    <td width="180">恭喜您登录成功！</td>
                    <td>当前用户：<%=session.getAttribute("name")%></td>
```

```
                    </tr>
                    <tr align="left">
                        <td width="180">当前会话状态: </td>
                        <td><%=session.getAttribute("n")%></td>
                    </tr>
                    <tr align="left">
                        <td>会话 ID: </td>
                        <td><%=session.getAttribute("id")%></td>
                    </tr>
                    <tr align="left">
                        <td>创建时间: </td>
                        <td><%=session.getAttribute("create")%></td>
                    </tr>
                    <tr align="left">
                        <td>上次访问时间: </td>
                        <td><%=session.getAttribute("lastDate")%></td>
                    </tr>
                    <tr align="left">
                        <td>最大不活动间隔: </td>
                        <td><%=session.getAttribute("max")%></td>
                    </tr>
                </table>
                <a href="<%=response.encodeURL("sessionlogin.jsp")%>">重新登录</a> <a
                    href="<%=response.encodeURL("loginout")%>">注销</a>
            </div>
        </div>
</body>
```

上述代码中，调用 Session 的 getAttribute()方法获取在 Session 中存储的名字以及其他信息，登录成功后会从 Session 中取出该用户的用户名然后向客户端发送成功页面。

（4）注销的功能，需要编写注销对应的 Servlet，创建 loginout.java，该类实现登录用户的注销，主要代码如下。

```
public void doGet(HttpServletRequest request, HttpServletResponse response)
        throws ServletException, IOException {
        HttpSession session = request.getSession();
        session.invalidate();
        response.sendRedirect("sessionlogin.jsp");
}
```

配置 web.xml 文件，在 web.xml 文件中添加如下代码。

```
<servlet>
    <servlet-name>sessionlogin</servlet-name>
    <servlet-class>com.cs.sessionlogin</servlet-class>
</servlet>
<servlet-mapping>
    <servlet-name>sessionlogin</servlet-name>
    <url-pattern>/sessionlogin</url-pattern>
</servlet-mapping>
```

```
    <servlet>
        <servlet-name>loginout</servlet-name>
        <servlet-class>com.cs.loginout</servlet-class>
    </servlet>
    <servlet-mapping>
        <servlet-name>loginout</servlet-name>
        <url-pattern>/loginout</url-pattern>
    </servlet-mapping>
    <session-config>
        <session-timeout>10</session-timeout>
    </session-config>
```

上述配置文件中<session-config>用来定义 Web 应用程序会话参数，<session-timeout>子元素定义了在 Web 应用程序中创建的所有 Session 的超时时间间隔，这里是以分钟为单位的。如果设置为 0 或者负数表示没有超时值。

将该项目部署在 Tomcat 服务器下，输入访问地址访问 sessionlogin.jsp 页面，结果如图 7-7 所示。

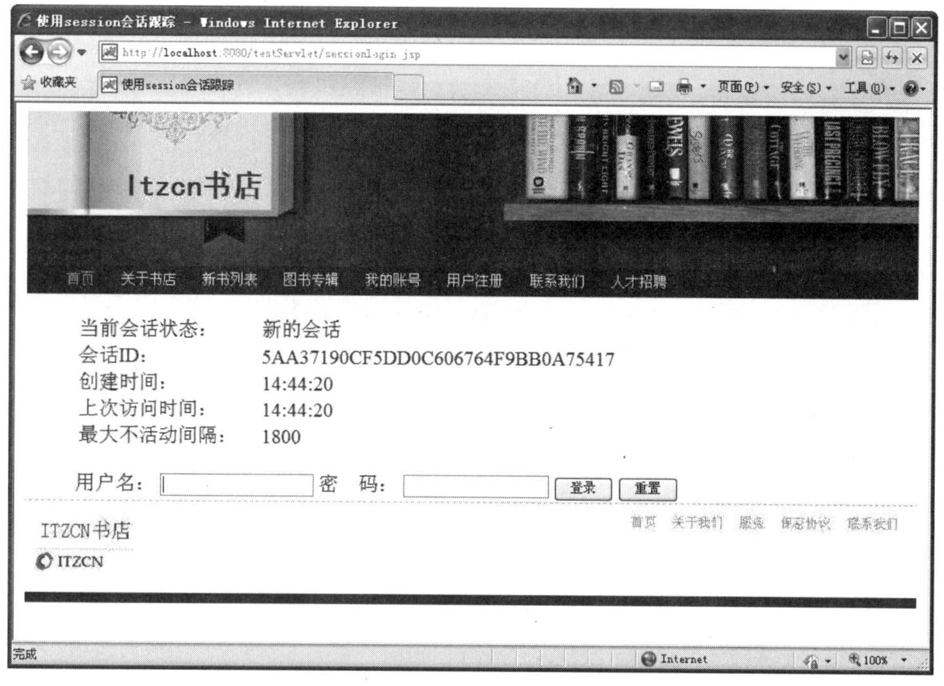

图 7-7 访问 sessionlogin 登录页面

从图 7-7 可以看出，当一个用户初次访问 sessionlogin 时，服务器建立了会话，但此时客户端没有加入会话，所以会话状态是新的。会话的创建时间和上次访问时间是相同的，最大不活动时间是 1800 s，和设置的值对应。刷新该页面得到如图 7-8 所示页面。由该图可以看出刷新后会话状态为旧的会话。

在图 7-8 中输入用户名和密码，单击【登录】按钮，运行结果如图 7-9 所示。图 7-8 和图 7-9 显示的会话的 ID 是相同的，表示在同一个会话中。

单击图 7-9 中【重新登录】链接，可以重新登录，单击【注销】链接可以注销用户，注销之后该会话会被删除。

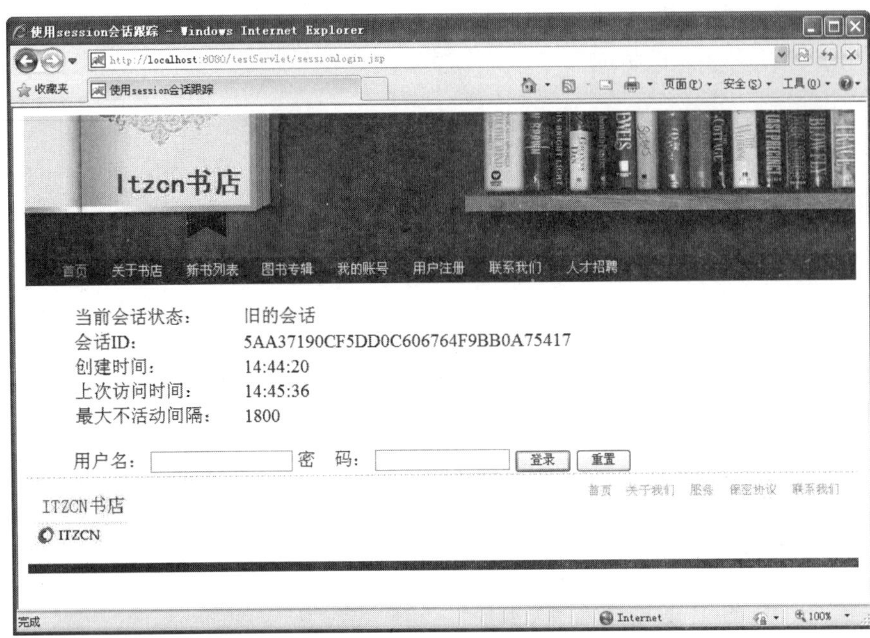

图 7-8　刷新后显示页面

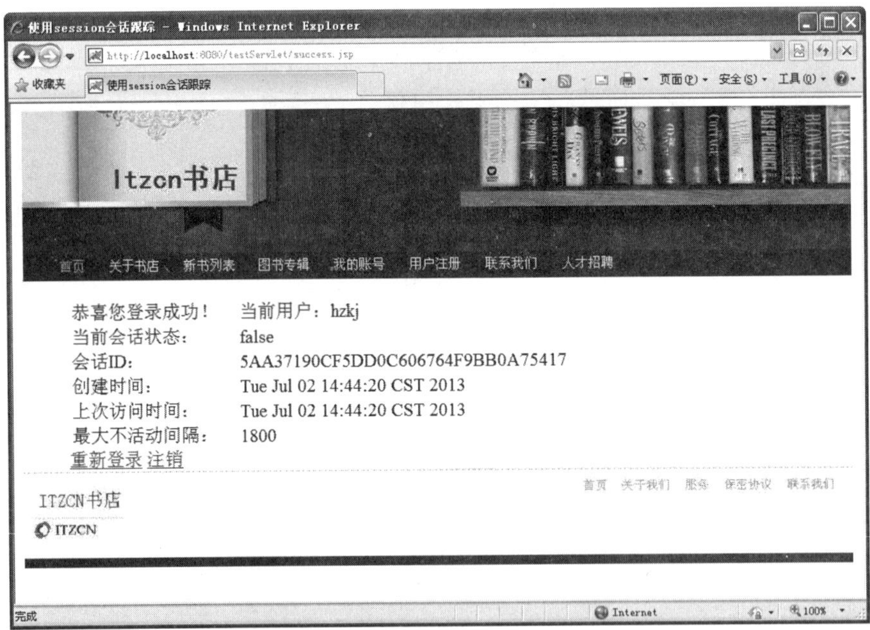

图 7-9　访问的用户在同一个会话中

7.4 Servlet 过滤器

过滤器是 Web 程序中的可重用组件，在 Servlet2.3 规范中被引入，其作用十分广泛。过滤器是一个程序，它先于与之相关的 Servlet 或 JSP 页面运行在服务器上。过滤器可附加到一个或多个 Servlet 或 JSP 页面上，并且可以检查进入这些资源的请求信息。

7.4.1 过滤器概述

Servlet 过滤器是客户端与目标资源间的中间层组件，用于拦截客户端的请求与响应信息，如图 7-10 所示。当 Web 容器接收一个客户端请求时，Web 容器判断此请求是否与过滤器对象相关联，如果相关联，容器将这一请求交给过滤器进行处理。在处理过程中，过滤器可以对请求进行操作，如更改请求中的信息数据，在过滤器处理完成之后，再将这一请求交给其他业务进行处理。当所有业务处理完成，需要对客户端进行响应时，容器又将响应交给过滤器处理，过滤器处理响应完成将响应发送到客户端。

在 Web 程序的应用过程中可以防止多个过滤器，如字符编码过滤器、身份验证过滤器等，Web 容器对多个过滤器的处理方式如图 7-11 所示。

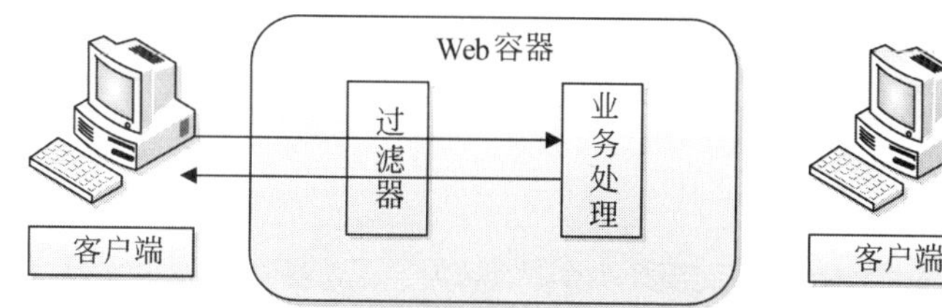

图 7-10 过滤器的应用

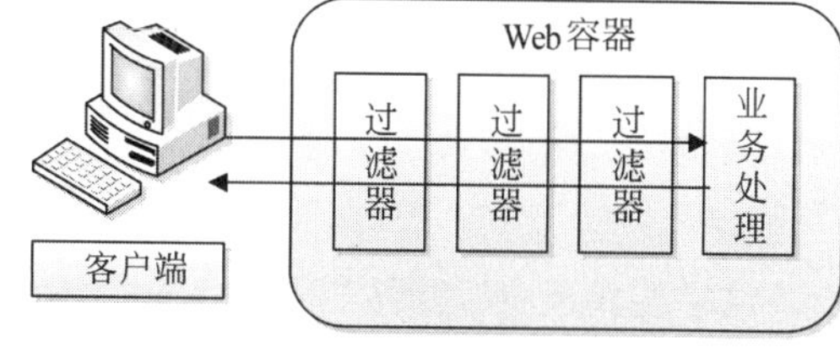

图 7-11 多过滤器的应用

在多个过滤器的处理方式中，容器首先将客户端请求交给第一个过滤器处理，处理完成之后交给下一个过滤器处理，以此类推，直到最后一个过滤器对象。过滤器可以做如下的选择。

（1）以常规的方式调用资源（即调用 Servlet 或 JSP 页面）。

（2）利用修改过的请求信息调用资源。

（3）调用资源，但在发送响应到客户机前对其进行修改。

（4）阻止该资源调用，将其转到其他的资源，返回一个特定的状态代码或生成替换输出。

Servlet 过滤器的基本原理大致是：在 Servlet 作为过滤器使用时，它可以对客户的请求进行处理，处理完毕之后它会交给下一个过滤器处理，这样客户的请求在过滤器链中逐个处理，直到请求发送到目标为止。过滤器主要用于以下场合。

（1）认证过滤：对用户请求进行统一认证。

（2）登录和审核过滤：对用户的访问请求进行审核和对请求信息进行日志记录。

（3）数据过滤：对用户发送的数据进行过滤，修改或替换。

（4）图像转换过滤：转换图像的格式。

（5）数据压缩过滤：对请求内容进行解压，对响应内容进行压缩。

（6）加密过滤：对请求和响应进行加密处理。

（7）令牌过滤：身份验证。

（8）资源访问触发事件过滤。

（9）XSL/T 过滤。

（10）Mime-type 过滤。

7.4.2 过滤器 API

过滤器与 Servlet 非常相似，它通过三个核心接口进行操作，分别为 Filter 接口、FilterChain 接口与 FilterConfig 接口。

1. Filter 接口

Filter 接口位于 javax.servlet 包中，与 Servlet 接口相似，定义一个过滤器对象需要实现此接口，在 Filter 接口中包含三个方法，如表 7-7 所示。

表 7-7　Filter 接口中的方法及说明

方　法	使用说明
void init(FilterConfig arg0)	过滤器的初始化方法，容器调用此方法完成过滤的初始化，对于每一个 Filter 实例，此方法只被调用一次
void doFilter(ServletRequest arg0, ServletResponse arg1,FilterChain arg2)	此方法与 Servlet 的 service()的方法类似，当请求及响应交给过滤器时，过滤器调用此方法进行过滤处理
void destroy()	在过滤器生命周期结束时调用此方法，此方法可用于释放过滤器所占用的资源

2．FilterChain 接口

FilterChain 接口位于 javax.servlet 包中，此接口由容器实现，在 FilterChain 接口中只包含一个方法 doFilter()，声明如下。

```
void doFilter(ServletRequest request, ServletResponse response) throws
IOException,ServletException
```

此方法主要用于将过滤器处理的请求或响应传递给下一个过滤器对象。在多个过滤器的 Web 应用中，可以通过此方法进行传递。

3．FilterConfig 接口

FilterConfig 接口位于 javax.servlet 包中，此接口由容器进行实现，用于获取过滤器初始化期间的参数信息，其方法及说明如表 7-8 所示。

表 7-8　FilterConfig 接口中的方法及说明

方　法	使用说明
String getFilterName()	返回过滤器名称
String getInitParameter(String name)	返回初始化名称为 name 的参数值
Enumeration getInitParameterNames()	返回所有初始化参数名的枚举集合
ServletContext getServletContext()	返回 Servlet 的上下文对象

7.4.3　配置过滤器

在创建一个过滤器对象之后，需要对其进行配置才可以使用。过滤器的配置方法与 Servlet 的配置方法类似，都是通过 web.xml 文件进行配置，由以下两个步骤实现。

1．声明过滤器对象

在 web.xml 文件中通过<filter>标签声明一个过滤器对象，在此标签下包含三个常用子元素，分别是<filter-name>、<filter-class>和<init-param>。其中，<filter-name>元素用于指定过滤器的名称，此名称可以是自定义名称；<filter-class>元素用于指定过滤器对象的完整位置，包含过滤器对象的包名与类名；<init-param>元素用于设置过滤器的初始化参数，为可选项。具体配置方法如下。

```
<filter>
    <filter-name>TextFilter</filter-name>
    <filter-class>com.cs.TextFilter</filter-class>
    <init-param>
        <param-name>encoding</param-name>
        <param-value>UTF-8</param-value>
    </init-param>
</filter>
```

<init-param>元素包含两个常用的子元素，分别为<param-name>和<param-value>。其中，<param-name>元素用于声明初始化参数的名称，<param-value>元素用于指定初始化参数的值。

2．映射过滤器

在 web.xml 文件中声明了过滤器对象后，需要映射访问过滤器的对象，此操作使用<filter-mapping>标签进行配置。在<filter-mapping>标签中主要需要配置过滤器的名称、关联 URL 样式、对应的请求方式等。具体配置方式如下。

```
<filter-mapping>
    <filter-name>TextFilter</filter-name>
    <url-pattern>/*</url-pattern>
    <dispatcher>REQUEST</dispatcher>
    <dispatcher>FORWARD</dispatcher>
</filter-mapping>
```

其中，各个参数含义如下。

（1）<filter-name>：用于指定过滤器名称，此名称与<filter>标签中的<filter-name>相对应。

（2）<url-pattern>：用于指定过滤器关联的 URL 样式，设置为“/*”为关联所有 URL。

（3）<dispatcher>：用于指定过滤器对应的请求方式，其可选值及使用说明如表 7-9 所示。

表 7-9 <dispatcher>元素的可选值及说明

可 选 值	使 用 说 明
REQUEST	当客户端直接请求时，则通过过滤器进行处理
INCLUDE	当客户端通过 RequestDispatcher 对象的 include()方法请求时，则通过过滤器进行处理
FORWARD	当客户端通过 RequestDispatcher 对象的 forward()方法请求时，则通过过滤器进行处理
ERROR	当声明产生异常时，则通过过滤器进行处理

7.5 Servlet 监听器

监听器就是一个实现特定接口的普通 Java 程序，这个程序专门用于监听另一个 Java 对象的方法调用或属性改变，当被监听对象发生上述事件后，监听器某个方法将立即被执行。Servlet 监听器主要用于监听一些重要事件的发生，监听器对象可以在事情发生前或发生后做一些处理。

Servlet 事件一共分为三类，分别为上下文事件、会话事件和请求事件，下面具体讲解这三类事件的监听实现。

1．对 Servlet 上下文进行监听

可以监听 ServletContext 对象的创建和删除以及对属性的修改、添加等操作。该监听器主要使用到以下两个接口。

（1）ServletContextAttributeListener 接口：监听对 ServletContext 属性的操作，比如增加、删除、修改。

（2）ServletContextListener 接口：监听对 ServletContext 对象的创建和删除。

2．监听 HTTP 会话

用于监听HTTP会话活动情况和HTTP会话中的属性设置情况，也可以监听HTTP会话的 active 和 passivate 情况等，该监听器需要用到如下多个接口类。

（1）HttpSessionListener 接口：监听 HttpSession 的操作。

（2）HttpSessionActivationListener 接口：用于监听 HTTP 会话的 active 和 passivate 情况。

（3）HttpSessionAttributeListener 接口：监听 HttpSession 中的属性操作。

3．对客户端请求进行监听

用于对客户端的请求进行监听，使用的接口如下。

（1）ServletRequestListener 接口。

（2）ServletRequestAttributeListener 接口。

4．HttpSessionBindingListener 接口

如果一个对象实现了 HttpSessionBindingListener 接口，当这个对象被绑定到 Session 中或者从 Session 中删除时，Servlet 容器会通知这个对象，而这个对象在接收到通知以后，可以做出一些初始化或清除状态的操作。该接口提供了下面的方法。

```
public void valueBound(HttpSessionBindingEvent event)
```

当对象被绑定到 Session 中时，Servlet 容器调用上面的方法来通知该对象。

```
public void valueUnbound(HttpSessionBindingEvent event)
```

当从 Session 中删除对象时，Servlet 容器调用该方法来通知该对象。

Servlet 容器通过 HttpSessionEvent 对象来通知实现了 HttpSessionBindingListener 接口的对象，而这个对象可以利用 HttpSessionBindingEvent 对象来访问与它相联系的 HttpSession 对象，javax.servlet.http.HttpSessionBindgingEvent 类提供了以下两种方法。

```
public HttpSessionBindingEvent(HttpSession session,java.lang.String name)
public HttpSessionBindingEvent(HttpSession session,java.lang.String name,
java.lang.Object value)
```

上面两个构造方法构造一个事件对象，当一个对象被绑定到 Session 中或者从 Session 中被删除时，用这个事件对象来通知它。

```
public java.lang.String getName()
```

返回绑定到 Session 中或者从 Session 中删除的属性的名字。

```
public java.lang.Object getValue()
```

返回被添加、删除或替换的属性值。如果属性被添加或者删除，则这个方法返回属性的值；如果属性被替换，则该方法返回属性先前的值。

【练习 5】

创建一个监听器，当用户登录后显示欢迎信息，如果单击【用户】链接可以查看所有在线用户，并且可以删除某些用户。

（1）创建一个 OnLineCountListener.java 监听器，来统计在线人数，这里分别用到了 sessionCreated、sessionDestroyed；attributeAdded、attributeRemoved 事件。前两者是客户端只要打开网页就会触发的，因为客户第一次打开一个网页就会触发一个 Session。而后者必须是 Session 里的值改变才会触发的，登录就是把 username 放进 Session，退出就是移除。具体代码实现如下。

```
package com.java;
import java.util.ArrayList;
```

```
import java.util.List;
import javax.servlet.ServletContext;
import javax.servlet.ServletContextEvent;
import javax.servlet.ServletContextListener;
import javax.servlet.http.HttpSessionAttributeListener;
import javax.servlet.http.HttpSessionBindingEvent;
import javax.servlet.http.HttpSessionEvent;
import javax.servlet.http.HttpSessionListener;
public class OnLineCountListener implements ServletContextListener,
HttpSessionListener,
        HttpSessionAttributeListener {
    //声明一个 ServletContext 对象
    private ServletContext application = null;
    //context 初始化时激发
    public void contextInitialized(ServletContextEvent sce) {
        //容器初始化时，向 application 中存放一个空的容器
        this.application = sce.getServletContext();
        this.application.setAttribute("alluser", new ArrayList());
    }
    //context 删除时激发
    public void contextDestroyed(ServletContextEvent sce) {
    }
    public void sessionCreated(HttpSessionEvent se) {
    }
    public void sessionDestroyed(HttpSessionEvent se) {
        //将用户名称从列表中删除
        List l = (List) this.application.getAttribute("alluser");
        String value = (String) se.getSession().getAttribute("uname");
        l.remove(value);
        this.application.setAttribute("alluser", l);
    }
    public void attributeAdded(HttpSessionBindingEvent se) {
        //如果登录成功，则将用户名保存在列表之中
        List l = (List) this.application.getAttribute("alluser");
        l.add(se.getValue());
        this.application.setAttribute("alluser", l);
    }
    //删除一个新的属性时激发
    public void attributeRemoved(HttpSessionBindingEvent se) {
    }
    //属性被替代时激发
    public void attributeReplaced(HttpSessionBindingEvent se) {
    }
}
```

（2）创建一个 online.jsp，用户可以通过该页面进行登录，并显示该系统在线人员和在线人数，用户登录之后还可以进行注销退出系统，具体代码如下。

```
<body>
    <div id="one">
```

```
        <div id="two">
            <h3 >欢迎登录窗内网</h3>
            <form action="online.jsp" method="post">
                用户名：<input type="text" name="name" style="width:110px"/>
                <br>
                密码：<input type="password" name="password" style="width:
                110px"/> <br> <br>
                <input type="submit"name="commit" value="登录" style="color:
                #666"/>
                <a href="logout.jsp">注销</a>
            </form>
        </div>
        <div id="three">
            <!-- 向 session 接收输入的用户名 -->
            <%
                request.setCharacterEncoding("UTF-8");
                if(request.getParameter("name")!=null){
                session.setAttribute("uname",request.getParameter("name")) ;
                }
            %>
        <h2>在线人员</h2>
        <%
            List l = (List)application.getAttribute("alluser");
            Iterator iter = l.iterator();
            while(iter.hasNext()){
        %>
        <li><%=iter.next()%></li>
        <%
            }
        %>
        <p>当前在线的用户数：<%=l.size() %></p>
        </div>
        </div>
    </body>
```

（3）创建 logout.jsp 页面实现用户注销，通过调用 HttpSession 对象的 invalidate()方法，使 Session 失效，从而删除绑定到这个 Session 中的用户。用户注销之后，还可再次进入系统，代码如下。

```
    <body>
        <%
            session.invalidate();
        %>
        <a href="online.jsp">再次进入系统</a>
    </body>
```

（4）最后，在 web.xml 文件中，使用<listener>标签配置 OnLineCountListener 监听器，主要代码如下。

```
        <listener>
```

```
        <listener-class>com.java.OnLineCountListener</listener-class>
    </listener>
```

将该项目部署在 Tomcat 下，访问 online.jsp 页面，显示当前在线人员和人数运行结果，如图 7-12 所示。

输入用户名和密码，单击【登录】按钮，页面显示在线用户数 1，如图 7-13 所示。

图 7-12 登录页面显示在线信息

图 7-13 登录成功后显示在线信息

重新开启新的浏览器，重新登录，显示新的在线信息，如图 7-14 所示。单击【注销】链接，可以将当前用户的登录信息删除。

图 7-14 重新登录显示在线信息

7.6 实例应用：用户注册的验证

7.6.1 实例目标

Servlet 过滤器是小型的 Web 组件，它们拦截请求和响应，以便查看、提取或以某种方式操作正在客户机和服务器之间交换的数据。通过本章讲解的关于 Servlet 的应用，创建一个投票项目，要求使用 Servlet 进行页面的跳转、信息的验证和对信息的过滤。

7.6.2 技术分析

该项目包含用户的注册与登录，以及页面之间的跳转。数据信息的验证要使用 Servlet 通过表单提交，判断不同的条件下不同页面的跳转。应用过滤器，判断用户输入信息的完整性以及用户信息的特定格式。

过滤器的使用过程中要注意过滤器在 web.xml 中的配置信息，确保映射地址与过滤器名称之间的对应关系。

7.6.3 实现步骤

（1）创建用户注册页面，判断用户输入的不同的用户名，如下所示。

```
<form action="userfilter" method="post" name="myform">
    <table border="0" cellspacing="-2" cellpadding="-2" width="458"height="392">
        <tr>
            <td height="28" colspan="2">
                <font color="red">填写注册信息（带*号的是必须填写的）</font>
            </td>
        </tr>
        <tr>
            <td width="18%" height="30" align="center">用 户 名: </td>
            <td width="82%" class="word_grey">
                <input name="username"type="text" maxlength="20" id="checkname">*
            </td>
        </tr>
        <tr>
            <td height="28" align="center">密    码: </td>
            <td height="28">
            <input name="password" type="password"size="20" maxlength="20"
            id="mypassword">*
            </td>
        </tr>
        <tr>
            <td height="28" align="center">E-mail: </td>
            <td height="28"><input name="email" type="text" size="50
            id="email"></td>
        </tr>
        <tr>
            <td height="28" colspan="2"><hr align="center" size="1"></td>
        </tr>
        <tr>
            <td height="28" align="center">姓    名: </td>
            <td><input name="truename" type="text"maxlength="10" id=
            "truename">*</td>
            </tr>
        <tr>
            <td height="28" align="center">地    址: </td>
            <td><input name="address" type="text"size="50" id="address">
            *</td>
```

```
        </tr>
        <tr>
            <td height="28" align="center">邮    编: </td>
            <td ><input name="postcode" type="text"size="20" id="postcode">
            </td>
        </tr>
        <tr>
            <td height="28" align="center">联系电话: </td>
            <td><input name="telephone" type="text" id="telephone">*</td>
        </tr>
        <tr>
            <td height="34"> </td>
            <td >
                <input type="submit" class="btn_grey"value="确定保存">
                <input type="reset" class="btn_grey"value="重新填写">
             </td>
        </tr>
    </table>
</form>
```

（2）创建一个 User.java 文件用来封装用户的注册信息，代码如下。

```
package com.cs;
public class User {
    private String username;    //用户名
    private String password;    //密码
    private String email;       //email
    private String truename;    //姓名
    private String address;     //地址
    private String postcode;    //邮编
    private String telephone;   //电话
    /* 省略以上属性的 set 和 get */
}
```

（3）创建一个过滤器 userfilter.java，用来验证用户注册提交的表单数据，验证完成之后，进行页面跳转，代码如下。

```
public void doFilter(ServletRequest request, ServletResponse response,
        FilterChain chain) throws IOException, ServletException {
    //TODO Auto-generated method stub
    User user = new User();             //创建一个 User 对象
    request.setAttribute("user", user); //将 user 对象引用设置到 request 对象中
    //从 request 对象中获取表单参数
    String username = request.getParameter("username");
                                        //从 request 对象中获取 username 参数
    String password = request.getParameter("password");
    String email = request.getParameter("email");
    String truename = request.getParameter("truename");
    String address = request.getParameter("address");
    String postcode = request.getParameter("postcode");
```

```
        String telephone = request.getParameter("telephone");
        // 为 user 对象的属性赋值
        user.setUsername(username);
        user.setPassword(password);
        user.setEmail(email);
        user.setTruename(truename);
        user.setAddress(address);
        user.setPostcode(postcode);
        user.setTelephone(telephone);
            RequestDispatcher dispatcher=request.getRequestDispatcher
            ("success.jsp");                    //设置失败转发页面
             RequestDispatcher disp=request.getRequestDispatcher("error.jsp");
                                                //设置成功转发页面
        Pattern pname = Pattern.compile("^[ A-Za-z] +$");
                                                //把正则表达式编译成 Pattern 对象
        Matcher mname = pname.matcher(username);
                                                //使用 p 传入的正则表达式和 age 进行匹配
        Pattern ptelephone = Pattern.compile("^[ 0-9] *[ 1-9][ 0-9] *$");
                                                //把正则表达式编译成 Pattern 对象
        Matcher mtelephone = ptelephone.matcher(telephone);
                                                //使用 p 传入的正则表达式和 age 进行匹配
        if (username == "" || password == null || truename == ""
                || address == "" || telephone == "" || !mname.matches()
                || !mtelephone.matches())   //判断用户输入信息是否合法
        {
            disp.forward(request,response);
            return;
        }
        dispatcher.forward(request,response);
    }
```

（4）创建一个验证成功页面 success.jsp。显示用户的输入信息，并提示用户输入信息通过了验证。核心代码如下。

```
    <jsp:useBean id="user" type="com.cs.User" scope="request" />
    <table border="0" cellspacing="-2" cellpadding="-2" width="458"height="392">
        <tr>
            <td height="28" colspan="2"><font color="red">验证通过，您提交的信息是:
            </font></td>
        </tr>
        <tr>
            <td width="18%" height="30" align="center">用 户 名: </td>
            <td width="82%"><%=user.getUsername()%></td>
        </tr>
        <tr>
            <td height="28" align="center">密    码: </td>
            <td><%=user.getPassword() %></td>
        </tr>
        <tr>
            <td height="28" align="center">E-mail: </td>
            <td><%=user.getEmail() %></td>
        </tr>
```

```
    <tr>
        <td height="28" colspan="2"><hr align="center" size="1"></td>
    </tr>
    <tr>
        <td height="28" align="center">姓    名: </td>
        <td><%=user.getTruename() %></td>
    </tr>
    <tr>
        <td height="28" align="center">地    址: </td>
        <td><%=user.getAddress() %></td>
    </tr>
    <tr>
        <td height="28" align="center">邮    编: </td>
        <td><%=user.getPostcode() %></td>
    </tr>
    <tr>
        <td height="28" align="center">联系电话: </td>
        <td><%=user.getTelephone()%></td>
    </tr>
</table>
```

（5）创建一个表单提交验证失败的提示页面 error.jsp，通过表单显示用户的输入信息，提示用户输入用户信息没有通过验证，核心代码与 success.jsp 相似。

（6）在 web.xml 中添加配置 userfilter 过滤器，具体配置如下。

```
<filter>
    <filter-name>userfilter</filter-name>
    <filter-class>com.cs.userfilter</filter-class>
</filter>
<filter-mapping>
    <filter-name>userfilter</filter-name>
    <url-pattern>/userfilter</url-pattern>
</filter-mapping>
```

（7）将该项目部署在 Tomcat 下，访问 register.jsp，如图 7-15 所示。输入正确的信息，进行验证，如图 7-16 所示。

图 7-15 register.jsp 运行结果

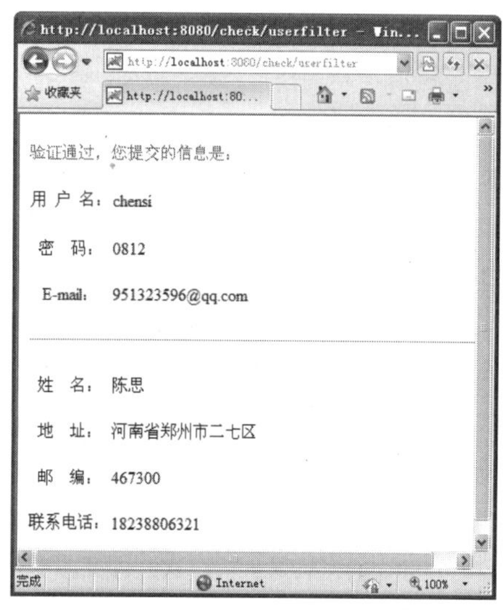

图 7-16 验证成功结果

7.7 扩展训练

1．创建一个 Servlet 过滤器，用来控制用户名只能是字母

运用 Servlet 的基本知识，创建简单的用户注册页面，要求输入的用户名中不能包含除了字母以外的其他字符串。

2．使用 Servlet 对用户提交的表单信息进行处理

创建 student 项目，用来进行学生毕业档案信息的管理，创建 Servlet，对学生输入的学生信息进行过滤，将同一班级的成绩按照不同学科成绩的高低进行排序输出。

7.8 课后练习

一、填空题

1. Servlet 生命周期是由 javax.servlet.servlet.Servlet 接口的 init()、service()和__________方法所定义。

2. 在 Servlet 中数据提交的处理方式有两种，分别是 GET 和__________。

3. 在 Servlet 中，HttpServletResponse 的__________方法用来把一个 HTTP 请求重定向到另外的 URL。

4. Servlet 容器初始化一个 Servlet 对象时，会为这个 Servlet 对象创建一个__________对象，在该对象中包含 Servlet 初始化参数信息。

5. 在 Servlet 运行过程中，Servlet 容器使用接口__________建立起 HTTP 客户和 Web 服务器之间的会话关系。

6. 在部署 Servlet 的时候主要添加两个配置元素<servlet>元素和__________元素。

7. 在 Servlet 过滤器的生命周期方法中，每当传递请求或响应时，web 容器会调用__________方法。

8. 当 Servlet 的__________方法被执行时，Servlet 就可以调用接口 ServletRequest 中的方法接收客户端的请求信息。

二、选择题

1. 在 Servlet 生命周期中，对应服务阶段的方法是__________。

   A. doGet()

   B. doPost()

   C. doGet 和 doPost()

   D. service()

2. 下列有关 Servlet 的生命周期，说法不正确的是__________。

   A. 在创建自己的 Servlet 时候，应该在初始化方法 init()方法中创建 Servlet 实例

   B. 在 Servlet 生命周期的服务阶段，执行 service()方法，根据用户请求的方法，执行相应的 doGet()或是 doPost()方法

   C. 在销毁阶段，执行 destroy()方法后系统立刻进行垃圾回收

   D. destroy()方法仅执行一次，即在服务器停止且卸载 Servlet 时执行该方法

3. javax.servlet.Servlet 接口中__________方法表示 Servlet 实例化之后，Servlet 容器调用此方法来完成初始化工作。

A. init()

B. getServletConfig()

C. getServletInfo()

D. destory()

4. 以下哪个标签不属于过滤器标签? ________

A. <filter-name>

B. <filter-class>

C. <filter-mapping>

D. <servlet-class>

5. 以下哪个标签不属于配置 Servlet 时使用的标签? ________

A. <welcome-file>

B. <url-pattern>

C. <servlet-name>

D. <servlet-class>

6. 配置过滤器的时候________不是<dispatcher>元素的可选值。

A. REQUEST

B. RESPONSE

C. INCLUDE

D. FORWARD

7. 以下哪些接口可以用于监听 HTTP 会话? ________

A. HttpSessionListener

B. HttpSessionActivationListener

C. HttpSessionAttributeListener

D. 以上答案均可

三、简答题

1. 简述 Servlet 的生命周期。

2. 相对于使用传统的 CGI 编程，Servlet 的优点有哪些?

3. Servlet 是如何进行会话管理的?

4. Servlet 过滤器的工作原理是什么?

5. 简述 Servlet 过滤器的配置过程。

第 8 章 使用 EL 表达式

Expression Language（简称 EL 表达式），是 JSP 2.0 中引入的一种计算和输出 Java 对象的简单语言。EL 提供了在 JSP 脚本编制元素范围外使用运行时表达式的功能。脚本编制元素是指页面中能够用于在 JSP 文件中嵌入 Java 代码的元素。它们通常用于对象操作以及执行那些影响所生成内容的计算。JSP 2.0 将 EL 表达式添加为一种脚本编制元素。

本章将对 EL 表达式的语法、基本应用、运算符以及其隐含对象进行详细介绍。

本章学习目标：

- ❑ 了解表达式语言的概念
- ❑ 掌握表达式变量
- ❑ 掌握表达式运算
- ❑ 掌握表达式隐含变量
- ❑ 掌握 EL 函数
- ❑ 了解 EL 函数常遇到的错误

8.1 EL 概述

EL 全名为 Expression Language，它原本是 JSTL1.0 为方便存取数据所自定义的语言。当时 EL 只能在 JSTL 标签中使用。到了 JSP 2.0 之后，EL 已经正式纳入成为标准规范之一。因此，只要是支持 Servlet 2.4/JSP 2.0 的 Container，就都可以在 JSP 网页中直接使用 EL。

由于 EL 表达式是 JSP 2.0 以前的版本所没有的，为了和以前的版本兼容，JSP 提供了禁用 EL 表达式的方法，EL 表达式禁用有下列三种方法。

1．使用“\”符号

这种禁用 EL 表达式的方法是非常简单的，该方法是在 EL 表达式的起始标志前面加上“\”符号，例如：

```
<body>
    \${ userName }
</body>
```

这种方法只适合禁用页面上一个或者几个 EL 表达式。如果想要将整个页面的表达式都禁用使用什么方法呢？这时候，可以使用 JSP 的 page 指令元素。

2．使用 page 指令

使用 page 指令也可以禁用 EL 表达式，在第 2 章中讲解 page 指令的时候就讲过 page 指令的语法，可以使用该指令的 isELIgnored 属性来设置 EL 表达式是否禁用。例如：

```
<%@ page isELIgnored="true" %>
```

上述代码表示在该页面中 EL 表达式被禁用。如果该属性值为 false 表示可以使用 EL 表达式。值得注意的是，页面该属性的默认值为 false，即不设置该属性的时候，页面允许使用 EL 表达式。

3．在 web.xml 中配置<el-ignored>元素

在 web.xml 中配置<el-ignored>元素可以实现禁用服务器中的 EL 表达式。具体代码如下。

```
<jsp-config>
    <jsp-property-group>
        <url-pattern>*.jsp</url-pattern>
        <el-ignored>true</el-ignored>
    </jsp-property-group>
</jsp-config>
```

上述方法适用于禁用 Web 应用中所有的 JSP 页面。

8.1.1 EL 表达式的语法

EL 语法很简单，所有的 EL 都是以“${”开头，以“}”结尾的。例如：

```
${ expression}
```

以上语法中，expression 为有效的表达式。该表达式可以和静态文本混合，还可以与其他表达式结合成为更大的表达式。

由于 EL 表达式是以“${”开头，所以如果在 JSP 网页中要显示“${”字符串，必须在前面加上“\”符号，即“/${”，或者写成“${'${'}”，也就是用表达式来输出“${”符号。

8.1.2 EL 表达式的特点

EL 除了具有语法简单和使用方便的特点外，还具有以下特点。

（1）可以与 JSTL 及 JavaScript 语句结合使用。

（2）自动执行类型转换。如果想通过 EL 输入两个字符串型数值（如 number1 和 number2）的和，可以通过+号连接（如${number1+number2}）。

（3）不仅可以访问一般变量，而且还访问 JavaBean 中的属性，以及嵌套属性和集合对象。

（4）可以执行算术运算、逻辑运算、关系运算和条件运算等。

（5）可以获得命名空间（PageContext 对象，它是页面中所有其他内置对象的最大范围的继承对象，通过它可以访问其他内置对象）。

（6）在执行除法运算时，如果 0 作为除数，则返回无穷大 Infinity，而不返回错误。

（7）使用范围广的作用域（request、session、application 及 page）。

（8）扩张函数可以与 Java 里的静态方法执行映射。

8.1.3 通过 EL 访问数据

通过 EL 提供的[]和.运算符可以访问数据，通常情况下这两种是等价的，可以相互代替。例如，要访问 JavaBean 对象 user 的 username 属性，可以写成以下两种形式。

```
${ user.username}
${ user[ username] }
```

但在有些情况下不可相互替代，如当对象的属性名中包括一些特殊符号（-或.）时，只能使用[]运算符来访问对象属性。例如，${user[user-name]}是正确的，而${user.user-name}则是错误的。另外，EL 的[]运算符还可以用来读取数组或是 List 集合中的数据。

应用[]运算符可以获取数组的指定元素，但是，运算符则不能。例如，要获取 request 范围中的数字 arrUser 中的第一个元素，可以使用以下 EL 表达式。

```
${ arrUser[ 0] }
```

由于数组的索引值从 0 开始，所以要获取第一个元素，需要使用索引值 0。

【练习 1】

创建 index.jsp 页面，在其中定义一个包含 4 个元素的一维数组并赋值，然后通过 for 循环和 EL 输出该数组中的全部元素，代码如下。

```
<%
    //定义一个一维数组
    String [] arr = { "陈思","汇智科技","朱华","陈楠"} ;
    //将数组保存到 request 对象中
    request.setAttribute("username", arr);
%>
<%
    //获取保存到 request 范围内的变量
    String [] arr1 = (String[ ] )request.getAttribute("username");
    //通过循环和 EL 输出一维数组的内容
```

```
    for(int i=0;i<arr.length;i++){
    //将循环变量 i 保存到 request 范围内的变量中
    request.setAttribute("re", i);
    %>
    ${ re} :${ username[ re] } <br>
<%
    }
%>
```

提示

在上述代码中必须将循环变量 i 保存在 request 范围内的变量中，否则将不能正确访问数组。这里不能直接使用 Java 代码片段中定义的变量 i，也不能使用<%=i%>输出 i。

在运行时，系统会先获取 request 变量的值，然后将输出数组内容的表达式转换为“${fruit[索引]}”格式（例如，获取第一个数组元素，则转换为${fruit[0]}）后输出。

运行结果，将显示数组集合中的数据信息。

应用[]运算符还可以获取 List 集合中的指定元素，但是.运算符则不能。

【练习 2】

在 session 域中保存一个包含三个元素的 List 几何对象，并应用 EL 输出该集合的全部元素，代码如下。

```
<%
    List<String> list = new ArrayList<String>();
    //添加元素
    list.add("JavaWeb 开发基础");
    list.add("Oracle 开发指南");
    list.add("ASP.NET");
    //将 List 保存到 session 对象中
    session.setAttribute("book", list);
%>
<%
//将循环增量保存在 request 范围内
    List<String> list1 =  (List<String>)session.getAttribute("book");
    //通过循环和 EL 输出 List 集合的内容
    for(int i=0;i<list1.size();i++){
        request.setAttribute("re", i);
%>
    ${ re} :${ book[ re] }
    <br>
    <%
        }
    %>
```

运行结果，将显示 List 集合中的数据信息。

8.2 EL 表达式的存取范围

EL 表达式中的变量没有指定范围时，系统默认从 page 范围中查找，然后依次在 request、session 及 application 范围中查找。如果在此过程中找到指定变量，则直接返回，否则返回 null。另外，EL 表达式还提供了指定存取范围的方法。在要输出表达式的前面加入指定存取范围的前缀即可指定该变量的存取范围。EL 表达式中用于指定变量使用范围的前缀如表 8-1 所示。

表 8-1 EL 表达式中使用的变量范围前缀

范　围	前　缀	举例说明
page	pageScope	例如，${pageScope.username}表示在 page 范围内查找变量 username，若找不到直接返回 null
request	requestScope	例如，${requestScope.username}表示在 request 范围内查找变量 username，若找不到直接返回 null
session	sessionScope	例如，${sessionScope.username}表示在 session 范围内查找变量 username，若找不到直接返回 null
application	applicationScope	例如，${application Scope.username}表示在 application 范围内查找变量 username，若找不到直接返回 null

这里所说的前缀，实际上就是 EL 表达式提供的用于访问作用域范围的隐含对象。

8.3 EL 表达式的保留关键字

保留字也称关键字，即在高级语言中已经定义过的字，使用者不能再将这些字作为变量名或过程名使用。和 Java 语言一样，EL 表达式也有自己的保留关键字。在为变量命名时应该避免使用这些关键字，包括在使用 EL 输出已经保存在作用域范围内的变量时，也不能使用关键字。EL 保留字如下所示。

and	eq	gt	true
le	false	lt	empty
instanceof	div	or	ne
mod	mot	ge	null

注意

如果在 EL 中使用了保留关键字，会抛出 javax.el.ELException 异常。

8.4 EL 表达式的运算符和表达式

在 JSP 中，EL 表达式提供了存取数据运算符、算术运算符、关系运算符、逻辑运算符、条件运算符以及 empty 运算符，下面详细介绍这些运算符。

8.4.1 算术运算符

EL 表达式中提供的算术运算符主要有如表 8-2 所示的 5 个。这些运算符多数是 Java 中常用的操作符。

表 8-2 EL 表达式中的算术运算符

算术运算符	描　述	举　例	结　果
+	加	${1+4}	5
-	减	${4-1}	3
*	乘	${2*4}	8
/或 div	除	${9/3}或${9 div 3}	3
%或 mod	取余	${10%4}或${10mod 4}	2

注意
EL 表达式无法像 Java 一样将两个字符串使用 "+" 连接起来，如（"Hello"+"World"）。需采用${"Hello"}${"World"}这样的方法来表示。

8.4.2 empty 运算符

在 EL 表达式中，有一个特殊的运算符 empty，该运算符是一个前缀运算符，即 empty 运算符位于操作数前方，被用来确定一个对象或变量是否为 null 或为空。empty 运算符语法格式如下。

```
<body>
    ${ empty expression}
</body>
```

其中，expression 属性用于指定要判断的变量或对象。

一个变量为 null 或为空代表的是不同的意义。null 表示这个对象没有指明任何对象，而为空表示这个变量所属的对象的内容为空，如空字符串、空的数组或空的 list 容器。

empty 也可以与 nor 运算符结合使用，用于确认一个对象或者变量是否为非空。例如，要判断 session 域中的变量 username 是不是为空值可以使用如下代码。

```
<body>
    ${ not empty sessionScope.username}
</body>
```

8.4.3 逻辑运算符

同 Java 语言一样，EL 也提供了"与""非""或"逻辑运算符。EL 逻辑运算符如表 8-3 所示。

表 8-3 EL 表达式中的逻辑运算符

逻辑运算符	描　述	举　例	结　果
&& 或 and	逻辑与	${3==3&&7==5}或${2==2and7==3}	false
! 或 not	逻辑非	${!"123"=="123"}或${not"123"=="123"}	false
|| 或 or	逻辑或	${3==3 \|\| 7==5}或${2==2 or 7==3}	true

表 8-3 中，逻辑与运算符中，只有在两个操作数的值均为 true 时，才返回 true。否则返回 false；逻辑或运算符中，只要有一个操作数的值为 true，就会返回 true，只有全部的操作数都为 false 时，才会返回 false；逻辑非是对操作数取反，如果原来的操作数为 true 则返回 false，如果原来的操作数为 false，则返回 true。

8.4.4 关系运算符

在 EL 表达式中，提供了对于两个表达式进行比较运算的关系运算符，EL 表达式的关系运算符可以用来比较整数和浮点数，也可以用来比较字符串。EL 关系运算符如表 8-4 所示。

表 8-4 EL 表达式中的关系运算符

关系运算符	描　述	举　例	结　果
== 或 eq	等于	${"cs"=="cs" }或${"cs" eq "cs"}	true
!= 或 ne	不等于	${3!=9 }或${3 ne 9 }	true
< 或 lt	小于	${7<9 }或${7 lt 9 }	true
> 或 gt	大于	${7>9 }或${7 gt 9 }	false

续表

关系运算符	描　述	举　例	结　果
<= 或 le	小于等于	${7<=9 }或${7 le 9 }	true
>=或 ge	大于等于	${7>=9 }或${7 ge 9 }	false

在使用 EL 表达式关系运算符时，不能写成${param.user1}==${ param. User2}或${${ param.user1}==$ param. user2}}。而应该写成${param.user1 == param.user2}。

8.4.5 条件运算符

EL 表达式可以利用条件运算符进行求值，其格式如下。

```
${ 条件表达式? 计算表达式 1:计算表达式 2}
```

在上述语法中，如果条件表达式为真，则计算表达式 1，否则就计算表达式 2。但是 EL 表达式中的条件表达式运算符功能比较弱，一般可以用 JSTL 中的条件表达式中的条件标签<c:if>和<c:choose>替代，如果处理的问题比较简单也可以使用。EL 表达式中的条件运算符唯一的优点就是简单方便，和 Java 语言中的用法完全一致。

【练习 3】

当密码为 123 时，就输出密码正确，否则就输出密码错误，代码如下。

```
<body>
    ${ password=="123"?"密码正确":"密码错误"}
</body>
```

8.4.6 存取数据运算符

在 EL 表达式中可以使用运算符“[]”和“.”来取得对象属性。例如，${user.id}或者${user[id]}都表示获取对象 user 中的 name 属性值。通常情况下，获取指定对象的属性值使用的是“.”运算符。但是当属性名中包含一些特殊符号（如“.”或者“-”等非字母或者数字符号）时，就只能使用“[]”格式来访问属性值，例如，${sessionScope.user[user-id]}是正确的，而${sessionScope.user.user-id}是错误的。

另外，在 EL 表达式中可以使用“[]”运算符读取数组、Map、List 或者对象容器中的数据，下面进行详细介绍。

1．数组元素的获取

应用“[]”可以获取数组的指定元素。在 request 作用域中保存一个包含 5 个元素的一维数组，并应用 EL 表达式输出该数组的第三个元素，代码如下。

```
<%
    String users[ ] ={ "陈思","李明","蓝星","魏晨","于华"} ;  //定义数组
    request.setAttribute("users",users);                   //将数组放入 request
%>
${ requestScope.users[ 2] }                                //输出数组中第三个元素
```

运行该程序，输出结果为“蓝星”。

2．List 集合元素的获取

应用“[]”运算符可以获取 List 集合中的指定元素。例如，在 application 中保存一个包含 5 个

元素的 List 集合对象。使用 EL 表达式输出该集合第二个元素，代码如下。

```
<%
    List list= new ArrayList();
    list.add("苹果");
    list.add("香蕉");
    list.add("提子");
    list.add("榴莲");
    list.add("芒果");
    application.setAttribute("list",list);
%>
${ applicationScope.list[ 1]}
```

运行该程序，输出结果为“香蕉”。

3．Map 集合元素的获取

应用“[]”运算符可以获取 Map 集合中的指定元素。例如，在 Session 作用域中保存一个包含 5 个键值的集合对象，并应用 EL 表达式输出第三个元素的值，代码如下。

```
<%
    Map map=new HashMap();
    map.put("1","ASP.NET");
    map.put("2","JavaWeb");
    map.put("3","Servlet");
    map.put("4","MySQL");
    map.put("5","Oracle");
    session.setAttribute("map",map);
%>
${ sessionScope.map[ "3"]}
```

运行该程序，输出结果为“Servlet”。

8.4.7 运算符的优先级

运算符的优先级决定了在多个运算符同时存在时，各个运算符的求值顺序。EL 表达式中，运算符优先级如表 8-5 所示。

表 8-5 运算符的优先级

优先级	运算符
↓（由高到低）	[]
	()
	-（负号）、not、!、empty
	*、/、div、%、mod
	+、-（减号）
	<>、<=、>=、lt、gt、le、ge
	==、!=、eq、ne
	&&、and
	||、or
	?:/

如表 8-5 所示，运算符的优先级由上到下从高到低。例如，${5*(7+2)}，如果没有使用 ( ) 应

该先乘除后加减，因为乘除的优先级大于加减。但是由于（ ）的优先级大于乘除所以先计算（ ）中的加减，之后再计算乘除。在复杂的表达式中使用（ ）使得表达式更容易阅读，还可以避免出错。

8.5 EL 表达式中的隐含对象

为了能够获得 Web 应用程序中的相关数据，EL 提供了 11 个隐含对象。这些对象类似 JSP 的内置对象，直接通过对象明操作。在 EL 的隐含对象中，除 PageContext 是 JavaBean 对象，对应于 javax.servlet.jsp.PageContest 类型，其他隐含对象均对应于 java.util.Map 类型，这些隐含对象可以分为页面上下文对象、访问作用域范围的隐含对象和访问环境信息的隐含对象。具体说明如表 8-6 所示。

表 8-6　EL 表达式中的隐含对象

类　别	隐含对象	说　明
页面上下文对象	pageContext	用于访问 JSP 的内置对象
访问环境信息的隐含变量	param	包含页面所有参数的名字和对应的值的集合
	paramValues	包含页面所有参数的名字和对应的多个值的集合
	header	包含每个 header 名和值的集合
	headerValues	包含每个 header 名和可能的多个值的集合
	cookie	包含每个 cookie 名和值的集合
	initParam	包含 Servlet 上下文初始参数名和对应值的集合
访问作用域范围的隐含变量	pageScope	包含 page（页面）范围内的属性值的集合
	requestScope	包含 request（请求）范围内的属性值的集合
	sessionScope	包含 session（会话）范围内的属性值的集合
	applicationScope	包含 application（应用）范围内的属性值的集合

8.5.1 访问作用域范围的隐含对象

在 EL 中提供了 4 个用于访问作用域范围的隐含对象，即 pageScope、requestScope、sessionScope 和 applicationScope。应用这 4 个隐含对象指定要查找标示符的作用域后，系统将不再按照默认顺序（page、request、session 及 application）来查找相应的标示符。它们与 JSP 中的 page、request、session 及 application 内置对象类似，只不过这 4 个隐含对象只能用来取得指定范围内的属性值，而不能取得其他相关信息。例如，JSP 中的 request 对象除可以存取属性之外，还可以取得用户的请求参数或表头信息等。但是在 EL 中，它就只能单纯用来取得对应范围的属性值。

在 session 中储存一个属性，它的名称为 username，在 JSP 中使用下列代码来取得 username 的值。

```
session.getAttribute("username")
```

在 EL 中，则是使用下列代码来取得其值的。

```
${ sessionScope.username}
```

下面分别简单介绍这 4 个隐含对象.

（1）pageScope：范围和 JSP 的 Page 相同，也就是单单一页 JSP Page 的范围(Scope)。

（2）requestScope：范围和 JSP 的 Request 相同，requestScope 的范围是指从一个 JSP 网

页请求到另一个 JSP 网页请求之间，随后此属性就会失效。

（3）sessionScope：范围和 JSP 中的 Session 相同，它的属性范围就是用户持续在服务器连接的时间。

（4）applicationScope：范围和 JSP 中的 Application 相同，它的属性范围是从服务器一开始执行服务，到服务器关闭为止。

8.5.2 页面的上下文对象

页面上下文对象为 pageContext，用于访问 JSP 内置对象（如 request、response、out、session、exception 和 page 等，但不能用于获取 application、config 和 pageContext 对象）和 servletContext。在获取这些内置对象后，即可获取其属性值。这些属性与对象的 getXXX()方法相对应，在使用时去掉方法名中的 get，并将首字母改为小写即可。

1．访问 request 对象

通过 pageContext 获取 JSP 内置对象中的 request 对象，可以使用下面的语句。

```
${ pageContext.request}
```

获取 request 对象后，即可通过该对象获取与客户端相关的信息。在讲解 request 对象的时候，列出了 request 对象用于获取客户端相关信息的常用方法，在此处只需要将方法名中的 get 去掉，并将方法名的首字母改为小写即可。例如，取得请求的 URL，但不包括请求的参数字符串，即 servlet 的 HTTP 地址，可以使用如下代码。

```
${ pageContext.request.requestURL}
```

上述代码运行结果返回当前 HTTP 地址："http://localhost:8080/testel/index.jsp"。

> **技巧**
> 不可以通过 pageContext 对象获取保存在 request 范围内的变量。

2．访问 response 对象

通过 pageContext 对象获取 JSP 内置对象中的 response 对象可以使用下面的语句。

```
${ pageContext.response}
```

获取 response 对象后，即可通过该对象获取与响应相关的信息。例如，要获取响应的内容类型，可以使用如下代码。

```
${ pageContext.response.contentType}
```

上述代码将返回响应的内容类型，这里为"text/html;charset=UTF-8"。

3．访问 out 对象

通过 pageContext 对象获取 JSP 内置对象中的 out 对象可以使用下面的语句。

```
${ pageContext.out}
```

获取 out 对象后，即可通过该对象获取与输入相关的信息。例如，要输出缓冲区的大小可以使用如下代码。

```
${ pageContext.out.bufferSize}
```

上述代码可以输出缓冲区的大小，这里是"8192"。

4．访问 session 对象

通过 pageContext 对象获取 JSP 内置对象中的 session 对象可以使用下面的语句。

```
${ pageContext.session}
```

获取 session 对象后，即可通过该对象获取与 session 相关的信息。例如，要获取 session 的有效时间，可以使用如下代码。

```
${ pageContext.session.maxInactiveInterval}
```

上述代码将返回 session 的有效时间，这里为 1800 s。

5．访问 exception 对象

通过 pageContext 对象获取 JSP 内置对象中的 exception 对象可以使用下面的语句。

```
${ pageContext.exception}
```

获取 exception 对象后，即可通过该对象获取异常信息。例如，要获取异常的具体信息，可以使用如下代码。

```
${ pageContext.exception.message}
```

提示

在使用该对象时，也需要在可能出现错误的页面中指定错误处理页。并且在其中指定 page 指令的 isErrorPage 属性值为 true，然后使用上面的 EL 输出异常信息。

6．访问 page 对象

通过 pageContext 对象获取 JSP 内置对象中的 page 对象可以使用下面的语句。

```
${ pageContext.page}
```

获取 page 对象后，即可通过该对象获取当前页面的类文件。例如，要获取当前页面的类文件，可以使用如下代码。

```
${ pageContext.page.class}
```

上述代码将返回当前页面的类文件，这里为“class org.apache.jsp.index_jsp”。

7．访问 servletContext 对象

通过 pageContext 对象获取 JSP 内置对象中的 servletContext 对象可以使用下面的语句。

```
${ pageContext. servletContext}
```

获取 servletContext 对象后，即可通过该对象获取 Servlet 上下文信息。例如，要获取 Servlet 上下文路径，可以使用如下代码。

```
${ pageContext.servletContext.contextPath}
```

8.5.3 访问环境信息的隐含对象

在 EL 中提供了 6 个访问环境信息的隐含对象。

1．param 对象

param 对象用于获取请求参数的值，应用在参数值只有一个的情况下。该对象的返回结果为字符串。

【练习 4】

在 JSP 页面放置一个名为“username”的文本框和名为“password”的密码框，代码如下。

```
<input name="username" type="text">
<input name="password" type="password">
```

提交表单，要获得该表单中的值，代码如下。

```
${ param.username}
${ param.password}
```

如果在 username 文本框中输入中文，那么在应用 EL 输出其内容之前，还需要应用 request.setCharacterEncoding("UTF-8");语句设置请求的编码，否则会产生乱码。

2．paramValues 对象

如果一个请求参数名对应多个值时，则需要使用 paramValues 对象获取请求参数的值，该对象的返回结果为数组。

【练习 5】

在 JSP 页面中有一个名为“subject”的复选框组，代码如下。

```
<input name="subject" type="checkbox" id="subject" value="Java 基础">Java 基础
<input name="subject" type="checkbox" id="subject" value="ASP.NET 开发指南
">ASP.NET 开发指南
<input name="subject" type="checkbox" id="subject" value="Linux 基础学习">Linux
基础学习
<input name="subject" type="checkbox" id="subject" value="Oracle 学习手册
">Oracle 学习手册
<input name="subject" type="checkbox" id="subject" value="JSP Web 学习">JSP Web
学习
```

当提交表单之后，要获取 subject 的值，代码如下。

```
<%
    request.setCharacterEncoding("UTF-8");
 %>
所选科目为:  ${ paramValues.sbuject[ 0] }
             ${ paramValues.sbuject[ 1] }
             ${ paramValues.sbuject[ 2] }
             ${ paramValues.sbuject[ 3] }
             ${ paramValues.sbuject[ 4] }
```

在应用 param 和 paramValues 对象时，如果指定的参数不存在，则返回空的字符串，而不是 null。

3．header 和 headerValues 对象

header 储存用户浏览器和服务端用来沟通的数据，当用户要求服务端的网页时，会送出一个记载要求信息的标头文件。在有些情况下可能存在同一个 header 拥有多个不同的值，这时必须使用 headerValues 对象。例如，用户浏览器的版本、用户计算机所设定的区域等其他相关数据。

【练习 6】

要获取 HTTP 请求的一个具体 header 的 connection（是否需要持久连接）属性，代码如下。

```
${ header.connection}
```

或者是：

```
${ header[ "connection"] }
```

【练习 7】

要获得 HTTP 请求的 header 的 user-agent 属性，则必须使用如下 EL 表达式。

```
${ header[ "user-agent"] }
```

运行结果显示“Mozilla/5.0 (Windows NT 5.1) AppleWebKit/537.1 (KHTML, like Gecko) Chrome/21.0.1180.89 Safari/537.1”。

4．initParam 对象

initParam 对象用于获取 Web 应用初始化参数的值。

【练习 8】

例如，在 Web 应用的 Web.xml 文件中设置一个初始化参数 username，用于指定用户名，具体实现如下。

```
<context-param>
    <param-name>username</param-name>
    <param-value>hzkj</param-value>
</context-param>
```

应用 EL 获取参数 username 的值，代码如下。

```
${ initParam.username }
```

运行结果，得到 username 的值“hzkj”。

5．cookie 对象

所谓的 cookie 是一个小小的文本文件，它是以 key、value 的方式将用户会话信息的内容记录在这个文本文件内，这个文本文件通常存在于浏览器的暂存区内。JSTL 并没有提供设定 cookie 的动作，因为这个动作通常都是后端开发者必须去做的事情，而不是交给前端的开发者。

如果在 cookie 中已经设定一个名称为 username 的值，那么可以使用${cookie.username}类获取 cookie 对象。但是如果要获取 cookie 中的值，就需要使用 cookie 对中的 value 属性。

【练习 9】

使用 response 设置一个请求有效的 cookie 对象，然后再使用 EL 表达式获取该 cookie 对象的值，代码如下。

```
<%
    Cookie cookie = new Cookie("username","chensi");
    response.addCookie(cookie);
%>
${ cookie.username.value}
```

运行结果，得到 username 的值“chensi”。

8.6 定义和使用 EL 函数

在 EL 中，允许定义和使用函数。本节将主要讲解如何定义和使用 EL 函数，以及可能出现的错误。

8.6.1 定义和使用 EL 函数

定义和使用 EL 函数需要下列 4 个步骤。

（1）编写一个 Java 类，并在其中编写静态公共方法，用于实现自定义 EL 标签函数的具体功能。

（2）建立 TLD(Tag Library Descriptor)，定义表达式函数。该函数的文件扩展名为.tld，保存在 Web 应用的 WEB-INF 目录下。

（3）在 web.xml 中配置 TLD 文件位置（可省略）。

（4）在 JSP 页面中引用标签库，并调用定义的 EL 函数实现相应的功能。

定义函数的语法如下。

```
ns:function(arg1,arg2,arg3, …, argN)
```

其中，前缀 ns 必须匹配包含函数的标签库前缀，function 是定义的函数名，arg1，arg2，arg3，…，argN 是函数的参数。如以下示例。

```
<%@ taglib uri="http://jakarta.apache.org/tomcat/examples-taglib"  prefix=
"fn"%>
        ${ fn:function(param.name)}
```

【练习 10】

创建一个处理字符串的函数，将文本框中输入的小写字母转化为大写。

（1）创建一个名为“StringUpper”的类文件，包括将字符串的值修改为大写的静态方法 change()，代码如下。

```
package com.cs;
public class StringUpper {
//转换为大写字母
    public static String  change(String string){
        return string.toUpperCase();
    }
}
```

（2）创建名为“function.tld”的标签文件，用于映射 StringUpper 类中的方法，代码如下。

```
<?xml version="1.0" encoding="UTF-8" ?>
<taglib xmlns="http://java.sun.com/xml/ns/j2ee"
  xmlns:xsi="http://www.w3.org/2001/XMLSchema-instance"
  xsi:schemaLocation="http://java.sun.com/xml/ns/j2ee
    http://java.sun.com/xml/ns/j2ee/web-jsptaglibrary_2_0.xsd"
  version="2.0">
  <description>JSTL 1.1 functions library</description>
  <display-name>JSTL functions</display-name>
  <tlib-version>1.1</tlib-version>
  <short-name>fn</short-name>
  <function>
    <name>change</name>
    <function-class>
        com.cs.StringUpper
    </function-class>
```

```
    <function-signature>
      java.lang.String change(java.lang.String)
    </function-signature>
  </function>
  </taglib>
```

（3）在 web.xml 中配置函数的映射（此步骤可以省略），代码如下。

```
<jsp-config>
      <taglib>
          <!-- 配置标签的引用地址 JSP 页面中引用时使用-->
          <taglib-uri>/eltag</taglib-uri>
          <!-- 配置标签的 TLD 文件地址 -->
          <taglib-location>/WEB-INF/function.tld</taglib-location>
      </taglib>
</jsp-config>
```

（4）创建 index.jsp 页面，包含一个表单。通过表单数据的提交调用函数，代码如下。

```
<%@ page language="java" import="java.util.*" pageEncoding="UTF-8"%>
<%@taglib uri="/eltag" prefix="fn"%>
<!DOCTYPE HTML PUBLIC "-//W3C//DTD HTML 4.01 Transitional//EN">
<html>
<head>
<title>My JSP 'index.jsp' starting page</title>
</head>
<body>
    <form action="index.jsp" method="post">
        要转换的字符串:<input type="text" name="text" /><br>
                <input type="submit" name="commit" value="提交" />
                <input type="reset" value="重置" />
    </form>
    转换之前的字符串为:
    ${ param.text}
    转换之后的字符串为:  ${ fn:change(param.text)}
    ${ fn:change("dsdhdh") }
</body>
</html>
```

注意

如果没有配置 web.xml 可以直接将 tld 文件引入，代码如下。
<%@taglib uri="/WEB-INF /function.tld" prefix="fn"%>

如图 8-1 和图 8-2 所示分别为字符串修改之前和修改之后的运行界面。

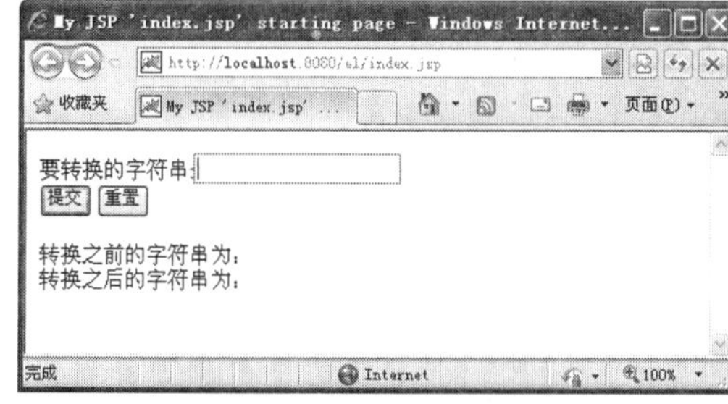

图 8-1　字符串修改之前

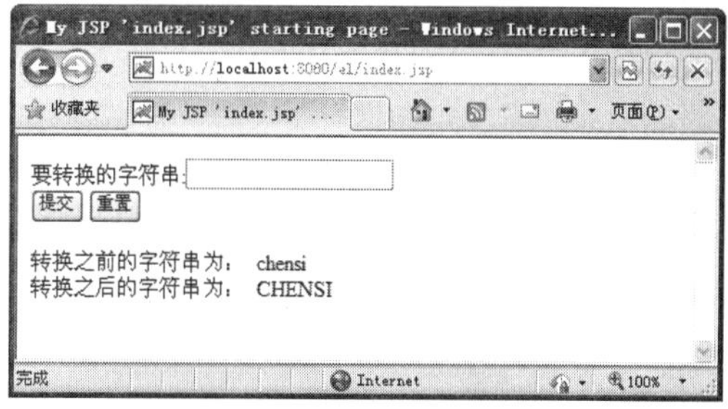

图 8-2　字符串修改之后

8.6.2 使用 EL 函数常见的错误

在定义和使用 EL 函数时，可能出现如下错误信息。

1．由于没有指定完整的类型名而产生的异常信息

在编写 EL 函数的时候，如果出现如图 8-3 所示的异常信息，是由于在标签库描述文件中没有指定完整的类型名而产生的。

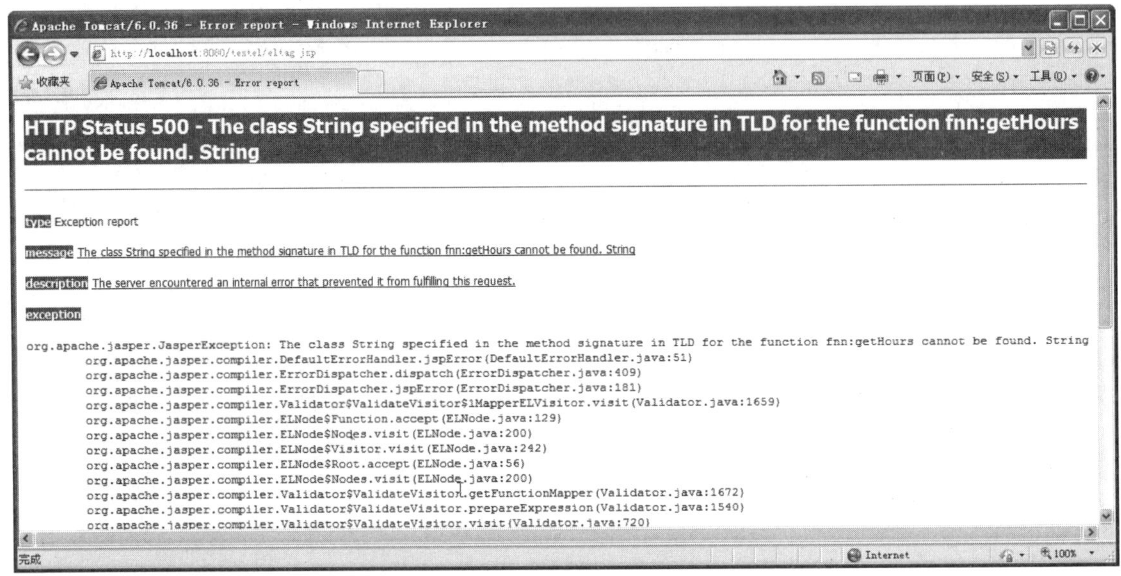

图 8-3　由于没有指定完整的类型名而产生的异常信息

解决的方法是在扩展名为“.tld”的文件中指定完整的类型名，如在上面的这个异常中，即可将完整的类型名设置为“java.lang.String”。

2．由于在标签库的描述文件中输入了错误的标记名产生的异常信息

在编写 EL 函数时，如果出现如图 8-4 所示的异常信息，可能是由于在标签库描述文件中输入了错误的标记名造成的。例如，这个异常信息就是由于将标记名“<function-signature>”写成“<function-sinature>”引起的。

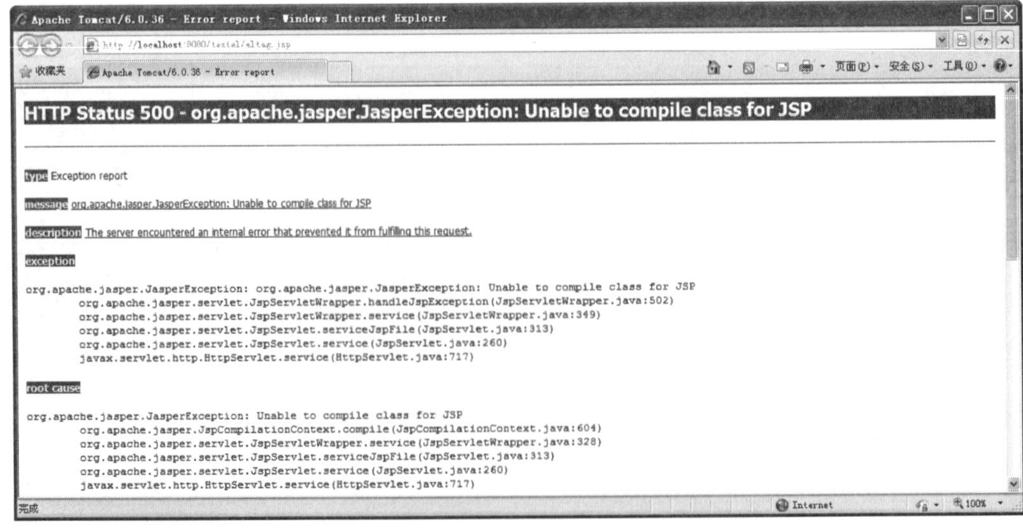

图 8-4　由于在标签库的描述文件中输入了错误的标记名产生的异常信息

解决办法是将错误的标记名修改正确，并重新启动服务器运行程序。

3．由于定义的方法不是静态方法所产生的异常信息

在编写 EL 函数时，如果出现如图 8-5 所示的异常信息，则可能是由于在编写 EL 函数时使用 Java 类中定义的函数对应的方法不是静态方法所造成的。

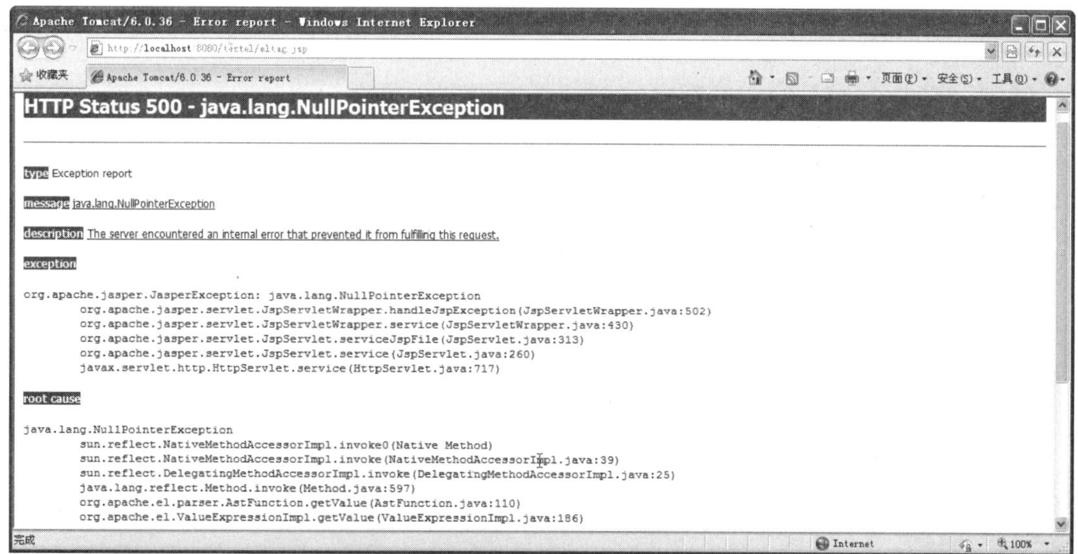

图 8-5　由于定义的方法不是静态方法所产生的异常信息

解决方法是将该方法修改为静态方法，即在声明方法时使用 static 关键字。

8.7 实例应用：使用 EL 访问 JavaBean 属性

8.7.1 实例目标

本章主要讲解 EL 表达式的语法、隐含对象和 EL 函数，本节将综合这些知识来制作一个简单的信息读取页面，将页面表单数据信息读取并且显示出来。

8.7.2 技术分析

将 JSP 页面中的属性使用 JavaBean 进行封装，设置 setXXX()和 getXXX()方法，便于数据读取。在读取数据的时候，要注意 EL 属性中隐含变量的使用。在信息显示页面中，要设置按钮，用于返回。

8.7.3 实现步骤

（1）创建 index.jsp 页面，包含要读取的内容，如下所示。

```
<p style="font-size:30px">学生管理信息统计：</p>
<form action="show.jsp" method="post">
    <ul style="list-style:none;line-higet:30px">
        <li>输入学生姓名：<input name="name" type="text" /><br /></li>
```

```
        <li>输入学生密码: <input name="password" type="password" /><br /></li>
        <li>选择性别:
            <input name="sex" type="radio" value="男" />男
            <input name="sex" type="radio" value="女" />女
        </li>
        <li>选择个人专业: <select name=" subject">
                <option value="计算机应用技术">计算机应用技术</option>
                <option value="计算机网络维护">计算机网络维护</option>
                <option value="计算机信息管理">计算机信息管理</option>
                <option value="计算机软件技术">计算机软件技术</option>
            </select></li>
        <li>请输入所在专业班级: <input type="text" name="classname" /></li>
        <li>请选择个人必修课程:
            <table width="454" height="142" border="0">
                <tr>
                    <td width="145" height="28"><input name="course"
                        type="checkbox" value="Java 软件编程" /> Java 软件编程
                        </td>
                    <td width="129"><input name=" course " type="checkbox"
                        value="C#软件编程" /> C#软件编程</td>
                    <td width="158"><input name=" course " type="checkbox"
                        value="PhotoShop" /> PhotoShop</td>
                </tr>
                <tr>
                    <td height="28"><input name=" course " type="checkbox"
                        value="计算机信息管理" /> 计算机信息管理</td>
                    <td><input name=" course " type="checkbox" value="数据结构
                    " />
                        数据结构</td>
                    <td><input name=" course " type="checkbox" value="软件编程
                    " />
                        软件编程</td>
                </tr>
                <tr>
                    <td height="28"><input name=" course " type="checkbox"
                        value="PHP 编程" /> PHP 编程</td>
                    <td><input name=" course " type="checkbox" value="Flash
                    制作" />
                        Flash 制作</td>
                    <td><input name=" course " type="checkbox"
                    value="SQL Server 数据库" /> SQL Server 数据库</td>
              </tr>
          </table>
      </li>
          <li style=" padding-left:350px">
              <input type="submit" value="提交"style="width:80px" />
              <input type="reset" value="重置"style="width:80px" /></li>
  </ul>
  </form>
```

（2）创建封装属性的 JavaBean 类的 Student.java 文件，该类中主要声明学生的基本信息属性，并且设置 setXXX()和 getXXX()方法，代码如下。

```
package com.cs;
public class Student {
    private String name = "";
    private String password = "";
    private String sex = "";
    private String subject = "";
    private String classname = "";
    private String[] course = null;;
    public String getName() {
        return name;
    }
    public void setName(String name) {
        this.name = name;
    }
//每个属性的 getXXX()和 setXXX()方法
…
}
```

（3）创建处理信息页面 show.jsp，用 EL 表达式实现属性值的显示。应用<jsp:setpProperty>等标签把 index.jsp 页面中的表单元素中的数据存放到 Student 类中，最终使用 EL 表达式进行获取和显示，代码如下。

```
<%request.setCharacterEncoding("UTF-8"); %>
<jsp:useBean id="StudentForm" class="com.cs.Student" scope="page"/>
<jsp:setProperty property="*" name="StudentForm"/>
<jsp:getProperty property="course" name="StudentForm"/>
<p style="font-size:30px">学生信息查看: </p>
    <ul style="list-style:none;line-higet:30px">
        <li>学生姓名: ${ StudentForm.name} </li>
        <li>学生密码: ${ StudentForm.password} </li>
        <li>学生性别: ${ StudentForm.sex} </li>
        <li>学生个人专业:${ StudentForm.subject} </li>
        <li>学生所在专业班级:  ${ StudentForm.classname} </li>
        <li>个人必修课程:
            <div style="width:500px">
                ${ StudentForm.course[ 0] }
                ${ StudentForm.course[ 1] }
                ${ StudentForm.course[ 2] }
                ${ StudentForm.course[ 3] }
                ${ StudentForm.course[ 4] }
                ${ StudentForm.course[ 5] }
                ${ StudentForm.course[ 6] }
                ${ StudentForm.course[ 7] }
                ${ StudentForm.course[ 8] }
            </div>
        </li>
    </ul>
```

```
<form action="index.jsp">
    <input name="return" type="submit" value="返回">
</form>
```

将该项目部署在 Tomcat 下，运行 index.jsp 页面，输入学生信息，如图 8-6 所示。

图 8-6　提交信息页面运行结果

单击【提交】按钮，显示 JSP 页面输入的数据信息，如图 8-7 所示。单击【返回】按钮，返回 index.jsp 页面。

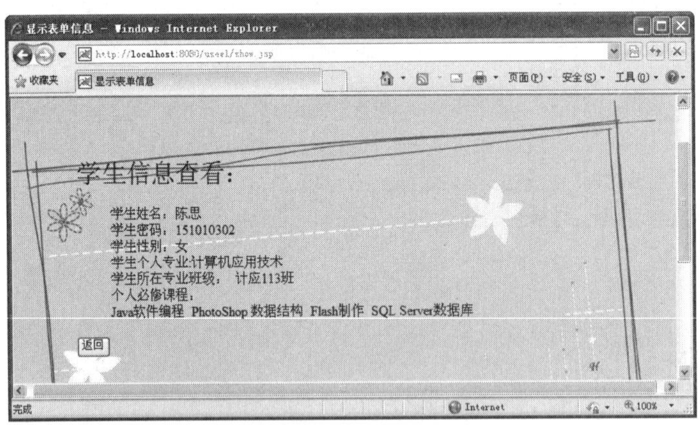

图 8-7　显示属性值页面运行结果

8.8 扩展训练

1．使用 EL 表达式管理会员信息

使用 EL 的隐含对象来输出 JSP 页面中注册会员时，输入表单中的数据信息。表单中包括文本框，密码框，复选框，下拉列表以及单选按钮。

2．使用 EL 函数处理字符串和日期

定义一个 EL 函数，用来处理日期信息，将获得的当前日期格式修改为“YYYY 年 MM 月 DD 日”。将输入的字符串反向输出。

8.9 课后练习

一、填空题

1 在 EL 表达式中的语法结构为____________。

2. EL 表达式中提供“[]”操作符和____________两种运算符来存取数据。

3. 页面上下文对象是指__________，它用于访问 JSP 的内置对象。

4. 访问环境信息的隐含变量对应于__________类型。

5. 在 EL 中提供了 6 个访问环境信息中的隐含对象，分别是 param、paramValues、header、headerValues、__________和 cookie 对象。

6. 在 EL 表达式中，有一个特殊的运算符__________,用来确定一个对象或变量的值是否为 null 或为空。

7. 创建 EL 函数，在 Java 文件中要编写公共方法为__________方法。

8. 在运算符中__________的优先级最高。

9. 访问作用域范围的隐含对象包括 pageScope、__________、sessionScope 和 applicationScope。

二、选择题

1. 下面哪个不是 EL 表达式中与范围有关的隐含对象? ____________

   A. PageScope

   B. RequestScope

   C. SessionScope

   D. CookieScope

2. 下列哪个是 EL 表达式中的逻辑运算符? __________

   A. && 或 and

   B. == 或 eq

   C. /或 div

   D. empty

3. 下列哪个是 EL 表达式中的算术运算符? __________

   A. && 或 and

   B. == 或 eq

   C. /或 div

   D. empty

4. 下列哪个是 EL 表达式中的关系运算符? __________

   A. && 或 and

   B. == 或 eq

   C. /或 div

   D. empty

5. 关于 “.”（点号）操作符号 “[ ]”，以下说法中不正确的是? __________

   A. ${user.name}等价于${user[name]}

B. ${user.name}等价于${user["name"]}

C. 如果 user 是一个 Map，则${user[1]}是正确的

D. 如果 user 是一个 List，则${user["1"]}是正确的

6. 下列哪个运算符优先级最高？__________

A. []

B. ()

C. *

D. ==

7. 在 EL 表达式中，与输入有关的隐含对象有 param 和____________。

A. paramValues

B. requestScope

C. sessionScope

D. cookieScope

三、简答题

1. 说出 EL 表达式中的几种保留关键字。
2. 通过 EL 访问数据时，可以使用哪两种方法？有何不同？
3. 简述 EL 表达式中运算符的优先级。
4. 简述定义 EL 函数的步骤以及注意事项。
5. EL 表达式中访问作用域范围的隐含对象有哪些？
6. 说出访问环境信息的隐含变量的具体用法。
7. 说出使用 EL 函数常见的错误。

第 9 章 JSP 操作 XML

XML（Extensible Markup Language，可扩展标记语言）是一种允许用户对自己的标记语言进行定义的源语言。XML 被广泛用于 Web 站点内容管理、商业数据交换及体系结构、经济报表和电子商务等。

本章首先讲解了 XML 的基本知识，以及如何转换 JSP 的 XML 语法，接下来重点介绍如何使用 DOM、SAX、DOM4J 和 JDOM 解析 XML。

本章学习目标：

- ❑ 掌握 XML 文档的结构
- ❑ 了解在 XML 文档中使用特殊字符
- ❑ 掌握 JSP 的 XML 语法转换
- ❑ 掌握 DOM 解析器的用法
- ❑ 掌握 DOM 获取 XML 根节点、节点内容和属性的方法
- ❑ 掌握 SAX 读取 XML 的方法
- ❑ 掌握 DOM4J 的使用方法
- ❑ 熟悉 JDOM 处理 XML 的方法

9.1 XML 概述

XML 是一种通用的数据交换格式，它的平台无关性、语言无关性和系统无关性给数据集成与交互带来了极大的方便。本节将简单介绍 XML 的基本概念。

9.1.1 XML 文档结构

XML 是一套定义语句标记的规则，同时也是用来定义其他标记语言的元标识语言。使用 XML 时，首先要了解 XML 文档基本结构，然后再根据结构创建所需 XML 文档。XML 文档由两部分组成：文档序言与文档根元素。序言部分又包括 XML 声明和处理指令；文档根元素则是一个可以包含多个嵌套子元素的顶层元素。整个文档以.xml 为文件扩展名保存。下面来详细了解 XML 文档结构的每个部分。

1. XML 的声明

XML 的声明表示当前文档是 XML 格式，它是 XML 规范中规定的每一份 XML 文档中必有的一项声明，并且必须放在 XML 文档的第一行。

XML 文档声明语法如下。

```
<?xml version="1.0" encoding="UTF-8" standalone ="yes"?>
```

一个 XML 声明以“<?”开始，以“?>”结束。“<?”后紧跟“xml”，表示该文件是 XML 文件。XML 声明包括以下三个部分。

（1）版本声明（version）：在 XML 声明中必须指定 version 的属性值，以指定采用的 XML 版本。version=1.0 表示该文件遵循的是 XML 1.0 标准。

（2）编码声明（encoding）：指定此 XML 文档采用何种编码方式，默认采用是 UTF-8 字符集。

（3）文档独立性声明（standalone）：指定此 XML 文档是否依赖于外部 DTD。standalone=yes 表示是一个独立的 XML 文档。standalone=no 表示文档需要引用其他外部 DTD 文件。

2. 处理指令

处理指令（Process Instrument，PI）也是以“<?”开始，并以“?>”结束，如下所示。

```
<?xml-stylesheet type="text/xsl" href="D:\mystyle.xsl" ?>
```

上述语句表示用 D:\mystyle.xsl 文件来显示 XML 文档，其中 type 属性用于选择样式，而 href 属性表示样式表文件的路径。

从语法结构上看，处理指令与 XML 声明相类似，但在严格意义上讲 XML 声明并不是处理指令，因为至少在两点上二者并不相同。其一，XML 声明必须放在 XML 文档的第一行；其二，处理指令可有也可无，例如，不需要使用样式表显示 XML 文档时，就可以没有上述处理指令，而 XML 声明则必不可少。

3. XML 注释

与 HTML 中的注释一样，XML 中的注释也是以“<!--”和“-->”作为定界符，语法如下。

```
<!-- comment text -->
```

其中，comment text 为注释字符串。注释不能嵌套，并且注释不能出现在标记中。

提示

XML 声明、处理指令和 XML 注释组成了 XML 的文档序言。

4．文档元素

XML 文档元素以树状分层结构排列，并且一个元素可以嵌套在另一个元素中。一个 XML 文档有且只有一个顶层元素，称为根元素或文档元素，其他元素全部嵌套于根元素中。

一个 XML 元素由一个起始标记、一个结束标记，以及在这两个标记之间的数据内容所组成。其基本形式如下。

```
<Tagname>content</Tagname>
```

<Tagname>是指 XML 文档元素的起始标记。其中，Tagname 是指元素的名称，该元素名称具有特定的命名规则，如下。

（1）标记名字必须以英文字母或下划线“_”开头，中文标记名称必须以汉字或下划线“_”开头。

（2）在使用默认字符集的情况下，标记名称可由零个或多个字母、数字、句点“.”、连字符（-），或底划线“_”构成。

（3）XML 解析器对标记名称中的英文字母大小写是敏感的。

（4）标记名称中不能含有空格。

（5）冒号“:”被保留作为名称空间的分隔符，因而不能在普通标记名称中出现。

content 是元素内容，可以包含其他元素、字符数据、字符引用、实体引用、处理命令、注释和 CDATA 部分；</Tagname>是指元素的结束标记，该名称必须与起始标记对应。

9.1.2 XML 语法特点

了解 XML 文档的基本结构以后，本节将对它的语法特点进行简单介绍，主要有如下几点。

（1）一个格式正确的 XML 文档必须明确地拥有一个唯一的顶层元素，其他所有的元素都被嵌套在这个元素之下。

（2）XML 文档中可以有多种不同类型和不同层次的元素。例如，一个格式正确的 XML 文档可以包含含有内部注释语句的元素、带属性的空元素，以及若干个依层次嵌套的元素。

（3）在 XML 元素的起始标记中，可以包含一个或多个属性，用来对该元素的特征做进一步描述，或者用来存储和表示与这个元素相关的若干个数据。XML 规范允许用户自己定义元素所具有的各种属性。

（4）绝大多数 XML 元素为非空元素，即在其起始标记和结束标记之间通常会有一定的内容。但是 XML 元素也可以为空，即起始标记和结束标记之间没有内容。

提示

例如，<Tagname></Tagname>该元素就是空元素，该元素还可以写成下面的形式：<Tagname/>。

9.1.3 XML 元素属性

在 XML 元素的起始标记中可以定义一个或多个属性，属性的定义格式如下。

```
<标记名 属性名="属性值" 属性名="属性值"...>数据内容</标记名>
```

属性的定义应该遵循以下规则。

（1）属性值字符串应该使用半角的单引号或双引号括起来。

（2）属性值的字符串中不能包含用来界定属性值的引号。当属性值本身含有单引号时，应该用双引号括起来；当属性值本身含有双引号时，应该用单引号括起来。

（3）属性值的字符串中不能包含“<”“>”“&”等字符，但可以包含预定义的特殊字符编码或内部实体引用。

相同的属性名称不可以在同一个元素开始标记中出现多次。

9.1.4 字符和实体引用

根据 XML 规范，不能直接将“>”、“<”、“&”等特殊字符放置在 XML 元素内容的字符数据里。如果想要把这些字符作为普通字符处理则需要实体引用。

实体引用是一种合法的 XML 名字，前面带有一个符号“&”，后面跟着一个分号“;”，例如“&name;”。常用的有 5 个字符的转义序列，如下所示。

（1）&：通常用来替换字符“&”。

（2）<：通常用来替换字符小于号“<”。

（3）>：通常用来替换字符大于号“>”。

（4）'：通常来替换字符串中的单引号“'”。

（5）"：通常来替换字符串中的字符双引号“"”。

【练习 1】

下面通过一个实例来演示双引号的实体引用，其他实体引用用法一样，代码如下。

```
<?xml version="1.0" encoding="UTF-8"?>
<hzkj>
    <book>
        <name>窗内网网站</name>
        <homepage>www.itzcn.com</homepage>
    </book>
    <!-- 下面语句是错误的，不能直接使用特殊字符
        <where>if((a<b)&(a>c))</where>
    -->
    <book>
        <name>数据复选条件</name>
        <where>if((a&lt;b)&amp;&amp;(a&gt;c))</where>
    </book>
</hzkj>
```

在上述的 XML 文档中使用了小于符号“<”、大于符号“>”以及与符号“&”。如图 9-1 所示为 IE 中运行效果，如图 9-2 所示为 Chrome 中运行效果。

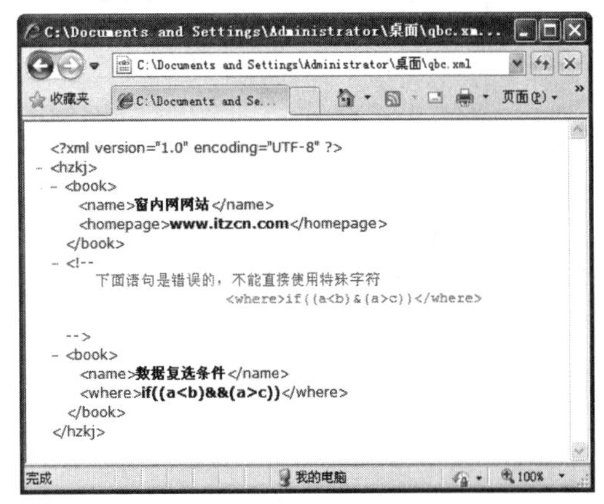

图 9-1　IE 中查看 XML 效果

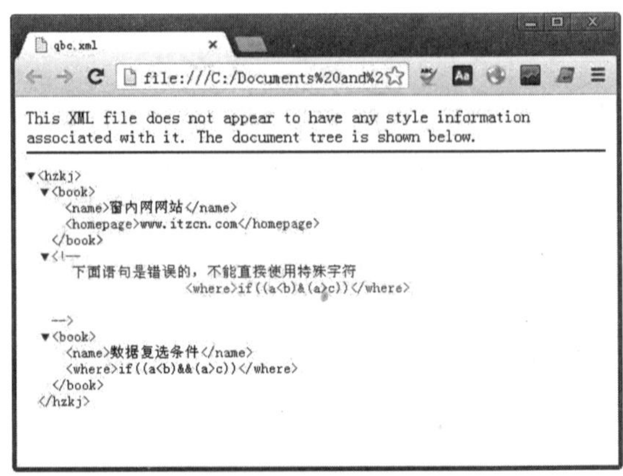

图 9-2　Chrome 中查看 XML 效果

9.2 XML 中的 JSP 语法

JSP 是基于 XML 产生的语言，所以有很多与 XML 相类似的特点，因此 XML 可以将 JSP 转换为 XML。例如，下面列出了生成 XML 最简单的 JSP 页面，在该页面中仅有一个需要动态更新的内容。

```
<%@ page contentType="text/xml;charset=UTF-8"%>
<?xml version="1.0" encoding="UTF-8"?>
<Document>
    <Text>当前时间是</Text>
    <Date><%=new java.util.Date()%></Date>
</Document>
```

如上述代码所示，在 JSP 页面中将 contentType 属性设置为“text/xml”来指定内容为 XML 类型，用于直接生成 XML 的 JSP 页面。虽然 JSP 的模板文本通常是 HTML，但它可以是其他任何语言，包括 XML 的代码。将代码保存到 SimpleXml.jsp 文件，运行后生成的 XML 如图 9-3 所示。

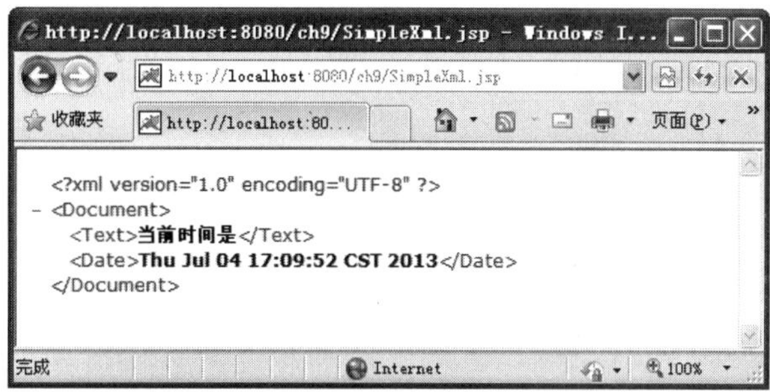

图 9-3 用 JSP 生成 XML

如图 9-3 所示在生成的 XML 文档中，日期是唯一动态显示的内容。从图中可以看出，首先计算日期表达式，然后再将结果放在生成的 XML 中并显示。

除了上面介绍的这种语法形式外，JSP 中还有一种完全遵循 XML 规则的语法形式。这两种语法仅在写法上有所区别，而其语义包括属性名都没有任何改变，如表 9-1 所示。

表 9-1 JSP 的 XML 语法

JSP 语法含义	传 统 语 法	XML 语法
表达式	<%=表达式%>	<jsp:expression>表达式</jsp:expression>
代码片段	<%代码%>	<jsp:scriptlet>代码</jsp:scriptlet>
声明	<%!声明语句%>	<jsp:declaration>声明语句</jsp:declaration>
注释	<%--注释内容--%>	<!--注释内容-->
页面指令	<%@ page 属性="值" %>	<jsp:directive.page 属性="值" />
包含指令	<%@ include file="文件名" %>	<jsp:directive.include file="文件名" />
动作	值="<%表达式%>"	值="<%表达式%>"

【练习 2】

使用表 9-1 中给出的 XML 语法创建一个案例，学习这些 XML 语法在 JSP 页面中的应用。

（1）首先创建一个空白的 JSP 页面并保存为 SimpleXml1.jsp。在页面的第一行中添加页面指令设置 contentType 和 Language 属性，如下所示。

```
<jsp:directive.page contentType="text/html;charset=UTF-8" language="java" />
```

（2）输入使用 XML 语法的注释，如下所示。

```
<!--使用 XML 语法的 JSP 页面-->
```

（3）使用 HTML 标记，设置显示二级标题的内容。

```
<h2>XML 中的 JSP 语法</h2>
```

（4）这里，需要声明一个整型变量并赋初值，在以前可以使用 JSP 的表达式来完成。现在，改写为使用表 9-1 中对应的 XML 语法，如下所示。

```
<jsp:declaration>int fontsize=6;</jsp:declaration>
```

（5）声明之后，再输出与该值对应字体大小的内容，并显示出当前字体的大小。

```
<font size="<%=fontsize%>">这里字体大小为:
        <jsp:expression>fontsize</jsp:expression>
</font>
```

上述代码中使用了两种 XML 语法“动作”和“表达式”来实现。

（6）下面将使用 XML 语法中的代码片段把字体大小减 1，如下所示。

```
<jsp:scriptlet>
    out.print("&lt;result&gt;将字体大小减小 1&lt;/result&gt;");
    fontsize-=1;
</jsp:scriptlet>
<br><br>
```

（7）最后，将改变后的值和大小显示出来。

```
<font size="<%=fontsize%>">现在字体大小为:
        <jsp:expression>fontsize</jsp:expression>
</font>
```

如图 9-4 所示为最终的运行效果，如图 9-5 所示页面的源代码。

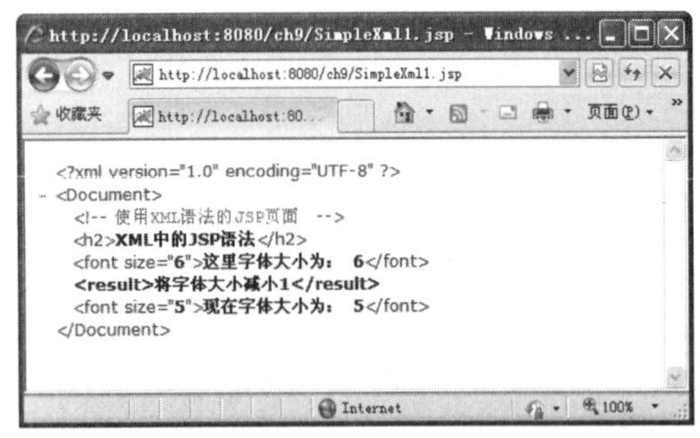

图 9-4 使用 JSP 语法的 XML 运行效果

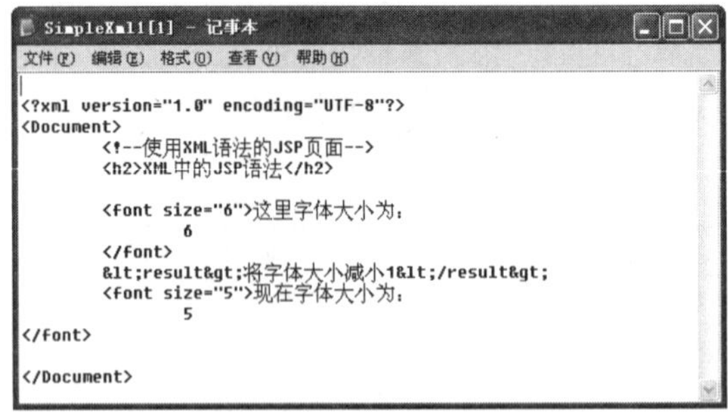

图 9-5 源代码

9.3 JSP 的 XML 解析器

在应用程序中经常需要对 XML 文档进行分析，以检索、修改、删除或重新组织其中的内容。例如，将应用程序运行所需的一些配置信息以 XML 的格式保存在文件中，在程序启动时读取 XML 文件从中取出有用的信息，这就需要对 XML 文档解析。

无论使用高层编程语言（如 XSLT）还是低层 Java 编程，解析第一步都是要读入 XML 文件，再分析其结构和检索信息等处理，这就是解析。解析文档时面临的第一个选择是采用现成的解析库还是自己创建一个。答案非常简单：选择现成的库。

在解析 XML 文档时，通常是利用现有的 XML 解析器对 XML 文档进行分析，而编写的应用程序则通过解析器提供的 API 接口得到 XML 数据，其实现过程如图 9-6 所示。

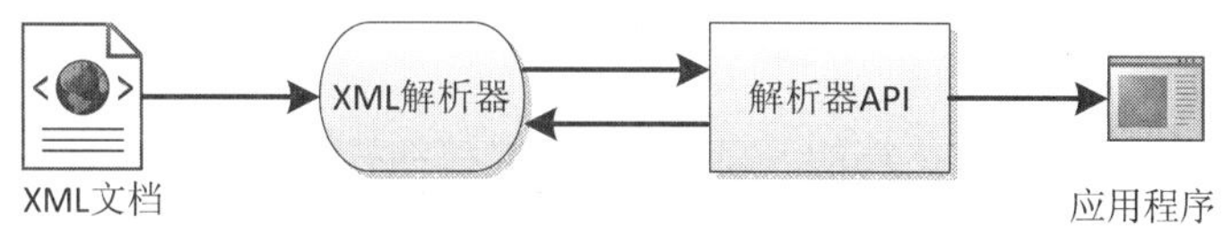

图 9-6　解析 XML 文档

现在比较常用的解析器有 4 个，分别是：DOM 解析器、SAX 解析器、DOM4J 和 JDOM。

1．DOM

DOM 是 XML 文档的官方 W3C 标准，它以层次结构组织节点或信息片断的集合。这个层次结构允许开发人员在树中寻找特定信息。分析该结构通常需要加载整个文档和构造层次结构，然后才能做任何工作。由于它是基于信息层次的，因而 DOM 被认为是基于树或基于对象的。DOM 的这种基于树的处理具有几个优点。首先，由于树在内存中是持久的，因此可以修改它以便应用程序能对数据和结构做出更改。它还可以在任何时候在树中上下导航，而不是像 SAX 那样是一次性的处理。

对于特别大的文档，DOM 的解析和加载整个文档可能很慢且很耗资源，因此使用其他手段来处理这样的数据会更好。例如，使用基于事件的解析器，如 SAX。

2．SAX

SAX 解析器的处理非常类似于流媒体，分析能够立即开始，而不是等待所有的数据被处理。而且，由于应用程序只是在读取数据时检查数据，因此不需要将数据存储在内存中。这对于大型文档来说是个巨大的优点。事实上，应用程序甚至不必解析整个文档；它可以在某个条件得到满足时停止解析。

3．JDOM

JDOM 的目的是成为 Java 特定文档模型，它简化与 XML 的交互并且比使用 DOM 实现更快。由于是第一个 Java 特定模型，JDOM 一直得到大力推广和促进。正在考虑通过“Java 规范请求 JSR-102”将它最终用作“Java 标准扩展”。

4．DOM4J

DOM4J 代表了完全独立的开发结果，但最初它是 JDOM 的一种智能分支。它合并了许多超出基本 XML 文档表示的功能，包括集成的 XPath 支持、XML Schema 支持以及用于大文档或流化文档的基于事件的处理。它还提供了构建文档表示的选项，它通过 DOM4J API 和标准 DOM 接口具有并行访问功能。

9.4 DOM 解析

作为 W3C 的标准接口规范，DOM 由三个部分组成，即核心 DOM、HTML DOM 和 XML DOM。核心 DOM 部分是结构化文档比较底层对象的集合，定义的对象已经完全可以表达出任何 HTML 和 XML 文档中的数据；HTML DOM 和 XML DOM 接口两个部分则是专为操作具体的 HTML 和 XML 文档提供的高级接口，使处理这两类文档更加方便。

9.4.1 DOM 核心接口

在 DOM 接口规范中包含多个接口，其中核心基本接口有 4 个，分别是 Document 接口、Node 接口、NamedNodeMap 接口和 NodeList 接口，其他还有 Element 接口、Text 接口、CDATASection 接口和 Attr 接口等。下面分别对 4 个核心接口做一些简单的介绍。

1．Document 接口

Document 接口为操作 XML 文档的入口，是整个文档的根节点。文本节点、注释、处理指令等都不能脱离文档的上下文关系而独立存在，所以在 Document 节点提供了创建其他节点的对象的方法。通过方法创建的节点对象都有一个 ownerDocument 属性，用来表明当前节点是由谁创建的以及节点同 Document 之间的联系。

Document 节点是 DOM 树中的根节点，即对 XML 文档进行操作的入口节点，通过 Document 节点可以访问到文档中的其他节点，如表 9-2 所示列出了 Document 接口的常用方法。

表 9-2　Document 接口的常用方法

方 法 名 称	返　回　值	描　　述
createAttribute(String)	Attr	创建指定名称的属性，可以将其定义为其他元素属性
crreateCDATASection(String)	CDATASection	创建 CDATASession 节点
createComment(String data)	Comment	创建注释节点
createElement(String)	Element	创建指定名称的元素
createEntityReference(String)	EntityReference	创建实体节点
createProcessingInstruction(String,String)	ProcessingInstruction	创建有指定名称和数据处理指令的节点
createTextNode(String)	Text	创建给定文本内容的文本节点
getDocumentElement(Element)	Element	返回文档根节点
getElementById(String)	Element	返回指定 ID 的节点，找不到则返回 null
getElementByTagName(String)	NodeList	返回指定名称的所有节点的结合，集合中的所有元素自动按顺序排列

2．Node 接口

DOM 规范中有很大的一部分接口都是从 Node 接口继承过来的，如 Element、attr、CDATASection 等接口，都是从 Node 继承过来的。在 DOM 树中，一个 Node 接口实例代表了树中的一个节点，DOM 树中包含很多各种不同类型的节点，这些节点基本都是从 Node 继承过来的。Node 接口定义了所有不同类型的节点都具有的属性和方法，该接口中常用的方法如表 9-3 所示。

表 9-3　Node 接口的常用方法

方 法 名 称	返　回　值	说　　明
appendChild(Node)	Node	在节点中添加子节点
cloneNode(boolean)	Node	复制当前节点，复制产生的节点没有父节点，包括复制该元素所有的属性和属性值
getAttributes()	NameNoedeMap	获取节点中所有的属性
getChildNodes()	NodeList	获取该节点所有子节点
getFirstChild()	Node	获取该节点中第一个子节点

续表

方 法 名 称	返 回 值	说 明
getLastChild()	Node	获取该节点中的最后一个子节点
getNextSibling()	Node	获取该节点的下一个节点
getNodeName()	String	获取该节点名称
getNodeType()	Short	获取该节点类型
getNodeValue()	String	获取该节点的值
getParentNode()	Node	获取该节点的父节点
getPreviousSibing()	Node	获取该节点的上一个节点
getTextContent()	String	获取该节点的文本内容
hasAttributes()	boolean	判断节点是否有属性
hasChildNodes()	Boolean	判断节点是否有子节点
insertBefore(Node1,Node2)	Node	将节点 Node1 插入到节点 Node2 之前
removedChild(Node)	Node	从当前节点删除指定的子节点并返回孩子节点
replaceChild(Node1,Node2)	Node	从当前节点的 Node2 子节点替换为 Node1 节点，并返回 Node1 节点

3．NodeList 接口

NodeList 接口提供了对节点集合的抽象定义，NodeList 用于表示有顺序关系的一组节点。在 DOM 中 NodeList 对象是动态的，也就是说对文档的改变会直接反映到相关的 NodeList 对象中。NodeList 接口的常用方法如表 9-4 所示。

表 9-4　NodeList 接口的常用方法

方 法 名 称	返 回 值	描 述
getLength()	int	获取列表中节点数量
item(int)	Node	获取相应索引的节点对象

4．NameNodeMap 接口

实现了 NameNodeMap 接口的对象中包含可以通过名字来访问节点的集合。NameNodeMap 并不从 NodeList 继承，且所包含的节点是无序的，实现了 NameNodeMap 接口对象所包含的节点也可以通过索引进行访问。

上面介绍了 DOM 的 4 个核心接口，以及每个接口的常用方法。在使用 DOM 解析 XML 文件时需要以下几个步骤。

（1）创建 DocumentBuilderFactory 工厂，通过该工厂得到 DOM 解析器工厂实例，代码如下。

```
DocumentBuilderFactory factory=DocumentBuilderFactory.newInstance();
```

（2）通过解析器工厂获取 DOM 解析器，代码如下。

```
DocumentBuilder builder=factory.newDocumentBuilder();
```

（3）从 XML 文件中解析 Document 对象的语法格式如下。

```
Document document=builder.parse(String path);
```

上述代码中参数 path 是 XML 文件的路径信息。

（4）从 XML 的标签名中获得所有属性值的语法格式如下。

```
NodeList nodeList=document.getElementsByTagName(String tagname);
```

上述代码中，tagname 表示在 XML 文件中定义的标签信息，例如<name></name>。

9.4.2 访问 Document 节点

使用 DOM 解析 XML 文档时，XML 文档会被解析器转换为符合 DOM 树模型的逻辑视图。此时整个 XML 文档会被封装成一个 Document 对象返回，也可以称该对象为 Dcoument 节点对象，Document 对象是 Document 接口实例化而来的。

Java 应用程序可以从 Dcoument 节点的子级节点中获取整个 XML 文档中的数据。Document 节点对象有两个直接子节点，类型分别是 DocumentType 类型和 Element 类型，其中的 DocumentType 类型节点对应着 XML 文件所关联的 DTD 文件；Element 类型节点对应着 XML 文件的根节点，可进一步获取该 Element 类型节点来分析 XML 文件中的数据。

Document 节点对象的常用方法，如表 9-5 所示。

表 9-5　Document 节点的常用方法

方法名称	说　明
getDocumentElement()	返回当前节点的 Element 子节点
getDoctype()	返回当前节点的 DocumentType 子节点
getXmlStandlone()	返回 XML 声明中的 standalone 属性的值
getElementsByTagName(String name)	返回一个 NodeList 节点集合
createElement(String tagName)	创建指定类型的元素
createComment(String data)	创建指定字符串的 Comment 节点
getDocumentURI()	文档的位置，如果未定义或 Document 是使用 DOMImplementation.createDocument 创建的，则为 null

【练习 3】

下面通过一个花店基本信息查询案例演示 Document 节点的使用，XML 文档如下。

```
<?xml version="1.0" encoding="UTF-8"?>
<花店>
  <鲜花  编号="A1">
     <花名>玫瑰</花名>
    <花材 >99 朵小玫瑰组成</花材>
    <市场价>165.5 元</市场价>
    <花语>每一朵都代表我对你的爱，希望你能留下来！</花语>
  </鲜花>
</花店>
```

将上述代码保存，名称为 XMLExample2.xml。创建解析 XML 文件的 JSP 程序，其代码如下。

```
<%@ page contentType="text/html;charset=GB2312"%>
<%@ page import="org.w3c.dom.*,javax.xml.parsers.*,java.io.*"%>
<%
try {
        DocumentBuilderFactory factory = DocumentBuilderFactory.newInstance();
        DocumentBuilder builder = factory.newDocumentBuilder();
        String s=request.getRealPath("/")+"/XMLExample2.xml";
        Document document = builder.parse(new File(s));
        Element root = document.getDocumentElement();
        String rooName = root.getNodeName();
        out.println("<tr><td>该店面是一个什么店铺: " + rooName + "</td></tr><br>");
        NodeList nodelist = document.getElementsByTagName("鲜花");
```

```
            int size = nodelist.getLength();
            for (int i = 0; i < size; i++) {
                Node node = nodelist.item(i);
                String name = node.getNodeName();
                String content = node.getTextContent();
                out.println("<tr><td>主要出售: " + name + "</td></tr><br>");
                out.println("<tr><td>出售物的具体信息(花名，花材，价格，花  语): "
                +content+"</td></tr>");
            }
        } catch (Exception e) {
            out.println(e);
        }
    %>
```

将上述代码保存名称为 XMLExample2_1.jsp。代码解析如下。

（1）通过 document 对象调用 getDocumentElement()方法获取 XML 文档元素标记的根节点对象 root，通过 getNodeName()方法获取根节点名称。此处为“鲜花”节点。

```
Element root = document.getDocumentElement();
String rooName = root.getNodeName();
```

（2）通过 document 对象获取节点名称为“鲜花”的节点集合。

```
NodeList nodelist = document.getElementsByTagName("鲜花");
```

（3）在 for 循环中，通过下面的代码获取集合中的每个节点，节点是按序号排列的，获取的节点可包含子节点。

```
Node node = nodelist.item(i);
```

（4）通过 getNodeName()方法获取节点名称“鲜花”。

```
String name = node.getNodeName();
```

（5）通过 getTextContext()方法获取该节点和子节点的文本内容。

```
String content = node.getTextContent();
```

将上述两个文件放在 JSPExample 项目的 WebRoot 下，打开 IE 浏览器，在地址栏中输入“http://localhost:8080/JSPExample/XMLExample2_1.jsp”，效果如图 9-7 所示。

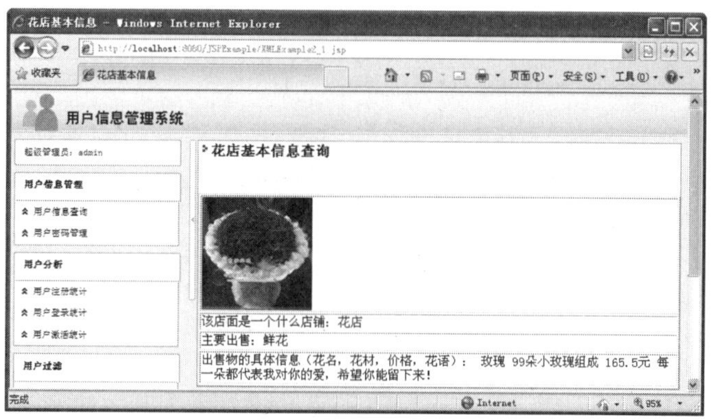

图 9-7　访问 Document 节点

9.4.3 访问 Element 节点

Element 接口是 DOM 接口中比较重要的接口。Element 接口被实例化后会对应节点树中的元素节点，这里称为 Element 节点。Element 节点可以有 Element 子节点和 Text 子节点。假设一个节点使用 getNodeType()方法测试，如果返回值为 Node.ELEMENT_NODE，那么该节点就是 Element 节点。

Element 节点对象具有的方法，如表 9-6 所示。

表 9-6　Element 节点的常用方法

方 法 名 称	说　明
getTagName()	返回该节点的名称，节点名称就是对应的 XML 文件的标记名称
getAtrribute(String name)	返回该节点中参数 name 指定的属性值，XML 标记中对应的属性值
getElementsByTagName(String name)	返回一个 NodeList 对象
hasAttribute(String name)	判断当前节点是否存在名字为 name 的指定的属性
removeAttribute(String name)	通过名称移除一个属性
setAttribute(String name, String value)	添加一个新属性

【练习 4】

现在通过一个个人周期计划安排的案例演示 Element 节点的使用。XML 文档如下。

```
<?xml version="1.0" encoding="UTF-8"?>
<周期计划>
    <星期一 时间="8:00-10:00">编写程序</星期一>
    <星期二 时间="10:00-16:00">审阅书稿</星期二 >
    <星期三 时间="16:00-18:00">散步</星期三>
    <星期四 时间="8:00-10:00">钓鱼</星期四>
    <星期五 时间="10:00-16:00">周期总结</星期五 >
    <星期六 时间="12 小时">北京旅游</星期六>
    <星期日 时间="16:00-18:00">约朋友打球</星期日>
</周期计划>
```

将上述代码保存，名称为 XMLExample3.xml。接下来创建 JSP 程序来对该 XML 文档解析，其代码如下。

```
<%@ page contentType="text/html;charset=utf-8"%>
<%@ page import="org.w3c.dom.*,javax.xml.parsers.*,java.io.*"%>
<%
try {
        DocumentBuilderFactory factory = DocumentBuilderFactory.newInstance();//
        DocumentBuilder builder = factory.newDocumentBuilder();
        String filePath=request.getRealPath("/")+"/XMLExample3.xml";
        Document document = builder.parse(new File(filePath));
        Element root = document.getDocumentElement();
        String rooName = root.getNodeName();
        NodeList nodelist = root.getChildNodes();
        int size = nodelist.getLength();
        for (int i = 0; i < size; i++) {
            Node node = nodelist.item(i);
            if (node.getNodeType() == Node.ELEMENT_NODE) {
```

```
                Element elementNode = (Element) node;
                String name = elementNode.getNodeName();
                String id = elementNode.getAttribute("时间");
                String content = elementNode.getTextContent();
                out.println("<tr><td>" + name + "</td><td>" + id+ "</td><td>"
                + content +     </td></tr>");
            }
        }
    } catch (Exception e) {
        System.out.println(e);
}
%>
```

将上述代码保存，名称为 XMLExample3.jsp。下面对该 JSP 程序进行解析。

（1）获取 XML 文档的路径。

```
String filePath=request.getRealPath("/")+"/XMLExample3.xml";
Document document = builder.parse(new File(filePath));
```

（2）获得 Element 对象，并获得根节点 root 的名称。

```
Element root = document.getDocumentElement();
String rooName = root.getNodeName();
```

（3）利用 root 根节点调用 getChildNodes()方法获得子节点的节点集合。

```
NodeList nodelist = root.getChildNodes();
```

（4）在 for 循环中，首先获得每个索引所代表的节点对象，用条件判断获得的节点是否是 Element 节点，将该节点对象强制转换为 Element 节点，然后输出该节点的名称、属性值、节点的文本数据。

```
Element elementNode = (Element) node;
String name = elementNode.getNodeName();
String id = elementNode.getAttribute("时间");
```

将上述两个文件放在 JSPExample 项目的 WebRoot 下，打开 IE 浏览器，在地址栏中输入"http://localhost:8080/JSPExample/XMLExample3.jsp"，效果如图 9-8 所示。

图 9-8 访问 Element 节点

9.4.4 访问 Text 节点

通过 Text 接口实现的对象称为 Text 对象，该对象对应着节点树中的文本节点，也称为 Text 节点对象。我们知道，Element 节点对象和元素标记相对应，文本内容和 Text 节点相对应。若判断一个节点是否是 Text 节点，可通过 getNodeType()判断，如该方法返回值为 Node.TEXT_NODE，那么该节点就是 Text 节点。

Element 节点可以包含 Text 节点和 Element 节点，例如下列标记。

```
<书>JSP 入门
    <出版社>清华大学出版社</出版社>
    <价格>45</价格>
</书>
```

上述代码中的<书>是一个 Element 节点，该节点总共包含 7 个子节点，其中两个 Element 节点分别是<出版社>和<价格>；三个 Text 子节点分别对应着<书>和<出版社>之间的字符，</出版社>和<价格>之间的字符，</价格>和</书>之间的字符；两个 Text 孙节点，对应着<出版社>和<价格>中的文本内容。

Text 节点对象的方法如表 9-7 所示。

表 9-7　Text 节点的常用方法

方法名称	说明
getWholeText()	返回 Text 节点（逻辑上与此节点相邻的节点）的以文档顺序串接的所有文本
isElementContentWhitespace()	返回此文本节点是否包含元素内容空白符，即经常所说的“可忽略的空白符”
replaceWholeText(String content)	将当前节点和所有逻辑上相邻的文本节点的文本替换为指定的文本
splitText(int offset)	在指定的 offset 处将此节点拆分为两个节点，并将二者作为兄弟节点保持在树中

【练习 5】

下面通过一个花店员工收入调查表的案例演示 Text 节点的使用，XML 文档如下。

```
<?xml version="1.0" encoding="Gb2312"?>
<花店员工收入调查表>
   <姓名>李全参
        <月薪 职务="店长">5000</月薪>
   </姓名>
   <姓名>丁艳
        <月薪 职务="会计">2000</月薪>
   </姓名>
   <姓名>戴俊辉
       <月薪 职务="员工">879</月薪>
   </姓名>
   <姓名>张利
       <月薪 职务="员工">3200</月薪>
   </姓名>
</花店员工收入调查表>
```

将上述代码保存，名称为 XMLExample4.xml。接下来在 src/dom 目录下创建事件处理类

TotalM.java，该类主要代码如下。

```
public class TotalM {
double sumA, sumK, sumY, sumD;
public void outP(NodeList nodelist) {
    int size = nodelist.getLength();
    for (int i = 0; i < size; i++) {
        Node node = nodelist.item(i);
        if (node.getNodeType() == Node.TEXT_NODE) {
            Text textNode = (Text) node;
            String content = textNode.getWholeText();
            System.out.print(content);
            Element parent = (Element) textNode.getParentNode();
            if (parent.getNodeName().equals("月薪")) {
                sumA = sumA + Double.parseDouble(content.trim());
                String str = parent.getAttribute("职务");
                if (str.equals("店长"))
                    sumD = sumD + Double.parseDouble(content.trim());
                if (str.equals("会计"))
                    sumK = sumK + Double.parseDouble(content.trim());
                if (str.equals("员工"))
                    sumY = sumY + Double.parseDouble(content.trim());
            }
        }
        if (node.getNodeType() == Node.ELEMENT_NODE) {
            Element elementNode = (Element) node;
            String name = elementNode.getNodeName();
            System.out.print(name);
            NodeList nodes = elementNode.getChildNodes();
            outP(nodes);
        }
    }
}
//此处省略了 getter 和 setter 方法
}
```

接下来创建 JSP 程序来对该 XML 文档解析，其代码如下。

```
<%@ page contentType="text/html;charset=utf-8"%>
<%@ page import="org.w3c.dom.*,javax.xml.parsers.*,java.io.*"%>
<%@ page import="dom.TotalM" %>
<%
try {
        DocumentBuilderFactory factory = DocumentBuilderFactory.newInstance();
        DocumentBuilder builder = factory.newDocumentBuilder();
        String s=request.getRealPath("/")+"/XMLExample4.xml";
        Document document = builder.parse(new File(s));
        Element root = document.getDocumentElement();
        String rooName = root.getNodeName();
        NodeList nodelist = root.getChildNodes();
        TotalM tt = new TotalM();               //创建一个类的对象
        tt.outP(nodelist);                      //使用创建的对象调用节点集合。
        out.println("<tr><td>店长月收入合计</td><td>" + tt.getSumD()+ "</td>
        </tr>");
        out.println("<tr><td>会计工月收入合计</td><td>" + tt.getSumK()+ "</td>
        </tr>");
        out.println("<tr><td>员工月收入合计</td><td>" + tt.getSumY()+ "</td>
        </tr>");
```

```
        out.println("<tr><td>所有员工月收入合计</td><td>" + tt.getSumA()+ "</td>
        </tr>");
         catch (Exception e) {
        out.println(e);
    }
%>
```

将上述代码保存，名称为 XMLExample3.jsp。下面对该 JSP 程序进行解析。

（1）该案例中，创建一个辅助类 TotalM 用于算出对应职位月收入。

（2）获得整个 XML 节点树的 document 对象，并以此获得根节点对象 root。对象 root 调用 getNodeName()方法获取节点名称为“月薪”。

```
Element root = document.getDocumentElement();
String rooName = root.getNodeName();
```

（3）代码“NodeList nodelist = root.getChildNodes();”返回根节点的子节点集合。将获取节点集合对象 nodelist 作为参数，传递给辅助类 TotalM 对象 tt 的 outP 方法。

（4）在类 TotalM 中声明了 4 个变量 sumA、sumK、sumY 和 sumD 用来获取所有员工月收入、会计工月收入、员工月收入和店长月收入的值。在 outP()方法中，首先获取传递过来的参数，即节点集合的长度。在循环中，获得索引所代表的节点，并做出判断。

（5）如果是 Element 节点，输出该节点的名字，然后获得该节点下面的节点集合，交给 outP（nodes）方法处理，一直到没有 Element 节点。如果是 Text 节点，把 node 节点强制转换成 Text 节点，使用 getWholeText()方法，获得该节点的内容。

（6）获得该 Text 节点的父节点，即 XML 文档中标记名称。然后判断该节点是否是“月薪”这个节点（属性），如果是，获得月薪标记所包含的内容，以属性的值为判断条件，将不同的类别的员工的工资进行相加。

```
Element parent = (Element) textNode.getParentNode();
```

将上述两个文件放在 JSPExample 项目的 WebRoot 下，打开 IE 浏览器，在地址栏中输入“http://localhost:8080/JSPExample/XMLExample4.jsp”，效果如图 9-9 所示。

图 9-9　访问 Text 节点

9.4.5　访问 Attr 节点

XML 文件中标记所包含的属性，在节点树中对应的是 Attr 节点。Attr 节点是 Attr 接口的实例化对象，Attr 接口表示 Element 对象中的属性，Attr 对象继承 Node 接口，但由于它们实际上不是它们描述的元素的子节点，因此 DOM 不会将它们看作文档树的一部分，DOM 认为元素的属性是其特性，而不是一个来自于它们所关联元素的独立节点。

此外，Attr 节点不可以是 DocumentFragment 的直接子节点。不过，它们可以与包含在 DocumentFragment 内的 Element 节点相关联。简而言之，DOM 的用户和实现者需要知道 Attr 节点与从 Node 接口继承的其他对象有些共同之处，但它们还是截然不同的。在节点树中，如果要获得某个标记的属性，应通过相应的 Element 节点调用 getAttribute()方法。

Attr 节点对象常用的方法如表 9-8 所示。

表 9-8 Attr 节点的常用方法

方 法 名 称	说　　明
getName()	返回属性名称
getOwnerElement()	此属性连接到的 Element 节点；如果未使用此属性，则为 null
getValue()	检索时该属性值以字符串形式返回
setValue(String value)	检索时该属性值以字符串形式返回

【练习 6】

下面通过一个公司员工基本信息管理系统的案例演示 Arr 节点的使用，创建 XML 文档，代码如下。

```
<?xml version="1.0" encoding="UTF-8"?>
<员工名单>
    <员工 姓名="王尚" 年龄="30" 性别="女" 学历="博士">
        项目经理
    </员工>
    <员工 姓名="王建" 年龄="28" 性别="男" 学历="研究生">
        部门经理
    </员工>
    <员工 姓名="李张利" 年龄="32" 性别="男" 学历="本科">
        普通员工
    </员工>
</员工名单>
```

将上述代码保存，名称为 XMLExample5.xml。接下来创建 JSP 程序来对该 XML 文档解析，其代码如下。

```
<%@ page language="java" pageEncoding="utf-8"%>
<%@ page import="org.w3c.dom.*,javax.xml.parsers.*,java.io.*"%>
<%
try {
        DocumentBuilderFactory factory = DocumentBuilderFactory.
        newInstance();
        DocumentBuilder builder = factory.newDocumentBuilder();
        String s=request.getRealPath("/")+"/XMLExample5.xml";
        Document document = builder.parse(new File(s));
        Element root = document.getDocumentElement();
```

```
        String rooName = root.getNodeName();                //获得根节点的名称
        out.println("<h3 align=center>" + rooName + "</h3>");
        NodeList nodelist = root.getElementsByTagName("员工");
                                                        //获得标记名为员工的集合
        int size = nodelist.getLength();
        for (int i = 0; i < size; i++) {
            Node node = nodelist.item(i);
            String name = node.getNodeName();
            NamedNodeMap map = node.getAttributes();    //获得标记中属性的集合
            String content = node.getTextContent();
            out.print("<tr  bgColor=#00FF00><td colspan=2>" + content + "</td>
            </tr>");
            for (int k = 0; k < map.getLength(); k++) {
                                                //以循环的形式输出标记中所有的属性
                Attr attrNode = (Attr) map.item(k);
                String attName = attrNode.getName();
                String attValue = attrNode.getValue();
                out.println("<tr><td>" + attName + "</td><td>" + attValue+
                "</td></tr>");
            }
        }
    } catch (Exception e) {
        System.out.println(e);
    }
%>
```

将上述代码保存，名称为 XMLExample5.jsp。下面对该 JSP 程序进行解析。

（1）获取员工的节点集合 nodelist，并获得节点集合的长度 size。

```
NodeList nodelist = root.getElementsByTagName("员工");
int size = nodelist.getLength();
```

（2）在 for 循环中，获取每个节点所拥有的属性节点的集合，即获得每个标记中属性的集合 map。

```
NamedNodeMap map = node.getAttributes();
```

（3）获得节点的名称 name，并获得节点中包含的数据 content。

```
String name = node.getNodeName();
String content = node.getTextContent();
```

（4）嵌套的 for 循环中输出属性集合的名称 sttName 和值 attValue。“Attr attrNode=(Attr)map.item(k);”代码强制地将属性集合里的节点转换为 Attr 节点。

```
String attName = attrNode.getName();
String attValue = attrNode.getValue();
```

将上述两个文件放在 JSPExample 项目的 WebRoot 下，打开 IE 浏览器，在地址栏中输入“http://localhost:8080/JSPExample/XMLExample5.jsp”，效果如图 9-10 所示。

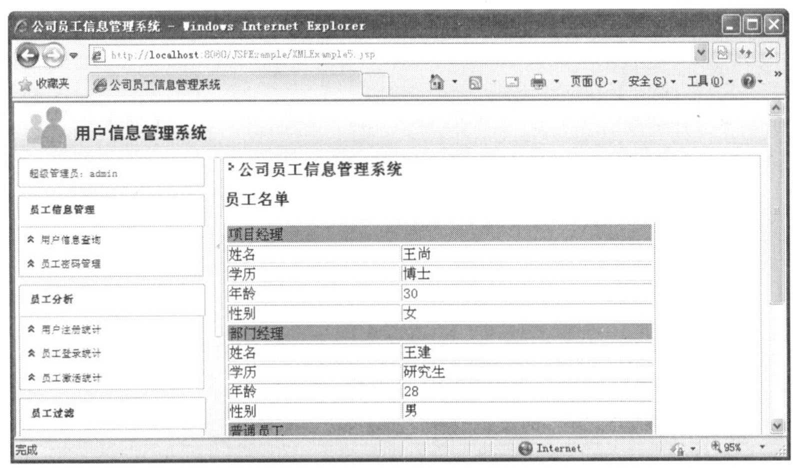

图 9-10　访问 Arr 节点

9.5 SAX 解析 XML 文档

SAX 是 Simple API for XML 的缩写，它并不是由 W3C 官方所提出的标准，虽然如此 SAX 的应用仍然很广，几乎所有的 XML 解析器都会支持它。

与 DOM 比较而言，SAX 是一种轻量型的方法。DOM 处理的时候，需要读入整个 XML 文档，然后在内存中创建 DOM 树，生成 DOM 树上的每个 Node 对象。当文档比较小的时候，这不会造成什么问题，但是一旦文档比较大，处理 DOM 就会变得相当费时费力。特别是其对于内存的需求，将是成倍的增长，以至于在某些应用中使用 DOM 是一件很不划算的事（比如在 Applet 中）。这时候，一个较好的替代解决方法就是 SAX。

SAX 在概念上与 DOM 完全不同。它不同于 DOM 的文档驱动，它是事件驱动的，所以不需要读入整个文档，而文档的读入过程也就是 SAX 的解析过程。所谓事件驱动，是指一种基于回调机制的程序运行方法。

9.5.1 SAX 常用接口

与 DOM 一样，SAX 提供了很多接口和类来创建各种事件处理器、解析 XML 文档并处理 SAX 异常等功能。这些接口和类的说明如表 9-9 所示。

表 9-9　SAX 常用接口和类

名　称	描　述
ContentHandler	接收文档逻辑内容的通知
DTDHandler	DTD 中事件处理器
ErrorHandler	错误处理器
EntityResolver	解析 XML 文档包含外部实体
XMLReader	用于使用回调读取 XML 文档
Locator	定位器，即用于将 SAX 事件与文档位置关联
InputSource	XML 输入源
SAXException	SAX 异常类
SAXParseException	SAX 解析异常类
Attributes	属性列表

下面对表 9-9 中的常用 SAX 接口进行介绍。

1. ContentHandler 接口

ContentHandler 是 Java 类中一个特殊的 SAX 接口，位于 org.xml.sax 包中。该接口封装了一些对事件处理的方法，当 XML 解析器开始解析 XML 输入文档时，它会遇到某些特殊的事件，例如文档的开头和结束、元素开头和结束，以及元素中的字符数据等事件。当遇到这些事件时，XML 解析器会调用 ContentHandler 接口中相应的方法来响应该事件。

ContentHandler 接口常用方法如表 9-10 所示。

表 9-10　ContentHandler 接口常用方法

方法名称	返回值	描述
startDocument()	void	文档解析开始的处理
endDocument()	void	文档解析结束的处理
startElement(String uri, String localName, String qName, Attributes atts)	void	元素开始的处理
endElement(String uri, String localName, String qName)	void	元素结束的处理
characters(char[ ] ch, int start, int length)	void	用来处理 XML 文件中读取的字符串

2. DTDHandler 接口

DTDHandler 接口用于接收基本的 DTD 相关事件的通知。该接口仅包括 DTD 事件的注释和未解析的实体声明部分。SAX 解析器可按任何顺序报告这些事件，而不管声明注释和未解析实体时所采用的顺序；但是，必须在文档处理程序的 startDocument()事件之后，在第一个 startElement()事件之前报告所有的 DTD 事件。

DTDHandler 接口提供了如下两个方法。

（1）notationDecl(String name, String publicId, String systemId)：处理表示法声明事件。

（2）unparsedEntityDecl(String name, String publicId, String systemId, String notationName)：处理没有解析实体声明事件。

3. ErrorHandle 接口

ErrorHandler 接口是 SAX 错误处理程序的基本接口。如果 SAX 应用程序需要实现自定义的错误处理，则它必须实现此接口，然后解析器将通过此接口报告所有的错误和警告。

ErrorHandler 接口有以下三个方法。

（1）void error(SAXParseException exception)：处理可以恢复的错误。

（2）void fatalError(SAXParseException exception)：处理致命的错误。

（3）void warning(SAXParseException exception)：处理警告。

4. EntityResolver 接口

EntityResolver 接口是用于解析实体的基本接口，解析器将在打开任何外部实体前调用此接口。此类实体包括在 DTD 内引用的外部、DTD 子集、外部参数实体和在文档元素内引用的外部通用实体等。如果 SAX 应用程序需要实现自定义处理外部实体，则必须实现此接口。

EntityResolver 接口只有一个方法，如下。

```
resolveEntity(String publicId, String systemId): SAX 解析外部实体时调用该方法。
```

5. XMLReader 接口

XMLReader 接口用于使用回调解析 XML 文档，该接口的主要方法如下。

（1）parse(String)：解析系统 ID 所引用的文档。

（2）parse(InputSource)：解析输入员提供的文档。

（3）setContentHandler(ContentHandler)：设置文档处理器。

（4）setDTDHandler(DTDHandler)：设置 DTD 处理器。

（5）setEntityResolver(EntityResolver)：为解析器设置一个实体解析器。

（6）setErrorHandler(ErrorHandler)：设置错误处理器。

9.5.2 SAX 读取 XML 文件

同 DOM 一样，使用 SAX 技术首先要创建 SAX 工厂类，由工厂类生成 SAX 解析器，然后 SAX 解析器调用 XMLReader()方法解析文件。SAX 读取 XML 文件的步骤如下。

1．创建解析器

通过 SAX 解析工厂可以得到 SAX 解析器，代码如下。

```
SAXParserFactory factory=SAXParserFactory.newInstance();
```

从工厂类中获取 SAX 解析器，代码如下。

```
SAXParser parser=factory.newSAXParser();
```

上述代码中，parser 实例对象即为 SAX 解析器。解析指定的 XML 文件内容，语法如下。

```
parser.parser("xml/people.xml",bean)
```

上述代码中的 bean 为自定义 SAX 事件监听器的实例对象。

2．事件处理

自定义事件监听器，需要继承 DefaultHandler 类，使用 SAX 解析 XML 文件的常用事件处理方法如下。

1）startDocument()方法

该方法用于处理 XML 文档的开始事件，说明解析器开始解析文件，可以将解析文档之前所要做的工作放于其中。该方法语法格式如下。

```
    public void startDocument() throws SAXException {
        …//事件处理
    }
```

2）startElement()方法

在解析器发现元素的起始标签时调用该方法。该方法语法格式如下。

```
    public void startElement(String uri, String localName, String qName,
            Attributes attributes) throws SAXException {
        …//事件处理
    }
```

上述代码中，参数 uri 表示路径信息；qName 表示元素名称；attributes 表示元素的所有属性名及其对应的属性值。

3）characters()方法

在发现元素的起始标签之后由 characters()监听方法处理元素的内容。其语法格式如下。

```
public void characters(char[] ch, int start, int length)
            throws SAXException {
```

```
    …//事件处理
    }
```

上述代码中，参数 ch 表示字符数组对象，接收元素内容；参数 start 表示元素内容在 ch 中的位置；参数 length 表示元素内容的长度。

4）endElement()方法

在发现元素结束标签时激活此方法来完成元素读取后的操作。其语法格式如下。

```
    public void endElement(String uri, String localName, String qName)
            throws SAXException {
    …//时间处理
    }
```

5）endDocument()方法

XML 文档的结束事件，可以在起始位置放置处理解析文档结束时的代码。其语法格式如下。

```
    public void endDocument() throws SAXException {
        ….//事件处理
    }
```

DefaultHandler 类实现 EntityResolver、DTDHandler、ContentHandler 和 ErrorHandler 接口，因此 DefaultHandler 类可以使用这 4 个接口中的方法。

【练习 7】

下面通过一个员工信息管理系统的案例来演示 SAX 读取 XML 文件。

（1）在 Web Project 为 ch09 的 WebRoot/xml 目录下创建 person.xml 文件，代码如下。

```
<?xml version="1.0" encoding="UTF-8"?>
<people>
    <person>
        <name>张红</name>
        <college>郑州大学</college>
        <telephone>18736024152</telephone>
        <desc>女 ，1989 年生，自己创办一个服装公司</desc>
    </person>
    <person>
        <name>张健康</name>
        <college>周口师范</college>
        <telephone>15236024152</telephone>
        <desc>男 ，1986 年生，一名大学教师</desc>
    </person>
</people>
```

（2）在 src/dom 目录下创建事件处理类 SAXxml.java，该类代码如下。

```
package dom;
import org.xml.sax.Attributes;
import org.xml.sax.SAXException;
import org.xml.sax.helpers.DefaultHandler;
public class SAXxml extends DefaultHandler {
```

```
    private String[][] element = new String[2][4];
                            //定义数组element，用来存储从xml中读取的数据
    private int index = -1;
    private String currentElement;
    public String[][] getElement() {
        return element;
    }
    @Override
    public void characters(char[] ch, int start, int length) throws SAXException
{
        String content = new String(ch, start, length).trim();
                                    //获取前导空白和尾部空白
        if (content.equals("")) {    //如果有空白则返回到方法startElement()
            return;
        }
        if (index < 0) {
            return;
        }
        int index2 = -1;
        if (currentElement.equals("name"))
            index2 = 0;
        if (currentElement.equals("college"))
            index2 = 1;
        if (currentElement.equals("telephone"))
            index2 = 2;
        if (currentElement.equals("desc"))
            index2 = 3;
        if (index2 != -1) {
            element[index][index2] = content;   //将获取的值存入数组element
            System.out.print(content);
        }
    }
    @Override
    public void endDocument() throws SAXException {     //接收文档的结尾的通知
        System.out.println("文档解析结束");
    }
    @Override
    public void endElement(String uri, String localName, String qName) throws
    SAXException {
        System.out.println("元素解析结束");
    }
    @Override
    public void startDocument() throws SAXException {   //接收文档开始的通知
        System.out.println("文档解析开始");
    }
    @Override
    public void startElement(String uri, String localName, String qName,
                                                    //接收元素开始的通知
            Attributes attributes) throws SAXException {
        currentElement = qName;
        if (qName.equals("person")) {
            index++;
        }
```

```
        System.out.println("元素开始" + qName);
    }
}
```

XML 文件被 SAX 解析器载入，由于 SAX 解析是按照 XML 文件的顺序解析的，所以开始读取 XML 文件时首先会调用 startDocument()方法。当读取到<people>时，由于它是一个 ElementNode，所以会调用 startElement(String uri, String localName, String qName, Attributes attributes)方法，其中第二个参数就是节点的名称（由于有些环境不一样，可能会为空，此时可以使用第三个参数）。

这里从<person>这个节点开始，当读入时调用 startElement()方法，然后在第一个<name>节点的位置会调用 characters(char[] ch, int start, int length)方法，若这个位置是空白，不是想要的数据，跳过；若不是空白，判断当前节点是不是 name，如果是再取值，在此可取得值为“张红”。

（3）接着在 WebRoot 目录下创建 JSP 页面 sax.jsp，用来显示从 XML 文件中读出的数据。主要代码如下。

```
<%@ page language="java" pageEncoding="utf-8"%>
<%@ page import="org.w3c.dom.*,javax.xml.parsers.*,org.xml.sax.*,java.io.*"%>
<%@ page import="dom.SAXxml"%>
<%
    SAXParserFactory factory = SAXParserFactory.newInstance();
                //通过 SAX 解析工厂可以得到 SAX 解析器
    SAXParser parser = factory.newSAXParser();      //从工厂类中获取 SAX 解析器
    SAXxml sx = new SAXxml();
    XMLReader reader = parser.getXMLReader();
    reader.setContentHandler(sx);
    InputSource source = new InputSource(application.getResourceAsStream("xml/
    student.xml"));
    reader.parse(source);                          //解析指定的 XML 文件内容
    String[][] element = sx.getElement();
    for (int i = 0; i < 2; i++) {
        out.print("<tr align='center' bgcolor='#FFFFFF' height='22'>");
        for (int j = 0; j < 4; j++) {
%>
```

（4）打开 IE 浏览器，在浏览器地址栏中输入“http://localhost:8080/ch09/sax.jsp”，效果如图 9-11 所示。

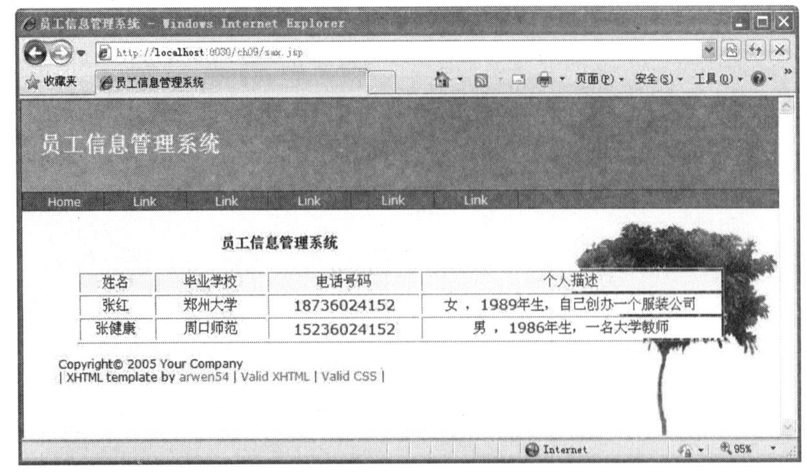

图 9-11　SAX 读取 XML 文件

9.6 DOM4J 解析 XML 文档

DOM4J是一个基于Java的XML API，可以用来读写XML文件。DOM4J具有性能优异、功能强大和易于使用的特点，同时它也是一个开放源代码的软件。无论是在性能、功能还是易用性方面，DOM4J 都非常出色。如今越来越多的 Java 软件都在使用 DOM4J 来读写 XML 文件。

9.6.1 DOM4J 介绍

DOM4J 是一个易用、开源的库，采用了 Java 集合框架并完全支持 DOM、SAX 和 JAXP。DOM4J 最大的特色是使用大量的接口，使得该解析器非常灵活。

在使用 DOM4J 之前必须下载并部署该解析器。可以进入 DOM4J 官网（http://dom4j.sourceforge.net/）进行下载，解压以后将 dom4j.jar 复制到 Web 应用的 lib 文件夹下。

DOM4J 的重要接口都定义在 org.dom4j 这个包中，其主要接口如表 9-11 所示。

表 9-11 DOM4J 主要接口

接口名称	描述
Attribute	Attribute 定义了 XML 的属性
Branch	Branch 为能够包含子节点的节点如 XML 元素(Element)和文档(Docuemnts)定义了一个公共的行为
CDATA	CDATA 定义了 XML CDATA 区域
CharacterData	CharacterData 是一个标识接口，标识基于字符的节点，如 CDATA、Comment、Text
Comment	Comment 定义了 XML 注释的行为
Document	定义了 XML 文档
DocumentType	DocumentType 定义 XML DOCTYPE 声明
Element	Element 定义 XML 元素
ElementHandler	ElementHandler 定义了 Element 对象的处理器
ElementPath	被 ElementHandler 使用，用于取得当前正在处理的路径层次信息
Entity	Entity 定义 XML entity
Node	Node 为所有的 DOM4J 中 XML 节点定义了多态行为
NodeFilter	NodeFilter 定义了在 DOM4J 节点中产生的一个滤镜或谓词的行为（predicate）
ProcessingInstruction	ProcessingInstruction 定义 XML 处理指令
Text	Text 定义 XML 文本节点
Visitor	Visitor 用于实现 Visitor 模式
XPath	XPath 在分析一个字符串后会提供一个 XPath 表达式

9.6.2 使用 DOM4J 创建 XML 文档

使用 DOM4J 创建 XML 文档的步骤如下。

（1）定义一个 XML 文档对象，格式如下。

```
Document document=DocumentHelper.createDocument();
```

（2）定义一个 XML 元素添加根节点，格式如下。

```
Element root=document.addElement("根节点名称");
```

一个文档只能有一个根节点，否则会出错。

在 Element 接口中有几个重要的方法，如下。

① addComment：添加注释。

② addAttribute：添加属性。

③ addElement：添加子元素。

（3）通过 XMLWriter()方法生成物理文件，代码如下。

```
XMLWriter writer = new XMLWriter(fos, format);
writer.write(document);
```

其中，参数 fos 是指输出流；参数 format 为格式化的文件。

默认生成的 XML 文件排版格式比较乱，可以通过 OutputFormat 类格式化输出，默认采用 createCompactFormat()显示比较紧凑，最好使用 createPrettyPrint()。

【练习 8】

学校图书管理系统中含有很多本书，每本书含有 4 个属性：名字（name）、价格（price）、出版日期（publicDate）、作者（author）。下面使用 DOM4J 来创建 XML 文档保存图书信息。

在 Web Project 应用 ch09 的 src/dom4j 目录下创建类 dom4j.java，该类主要代码如下。

```
package dom4j;
import java.io.FileOutputStream;
import org.dom4j.*;
import org.dom4j.io.XMLWriter;
public class dom4j {
    public void createXML(String fileName) {
        Document doc = DocumentHelper.createDocument();     //创建一个文档实例
        Element root = doc.addElement("book");              //创建根元素
        root.addAttribute("name", "java 编程思想");          //向根元素中添加属性
        Element childTemp = root.addElement("price");       //向文档中增加元素
        childTemp.setText("23.89");
        Element publicDate=root.addElement("publicDate");
        publicDate.setText("2010 年 8 月 24 日");
        Element writer = root.addElement("author");
        writer.setText("陈海丽");
        writer.addAttribute("id", "001");
        try {
            XMLWriter xmlWriter = new XMLWriter(new FileOutputStream
            (fileName));
            xmlWriter.write(doc);
            xmlWriter.close();
        } catch (Exception e) {
            e.printStackTrace();
        }
    }
    public static void main(String[] args) {
```

```
        dom4j x = new dom4j();
        x.createXML("D:\\book.xml");
    }
}
```

在此案例中，若操作成功，创建的 XML 文件保存在 D 盘下生成的 book.xml 文件，打开文件内容如下所示。

```
<?xml version="1.0" encoding="UTF-8" ?>
<book name="java 编程思想">
  <price>23.89</price>
  <publicDate>2010 年 8 月 24 日</publicDate>
  <author id="001">陈海丽</author>
</book>
```

9.6.3 使用 DOM4J 解析 XML 文件

DOM4J 另一个主要的功能就是解析 XML 文件，通过该组件可以很方便地解析 XML 文档，下面详细介绍如何应用 DOM4J 解析 XML 文档。

1．构建 XML 文档对象

在解析 XML 文档之前，需要构建要解析的 XML 文件所对应的 XML 文档对象。在获取 XML 文档对象时，首先要创建 SAXReader 对象，然后调用该对象的 read()方法获取对应的 XML 文档对象。

构建 XML 文档对象格式代码如下。

```
SAXReader reader=new SAXReader();
Document document=reader.read(new File("D:/hzkj.xml"));
```

2．获取根节点

构建XML文档对象以后，可以通过该XML文档对象获取根节点。利用DOM4J组件的Document对象的 getRootElement()方法可以返回指定 XML 文档根节点。代码如下。

```
Element root=document.getRootElement();
```

3．获取子节点

获取根节点后，可以获取该根节点下的子节点。子节点可以通过 Element 对象的 element()方法和 elements()方法获取。下面介绍这两种方法。

1）element()方法

该方法用于获取指定名称的第一个节点，例如：

```
Element staffs=root.element("staff");
for (Iterator iterator=staffs.elementIterator();iterator.hasNext();) {
    Element element=(Element) iterator.next();
    System.out.print(element.getStringValue());
}
```

上述代码表示获取第一个名称为 staff 的节点。

2）elements()方法

该方法用于获取指定名称的全部节点。例如：

```
List staffs=root.elements("staff");
```

```
for (Iterator iterator=root.elementIterator(); iterator.hasNext(); ) {
    Element element=(Element) iterator.next();
    System.out.println(element.getStringValue());
}
```

上述代码可以获取全部名称为 staff 的节点。

4．获取属性

获取属性和获取节点的方法类似，在这里就不一一赘述，看下面的例子。

```
Element staffs=root.element("staff");
Attribute attr1=staffs.attribute("id");      //获取指定名称的属性
Attribute attr2=staffs.attribute(0);         //按照顺序获取属性
List list2=staffs.attributes();              //获取 staff 节点下全部属性
```

5．DOM4J 修改 XML 文档

通常情况下，要修改 XML 文件需要先获取 DOM4J 树（Document），然后需要获得要修改的节点或其父节点；假如要修改属性，需要先获得该属性所在的节点和该属性。

1）修改节点名称和节点值

例如，修改 staff 下节点 name 的名称以及值，代码如下。

```
Element root=document.getRootElement();
Element staff=root.element("staff");
Element name = staff.element("name");
name.setName("staffName");
name.setText("梦梦");
```

2）修改属性值

例如，修改 staff 下的 id 属性，代码如下。

```
Element root=document.getRootElement();
Element staff=root.element("staff");
Attribute attribute=staff.attribute("id");
attribute.setText("3");
```

注意

属性名称无法修改，欲修改属性名称，可以先删除旧属性，再增加新属性。

6．删除节点

在需要删除节点时，同样需要查询要删除的节点，获取到要删除的节点之后，就可以利用 Element 对象的 remove()方法来实现。

1）删除节点

例如，删除 staff 下面 name 节点，代码如下。

```
Element root=document.getRootElement();
Element staff=root.element("staff");
Element name=staff.element("name");
name.remove(name);
```

2）删除指定名称的属性

例如，删除 staff 的属性 id，代码如下。

```
Element root=document.getRootElement();
Element staff=root.element("staff");
staff.remove(staff.attribute("id"));
```

【练习 9】

下面通过一个公司员工调查表的案例来演示 DOM4J 解析 XML 文档的使用。

（1）在 Web 应用的 WebRoot 目录下创建 Person.xml，该文件代码如下。

```
<?xml version="1.0" encoding="UTF-8"?>
<people>
    <person>
        <name>张红</name>
        <college>郑州大学</college>
        <telephone>18736024152</telephone>
        <desc>女 ，1989 年生，自己创办一个服装公司</desc>
    </person>
    <person>
        <name>张健康</name>
        <college>周口师范</college>
        <telephone>15236024152</telephone>
        <desc>男 ，1986 年生，一名大学教师</desc>
    </person>
</people>
```

（2）在 src/bean 目录下创建 Person.java，该文件用来定义 Person.xml 中的文件的元素和属性并提供 getter 和 setter 方法，主要代码如下。

```
public class Person {
    private int id;
    private String name;
    private String college;
    private String telephone;
    private String desc;
//此处省略 getter 和 setter 方法
}
```

（3）在 src/bean 目录下创建事件处理类 Dom4jParse.java，该类文件用来读取 XML 文件内容，主要代码如下。

```
public class Dom4jParse {
    public List<Person> parseTest(File file) {
        List<Person> lists = new ArrayList<Person>();
        try {
            SAXReader sr = new SAXReader();
            Document doc = (Document) sr.read(file);
                                                    //通过 SAXReader 读取整份 XML 文档
            Element root = (Element) doc.getRootElement(); //获得根节点
            for (Iterator<Element> i = root.elementIterator(); i.hasNext();) {
                Person p = new Person();
                Element item = (Element) i.next();
                p.setName(item.element("name").getText());
```

```
                p.setCollege(item.element("college").getText());
                p.setTelephone(item.element("telephone").getText());
                p.setDesc(item.element("desc").getText());
                lists.add(p);
            }
        } catch (Exception e) {
            e.printStackTrace();
        }
        return lists;
    }
}
```

（4）创建 JSP 页面 dom4j.jsp，该页面主要用来显示 XML 文档数据，主要代码如下。

```
<table border=1 width=75%>
<tr>
    <th width=5%>员工姓名</th>
    <th width=8%>毕业学校</th>
    <th width=10%>电话号码</th>
    <th width=20%>个人简历</th>
</tr>
<%
    Dom4jParse dp = new Dom4jParse();
    String path = request.getRealPath("/") + "Person.xml";
    File file = new File(path);
    List<Person> lists = dp.parseTest(file);
    request.setAttribute("lists", lists);
    for (int i = 0; i < lists.size(); i++) {
        out.println("<tr align=center><td>"
                + lists.get(i).getName() + "</td><td>"
                + lists.get(i).getCollege() + "</td><td>"
                + lists.get(i).getTelephone() + "</td><td>"
                + lists.get(i).getDesc() + "</td></tr>");
    }
%>
</table>
```

（5）打开 IE 浏览器，在浏览器地址栏中输入“http://localhost:8080/ch09/dom4j.jsp”，效果如图 9-12 所示。

图 9-12　DOM4J 解析 XML 文件

9.7 JDOM

JDOM 是一种使用 XML 的独特 Java 工具包，用于快速开发 XML 应用程序。它的设计包含 Java 语言的语法乃至语义。

JDOM 是一个开源项目，它基于树状结构，利用纯 Java 的技术对 XML 文档实现解析、生成、序列化以及多种操作。JDOM 直接为 Java 编程服务。它利用更为强有力的 Java 语言的诸多特性(方法重载、集合概念以及映射)，把 SAX 和 DOM 的功能有效地结合起来。

在 JDOM 中，XML 元素就是 Element 的实例，XML 属性就是 Attribute 的实例，XML 文档本身就是 Document 的实例。因为 JDOM 对象就是如 Document、Element 和 Attribute 这些类的直接实例，因此创建一个新 JDOM 对象就如同在 Java 语言中使用 new 操作符一样容易。而不是像使用复杂的工厂化模式，使对象操作即便对于初学用户也很方便。

JDOM 由以下几个包组成。

（1）org.jdom：包含所有的 XML 文档要素的 Java 类。

（2）org.jdom.adapters：包含与 DOM 适配的 Java 类。

（3）org.jdom.filter：包含 XML 文档的过滤器类。

（4）org.jdom.input：包含读取 XML 文档的类。

（5）org.jdom.output：包含写入 XML 文档的类。

（6）org.jdom.transform　包含将 jdomxml 文档接口转换为其他 XML 文档接口的类。

（7）org.jdom.xpath　包含对 XML 文档 xpath 操作的类。

假设有如下 XML 作为要解析的 XML 文件。

```
<?xml version="1.0" encoding="UTF-8"?>
<books>
  <book pubDate="2003 年 4 月">
    <name>SSH 权威指南</name>
    <price>55.2</price>
  </book>
</books>
```

下面是使用 JDOM 解析这个 XML 文件的主要步骤。

（1）使用 JDOM 首先要指定使用什么解析器，例如：

```
SAXBuilder builder=new SAXBuilder(false); //这表示使用的是默认的解析器
```

（2）得到 Document，以后要进行的所有操作都是对这个 Document 操作的。

```
Document doc=builder.build(xmlpath);
```

（3）得到根元素。

```
Element books=doc.getRootElement();
```

在 JDOM 中所有的节点（DOM 中的概念）都是一个 org.jdom.Element 类，当然它的子节点也是一个 org.jdom.Element 类。

（4）得到元素（节点）的集合。

```
List booklist=books.getChildren("book");
```

这表示得到“books”元素的所在名称为“book”的元素，并把这些元素都放到一个 List 集合中。

（5）遍历 List 集合。

```
for (Iterator iter = booklist.iterator(); iter.hasNext();) {
  Element book = (Element) iter.next();
}
```

还有一种遍历方法如下。

```
for(int i=0;I<booklist.size();I++){
  Element book=(Element)booklist.get(i);
}
```

（6）取得元素的属性。

```
String email=book.getAttributeValue("email");
```

取得元素 book 的属性名为“email”的属性值。

（7）取得元素的子元素（为最低层元素）的值。

```
String name=book.getChildTextTrim("name");
```

注意的是，必须确定 book 元素的名为“name”的子元素只有一个。

（8）改变元素（为最低层元素）的值。

```
book.getChild("name").setText("alterrjzjh");
```

这只是对 Document 的修改，并没有在实际的 XML 文档中进行修改。

（9）保存 Document 的修改到 XML 文件中。

```
XMLOutputter outputter=new XMLOutputter();
outputter.output(doc,new FileOutputStream(xmlpath));
```

【练习 10】

下面通过一个图书管理系统的案例演示 JDOM 解析 XML 文档的使用。

（1）在 Web 应用的 WebRoot 下创建 book.xml 文件，该文件代码如下。

```
<?xml version="1.0" encoding="UTF-8"?>
<books>
    <book id="A1">
        <name>java 编程思想</name>
        <author>汇智科技</author>
        <price>26.84</price>
        <press>清华大学出版社</press>
        <publicDate>2007 年 9 月 1 日</publicDate>
        <desc>主要用于计算机专业学生，爱好编程的 IT 人士学习的一本好书！</desc>
    </book>
    <book id="A2">
        <name>我的 J2EE 成功之路</name>
        <author>李峰</author>
        <price>36.88</price>
```

```
        <press>电子工业出版社</press>
        <publicDate>2010 年 7 月 1 日</publicDate>
        <desc>本书是笔者在多年项目开发过程中的经验总结，它通过丰富的实验由浅入深</desc>
    </book>
</books>
```

（2）在 src/jdom 目录下创建 Book.java，该文件用来定义 book.xml 文件中的元素和属性并提供 getter 和 setter 方法。主要代码如下。

```
public class Book {
    private String id;                  //图书编号
    private String name;
    private String author;
    private String price;
    private String press;               //出版社
    private String publicDate;
    private String desc;                //图书描述
//此处省略 getter 和 setter 方法
}
```

（3）在 src/jdom 目录下创建处理事件的 JdomTest.java，该类文件用来读取 XML 文本内容，主要代码如下。

```
public class JdomTest {
    public List<Book> bookList(File file){
        List<Book> b1=new ArrayList<Book>();
        SAXBuilder builder=new SAXBuilder(false);       //使用指定的解析器
        try{
            Document doc=builder.build(file);           //得到 Document
            Element books=doc.getRootElement();         //得到根元素
            List bookList=books.getChildren("book");    //得到元素（节点）的集合
            for(Iterator iter=bookList.iterator();iter.hasNext();){ //循环集合
                Element elBook=(Element) iter.next();
                String id=elBook.getAttributeValue("id");  //取得元素的属性
                String name=elBook.getChildTextTrim("name");//获得节点的内容
                String author=elBook.getChildTextTrim("author");
                String press=elBook.getChildTextTrim("press");
                String publicDate=elBook.getChildTextTrim("publicDate");
                String desc=elBook.getChildTextTrim("desc");
                String price=elBook.getChildTextTrim("price");
                Book book=new Book(id,name,author,price,press,publicDate,
                desc);
                b1.add(book);
            }
        } catch(Exception e){
            e.printStackTrace();
        }
        return b1;
    }
```

（4）在 Web 应用的 WebRoot 目录下创建 JSP 页面 jdom.jsp，该页面用来显示 XML 文档数据，主要代码如下。

```
<%
    JdomTest jt = new JdomTest();
    String path = request.getRealPath("/") + "book.xml";
    File file = new File(path);
    List<Book> bl = jt.bookList(file);
    request.setAttribute("bl", bl);
    for (int i = 0; i < 2; i++) {
        out.println("<tr><td>" + ((Book) bl.get(i)).getName()
                + "</td><td>" + ((Book) bl.get(i)).getAuthor()
                + "</td><td>" + ((Book) bl.get(i)).getPrice()
                + "</td><td>" + ((Book) bl.get(i)).getPublicDate()
                + "</td><td>" + ((Book) bl.get(i)).getPress()
                + "</td><td>" + ((Book) bl.get(i)).getDesc()
                + "</td></tr>");
    }
%>
```

（5）打开 IE 浏览器，在浏览器地址栏中输入“http://localhost:8080/ch09/jdom.jsp”，效果如图 9-13 所示。

图 9-13　JDOM 解析 XML 文件

9.8 实例应用：实现对鲜花 XML 文档修改功能

9.8.1　实例目标

DOM 解析器是通过在内存中建立和 XML 文档结构相对应的树状结构，从而很容易地获得 XML 文档中的数据对 XML 文档进行解析，同时也可以实现对 XML 文档进行添加、删除和修改的操作。在本节中，将通过一个实例实现对鲜花 XML 文档进行修改的功能。

9.8.2 技术分析

我们一般都知道用 DOM 去读取 XML 文件的内容时会把整个 XML 文件映射到一棵内存树，如果通过 DOM API 修改了这棵内存树，并不会反射到原 XML 文件，但是如果想要把修改或运行期间创建的 XML 内容保存到磁盘系统，就必须用到 Transformer 来实现。在此过程中，可以通过调用解析器的 newDocument 对象获得一个 Document 节点，然后通过 Transformer 对象将 Document 节点转换为 XML 文档。

9.8.3 实现步骤

（1）在 Web 应用的 WebRoot 目录下创建 flower.xml，该文件代码如下。

```
<?xml version="1.0" encoding="UTF-8"?>
<flowers>
    <flower id="A11">
        <name>百合</name>
        <image>images/baihe.jpg</image>
        <material>6 朵百合，一切顺利</material>
        <price>45.8</price>
        <language>短暂的分开是为了明日的相聚，愿我们友谊长存！</language>
    </flower>
    <flower id="A12">
        <name>玫瑰</name>
        <image>images/meigui.jpg</image>
        <material>999 朵玫瑰，爱情长长久久</material>
        <price>123.5</price>
        <language>无论在哪里，都希望我们顺顺利利的！</language>
    </flower>
</flowers>
```

（2）在 src/bean 目录下创建 Flower.java,该类文件用来定义 flower.xml 文件中的元素和属性并提供 getter 和 setter 方法。主要代码如下。

```
public class Flower {
    private String id;
    private String name;
    private String price;
    private String material;
    private String language;
    private String image;
//此处省略 getter 和 setter 方法
}
```

（3）在 src/bean 目录下创建事件处理类 DomParse.java，用来解析 XML 文件中的内容及对 XML 文件中的内容进行修改，该类文件主要代码如下。

```
package bean;
import java.io.File;
//此处省略部分库
public class DomParse {
```

```
//获得鲜花详细信息
public List<Flower> ParseFlower(File file) throws Exception {
    Flower flower = null;
    DocumentBuilderFactory dbf = DocumentBuilderFactory.newInstance();
    List<Flower> list = new ArrayList<Flower>();
    DocumentBuilder db = dbf.newDocumentBuilder();
    Document doc = db.parse(file);
    NodeList nll = doc.getElementsByTagName("flower");
    int size = nll.getLength();
    for (int i = 0; i < size; i++) {
        Element ele = (Element) nll.item(i);
        String id = ele.getAttributes().getNamedItem("id").getNodeValue();
        String name = ele.getElementsByTagName("name").item(0)
                .getFirstChild().getNodeValue();
        String material = ele.getElementsByTagName("material").item(0)
                .getFirstChild().getNodeValue();
        String price = ele.getElementsByTagName("price").item(0)
                .getFirstChild().getNodeValue();
        String language = ele.getElementsByTagName("language").item(0)
                .getFirstChild().getNodeValue();
        String image = ele.getElementsByTagName("image").item(0)
                .getFirstChild().getNodeValue();
        flower = new Flower(id, name, material, price, language, image);
        list.add(flower);
    }
    return list;
}
//修改鲜花信息
public int updateFlower(File file, Flower flow) {
    int m = 1;
    //实例化一个文档构建器工厂
    DocumentBuilderFactory dbf = DocumentBuilderFactory.newInstance();
    try {
        //通过一个文档构建器工厂获得一个文档构建器
        DocumentBuilder db = dbf.newDocumentBuilder();
        Document doc = db.parse(file);
        //获得所有名字为"flower"的节点
        NodeList nll = doc.getElementsByTagName("flower");
        int size = nll.getLength();
        for (int i = 0; i < size; i++) {                //循环集合
            Node n = nll.item(i);
            String id = n.getAttributes().getNamedItem("id").getNodeValue();
            //如果循环的节点和要修改的节点一致，修改节点的内容
            if (id.trim().equals(flow.getId())) {
                Element ele = (Element) nll.item(i);
                ele.getElementsByTagName("name").item(0).getFirstChild()
                                //修改节点的名称
                        .setNodeValue(flow.getName());
                ele.getElementsByTagName("material").item(0)
```

```
                    .getFirstChild().setNodeValue(flow.getMaterial());
                ele.getElementsByTagName("price").item(0).getFirstChild()
                        .setNodeValue(flow.getPrice());
                    ele.getElementsByTagName("language").item(0)
                        .getFirstChild().setNodeValue(flow.getLanguage());
                ele.getElementsByTagName("image").item(0).getFirstChild()
                        .setNodeValue(flow.getImage());
                }
            }
            //获得将XML文档转化为XML文件的转化器
            TransformerFactory tff = TransformerFactory.newInstance();
            Transformer tf = tff.newTransformer();
            /*
             * 获得一个 StreamResult 类对象，该对象是 DOM 文档转化成其他形式的文档的容
            器，可以是XML文件，文本文件，HTML文件
             */
            StreamResult result = new StreamResult(file.toURI().getPath());
            //将变换的Document对象封装到DOMSource对象中
            DOMSource source = new DOMSource(doc);
            tf.transform(source, result);  //调用API，将DOM文件转化为XML文件
        } catch (Exception ex) {
            m = 0;
            ex.printStackTrace();
        }
        return m;
    }
    //根据节点的编号获得特定的内容
    public Flower getFlowerById(File file, String id) throws Exception {
        Flower flower = null;
        DocumentBuilderFactory dbf = DocumentBuilderFactory.newInstance();
        DocumentBuilder db = dbf.newDocumentBuilder();
        Document doc = db.parse(file);      //通过文档构建器构建一个文档实例
        NodeList nll = doc.getElementsByTagName("flower");
                                            //获得所有名为"flower"的节点
        int size1 = nll.getLength();
        for (int i = 0; i < size1; i++) {
            Node n = nll.item(i);
            //获得属性为"id"的值
            String idValue = n.getAttributes().getNamedItem("id").getNodeValue();
            id = n.getAttributes().getNamedItem("id").getNodeValue();
                                            //获得传递过来的id值
            if (idValue.equals(id)) {
            //若获得id的值与传递过来的id的值一致，就查找该节点下的内容
                Element ele = (Element) nll.item(i);
                //获得ele对象下所有节点的值
                String name = ele.getElementsByTagName("name").item(0)
                        .getFirstChild().getNodeValue();
                String material = ele.getElementsByTagName("material").item(0)
                        .getFirstChild().getNodeValue();
```

```
                String price = ele.getElementsByTagName("price").item(0)
                        .getFirstChild().getNodeValue();
                String language = ele.getElementsByTagName("language").
                item(0)
                        .getFirstChild().getNodeValue();
                String image = ele.getElementsByTagName("image").item(0)
                        .getFirstChild().getNodeValue();
                flower = new Flower(idValue, name, material, price, language,
                        image);
            }
        }
        return flower;
    }
}
```

（4）在 Web 应用的 WebRoot 目录下创建 domFlower.jsp，该页面主要调用 DomParse 类的 parseFlower()方法获得所有鲜花列表，并在该页面使用 JSTL 标签显示，主要代码如下。

```
<%
    DomParse dp=new DomParse();
    String path=request.getRealPath("/")+"flower.xml";
    File file=new File(path);
    List<Flower> list=dp.ParseFlower(file);
    request.setAttribute("list", list);
%>
<%--使用 JSTL 的<c:forEach>标签来循环遍历--%>
<c:forEach items="${ list} " var="f">
    <div>
        <h3><a href="flowerInfo.jsp?id=${ f.id } ">${ f.name }</a></h3>
        <p>
            <img width="150" height="150" src="${ f.image } " alt="image1"
            />${ f.language}
        </p>
        <a href="domFlowerUpdate.jsp?id=${ f.id } ">修改编号为${ f.id} 的内容</a>
    </div>
</c:forEach>
```

打开 IE 浏览器，在浏览器地址栏中首先输入“http://localhost:8080/ch095/domFlower.jsp”来显示鲜花列表信息，如图 9-14 所示。

图 9-14　鲜花信息列表

（5）接着在 Web 应用的 WebRoot 目录下创建 domFlowerUpdate.jsp，该页面主要调用 DomParse 类的 getFlowerById()方法来获得某个 flower 节点的信息，主要代码如下。

```
<%
    String id = request.getParameter("id");
    DomParse dp = new DomParse();
    String path = request.getRealPath("/") + "flower.xml";
    File file = new File(path);
    Flower flower = dp.getFlowerById(file, id);
    if (flower != null)
        request.setAttribute("flower", flower);
    else
        out.println("出错了!!! ");
%>
<form action="domFlowerShow.jsp" method="post" name="f">
<table>
    <tr>
        <td>花名: </td>
        <td><input type="text" name="name" value="${ flower.name } " /></td>
    </tr>
    <tr>
        <td>编号: </td>
        <td><input type="hidden" name="id" value="${ flower.id } ">${ flower.
        id} </td>
    </tr>
    <tr>
        <td>价格: </td>
        <td><input type="text" name="price" value="${ flower.price } " /></td>
    </tr>
    <tr>
        <td>花材: </td>
        <td width="200"><input type="text" name="material" value="${ flower.
        material } " /></td>
    </tr>
    <tr>
        <td>花语: </td>
        <td>${ flower.language } </td>
    </tr>
    <tr>
        <td align="center" colsPan="2"><input type="submit" value="提交" />
        </td>
    </tr>
</table>
</form>
```

单击图 9-14 中的【修改编号为 A12 的内容】按钮，跳转到 domFlowerUpdate.jsp 页面来修改选择鲜花的信息，该页面如图 9-15 所示。修改信息后单击【提交】按钮，效果如图 9-16 所示。

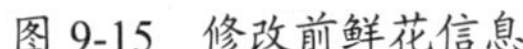

图 9-15　修改前鲜花信息

图 9-16　修改后鲜花信息

（6）在 Web 应用的 WebRoot 目录下创建 domFlowerShow.jsp，该页面首先接收 domFlowerUpdate.jsp 页面传递的要修改的节点信息，然后调用 DomParse 类的 updateFlower()方法来修改节点内容，主要代码如下。

```
<%
    String id=request.getParameter("id");
    String name=request.getParameter("name");
    String material=request.getParameter("material");
    String price=request.getParameter("price");
    String language=request.getParameter("language");
    String image=request.getParameter("image");
    Flower flower=new Flower(id,name,material,price,language,image);
    DomParse dp=new DomParse();
    String path=request.getRealPath("/")+"flower.xml";
    File file=new File(path);
    int m=dp.updateFlower(file, flower);
    if(m==1)
    response.sendRedirect("domFlowerInfo.jsp?id="+id);
    else
    out.println("修改出错！");
%>
```

单击图 9-16 中的【提交】按钮后，若修改鲜花信息成功会跳转到 domFlowerInfo.jsp 页面显示鲜花信息列表，如图 9-17 所示。

图 9-17　鲜花信息列表

拓展训练

1．创建学生信息 XML 文档

在 9.1 节介绍了一个 XML 文档的结构，以及语法特点。本次案例要求读者创建一个用于保存学生信息的 XML 文档。具体要求如下。

（1）使用 UTF-8 字符集进行编码。

（2）根节点为 Students。

（3）使用 XML 元素保存学生的姓名、就读大学、性别和年龄信息。

（4）文件名称保存为 stuInfo.xml。

2．显示学生信息

根据 9.4 节介绍的内容，使用 DOM 读取拓展训练 1 中创建的 XML 文档，实现显示学生信息列表，运行效果如图 9-18 所示。

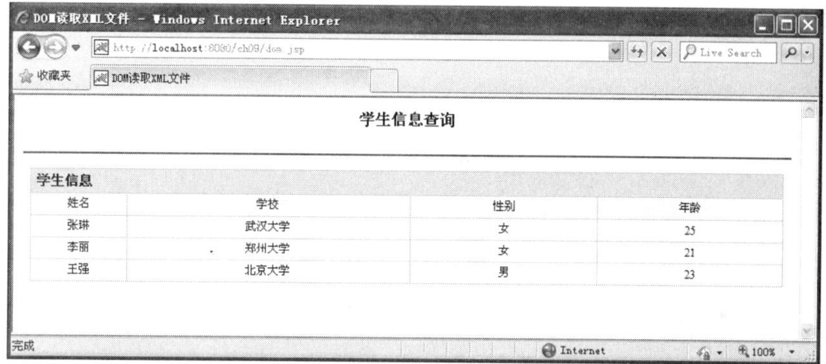

图 9-18　运行效果

9.10 课后练习

一、填空题

1. 通常 XML 文档的文件扩展名是__________。
2. 在 XML 文档中，根元素之前的命令行被称为__________。
3. 可以在 XML 文档中使用的有效字符包括回车符、__________和 Unicode 字符。
4. 阅读下列代码，填写合适的答案。

```
import org.w3c.dom.Document;
import org.w3c.dom.Element;
import org.w3c.dom.Node;
import org.w3c.dom.NodeList;
public class DomParse {
    public void domParse() {
```

```
        DocumentBuilderFactory dbf = DocumentBuilderFactory.newInstance();
            DocumentBuilder db =__________;
            Document doc = db.parse(file);
            NodeList nl2=doc.getChildNodes();
}
```

5. 下面为一个使用 XML 语法的 JSP 页面，在空白处填写__________程序可正确运行。

```
<%@ page contentType="__________;charset=GB2312"%>
<?xml version="1.0" encoding="gb2312" standalone="yes"?>
<Person>
    <Nameid>ZHZ9029395</Nameid>
</Person>
```

6. DOM 解析器把 XML 文档的数据表示为树结构，可以通过 NodeList 接口__________方法确定子节点数量。

7. 提供 SAX 解析器的所有接口的 JAXP 软件包是__________。

二、选择题

1. XML 注释以__________开始和结束。

A. /* 注释内容 */

B. <!--注释内容--!>

C. //注释内容

D. <comment>注释内容</comment>

2. 下面__________是合法的 XML 标记。

A. <hzkj></hzjk>

B. <Name></name>

C. <student_no></studentno>

D. <sid></sid>

3. 在使用 DOM 解析 XML 文件时，getNodeType()方法的返回值为__________表示是一个属性节点。

A. Node.ATTRIBUTE_NODE

B. Node.TEXT_NODE

C. Node.COMMENT_NODE

D. Node.ELEMENT_NODE

4. DOM4J 为 XML 文档添加属性使用的是__________方法。

A. createElement()

B. addElement()

C. addComment()

D. addAttribute()

三、简答题

1. 简述 XML 的特点及其文档结构。

2. 下面是一个描述个人信息的 XML 文档，其中使用元素来保存。简述如何将它转换为使用属性保存的 XML 文档。

```
<人>
  <身高>176cm</身高>
  <体重>75kg</体重>
```

```
    <肤色>黄色</肤色>
</人>
```

3. 简述 XML 中的 JSP 语法有哪些。
4. 简述 DOM 接口的工作原理，及解析 XML 的步骤。
5. 假设要使用 DOM 解析器获取 XML 文档中的属性，应该使用什么方法?
6. 简述 SAX 解析 XML 的过程。
7. DOM4J 提供了哪些操作 XML 的接口?
8. 简述 JDOM 解析 XML 的过程。

第 10 章
操作数据库

数据库操作是程序应用的最重要技术之一。如何获取数据、增加数据、删除数据，以及如何对数据库进行管理，是每个程序开发者必须面对的问题。为了方便程序开发，Sun 公司和其他数据库或数据库工具厂商一起建立了独立于关系数据库的机制，这使得 JDBC 成为 JSP 的重要组成部分。

本章将介绍 JDBC 的基本概念和相关的接口，并且介绍了不同的访问数据库方式，以及如何使用 JDBC 提供的接口操作数据库等。

本章学习目标：

- 掌握 JDBC 的概念
- 了解 JDBC 的连接方式
- 了解 JDBC 的核心 API
- 熟练掌握数据库的连接过程
- 熟练掌握数据库中数据的添加、更新和删除操作
- 熟练使用数据库的分页操作
- 掌握数据库调用存储过程
- 了解不同的结果集处理方法

10.1 JDBC 技术

JDBC（Java DataBase Connectivity，Java 数据库连接）是一种用于执行 SQL 语句的 Java API，可以为多种关系数据库提供统一访问，它由一组用 Java 语言编写的类和接口组成。JDBC 提供了一种基准，据此可以构建更高级的工具和接口，使数据库开发人员能够使用纯 Java 语言编写完整的数据库应用程序。

10.1.1 JDBC 简介

在 JSP 技术中，对数据库的操作都是通过 JDBC 组件完成的。JDBC 在 Java 脚本程序和数据库之间充当了一个桥梁的作用。Java 脚本程序可以通过 JDBC 组件向数据库发出命令，数据库管理系统获得命令后，执行请求，并将请求结果通过 JDBC 返回给 Java 程序。

JDBC 是 Sun 公司提供的一套数据库编程接口 API 函数，由 Java 语言编写的类。使用 JDBC 开发的程序能够自动地将 SQL 语句传送给相应的数据库管理系统。不但如此，使用 Java 编写的应用程序可以在任何支持 Java 的平台上运行，不必在不同的平台上编写不同的应用。Java 和 JDBC 的结合可以让开发人员在开发数据库应用程序时真正实现“Write Once，Run Everywhere”。

通过 JDBC 组件，向各种关系数据库发送 SQL 语句就是一件很容易的事。换言之，有了 JDBC API，就不必为访问 Sybase 数据库专门写一个程序，为访问 Oracle 数据库又专门写一个程序，为访问 Informix 数据库又写另一个程序等。只须用 JDBC API 写一个程序就够了，它可以向相应数据库发送 SQL 语句。而且，使用 Java 编程语言编写的应用程序，无须考虑要为不同的平台编写不同的应用程序。将 Java 和 JDBC 结合起来将使程序员只须写一遍程序就可让它在任何平台上运行。

JDBC 在 Java 程序中所起的作用如图 10-1 所示。

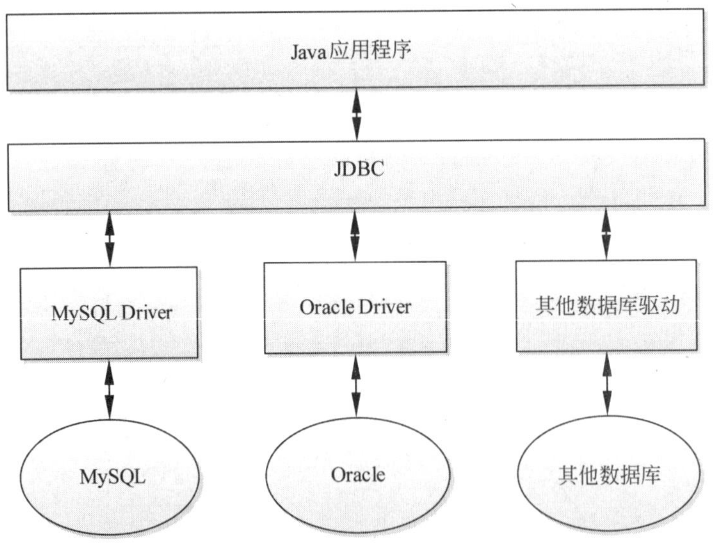

图 10-1　应用程序、JDBC 和驱动程序之间的关系

Java 具有健壮、安全、易于使用、易于理解和可从网络上自动下载等特性，是编写数据库应用程序的杰出语言。所需要的只是 Java 应用程序与各种不同数据库之间进行对话的方法。而 JDBC 正是作为此种用途的机制。

目前，Microsoft 公司的 ODBC（开放式数据库连接）API 可能是使用最广的、用于访问关系数据库的编程接口。为什么 Java 不使用 ODBC？对这个问题的回答是：Java 可以使用 ODBC，但最好是在 JDBC 的帮助下以 JDBC-ODBC 桥的形式使用。现在的问题是："为什么需要 JDBC"，主要因为 ODBC 不适合直接在 Java 中使用，因为它使用 C 语言接口。从 Java 调用本地 C 代码在安全性、实现、坚固性和程序的自动移植性方面都有许多缺点。

从 ODBC API 到 Java API 的字面翻译是不可取的。例如，Java 没有指针，而 ODBC 却对指针用得很广泛。可以将 JDBC 想象成被转换为面向对象接口的 ODBC，而面向对象的接口对 Java 程序员来说较易于接受。ODBC 把简单和高级功能混在一起，而且即使对于简单的查询，其选项也极为复杂。相反，JDBC 尽量保证简单功能的简便性，而同时在必要时允许使用高级功能。启用"纯 Java"机制需要像 JDBC 这样的 Java API。如果使用 ODBC，就必须人工将 ODBC 驱动程序管理器和驱动程序安装在每台客户机上。如果完全用 Java 编写 JDBC 驱动程序则 JDBC 代码在所有 Java 平台上（从网络计算机到大型计算机）都可以自动安装、移植并保证安全性。

JDBC API 类库中封装了基本的 SQL 概念和方法，是一种自然的 Java 接口。因此，熟悉 ODBC 的程序员将发现 JDBC 很容易使用。JDBC 保留了 ODBC 的基本设计特征；事实上，两种接口都基于 X/Open SQL CLI（调用级接口）。它们之间最大的区别在于：JDBC 以 Java 风格与优点为基础并进行优化，因此更加易于使用。

10.1.2 JDBC 连接方式

通常一个数据库厂商在推出自己的数据库产品时，都会提供一套访问数据库的 API，这些 API 可能以各种语言的形式提供，客户端程序通过调用这些专有的 API 来访问数据库。每一个厂商提供的数据库访问 API 都不相同，导致了使用某一个特定数据库的程序不能移植到另一个数据库上。JDBC 可以看作一个中间件，它与数据库厂商提供的驱动程序通信，而驱动程序再与数据库通信，从而屏蔽不同数据库驱动程序之间的差异。客户端只需要调用 JDBC API 就可以与不同的数据库进行交互。所以使用 JDBC API 所开发出来的应用程序将不再受限于具体数据库产品。JDBC 驱动程序可以分为以下 4 类。

1．JDBC–ODBC 桥

微软公司推出的 ODBC 比 JDBC 出现的时间要早，ODBC 组件中封装了访问大多数数据库的驱动程序，故使用 ODBC 可以访问绝大多数数据库。当 Sun 公司推出 JDBC 的时候，提供了 JDBC-ODBC 桥来访问更多的数据库。JDBC-ODBC 桥本质是一个驱动程序，JDBC API 通过 ODBC 去访问数据库。这种机制实际上是把标准的 JDBC 调用转换成相应的 ODBC 调用，并通过 ODBC 库与数据库进行交互，如图 10-2 所示。

从图 10-2 可以看出通过 JDBC-ODBC 桥的方式访问数据库，需要经过多层调用，因此利用 JDBC-ODBC 桥访问数据库的效率比较低。不过在数据库没有提供 JDBC 驱动，能够通过 ODBC 访问数据库的情况下，利用 JDBC-ODBC 桥驱动访问数据库就是一种比较好的访问方式。例如，要访问 Microsoft Access 数据库，就只能利用 JDBC-ODBC 桥来访问。

利用 JDBC-ODBC 访问数据库，需要客户的机器具有 JDBC-ODBC 桥驱动。ODBC 驱动程序和相应数据库的本地 API。在 JDK 中，提供了 JDBC-ODBC 桥的实现类（sun.jdbc.odbc.JdbcOdbcDriver 类）。

2．本地协议的纯 Java 驱动程序

多数数据库厂商已经支持客户程序通过网络直接与数据库通信的网络协议。这种类型的 JDBC 驱动程序完全用 Java 编写，通过与数据库建立套接字连接，采用具体于厂商的网络协议把 JDBC API 调用转换为直接的网络调用（如 Oracle Thin JDBC Driver），如图 10-3 所示。

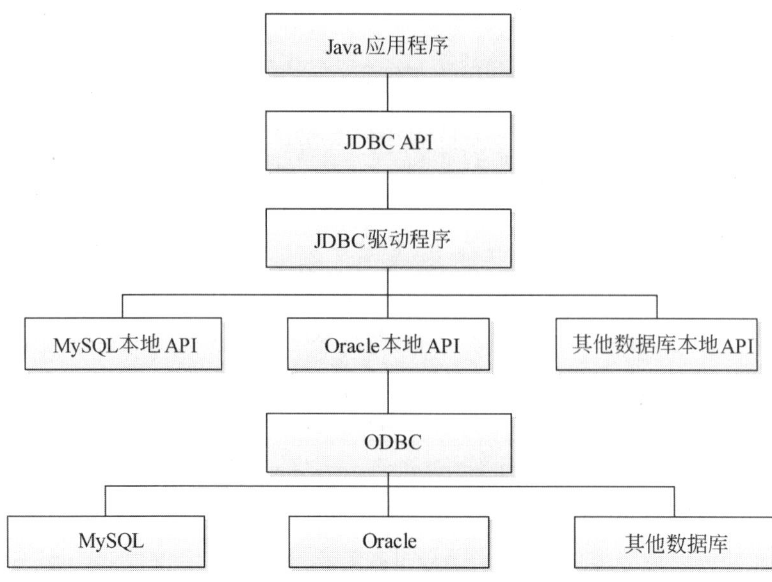

图 10-2　通过 JDBC-ODBC 桥访问数据库

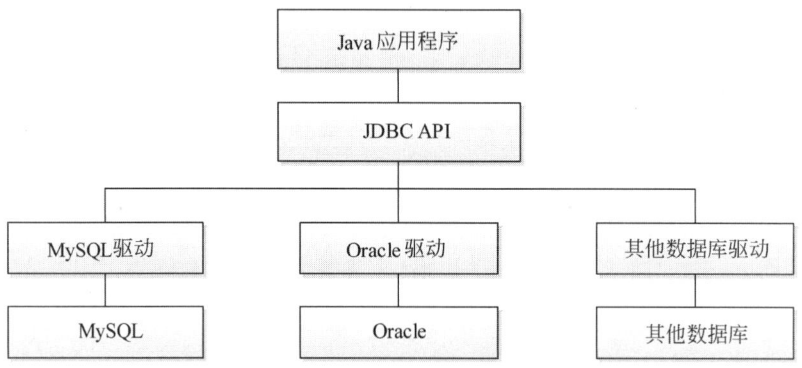

图 10-3　通过本地协议的纯 Java 驱动程序访问数据库

与其他三种驱动程序相比较而言，这种类型的驱动程序访问数据库的效率是最高的。但是，每个数据库厂商都有各自的协议。因此，访问不同的数据库，需要不同的数据库驱动程序。目前，几个主要的数据库厂商（Microsoft、Sysbase、Oracle 等）都提供各自的 JDBC 数据库驱动程序。

3．部分本地 API Java 驱动程序

大部分数据库厂商都提供与数据库进行交互所需要的本地 API。这些 API 一般使用 C 语言或类似的语言编写，因此这些 API 依赖于具体平台。这一类型的 JDBC 驱动程序使用 Java 编写，它调用数据库厂商提供的本地 API。在程序中利用 JDBC API 访问数据库时，JDBC 驱动程序将调用请求转换为厂商提供的本地 API 调用，数据库处理完请求将结果通过这些 API 返回，进而返回给 JDBC 驱动程序，JDBC 驱动程序将结果转化为 JDBC 标准形式，再返回给客户程序，如图 10-4 所示。

4．JDBC 网络纯 Java 驱动程序

这种驱动利用作为中间件的应用服务器来访问数据库。应用服务器作为一个到多个数据库的网关，客户端通过它可以连接到不同的数据库服务器。应用服务器通常都有自己的网络协议，Java 客户端程序通过 JDBC 驱动程序将 JDBC 调用发送给应用服务器，应用服务器使用本地驱动程序访问数据库，从而完成请求，如图 10-5 所示。

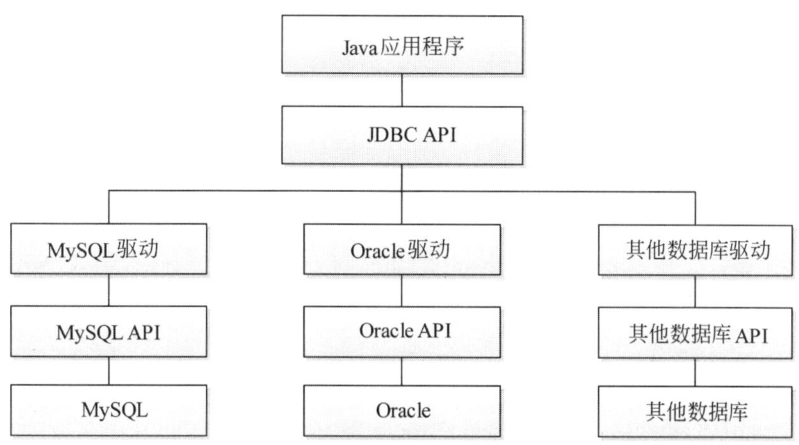

图 10-4　部分本地 API Java 驱动程序

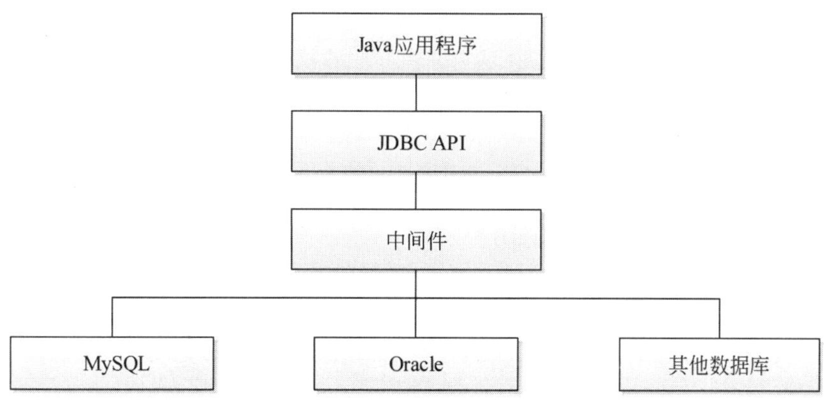

图 10-5　利用作为中间件的应用服务器访问数据库

在常见的服务器中，BEA 公司的 WebLogic 和 IBM 的 WebSphere 应用服务器就包含这种类型的驱动。

10.2 核心 API

JDBC API 提供了三项核心服务：连接服务、SQL 服务和结果处理。因此通过 JDBC 可以完成三件事：建立与数据库的连接、发送 SQL 语句和获得数据库处理的结果。这些基本服务由 JDBC API 的核心接口提供。

10.2.1 核心 API 概述

通过 JDBC 组件对数据库进行操作所需的类库 JDBC API，包含在两个包里。第一个包是 java.sql，包含 JDBC API 的核心 Java 数据对象，包括为 DBMS（数据库管理系统）连接和存储在 DBMS 里的数据进行交互而提供的 Java 数据对象。另外一个包含 JDBC API 的包是 javax.sql，它扩展了 java.sql，是 J2EE/Java EE 的一部分。除其他高级 JDBC 特性外，javax.sql 还包含那些与 Java 命名与目录接口（JNDI）进行交互的 Java 数据对象，以及管理连接池的 Java 数据对象。

在 java.sql 包中只包括少量具体类。API 中的大部分被描述为数据库的中枢接口类，它们指定具体操作而不提供任何实现。实际的实现由第三方提供商提供。独立的数据库系统通过一个实现

java.sql.Driver 接口的特定 JDBC 驱动程序被接收。驱动程序支持几乎所有流行的关系数据库管理系统，但不是都可以免费获得。Sun 公司将一个免费的 JDBC-ODBC 桥驱动程序绑定在 JDK 上以支持标准 ODBC 数据源。例如 Microsoft Access 数据库。但是，Sun 公司不建议在其他设备上使用该桥驱动程序。

JDBC API 包中常见的接口如表 10-1 所示。

表 10-1　JDBC API 常用接口

接　口	说　明
DriverManager	负责加载各种不同驱动程序（Driver），并根据不同的请求向调用者返回相应的数据库连接（Connection）
Driver	驱动程序，会将自身加载到 DriverManager 中去，并处理相应的请求并返回相应的数据库连接（Connection）
Connection	数据库连接，负责进行数据库间通信，SQL 执行以及事务处理都在某个特定 Connection 环境中进行。可以产生用以执行 SQL 的 Statement
Statement	用以执行 SQL 查询和更新（针对静态 SQL 语句和单次执行）
PreparedStatement	用以执行包含动态参数的 SQL 查询和更新（在服务器端编译，允许重复执行以提高效率）
CallableStatement	用以调用数据库中的存储过程
ResultSet	表示数据库结果集的数据表，通常通过执行查询数据库的语句生成
ResultSetMetaData	可用于获取关于 ResultSet 对象中列的类型和属性信息的对象

JDBC API 应用程序结构图如图 10-6 所示。

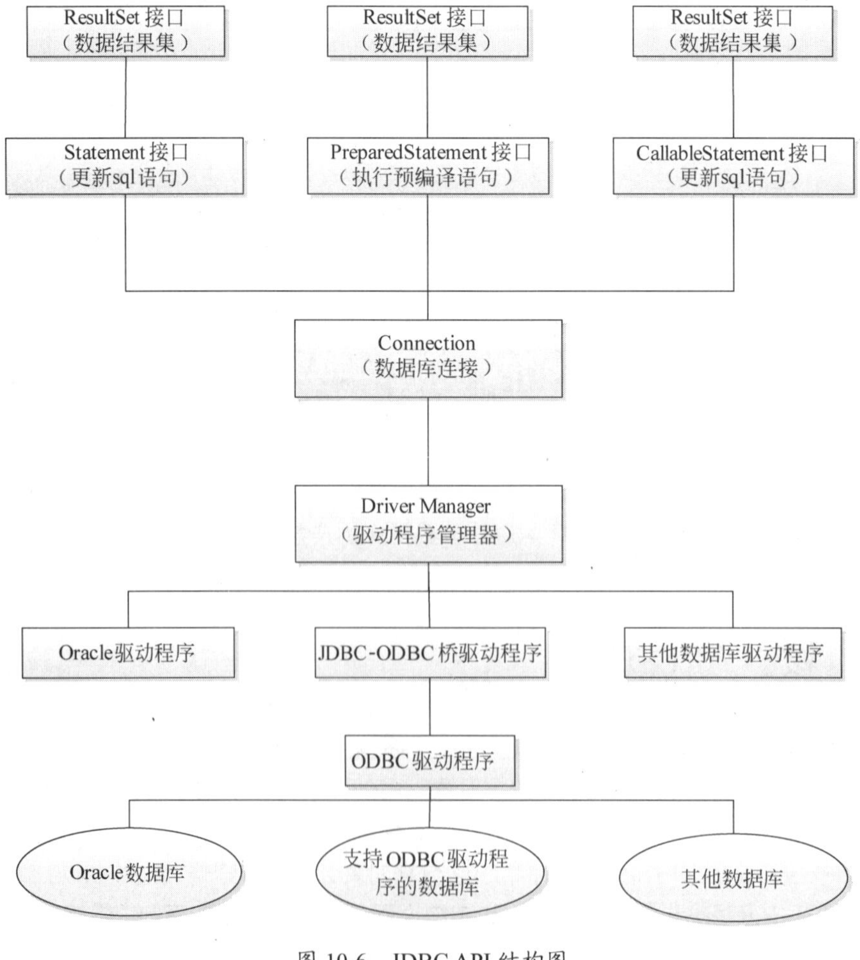

图 10-6　JDBC API 结构图

在图 10-7 中描述了需要参与执行 SQL 查询的核心对象之间的关系。其中有多种方法用来加载数据库驱动类，而使用 Class 静态方法 forName()是加载类的通用方法。

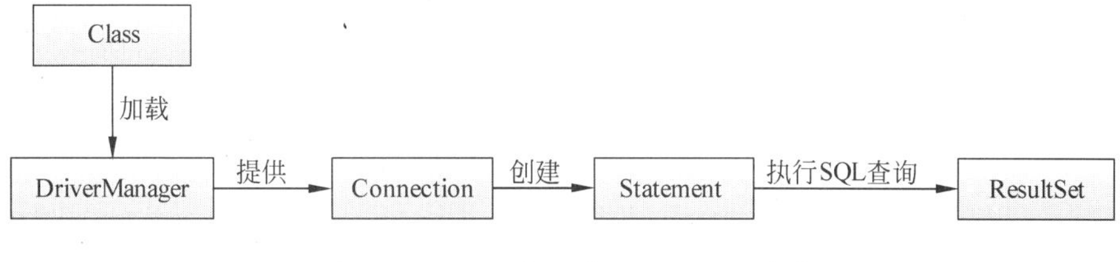

图 10-7 JDBC 核心类之间的依赖关系

在图 10-7 中，Class.forName()方法加载数据库驱动类；然后调用驱动器管理器类的 getConnection()方法获取 Connection 对象，并传入构造 Connection 对象所必需的参数；Connection 对象调用 createStatement()方法创建一个代表 SQL 语句的 Statement 对象；调用 Statement 对象的 executeQuery()方法执行 SQL 查询语句，从而获得代表查询结果的 ResultSet 对象。应用程序获得 ResultSet 对象并对 ResultSet 对象进行业务逻辑操作。

10.2.2 驱动程序管理类：DriverManager

DriverManager 类是 JDBC 的管理层，作用于用户和驱动程序之间。它跟踪可用的驱动程序，并在数据库和相应驱动程序之间建立连接。另外，DriverManager 类也处理诸如驱动程序登录时间限制，以及登录和跟踪消息的显示等事务。

DriverManager 主要通过 getConnection()方法来取得 Connection 对象的引用，常用方法如表 10-2 所示。

表 10-2 DriverManager 类提供的常用方法

方　法	说　明
getConnection(String url)	根据指定数据库连接 URL 建立与数据库的连接，参数 url 为数据库连接 URL
getConnection(String url,String username,String password)	根据指定数据库连接 URL、username 及 password 建立与数据库的连接，参数 url 为数据库连接 URL，username 为连接数据库的用户名，password 为连接数据库的密码
getConnection(String url,Properties info)	根据指定数据库连接 URL 及数据库连接属性建立与数据库的连接，参数 url 为数据库连接 URL，info 为连接属性
setLoginTimeout(int seconds)	设置要进行登录时驱动程序等待的超时时间
deregisterDriver(Driver driver)	从 DriverManager 的管理列表中删除一个驱动程序，参数 driver 为要删除的驱动对象
registerDriver(Driver driver)	向 DriverManager 注册一个驱动对象，参数 driver 为要注册的驱动

1. JDBC 相关驱动

DriverManager 类包含一系列 Driver 类，它们已经通过调用方法 DriverManager.registerDriver 对自己进行注册。所有 Driver 类都必须包含一个静态部分。它创建该类的实例，然后加载该实例对 DriverManager 类进行注册。这样，用户正常情况下将不会直接调用 DriverManager.registerDriver，而是在加载驱动程序时由驱动程序自动调用。

1）Driver 接口

java.sql.Driver 是所有 JDBC 驱动程序需要实现的接口。这个接口是提供给数据库厂商使用的，不同厂商实现该接口的类名是不同的。

2）com.microsoft.sqlserver.jdbc.SQLServerDriver

这是微软公司的 SQL Server 2000 的 JDBC 驱动的类名。SQL Server 2000 的 JDBC 驱动需要单独下载，读者可以在微软公司的网站（http://www.microsoft.com）上下载 JDBC 驱动程序的安装。

3）oracle.jdbc.driver.OracleDriver

这是 Oracle 的 JDBC 驱动的类名，Oracle 的 JDBC 驱动不需要单独下载，在 Oracle 数据库产品的安装目录下就可以找到。假如将 Oracle 9i 第 2 版安装在 D:\oracle 目录，那么在 D:\oracle\ora92\jdbc\lib 目录下就可以找到 Oracle 的 JDBC 驱动。读者只需要在 Oracle 安装目录下搜索 jdbc 目录，找到后进入里面的 lib 子目录也可以到。

4）com.mysql.jdbc.Driver

这是 MySQL 的 JDBC 驱动的类名。MySQL 是开放源代码的数据，以前的 MySQL 驱动的类是 org.git.mm.mysql.Driver，新的 MySQL JDBC 驱动程序版本为了向后兼容，保留了这个类。在新的应用中，建议使用新的驱动类。MySQL 的 JDBC 驱动也需要单独下载。下载地址为 http://www.mysql.com。同时还可以下载图形客户端工具（包括管理工具和查询浏览器）及数据库安装程序。

2．加载与注册 JDBC 驱动

加载 Driver 类，在 DriverManager 中注册的方式有以下两种。

1）调用 Class.forName()方法。

该方法可以显式地声明加载驱动程序类。由于它与外部设置无关，因此推荐使用这种加载驱动程序的方法。以下是加载 MySQL 类的形式。

```
Class.forName("com.mysql.jdbc.Driver");
```

如果将 com.mysql.jdbc.Driver 编写为加载时创建的实例，并调用以该实例为参数的 DriverManager.registerDriver()方法，则它在 DriverManager 的驱动程序列表中，并可用于创建连接。

2）将驱动程序添加到 java.lang.System 的属性 jdbc.drivers 中。

这是一个由 DriverManager 类加载的驱动程序类名的列表，由冒号分隔。初始化 DriverManager 类时，它搜索系统属性 jdbc.drivers，如果用户已输入了一个或多个驱动程序，则 DriverManager 类将试图加载它们。

下面所示的代码是通常情况下用驱动程序（例如，JDBC-ODBC 桥驱动程序）建立连接所需的步骤，它使用了前面介绍的显式声明加载驱动程序类的方法。

```
Class.forName("sun.jdbc.odbc.JdbcOdbcDriver");
String URL="jdbc:odbc:DataBase";
DriverManager.getConnection(URL,"username","password");
```

其中，DataBase 为数据源名称，URL 用于标识一个被注册的驱动程序，驱动程序管理器通过这个 URL 选择正确的驱动程序，从而建立到数据库的连接。它的语法格式如下所示。

```
jdbc:subprotocol:subname
```

它们之间用冒号(:)分开为三个部分，如下所示。

（1）协议：在上述语法中，jdbc 为协议，在 JDBC 中它是唯一允许的协议。

（2）子协议：子协议用于标识一个数据库驱动程序。

（3）子名称：子名称的语法与具体的驱动程序相关，驱动程序可以选择任何形式的适合其实现的语法。

下面是常用数据库的 JDBC DBURL 的表示形式。

SQL Server 2000 的使用形式如下所示。

```
jdbc:microsoft:sqlserver://localhost:1433;databasename=users
```

Oracle 的使用形式如下所示。

```
jdbc:oracle:thin:@localhost:1521:ORCL
```

MySQL 的使用形式如下所示。

```
jdbc:mysql://localhost:3306/databasename
```

上述字符串说明使用纯 Java 驱动器建立网络连接。子名称指定了数据库所在的网络地址为“localhost”，端口分别为 1433、1521 和 3306，数据库名称为“users”。

【练习 1】

使用 JSP 驱动程序建立与 MySQL 数据库的连接，源代码如下所示。

```
<%!static { //加载驱动器类
    try {
        Class.forName("com.mysql.jdbc.Driver");
    } catch (ClassNotFoundException e) {
        e.printStackTrace();
    }
}
private Connection connection;
//MySQL 数据库连接 url 格式“jdbc:mysql://IP:port/dbName”
    private String url = "jdbc:mysql://localhost:3306/test";
    public Connection getConnection(String url, String name, String psw)
            throws SQLException {
        connection = DriverManager.getConnection(url, name, psw);
        return connection;
    }
public Connection getConnection() throws SQLException {
    return getConnection(url, "root", "123456");
}
%>
<%
    Connection con = null;
    try {
        //传入三个参数，第一个是数据库连接 url，第二个是数据库用户名，
        //第三个是指定用户可以访问的数据库名
        con = getConnection(url, "root", "123456");
    } catch (SQLException e) {
        e.printStackTrace();
    }
    if (con != null) {
%>
成功获取连接
<%
    } else {
```

```
%>
暂时获取不到连接
<%
        }
%>
```

通过脚本声明来定义三个方法：一个用来加载 JDBC 驱动器的静态方法和两个获取数据库连接的重载方法。在运行该程序之前需要下载 MySQL 的 JDBC 驱动程序，并把驱动程序类库添加到 Web 应用的 lib 中。重启 Tomcat 服务器后访问该 JSP 页面。如果获得连接，那么在页面打印出“成功获取连接”；如果获取不到连接，则打印出“暂时获取不到连接”。

10.2.3 数据库连接类：Connection

Connection 对象代表与特定数据库的连接(会话)，在连接上下文中执行 SQL 语句并返回结果。Connection 对象的数据库能够提供描述表、所支持的 SQL 语法、存储过程以及此连接功能等的信息。此信息是使用 getMetaData()方法获得的。

在配置 Connection 时，JDBC 应用程序应该使用适当的关于 Connection 类的方法，比如 setAutoCommit()或 setTransactionIsolation()。在有可用的 JDBC 方法时，应用程序不能直接调用 SQL 命令更改连接的配置。默认情况下，Connection 对象处于自动提交模式下，这意味着它在执行每个语句后都会自动提交更改。如果禁用了自动提交模式，那么要提交更改就必须显式调用 commit 方法；否则无法把数据更改保存到数据库中。

Connection 对象是通过 DriverManager.getConnection()方法获得的，该对象常用方法如表 10-3 所示。

表 10-3　Connection 对象常用方法

方　法	说　明
close()	立即释放此 Connection 对象的数据库和 JDBC 资源
commit()	进行当前事务开始以来的所有改变
createStatement()	返回一个 Statement 对象
preparedStatement(String)	把 SQL 语句提交到数据库进行预编译，并返回 PreparedStatement 对象
prepareCall(String)	该方法返回一个 CallStatement 对象，该对象能够处理存储过程
setAutoCommit(Boolean)	设置事务提交的模式
rollback()	放弃当前事务开始以来的所有改变

获得有效的 Connection 对象后，就可以使用 createStatement()方法创建 Statement 对象，用来执行 SQL 语句。

默认情况下，Connection 对象处于自动提交模式下，这意味着它在执行每个语句后都会自动提交更改。如果禁用了自动提交模式——Connection 对象调用 setAutoCommit(false)，那么要提交更改就必须显式调用 commit()方法；否则无法将数据的更改提交到数据库。如果调用 close()方法，那么当前 Connection 对象就成为无效连接。

【练习 2】

创建一个 JDBC 驱动程序，使用 Connection 与 MySQL 数据库的连接，代码如下。

```
String url = "jdbc:mysql:        //localhost:3306/test";
String username = "root";        //用户名
String password = "123456";      //密码
Connection con = null;
```

```
//载入驱动程序
Class.forName("com.mysql.jdbc.Driver")
//建立数据库连接
con = DriverManager.getConnection(url, username, password);
```

当使用 Connection 与数据库建立了连接，那么当使用完之后就必须关闭它。下面是执行这个简单操作的代码。

```
public static void disConn(Connection con)throws SQLException
{
if(con!=null)
    con.close()
}
```

10.2.4 SQL 声明类：Statement

Statement 对象用于将 SQL 语句发送到数据库中。实际上有三种 Statement 对象，它们都作为在给定连接执行 SQL 语句的容器：Statement、PreparedStatement（它从 Statement 继承而来）和 CallableStatement（它从 PreparedStatement 继承而来），它们都专用于发送特定类型的 SQL 语句。

（1）Statement：用于执行不带参数的简单 SQL 语句。

（2）PreparedStatement：用于执行带或不带 IN 参数的预编译 SQL 语句。

（3）CallableStatement：用于执行对数据库存储过程的调用。

1．Statement

Statement 对象用于执行静态 SQL 语句并返回它所生成结果的对象。在默认情况下，同一时间每个 Statement 对象在只能打开一个 ResultSet 对象。

建立到特定数据库的连接之后，就可以用该连接发送 SQL 语句。Statement 对象用 Connection 的 createStatement 方法创建。具体格式如下所示。

```
Connection con = null;
Statement sm = null;
con = DriverManager.getConnection(url, username, password);
sm = con.createStatement();
```

为了执行 Statement 对象，发送到数据库的 SQL 语句将作为参数提供给 Statement 的 execute() 方法，如下所示。

```
String sql = "insert into t values('lucy',20)";
sm.execute(sql);
```

Statement 接口提供了执行静态 SQL 语句和获取结果集的基本方法。静态 SQL 语句可以是 SQL 查询、修改或插入等。Statement 对象常用方法如表 10-4 所示。

表 10-4　Statement 对象常用方法

方　法	说　明
close()	立即释放此 Statement 对象的数据库和 JDBC 资源
execute(String sql)	执行给定的 SQL 语句，该语句可能返回多个结果
executeQuery(String sql)	执行给定的 SQL 语句，该语句返回单个 ResultSet 对象
executeUpdate(String sql)	执行给定的 SQL 语句，该语句可能为 INSERT、UPDATE 或 DELETE 语句，或者不返回任何内容的 SQL 语句（如 SQLDDL 语句）

续表

方　法	说　明
getConnection()	获取生成此 Statement 对象的 Connection 对象
getFetchDirection()	获取从数据库表获取行的方向，该方向是根据此 Statement 对象生成的结果集合的默认值
getFetchSize()	获取结果集合的行数，该数是根据此 Statement 对象生成的 ResultSet 对象的默认获取大小
getGeneratedKeys()	获取由于执行此 Statement 对象而创建的所有自动生成的键
getMaxRows()	获取由此 Statement 对象生成的 ResultSet 对象可以包含的最大行数
getMoreResults()	移动到此 Statement 对象的下一个结果，如果其为 ResultSet 对象，则返回 true，并隐式关闭利用方法 getResultSet 获取的所有当前 ResultSet 对象
getMoreResults(int current)	将此 Statement 对象移动到下一个结果，根据给定标志指定的指令处理所有当前 ResultSet 对象；如果下一个结果为 ResultSet 对象，则返回 true
getResultSet()	以 ResultSet 对象的形式获取当前结果
getUpdateCount()	以更新计数的形式获取当前结果；如果结果为 ResultSet 对象或没有更多结果，则返回-1
isClosed()	获取是否已关闭了此 Statement 对象
setCursorName(String name)	将 SQL 指针名称设置为给定的 String，后续 Statement 对象的 execute 方法将使用此字符串
setFetchSize(int rows)	为 JDBC 驱动程序提供一个提示，它提示此 Statement 生成的 ResultSet 对象需要更多行时应该从数据库获取的行数

使用 Statement 接口时，语句可能返回或不返回 Result 对象。如果提交的是查询语句（Select），通常使用 executeQuery(String sql)；如果提交的是修改或插入语句（Update、Delete、Insert），通常使用 executeUpdate(String sql)方法。

2．PreparedStatement

PreparedStatement 对象表示预编译的 SQL 语句的对象。SQL 语句被预编译并存储在 PreparedStatement 对象中。然后可以使用此对象多次高效地执行该 SQL 语句。

用于设置 IN 参数值的设置方法（setShort、setString 等）必须指定与输入参数的已定义 SQL 类型兼容的类型。例如，如果 IN 参数具有 SQL 类型 INTEGER，那么应该使用 setInt 方法。如果需要任意参数类型转换，使用 setObject 方法时应该将目标 SQL 类型作为其参数。

PreparedStatement 接口继承 Statement，PreparedStatement 接口添加了处理 IN 参数的方法。PrepaeredStatement 接口和 Statment 接口主要差异如下所示。

（1）PreparedStatement 执行效率高。由于 PreparedStatement 对象已预编译过，所以其执行速度要快于 Statement 对象。因此，多次执行的 SQL 语句经常创建为 PreparedStatement 对象，以提高效率。

（2）PreparedStatement 对象执行含参 SQL 语句。PreparedStatement 对象中的 SQL 语句可具有一个或多个 IN 参数。IN 参数的值在 SQL 语句创建时使用占位符（“?”）替代。每个占位符的值必须在该语句执行前，通过 SetXXX 方法来进行设置。

当向数据库中添加多项记录时，最基本的做法时使用 Statement 对象：使用循环语句生成具体的 SQL 语句并执行。但这种方法效率低下，并且容易出错。一种较好的办法是使用 PreparedStatement，使用占位符来创建 SQL 语句，并且该 SQL 能够进行预编译，这样就可以大大提高数据库的执行效率。

预处理语句具有以下两个主要的优点。

（1）查询只需要被解析（或准备）一次，但可以使用相同或不同的参数执行多次。当查询准备好（Prepared）之后，数据库就会分析、编译并优化它要执行查询的计划。对于复杂查询来说，如果要重复执行许多次有不同参数的但结构相同的查询，这个过程会占用大量的时间，使得应用变慢。通过使用一个预处理语句就可以避免重复分析、编译、优化的环节。简单来说，预处理语句使用更少的资源，执行速度也就更快。

（2）传给预处理语句的参数不需要使用引号，底层驱动会处理这个。如果应用独占地使用预处理语句，就可以确信没有 SQL 注入会发生。

【练习 3】

创建连接数据库的类，使用 PreparedStatement 对象处理 SQL 语句，代码如下。

```
String url = "jdbc:mysql://localhost:3306/test";
String username = "root"; // 用户名
String password = "123456"; // 密码
Connection conn = null;
PreparedStatement stmt = null;
String uname = request.getParameter("user");
String psword = request.getParameter("psw");
    try {
        Class.forName("com.mysql.jdbc.Driver");
        conn = DriverManager.getConnection(url, username, password);
        String sql = "insert into t values(?,?)";
        stmt = conn.prepareStatement(sql);
        stmt.setString(1, uname);
        stmt.setString(2, psword);
        stmt.execute();
        conn.close();
        } catch (Exception e) {
    e.printStackTrace();
    }
```

3. CallableStatement

CallableStatement 是用于执行 SQL 存储过程的接口。JDBC API 提供了一个存储过程 SQL 转义语法，该语法允许使用标准方式调用存储过程。

此转义语法有一个包含结果参数的形式和一个不包含结果参数的形式。

结果参数是一种输出（OUT）参数，是存储过程的返回值。两种形式都可带有数量可变的输入（IN 参数）、输出（OUT 参数）或输入输出（INOUT 参数）参数。问号将用作参数的占位符。参数是根据编号顺序引用的，第一个参数的编号是 1。在 JDBC 中调用存储过程的语法如下所示。

```
{call 过程名[(?,?,?,…)]}
```

返回结果参数的过程的语法为：

```
{? =call 过程名[(?,?,?,…)]}
```

不带参数的已存储的过程语法为：

```
{call 过程名}
```

输入参数（即 input 参数）的值是使用继承自 PreparedStatement 对象的 set 方法设置的。在执行存储过程之前，必须注册所有输出参数的类型，这是因为输出参数的值是在执行存储过程后通过 CallableStatement 对象提供的 get 方法获取的。

CallableStatement 可以返回一个 ResultSet 对象或多个 ResultSet 对象。多个 ResultSet 对象

是使用继承自 Statement 的操作处理的。

为了获得最大的可移植性，某一调用的 ResultSet 对象和更新计数应该在获得输出参数的值之前处理。

CallableStatement 继承了 Statement 的方法（它们用于处理一般的 SQL 语句），还继承了 PreparedStatement 的方法（它们用于处理 IN 参数）。CallableStatement 中定义的所有方法都用于处理 OUT 参数或 INOUT 参数的输出部分，注册 OUT 参数的 JDBC 类型（一般 SQL 类型），从这些参数中检索结果，或者检查所返回的值是否为 JDBC NULL。

【练习 4】

创建一个数据库存储过程 UpdateProcedure，用于更新数据库中表的操作，使用 CallableStatement 对象执行该存储过程，关键代码如下所示。

```
CallableStatement callStatement = null;
ResultSet rs = null;
callStatement = conn.prepareCall("{ call UpdateProcedure(?,?)} ");
while(rs.next())
{
callStatement.setString(1,rs.getString("username"));
callStatement.setString(2,rs.getString("password"));
callStatement.execute();
}
```

10.2.5 结果集类：ResultSet

ResultSet 对象表示数据库查询所获得的结果集表，即通过执行数据库查询语句而产生的数据记录集。ResultSet 对象具有指向其当前数据行的游标。最初，游标被置于第一行之前。next 方法将游标移动到下一行。因为该方法在 ResultSet 对象没有下一行时返回 false，所以可以在 while 循环中使用它来迭代结果集。

ResultSet 接口提供 getXXX 方法用于从当前行获取列值。也可使用列的索引编号或列的名称获取值。一般情况下，使用列索引较为高效。列从 1 开始编号。为了获得最大的可移植性，应该按从左到右的顺序读取每行中的结果集列，每列只能读取一次。

对于获取方法，JDBC 驱动程序尝试将底层数据转换为在获取方法中指定的 Java 类型，并返回适当的 Java 值。JDBC 规范有一个表，显示允许的从 SQL 类型到 ResultSet 获取方法所使用的 Java 类型的映射关系。

用作获取方法的输入的列名称不区分大小写。用列名称调用获取方法时，如果多个列具有同一名称，则返回第一个匹配列的值。在生成结果集的 SQL 查询中使用列名称时，将使用列名称选项。对于没有在查询中显式指定的列，最好使用列编号。如果使用列名称，则应该保证名称唯一引用预期的列。

注意

当生成 ResultSet 对象的 Statement 对象关闭、重新执行或用来从多个结果集的序列中获取下一个结果集时，ResultSet 对象将自动关闭。

ResultSet 对象的列的编号、类型和属性由 ResultSet.getMetaData() 方法返回的 ResulSetMetaData 对象提供。

ResultSet 包含符合 SQL 语句中条件的所有行，并且通过 get 方法（使用 get 方法可以访问当前行中的不同列）提供了对这些行中数据的访问。ResultSet.next()方法用于移动到 ResultSet 中的下一行，使下一行成为当前行。ResultSet 对象常用方法如表 10-5 所示。

表 10-5 ResultSet 对象常用方法

方　法	说　明
next()	该方法用于将 ResultSet 定位到下一行。ResultSet 定位从结果集第一行开始
getMetaData()	该方法用于返回包含当前结果集说明的对象：列号、每列类型和结果属性
close()	该方法用于释放 ResultSet 对象资源
absolute(int row)	该方法用于将结果集移动到指定行，如果 row 为负数，则放在倒数第几行

1．读取 ResultSet 表中的数据

通常情况下，可使用 while 循环遍历 ResultSet 对象内的每一行记录中任意属性列的值。

【练习 5】

例如，要使用 while 循环遍历 ResultSet 中查询出的数据表 t 中所有列的值，代码如下。

```
Statement sm = null;
ResultSet rs = null;
String sql2 = "select * from t";
rs = sm.executeQuery(sql2);
while (rs.next()) {
    System.out.println(rs.getString("username") + " " +rs.getString("age"));
}
```

读取 ResultSet 对象中每一行数据的方法是调用它的 getXXX()方法，XXX 表示 Java 的数据类型。在使用该方法读取数据时，应该为它指定要读取的列。指定读取的列有两种方法：一种是使用列的序号，另一种方法是使用列名。例如，上述代码中结果集的第 1 列的列名为“username”，则下面的两行代码是等价的。

```
String username =rs.getString(1);
String username =rs.getSring("username ");
```

如果 XXX 所代表的数据类型与结果集中对应列的数据类型不匹配，将会发生类型转换。例如，上述结果集中“age”列的数据类型为 int，那么调用 getString("age")读取“age”一列的数据时，将把结果集中 int 类型数据转化成 String 类型。JDBC 自动进行转换的数据类型如表 10-6 所示。

表 10-6 SQL 数据类型与 Java 数据类型之间的映射

SQL 类型	Java 类型	SQL 类型	Java 类型
CHAR	String	VARCHAR	String
LONGVARCHAR	String	NUMERIC	java.math.BigDecimal
DECIMAL	java.math.BigDecimal	BIT	boolean
TINYINT	byte	SMALLINT	short
INTEGER	int	BIGINT	long
Structuretypes	java.sql.Struct	REAL	float
DOUBLE	double	BINARY	byte[]
VARBINARY	byte[]	LONGVARBINARY	byte[]
BLOB	java.sql.Blob	CLOB	byte[]
DATE	java.sql.Date	TIME	java.sql.Time
TIMESTAMP	java.sql.TimeStamp	ARRAY	java.sql.Array

2．使用 ResultSetMetaData

ResultSetMetaData 对象可用于获取关于 ResultSet 对象中列的类型和属性信息的对象。从

ResultSet 对象可以获得一个 ResultSetMetaData 对象，该对象包含 ResultSet 对象中列的类型及相关信息。

【练习 6】

查询 t 表中的全部数据，并且使用 ResultSetMetaData 对象获取结果集对象中列的个数，代码如下。

```
String sql = "select * from t"
Statement stmt=conn.createStatement();
ResultSet rs=stmt.executeQuery(sql);
ResultSetMetaData rsmd=rs.getMetaData();
int numberOfcolumn = rsmd.getColumnCount();
```

该段代码使用 ResultSet 对象的 getMetaData 方法创建一个 ResultSetMetaData 对象，然后使用该对象的 getColumnCount 方法获取 ResultSet 对象中列的个数。

3. 滚动结果集 ResultSet

JDBC 提供了很多用以访问 ResultSet 中记录的方法。例如，可以访问 ResultSet 中的上一条记录、下一条记录，也可直接访问某一特定位置的记录。要能够访问 ResultSet 中的记录，需要在使用 Connection 对象的方法创建 Statement 对象时指定特定的参数。例如，使用下面的语句指定结果集为滚动结果集。

```
String url = "jdbc:mysql://localhost:3306/test";
String username = "root";                                    //用户名
String password = "123456";                                  //密码
Connection con = null;
Statement sm = null;
ResultSet rs = null;
Class.forName("com.mysql.jdbc.Driver");
con = DriverManager.getConnection(url, username, password);
stmt = conn.createStatement( ResultSet.TYPE_SCROLL_INSENSITIVE,
                             ResultSet.CONCUR_UPDATABLE ) ;
```

在上述代码段中，ResultSet 类中的 TYPE_SCROLL_SENSITIVE 常量指明了返回的结果集 ResultSet 的游标是可滚动的，即可以向前或向后访问记录集中的记录；CONCUR_UPDATABLE 常量指明所创建的记录集是可更改的。

上面代码中 createStatement 方法的第一个参数用于指定 ResultSet 是否为可滚动结果集。该参数有三个值可供选择。

（1）ResultSet.TYPE_FORWARD_ONLY：该常数用于指定 ResultSet 只能向前浏览，结果集不可滚动,该值为默认值。

（2）ResultSet.TYPE_SCROLL_INSENSITIVE：该常数指定 ResultSet 可以向前和向后浏览，也称为可滚动的 ResultSet，但是当其他用户更改数据库时，并不能在该结果集中显示出来。

（3）ResultSet.TYPE_SCROLL_SENSITIVE：该值用于指定 ResultSet 可以向前和向后浏览，并且如果其他用户更新了数据库，也能更新该结果集。

如果指定 ResultSet 对象是可滚动的，则诸如 absolute、first、last、previous 等 ResultSet 接口的方法均可以使用。

上面代码中 createStatement 方法的第二个参数用于指定 ResultSet 的更新状况，该参数有以下两个值可供选择。

（1）CONCUR_READ_ONLY：用于指定 ResultSet 是只读的，该常数也是默认值。

（2）CONCUR_UPDATABLE：用于指定 ResultSet 是可更新的。

当打开一个 ResultSet 对象时，指针（游标）位于第一条记录之前，在对该结果集进行存取之前，先使记录指针指向某一条记录；如果不指向某条记录，那么将会抛出异常。

10.3 JDBC 操作数据库

与数据库建立连接以后，下面要做的就是执行访问数据库的各种操作了。本节将介绍如何使用 java.sql 包中的常用类和接口访问数据库。包括检索数据库中的数据、对数据库进行更新等常用技术。

创建 testjdbc 项目，包括连接数据库以及对表中数据的添加、更新、删除等操作，具体的数据库操作，下面将详细讲述。

10.3.1 创建数据库、数据表

使用 MySQL 数据库创建一个 jdbc 数据库，创建 student 表。表结构如表 10-7 所示。

表 10-7 jdbc 数据库中 student 表结构

列 名 称	数 据 类 型	说 明
stuid	int(10)	学生编号（主键）
stuname	VARCHAR(10)	学生姓名
stusex	CHAR(2)	学生性别
stubirth	DATE	学生出生日期
score	int(4)	学生成绩
claid	int(4)	学生所在班级

10.3.2 添加数据

创建 MyJsp.jsp 页面包含表单，用于提交数据，进行插入数据，代码如下。

```
<form action="index.jsp">
    学生编号: <input type="text" name="stuid" /><br>
    学生姓名: <inputtype="text" name="stuname" /><br>
    学生性别: <input type="text"name="stusex" /><br>
    出生日期: <input type="text" name="stubirth" /><br>
    学生成绩: <input type="text" name="score" /><br>
    所在班级: <input type="text" name="claid" /><br>
    <input type="submit" name="commit" value="提交" /><br>
    <input type="reset" value="重置" /><br>
</form>
```

创建 index.jsp 页面，用于处理数据的添加操作，如下所示。

```
<%
//取得表单输入的数据
    String stuid = request.getParameter("stuid");
    …
%>
```

```
<%try{
        String url = "jdbc:mysql://localhost:3306/jdbc";
        String username = "root";        //用户名
        String password = "123456";      //密码
        Connection conn = null;
        Class.forName("com.mysql.jdbc.Driver")
        conn = DriverManager.getConnection(url, username, password);
        //创建执行语句
        //使用 PreparedStatement 添加多条记录
        String sql = "insert into student values(?,?,?,?,?,?)";
        PreparedStatement pstmt = conn.prepareStatement(sql);
        //将从表单中获取的数据添加到预编译对象中
        pstmt.setString(1, stuid);
        …
        //执行更新语句
        pstmt.executeUpdate();
        //关闭 pstmt
        pstmt.close();
        %>
        <a href="show.jsp">显示表中数据</a>
        <%
        //显示添加成功以及添加数据内容
        out.print("数据添加成功"+"<br>");
        out.println("学生编号: "+stuid+"<br>");
        …
        } catch(Exception e){
        e.printStackTrace();
    }
%>
```

上述代码中使用了 PreparedStatement 来添加数据。PreparedStatement 用于执行预处理的语句，设置了它的值以后，可以多次使用。所以如果要反复执行某个操作，应该使用 PreparedStatement。

将该项目部署在 Tomcat 下，运行 MyJsp.jsp 页面，在表单中输入数据，进行提交，运行结果如图 10-8 所示。单击【提交】按钮，执行添加操作，如图 10-9 所示。

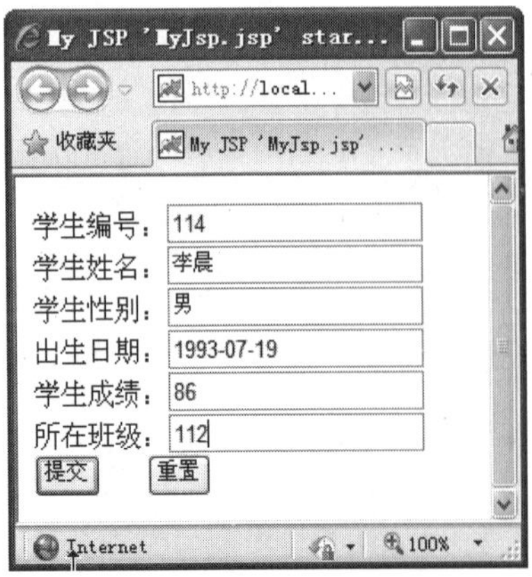

图 10-8　MyJsp.jsp 添加数据

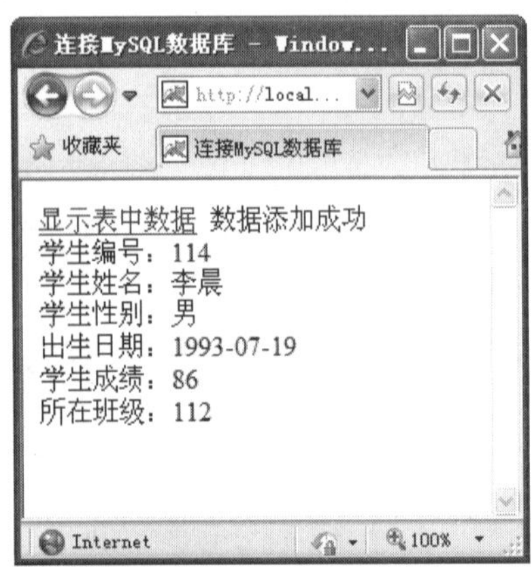

图 10-9　数据添加成功

10.3.3 查询数据

创建 show.jsp 页面，用于显示数据库中的原有的数据，代码如下。

```
<%
    try {
        //驱动类
        String url = "jdbc:mysql://localhost:3306/jdbc";
        String username = "root";        //用户名
        String password = "123456";      //密码
        Connection conn = null;
        Statement statement = null;
        Class.forName("com.mysql.jdbc.Driver");
        conn = DriverManager.getConnection(url, username, password);
        statement = conn.createStatement();
        String sql = "select * from student";
        ResultSet rs = statement.executeQuery(sql);
%>
//定义表格用于显示数据
    <table…>
    <%
        while (rs.next()) {
    %>
    <tr>
        <td><%=rs.getString("stuid")%></td>
        <td><%=rs.getString("stuname")%></td>
        <td><%=rs.getString("stusex")%></td>
        <td><%=rs.getString("stubirth")%></td>
        <td><%=rs.getString("score")%></td>
        <td><%=rs.getString("claid")%></td>
    </tr>
    <%
        }
            conn.close();
        } catch (Exception e) {
            e.printStackTrace();
        }
    %>
```

上述代码是由 ResultSet 动态生成一个 Table。ResultSet 中有多种 getXXX()方法，以用于获得对应数据类型的记录。比如，getString()获得字段是 char、varchar、nvarchar 等类型的记录值；getInt()获得整型值；getFloat()获得浮点值。

当执行 statement.executeQuery(sql);操作时，返回的是一个结果集，这个结果集可以看成是一个表，表中包含的是查询出来的记录。该实例的运行效果如图 10-10 所示。

学生编号	学生姓名	学生性别	出生日期	学生成绩	所在班级
1	陈思	女	1990-02-14	78	113
2	李浩	男	1991-08-12	62	112
3	陈鹏	男	1990-04-16	97	112
4	李志	男	1992-02-17	80	113
5	刘瑞	女	1993-08-16	75	112

图 10-10　单击显示数据链接运行结果

10.3.4　删除和修改数据

创建 delete.jsp 页面，包含对数据进行更新和删除，执行删除与修改操作也非常简单，都可以通过向数据库发送 sql 语句来完成，只不过执行的 sql 语句不同罢了。

```
<%
String url = "jdbc:mysql://localhost:3306/jdbc";
String username = "root";
String password = "123456";
Connection conn = null;
Statement sm = null;
ResultSet rs = null;
Class.forName("com.mysql.jdbc.Driver");
conn = DriverManager.getConnection(url, username, password);
sm=conn.createStatement();
//执行的 SQL 语句用于修改一条记录
    String sql1="update student set score= 80 where stuid='2'";
    int row1=sm.executeUpdate(sql1);
    out.print(row1+"条记录被修改。");
    //执行的 SQL 语句用于删除记录
    String sql2="delete from student where stusex like '男'";
    int row2= sm.executeUpdate(sql2);
    out.print( row2+"条记录被删除。");
    //关闭连接、释放资源
    sm.close();
    conn.close();
%>
```

将该项目部署在 Tomcat 下，运行 delete.jsp 页面，运行结果显示“1 条记录被修改。3 条记录被删除。”对比数据库中表中数据的变化发现，操作成功，如图 10-11 和图 10-12 所示。

10.3.5　分页显示

数据库分页显示信息是 Web 应用程序中经常遇到的问题，当用户的数据查询结果太多而超过计算机屏幕显示的范围时，为了方便用户的访问，往往采用数据库分页显示的方式。

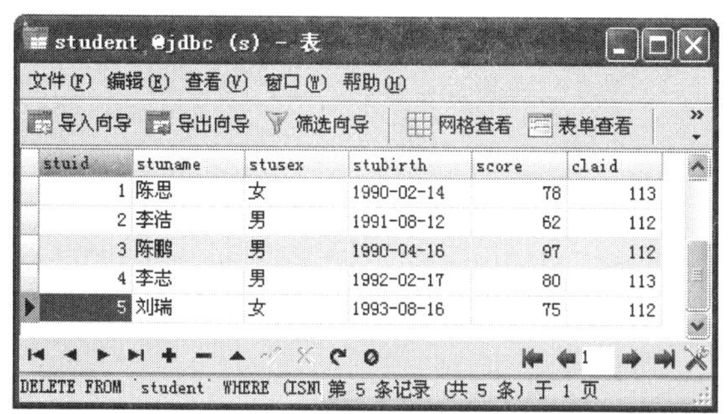

图 10-11　更新删除操作之前表数据

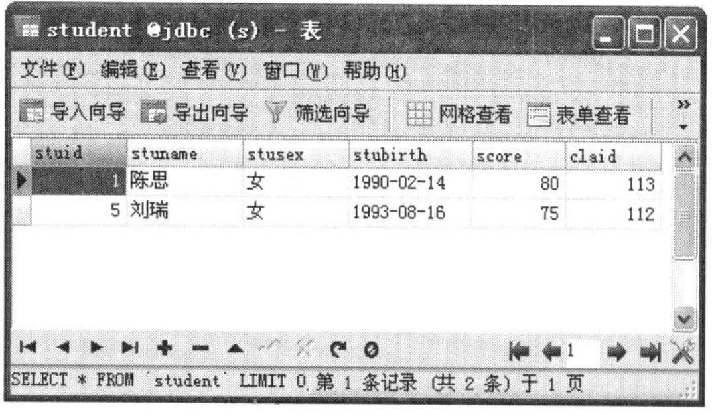

图 10-12　更新删除操作之后表数据

对于 Web 编程的老手来说，编写这种代码实在是和呼吸一样自然，但是对于初学者来说，常常对这个问题摸不着头绪，因此需要对分页显示的原理和实现方法进行介绍。所谓分页显示，也就是将数据库中的结果集人为地分成一段一段的来显示，这里需要以下两个初始参数。

（1）每页多少条记录（$PageSize）。

（2）当前是第几页（$CurrentPageID）。

现在只要再给一个结果集，就可以显示某段特定的结果出来。至于其他的参数，如上一页（$PreviousPageID）、下一页（$NextPageID）、总页数（$numPages）等，都可以根据前边这几个参数得到。首先获取记录集中记录的数目，假设总记录数为 m，每页显示数量是 n，那么总页数的计算公式是：如果 m/n 的余数大于 0，总页数=m/n 的商+1；如果 m/n 的余数等于 0，总页数=m/n 的商。即：

```
总页数=(m%n)==0?(m/n):(m/n+1);
```

如果要显示第 P 页的内容，应当把游标移动到第(P-1)×n+1 条记录处。

【练习 7】

创建 page.jsp，将 student 中的数据分为每三条一页进行显示，并且单击要显示的页数链接，就可以显示规定页数的数据，代码如下。

```
<body>
    <p>分页显示数据库记录</p>
    <table width="424" height="60" border="1" bordercolor="#000000"style=
    "border-collapse:collapse">
        <tr>
            <td>学生编号</td>
            <td>学生姓名</td>
            <td>学生性别</td>
            <td>出生日期</td>
            <td>学生成绩</td>
            <td>所在班级</td>
        </tr>
        <%
            try {
                String url = "jdbc:mysql://localhost:3306/jdbc";
                String username = "root";       //用户名
                String password = "123456";     //密码
                Connection conn = null;
                Statement statement = null;
```

```
            ResultSet rs = null;
            Class.forName("com.mysql.jdbc.Driver");
            conn = DriverManager.getConnection(url, username, password);
            statement = conn.createStatement();
            String sql = "select * from student";//创建执行语句
            rs = statement.executeQuery(sql);
            int intPageSize;     //一页显示的记录数
            int intRowCount;     //记录的总数
            int intPageCount;    //总页数
            int intPage;         //待显示的页码
            String strPage;
            int i;
            intPageSize = 3;     //设置一页显示的记录数
            strPage = request.getParameter("page");//取得待显示的页码
            if (strPage == null)
                        //判断 strPage 是否等于 null,如果是，显示第一页数据
            {
                intPage = 1;
            } else {
                intPage = java.lang.Integer.parseInt(strPage);
                                                        //将字符串转换为整型
            }
            if (intPage < 1) {
                intPage = 1;
            }
            rs.last();//获取记录总数
            intRowCount = rs.getRow();
            intPageCount = (intRowCount + intPageSize - 1) / intPageSize;
            //计算机总页数
            if (intPage > intPageCount)
                intPage = intPageCount; //调整待显示的页码
            if (intPageCount > 0) {
                //将记录指针定位到待显示页的第一条记录上
                rs.absolute((intPage - 1) * intPageSize + 1);
            }
            //下面用于显示数据
            i = 0;
            while (i < intPageSize && !rs.isAfterLast()) {
    %>
    <tr>
        <td><%=rs.getString("stuid")%></td>
        <td><%=rs.getString("stuname")%></td>
        <td><%=rs.getString("stusex")%></td>
        <td><%=rs.getString("stubirth")%></td>
        <td><%=rs.getString("score")%></td>
        <td><%=rs.getString("claid")%></td>
    </tr>
    <%
        rs.next();
```

```
                i++;
            }
            rs.close();//关闭连接、释放资源
            statement.close();
            conn.close();
    %>
    共<%=intRowCount%>个记录，分<%=intPageCount%>页显示，
    当前页是：第<%=intPage%>页
    <br><br> 选择要显示的页数：
    <%
        for (int j = 1; j <= intPageCount; j++) {
                out.print("  <a href='page.jsp?page=" + j + "'>"
                        + j + "</a>");
            }
    %>
    <br><br>
    <%
        } catch (Exception e) {
            e.printStackTrace();
        }
    %>
</body>
```

将该项目部署在 Tomcat 上，运行结果如图 10-13 所示。

单击要显示的页数，比如显示第三页的数据，如图 10-14 所示。

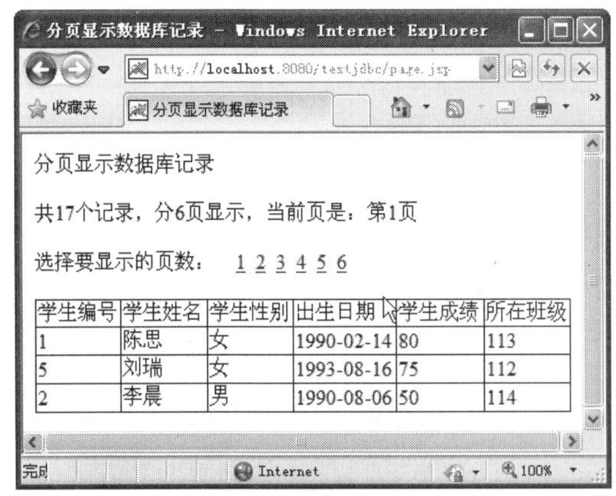

图 10-13　分页显示结果

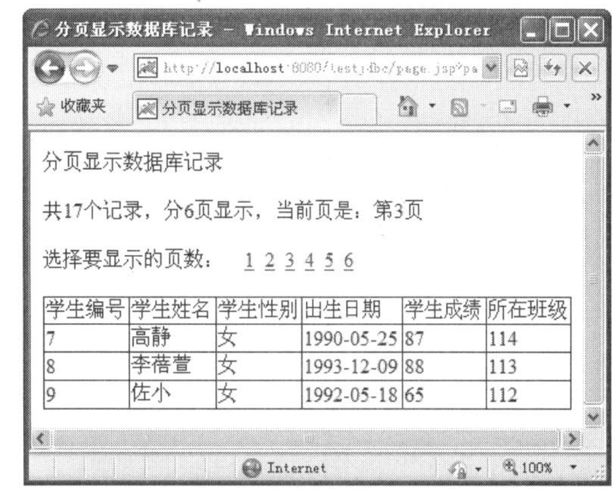

图 10-14　指定页数显示结果

10.3.6　调用存储过程

存储过程可以使得对数据库的管理、显示关于数据库及其用户信息的工作容易得多。存储过程是 SQL 语句和可选控制流语句的预编译集合，以一个名称存储并作为一个单元处理。存储过程存储在数据库内，可由应用程序通过一个调用执行，而且允许用户声明变量、有条件执行以及其他强大的编程功能。

存储过程可包含程序流、逻辑以及对数据库的查询。它们可以接受参数、输出参数、返回单个或多个结果集以及返回值。存储过程的功能取决于数据库所提供的功能。

在 JDBC 组件中，CallableStatement 接口对象为所有的 DBMS 提供了一种以标准形式调用存储过程的方法。对存储过程的调用是 CallableStatement 对象所含的内容。这种调用操作有两种形式，带结果参数的形式和不带结果参数的形式，在 10.2.4 节中介绍 CallableStatement 时进行过详细介绍。

【练习 8】

（1）创建一个存储过程用于分类查询数据，当输入 0 时查询男生数据信息，输入 1 查询女生信息，默认情况下查询表中所有数据，代码如下。

```
CREATE DEFINER=`root`@`localhost` PROCEDURE `select_proc`(IN `pairmeter` integer)
BEGIN
IF pairmeter = 0 THEN
SELECT * FROM student WHERE stusex='男';
ELSEIF pairmeter = 1 THEN
SELECT * FROM student WHERE stusex='女';
ELSE
SELECT * FROM student;
END IF;
END
```

（2）创建 proc.jsp 页面，用于调用存储过程，代码如下。

```
分类查询：<a href="proc.jsp?pairmeter=1">查询女生 </a><a href="proc.jsp?pairmeter=0">
查询男生 </a><br><br>
    <%
        try {
            //驱动类
            String pairmeter = request.getParameter("pairmeter");
            String url = "jdbc:mysql://localhost:3306/jdbc";
            String username = "root";       //用户名
            String password = "123456";     //密码
            Connection conn = null;
            ResultSet rs = null;
            CallableStatement callableStatement = null;
            Class.forName("com.mysql.jdbc.Driver");
            conn = DriverManager.getConnection(url, username, password);
            callableStatement = conn.prepareCall("{ call select_proc(?)} ");
    %>
    <%
        callableStatement.setString(1, pairmeter);
            rs = callableStatement.executeQuery();
    %>
    <table width="424" height="60" border="1" bordercolor="#000000"
        style="border-collapse:collapse">
        <tr>
            <td>学生编号</td>
            <td>学生姓名</td>
            <td>学生性别</td>
            <td>出生日期</td>
```

```
            <td>学生成绩</td>
            <td>所在班级</td>
        </tr>
        <%
            while (rs.next()) {
        %>
        <tr>
            <td><%=rs.getString("stuid")%></td>
            <td><%=rs.getString("stuname")%></td>
            <td><%=rs.getString("stusex")%></td>
            <td><%=rs.getString("stubirth")%></td>
            <td><%=rs.getString("score")%></td>
            <td><%=rs.getString("claid")%></td>
        </tr>
        <%
            }
                conn.close();
                callableStatement.close();
            } catch (Exception e) {
                e.printStackTrace();
            }
        %>
```

在 Tomcat 下运行如图 10-15 所示。单击【查询女生】链接，运行结果如图 10-16 所示。

分类查询： 查询女生 查询男生

学生编号	学生姓名	学生性别	出生日期	学生成绩	所在班级
1	陈思	女	1990-02-14	80	113
5	刘瑞	女	1993-08-16	75	112
2	李晨	男	1990-08-06	50	114
3	张波	男	1992-02-03	87	114
4	李真	男	1992-06-08	59	112
6	韩军	男	1991-08-29	55	113
7	高静	女	1990-05-25	87	114
8	李蓓萱	女	1993-12-09	88	113
9	佐小	女	1992-05-18	65	112
10	南溪	男	1991-08-15	55	113
11	顾蓓蓓	女	1990-08-30	98	113
12	李楠	女	1993-08-26	59	111
14	李娜	女	1992-07-12	78	113
15	张伟	女	1990-05-14	87	113
16	周洲	女	1991-02-01	75	113
17	杨子	男	1990-05-19	68	113

图 10-15　查询全部信息

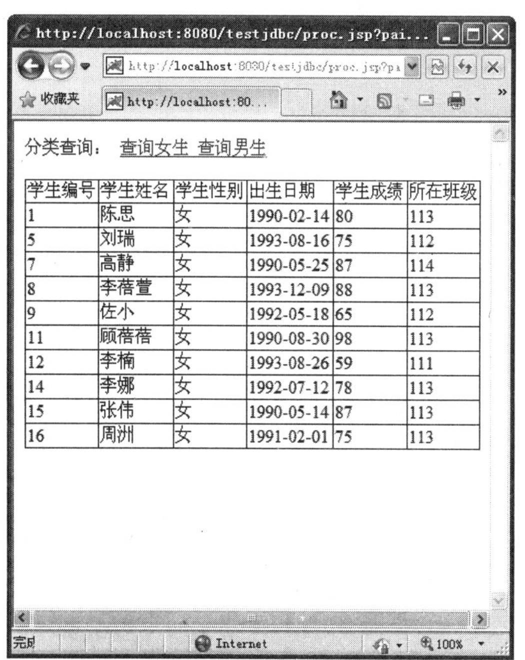

分类查询： 查询女生 查询男生

学生编号	学生姓名	学生性别	出生日期	学生成绩	所在班级
1	陈思	女	1990-02-14	80	113
5	刘瑞	女	1993-08-16	75	112
7	高静	女	1990-05-25	87	114
8	李蓓萱	女	1993-12-09	88	113
9	佐小	女	1992-05-18	65	112
11	顾蓓蓓	女	1990-08-30	98	113
12	李楠	女	1993-08-26	59	111
14	李娜	女	1992-07-12	78	113
15	张伟	女	1990-05-14	87	113
16	周洲	女	1991-02-01	75	113

图 10-16　调用存储过程查询女生信息

10.3.7　使用连接池

连接池可以预先建立一些连接，并且这些连接允许共享，因此这样就节省了每次连接的时间开销，同时也提高了数据库操作中代码的重复使用。

【练习 9】

数据库 test 中有表 user，创建连接池，对该表进行操作。

（1）在 META-INF 文件夹下创建 Context.xml 文件，包含连接 MySQL 的驱动信息，代码如下。

```
<?xml version="1.0" encoding="UTF-8"?>
<Context>
<Resource
    name="jdbc/mysql"
    type="javax.sql.DataSource"
    username="root"
    password="123456"
    driverClassName="com.mysql.jdbc.Driver"
    url="jdbc:mysql://localhost:3306/test"
    maxIdle="2"
    maxWait="5000"
    maxActive="3"/>
</Context>
```

name 指定连接池的名称；type 指定连接池的类，它负责连接池的事务处理；url 指定要连接的数据库；driverClassName 指定连接数据库使用的驱动程序；username 与 password 分别指定连接数据库的用户名与密码；maxWait 指定最大建立连接等待时间，如果超过此时间将接到异常；maxIdle 指定连接池中连接的最大空闲数；maxActive 指定连接池最大连接数。

（2）配置 web.xml 文件。在 WEB-INF 文件夹下的 web.xml 文件中进行如下配置。

```
<resource-ref>
    <description>MySQL 数据库连接池配置</description>
    <res-ref-name>jdbc/mysql</res-ref-name>
    <res-type>javax.sql.DataSource</res-type>
    <res-auth>Container</res-auth>
    <res-sharing-scope>Shareable</res-sharing-scope>
</resource-ref>
```

Description 为描述信息；res-ref-name 指定参考数据源名称，同上一步的属性 name；res-type 为资源类型；res-auth 为连接名，res-sharing-scope 指定是否可以被共享。

（3）测试配置的数据库连接池。使用已经配置好的 test 数据库连接池，从 user 表中提取数据，其核心代码如下。

```
<%
    DataSource dataSource=null;
    Context context = null;
    Connection connection=null;
    Statement st=null;
    ResultSet rs=null;
    try {
    //检索指定的对象，返回此上下文的一个新实例
    context = (Context) new InitialContext().lookup("java:comp/env");
    //获得数据库连接池
        dataSource = (DataSource)context.lookup("jdbc/mysql");
```

```
        if(dataSource==null)
            out.println("找不到指定连接池");
        //从池中取得一个连接
        connection= dataSource.getConnection() ;
        st=connection.createStatement();
        rs = st.executeQuery("select * from user");
%>
使用连接池获取表中数据:
<table width="300" height="60" border="1" bordercolor="#000000"
    style="border-collapse:collapse">
    <%
        while (rs.next()) {
    %>
    <tr>
        <td><%=rs.getString(1)%></td>
        <td><%=rs.getString(2)%></td>
        <td><%=rs.getString(3)%></td>
        <td><%=rs.getString(4)%></td>
    </tr>
    <%
        }
            rs.close();
            st.close();
        } catch (SQLException e) {
            System.out.println(e);
        }
    %>
</table>
```

直接在 Tomcat 下运行该页面，访问数据库获取表 user 中的数据。

10.4 使用 ResultSet 处理结果集

使用 Statement 实例执行一个查询 SQL 语句之后会得到一个 ResultSet 的对象，通常称之为结果集，它其实就是符合条件的所有行的集合。获得结果集之后，通常需要从结果集中检索并显示其中的信息。

可以把 ResultSet 对象看成是一个表，该表包含执行 SELECT 查询语句后返回的列和相应的值。在 JDBC 1.0 中主要提供了两类方法用于检索结果集的值，其中，ResultSet.next()方法用于将游标移动到 ResultSet 中的下一行，使下一行成为当前行，以后每调用一次 ResultSet.next()方法，就可以获取下一行数据。该方法返回的值类型为 boolean，如果返回 true，表示结果集中仍有记录；如果返回为 false，则表示当前 ResultSet 对象中已经没有数据。另一类就是 getXXX 方法用于获取当前行的某一列的值。通常将只能使用这两类方法的结果集称为基本结果集。

JDBC 2.0 在 ResultSet 接口中添加了大量新的方法。一方面为了弥补 ResultSet.next()方法只能向前滚的局限性，提供了各种定位游标的方法以自由地在结果集中滚动，具有这些功能的结果集称为可滚动结果集；另一方面针对 JDBC 1.0 中的结果集只能访问，不能修改的缺点，提供了一系列方法可以直接更新结果集并提交给数据库，具有这些功能的结果集称为可更新结果集。下面将分别介绍这三种类型的结果集的创建和使用。

10.4.1 使用基本结果集

基本结果集虽然功能有限，但它却是最常用的一种结果集。因为对于普通的查询操作，它已经能很好的地满足程序员的需求。

1．创建方式

结果集的类型其实是由 Statement 对象的创建方式决定的，因为所有的结果集对象都是由 Statement 对象执行查询 SQL 语句或存储过程时返回的。如果需要执行时返回基本结果集，三种 Statement 语句对象创建时调用的 Connection 接口的方法对应如下。

（1）Statement 语句：CreateStatement()。

（2）PreparedStatement 语句：prepareStatement(String sql)。

（3）CallableStatement 语句：PrepareCall(String sql)。

2．主要方法

前面已经说到基本结果集有两大类重要的方法，下面分别介绍。

1）Boolean next()方法

将游标移动到下一行，如果游标位于一个有效数据行则返回 true。另外需要注意一点，语句对象返回的结果集中游标的初始位置在第一行的前面，因此要访问的结果集需要首先调用 next()方法。

2）getXXX(int columnIndex)方法系列

按序号获得当前行中指定数据列的值，并将其转换为方法名中 XXX 所对应的 Java 数据类型。

3）getXXX(String columnName)方法系列

按列名获得当前行中指定数据列的值，并将其转换为方法名中 XXX 所对应的 Java 数据类型。

【练习 10】

创建 result.jsp 页面，使用 ResultSet 来检索 test 数据库下 user 表中的记录信息，代码如下。

```
<%
    String url = "jdbc:mysql://localhost:3306/test";
    String username = "root";        //用户名
    String password = "123456";      //密码
    Connection conn = null;
    Statement stmt = null;
    try {
        Class.forName("com.mysql.jdbc.Driver");
        conn = DriverManager.getConnection(url, username, password);
        //创建返回基本结果集的语句对象
        stmt = conn.createStatement();
        //执行 SQL 查询语句得到基本结果集
        ResultSet rs = stmt.executeQuery("select * from user");
        //使用 next()方法将游标向前移动一行
%>
表中数据:
<table width="300" height="60" border="1" bordercolor="#000000"
    style="border-collapse:collapse">
    <%
        while (rs.next()) {
```

```
                //使用 getXXX(int columnIndex)方法取得列值
                String id = rs.getString(1);
                String name = rs.getString(2);
                //使用 getXXX(String columnName)方法取得列值
                String pass = rs.getString("pass");
                String note = rs.getString("note");
        %>
        <tr>
            <td><%=rs.getString("id")%></td>
            <td><%=rs.getString("name")%></td>
            <td><%=rs.getString("pass")%></td>
            <td><%=rs.getString("note")%></td>
        </tr>
        <%
            }
                rs.close();
                stmt.close();
            } catch (SQLException e) {
                System.out.println(e);
            }
        %>
    </table>
```

运行该 JSP 页面，页面显示表 user 中的数据。

10.4.2 可滚动结果集

当需要在结果集中任意地移动游标时，则应该使用可滚动结果集。

1. 创建方式

如果需要执行时返回可滚动结果集，三种 Statement 语句对象创建时调用的 Connection 接口的方法对应如下。

（1）Statement 语句：createStatement(int resultSetType, int resultSetConcurrency)。

（2）PrepareStatement 语句：prepareStatement(String sql,int resultSetType, int resultSet Concurrency)。

（3）CallableStatement 语句：prepareCall(String sql,int resultSetType, int resultSet Concurrency)。

其中，resultSetType 参数用于指定滚动的类型，resultSetConcurrency 参数用于指定是否可以修改结果集。

2. 主要方法

可滚动结果集当然也具有基本结果集的所有方法，在此就不再介绍。可滚动结果集还提供了多种移动和定位游标的方法，既可以向前或向后进行相对定位，也可以进行各种绝对定位。下面分别介绍这些方法，如表 10-8 所示。

表 10-8　可滚动结果集中的方法

方　法	说　明
boolean previous()	与 next()方法相反，将游标向后移动一行，如果游标位于一个有效数据行则返回 true
boolean first()	将游标移动到第一行，如果游标位于一个有效数据行则返回 true

续表

方　法	说　明
boolean last()	将游标移动到最后一行，如果游标位于一个有效数据行则返回 true
void beforFirst()	将游标移动到第一行之前，如果游标位于一个有效数据行则返回 true，通常是为了配合 next()方法的使用
Void afterLast()	将游标移动到最后一行之后，如果游标位于一个有效数据行则返回 true，通常是为了配合 previous()方法的使用
boolean relative(int rows)	相对于游标的当前位置将游标移动参数 rows 指定的行数，rows 为正数游标向前移动，rows 为负数游标向后移动，如果游标位于一个有效数据行则返回 true
boolean absolute(int rows)	将游标移动到参数 rows 指定的数据行，rows 为正数游标从结果集的开始向前移动，rows 为负数游标从结果集的末尾处向后移动，rows 为零则将游标移动到第一行之前，如果游标位于一个有效数据行则返回 true
boolean isBeforeFirst()	如果游标在第一行之前则返回 true
boolean isAfterLast()	如果游标在最后一行之后则返回 true
boolean isFirst()	如果游标在第一行则返回 true
boolean isLast()	如果游标在最后一行则返回 true

【练习 11】

创建 ScrollResult.jsp 页面，其中包含滚动结果集的详细用法，代码如下。

```
<%
    String url = "jdbc:mysql://localhost:3306/test";
    String username = "root"; // 用户名
    String password = "123456"; // 密码
    Connection conn = null;
    Statement stmt = null;
    try {
        Class.forName("com.mysql.jdbc.Driver");
        conn = DriverManager.getConnection(url, username, password);
        stmt = conn.createStatement(ResultSet.TYPE_SCROLL_INSENSITIVE,
                ResultSet.CONCUR_READ_ONLY);
        //执行 SQL 查询语句得到可滚动结果集
        ResultSet rs = stmt.executeQuery("select * from user");
        out.println("当前游标是否在第一行之前: " + rs.isBeforeFirst() + "<br>");
        out.println("由前至后顺序显示结果集 : <br>");
        //使用 next()方法顺序显示结果集
        while (rs.next()) {
            String id = rs.getString(1);
            String name = rs.getString(2);
            String pass = rs.getString("pass");
            String note = rs.getString("note");
            out.println(id + " " + name + " " + pass + " " + note+ "<br>");
        }
        out.println("<br>当前游标是否在最后一行之后:" + rs.isAfterLast() + "<br>
        out.println("由后至前逆序显示结果:<br>");
        //使用 previous()方法逆序显示结果
        while (rs.previous()) {
            String id = rs.getString(1);
```

```
            String name = rs.getString(2);
            String pass = rs.getString("pass");
            String note = rs.getString("note");
            out.println(id + " " + name + " " + pass + " " + note+ "<br>");
        }
        out.println("<br>将游标移动到第一行<br>");
        rs.first();
        out.println("当前游标是否在第一行: " + rs.isFirst() + "<br>");
        out.println("结果集第一行的数据为:<br>");
        out.println(rs.getString(1)+" " + rs.getString(2) + " "+ rs.getString(3)
        + " " + rs.getString(4));
        out.println("将游标移动到最后一行<br>");
        rs.last();
        out.println("当前游标是否在最后一行: " + rs.isLast() + "<br>");
        out.println("结果集最后一行的数据为: <br>");
       out.println(rs.getString(1) + " " + rs.getString(2) + " "+ rs.getString(3)
        + " " + rs.getString(4));
        //游标的相对定位
        out.println("<br>将游标移动到最后一行的前三行");
        rs.relative(-3);
        out.println("<br>结果集最后一行的前三行数据为: <br>");
       out.println(rs.getString(1) + " " + rs.getString(2) + " "+ rs.getString(3)
        + " " + rs.getString(4));
        //游标的绝对定位
        out.println("<br>将游标移动到第三行");
        rs.absolute(3);
        out.println("<br>结果集第三行的数据为: <br>");
        out.println(rs.getString(1)+" " + rs.getString(2) + " "+ rs.getString(3)
        + " " + rs.getString(4));
        //beforeFirst()方法和 next()方法配合使用
        out.println("<br>先将游标移动到第一行之前");
        rs.beforeFirst();
        out.println("<br>再次由前至后显示结果: <br>");
        while (rs.next()) {
            String id = rs.getString(1);
            String name = rs.getString(2);
            String pass = rs.getString("pass");
            String note = rs.getString("note");
            out.println(id + " " + name + " " + pass + " " + note+ "<br>");
        }
        rs.close();
        stmt.close();
    } catch (ClassNotFoundException e) {
        System.out.println(e);
    }
%>
```

程序运行结果如图 10-17 所示。

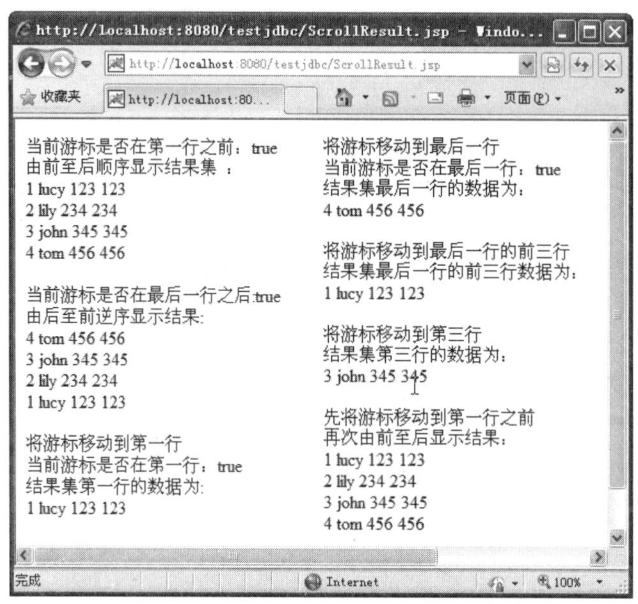

图 10-17　使用可滚动结果集获取数据

10.4.3　使用可更新结果集

当需要更新结果集的数据并将这些更新保存到数据库时，使用可更新结果集则有可能大大降低程序员的工作量。

如果需要执行时返回可更新的结果集，三种 Statement 语句对象的创建方式与返回可滚动结果集对应的 Statement 对象的创建方式类似。唯一需要注意的地方就是应该将创建方法中的 resultSetConcurrency 参数值置为 ResultSet.CONCUR_UPDATE 常量。

可更新结果集增加的方法主要都与数据更新相关，下面分别介绍，如表 10-9 所示。

表 10-9　可更新结果集的方法

方　　法	说　　明
void updateXXX(int columnIndex, XXX x)	按列号修改当前行中指定数据列的值为 x，其中 x 的类型为 XXX 所对应的 Java 数据类型
void updateXXX(String columnName,XXX x)	按列号修改当前行中指定数据列的值为 x，其中 x 的类型为 XXX 所对应的 Java 数据类型
void updateRow()	使用当前数据行的新内容更新底层的数据库，只有当游标位于当前行的时候才能调用该方法，如果游标位于插入行时调用该方法则会抛出异常
void deleteRow()	将当前数据行从结果集中删除并从底层数据库中删除该数据行。只有当游标处于当前行时才能调用该方法
void insertRow()	将插入行的内容插入到结果集中并同时插入到底层数据库中。只有当游标处于当前行时才能调用该方法
void moveToInsertRow()	将游标移动到结果集对象的插入行，只有当游标处于当前行时才应该调用该方法
void cancelRowUpdates()	取消使用 updateXXX 方法对当前行数据所做的修改，只有当游标处于当前行时才能调用该方法
void moveToCurrentRow()	将游标移动到当前行，只有当游标处于插入行时才应该调用该方法

【练习 12】

创建 updateresult.jsp 页面，包含添加、修改和删除数据，代码如下。

```
<%
    String url = "jdbc:mysql://localhost:3306/test";
    String username = "root";        //用户名
    String password = "123456";      //密码
    Connection conn = null;
    Statement stmt = null;
    try {
        Class.forName("com.mysql.jdbc.Driver");
        conn = DriverManager.getConnection(url, username, password);
        stmt = conn.createStatement(ResultSet.TYPE_SCROLL_SENSITIVE,
                ResultSet.CONCUR_UPDATABLE);
        String sql = "select  * from user";
        ResultSet rs = stmt.executeQuery(sql);
%>
<h3>修改前 user 表中的记录</h3>
<table width="300" height="60" border="1" bordercolor="#000000"
    style="border-collapse:collapse">
    <tr>
        <th>编号</th>
        <th>姓名</th>
        <th>pass</th>
        <th>note</th>
    </tr>
    <%
        while (rs.next()) {
    %>
    <tr>
        <td><%=rs.getString(1)%></td>
        <td><%=rs.getString(2)%></td>
        <td><%=rs.getString(3)%></td>
        <td><%=rs.getString(4)%></td>
    </tr>
    <%
        }
    %>
</TABLE>
<p>
    <%
        //修改数据记录
            rs.absolute(2);
            rs.updateInt("id", 2222);
            rs.updateRow();
            //插入一条数据记录
            rs.moveToInsertRow();
```

```
                rs.updateString(1, "9999");
                rs.updateString(2, "tomy");
                rs.updateString(3, "9999");
                rs.updateString(4, "9999");
                rs.insertRow();
                //删除一行数据
                rs.absolute(5);
                rs.deleteRow();
        %>
    <h3>修改后 user 表中的记录</h3>
    <table width="300" height="60" border="1" bordercolor="#000000"
        style="border-collapse:collapse">
        <tr>
            <th>编号</th>
            <th>姓名</th>
            <th>pass</th>
            <th>note</th>
        </tr>
        <%
            rs.beforeFirst();
        %>
        <%
            while (rs.next()) {
        %>
        <tr>
            <td><%=rs.getString(1)%></td>
            <td><%=rs.getString(2)%></td>
            <td><%=rs.getString(3)%></td>
            <td><%=rs.getString(4)%></td>
        </tr>
        <%
            }
        %>
    </TABLE>
    <%
        rs.close();
            stmt.close();
            conn.close();
        } catch (ClassNotFoundException ex) {
            out.println(ex);
        } catch (SQLException ex) {
            out.println();
        }
    %>
```

运行该 JSP 页面，运行结果如图 10-18 所示。对比发现表中数据发生修改，增加了一条数据，删除一条数据并且将原有的数据进行了修改。

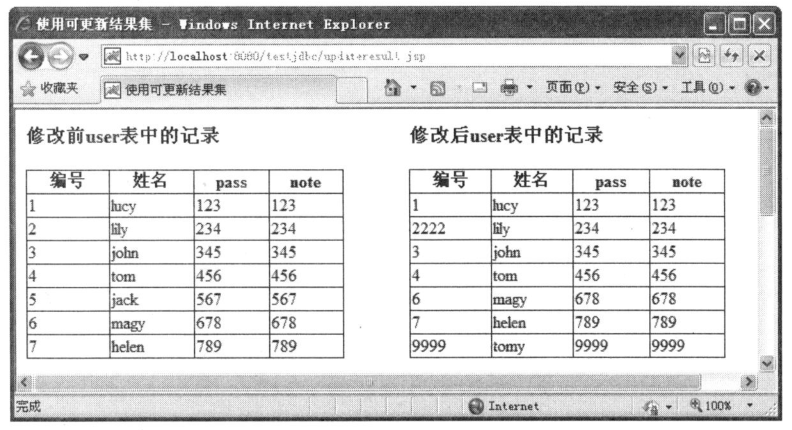

图 10-18 使用可更新结果集运行结果

10.5 实例应用：创建投票系统

10.5.1 实例目标

利用本章所讲的关于数据的操作，使用 JDBC 创建一个网上的投票系统，包括对数据库数据的添加和查询。

要求每次投票只能投票不超过三个选项且不低于一个选项。在进行数据显示的时候，要使用比例分析的方式，对比出每个候选项的结果。

10.5.2 技术分析

连接数据库的过程可以使用 MySQL 连接池，将连接的对象进行封装，并且将连接数据的过程单独创建一个类，方便项目的管理，并且提高了 JSP 页面的代码重复使用。

在控制每次投票不大于三个不低于一个时，要使用过滤器操作，将每次投票的次数进行控制。

进行数据显示的时候，可以选择使用柱状图的方式进行显示，方便对比每个数据的比例结果。使用柱状图可以选择用该选项在数据库中的总记录除数据库所有的数据，得出每个选项的比例。

10.5.3 实现步骤

（1）在 MySQL 中创建数据库、表和数据，代码如下。

```
create database election;
use election;
create table people
(
    address varchar(20) primary key,
    time int not null
    );
create table elector
(
    name varchar(10)  primary key,
```

```
    countNum int
);
insert into elector values('张飞',0);
insert into elector values('赵云',0);
insert into elector values('刘备',0);
insert into elector values('关羽',0);
insert into elector values('吕布',0);
insert into elector values('彭统',0);
```

（2）创建 JavaBean 文件 User.java，将表中的属性进行封装，代码如下。

```
public class User
{
    private String name;
    private int countNum;
    //属性的 getXXX()setXXX()方法
    …
}
```

（3）创建连接数据库的文件 Connections.java 将连接数据库和关闭数据库的过程进行封装。简化在 JSP 页面和 Servlet 文件中数据库连接的代码，提高代码的重复利用，代码如下。

```
public class Connections
{
    private static Properties pro;
    private static String user;
    private static String password;
    private static String driver;
    private static String url;
    static
    {
        pro = new Properties();
        try
        {
            pro.load(Thread.currentThread().getContextClassLoader()
                    .getResourceAsStream("MySQL.properties"));
            user = pro.getProperty("user");
            password = pro.getProperty("password");
            url = pro.getProperty("url");
            driver = pro.getProperty("driver");
        } catch (IOException e)
        {
            e.printStackTrace();
        }
    }
    public static Connection getConnection()
    {
        Connection conn = null;
        try
```

```
        {
            Class.forName(driver);
            conn = DriverManager.getConnection(url, user, password);
        } catch (ClassNotFoundException e)
        {
            e.printStackTrace();
        } catch (SQLException e)
        {
            e.printStackTrace();
        }
        return conn;
    }
    public static PreparedStatement getPreparedStatement(Connection conn, 
    String sql)
    {
        PreparedStatement pstmt=null;
        try
        {
            pstmt = conn.prepareStatement(sql);
        } catch (SQLException e)
        {
            e.printStackTrace();
        }
        return pstmt;
    }
}
```

（4）编写 electIndex.jsp 页面，显示该系统投票的主页面，代码如下。

```
<form action="ElectServlet" method="post">
    <table align="center">
    <tr>
        <td>1</td>
        <td><input type="checkbox" value="张飞" name="check">张飞</td>
    </tr>
    <tr>
        <td>2</td>
        <td><input type="checkbox" value="赵云" name="check">赵云</td>
    </tr>
    <tr>
        <td>3</td>
        <td><input type="checkbox" value="刘备" name="check">刘备</td>
    </tr>
    <tr>
        <td>4</td>
        <td><input type="checkbox" value="关羽" name="check">关羽</td>
    </tr>
    <tr>
```

```
            <td>5</td>
            <td><input type="checkbox" value="吕布" name="check">吕布</td>
        </tr>
        <tr>
            <td>6</td>
            <td><input type="checkbox" value="彭统" name="check">彭统</td>
        </tr>
        </table>
            <input type="submit" value="确定">   
            <input type="reset" value="取消"><br>
            <%=addressError%>
            <%=error %>
    </form>
```

（5）创建 statisticView.jsp 页面，用来显示投票结果，代码如下。

```
投票结果如下:
<%
    ArrayList<User> list = (ArrayList<User>) request.getAttribute("list");
    for (Iterator<User> it = list.iterator(); it.hasNext();) {
        User u = it.next();
%>
    <div class="redcolor" align="left">
        <%=u.getName()%>
            <imgsrc="红条.jpg" height="26" width="<%=u.getCountNum() * 20%>">
        <%=u.getCountNum()%>
    </div>
    <%
        }
    %>
<a href="electIndex.jsp">返回选举界面</a>
```

（6）创建 thanks.jsp 页面，当投票结束之后，提示返回信息，代码如下。

```
<div align=center id="div1">
    <font size="5">感谢您的投票 3 秒后跳转，如未跳转请单击连接</font>
        <a href="statistic">点击我吧! </a>
</div>
```

（7）创建 ElectServlet 文件，用于投票功能，单击某个选项就将该选项添加到数据库中，代码如下。

```
public class ElectServlet extends HttpServlet {
    final static int ONE = 1;
    protected void doPost(HttpServletRequest req, HttpServletResponse resp)
            throws ServletException, IOException {
        Connection conn = null;
        PreparedStatement pstmt = null;
        ResultSet rs = null;
        String address = req.getLocalAddr();
        String[] check = req.getParameterValues("check");
```

```
System.out.println(check);
if (check != null && check.length <= 3 && check.length > 0)
{
    String sqlpeople1 = "insert into people values(?,?)";
    String sqlpeople2 = "update people set time=? where address=?";
    conn = Connections.getConnection();
    try {
        pstmt = Connections.getPreparedStatement(conn, sqlpeople1);
        pstmt.setString(1, address);
        pstmt.setInt(2, ONE); //临时插入一条
        pstmt.execute();
    } catch (SQLException e) {
        int time = 0;
        try {
            pstmt = conn.prepareStatement("select * from people where
            address=?");
            pstmt.setString(1, address);
            rs = pstmt.executeQuery();
            rs.next();
            time = rs.getInt("time");
            try {
                pstmt = Connections.getPreparedStatement(conn,
                        sqlpeople2);
                pstmt.setInt(1, time + 1);
                pstmt.setString(2, address);
                pstmt.execute();
            } catch (SQLException e1) {
                e1.printStackTrace();
            }
        } catch (SQLException e1) {
            e1.printStackTrace();
        }
    }
    //投票结果存入数据库
    try {
        String sqlelector = "select * from elector where name=?";
        for (int i = 0; i < check.length; i++) {
            String name = check[ i] ;
            try {
                pstmt = conn.prepareStatement(sqlelector);
                pstmt.setString(1, name);
                rs = pstmt.executeQuery();
                rs.next();
                int timeNum = rs.getInt("countNum");//得到一投票的次数
                pstmt = conn.prepareStatement
                    ("update elector set countNum=? where name=?");
                pstmt.setInt(1, timeNum + 1);
```

```
                    pstmt.setString(2, name);
                    pstmt.execute();
                } catch (SQLException e) {
                    e.printStackTrace();
                }
            }
        } finally {
            try {
                if (rs != null) {
                    rs.close();
                }
                if (pstmt != null) {
                    pstmt.close();
                }
                if (conn != null) {
                    conn.close();
                }
            } catch (SQLException e) {
                e.printStackTrace();
            }
        }
        req.setAttribute("addr", address);
        req.getRequestDispatcher("thanks.jsp").forward(req, resp);
    } else {
        req.setAttribute("error", "选票无效，每次最多选择三票,最少一票，请重新选
        择");
        req.getRequestDispatcher("electIndex.jsp").forward(req, resp);
    }
  }
}
```

（8）创建 statistic 用于进行投票结果的显示，代码如下。

```
public class statistic extends HttpServlet {
    protected void doGet(HttpServletRequest req, HttpServletResponse resp)
            throws ServletException, IOException {
        Connection conn = null;
        Statement stmt = null;
        ResultSet rs = null;
        conn = Connections.getConnection();
        String sql = "select * from elector";
        List<User> list = new ArrayList<User>();
        try {
            stmt = conn.createStatement();
            rs = stmt.executeQuery(sql);
            while (rs.next()) {
                User user = new User();
                user.setName(rs.getString("name"));
```

```
                user.setCountNum(rs.getInt("countNum"));
                list.add(user);
            }
            req.setAttribute("list", list);
            req.getRequestDispatcher("statisticView.jsp").forward(req, resp);
        } catch (SQLException e) {
            e.printStackTrace();
        } finally {
            try {
                if (rs != null) {
                    rs.close();
                }
                if (stmt != null) {
                    stmt.close();
                }
                if (conn != null) {
                    conn.close();
                }
            } catch (Exception e) {
                e.printStackTrace();
            }
        }
    }
}
```

（9）创建过滤器，ElectFilter.java 文件用于控制每次投票最多不能过超过三票，最少不能低于一票，代码如下。

```
public void doFilter(ServletRequest request, ServletResponse response,
        FilterChain chain) throws IOException, ServletException {
    request.setCharacterEncoding("utf-8");
    PreparedStatement stmt = null;
    ResultSet rs = null;
    String address = request.getLocalAddr();
    Connection conn = Connections.getConnection();
    String sql = "select * from people where address=?";
    try {
        stmt = conn.prepareStatement(sql);
        stmt.setString(1, address);
        rs = stmt.executeQuery();
        int time = -1;
        while (rs.next()) {
            time = rs.getInt(2);
        }
        if (time < 10) {
            chain.doFilter(request, response);
        }
        else {
```

```
            request.setAttribute("addressError", "投票超过三次!");
            request.getRequestDispatcher("electIndex.jsp").forward(request,
                    response);
        }
    } catch (SQLException e) {
        e.printStackTrace();
    } finally {
        try {
            if (rs != null) {
                rs.close();
            }
            if (stmt != null) {
                stmt.close();
            }
            if (conn != null) {
                conn.close();
            }
        } catch (SQLException e) {
            e.printStackTrace();
        }
    }
}
```

（10）在 web.xml 中进行配置，代码如下。

```
<filter>
  <filter-name>ElectFilter</filter-name>
 <filter-class>com.cs.filter.ElectFilter</filter-class>
</filter>
<filter-mapping>
    <filter-name>ElectFilter</filter-name>
    <url-pattern>/ElectServlet</url-pattern>
</filter-mapping>
<servlet>
  <servlet-name>ElectServlet</servlet-name>
  <servlet-class>com.cs.servlet.ElectServlet</servlet-class>
</servlet>
<servlet>
  <servlet-name>statistic</servlet-name>
  <servlet-class>com.cs.servlet.statistic</servlet-class>
</servlet>
<servlet-mapping>
  <servlet-name>ElectServlet</servlet-name>
  <url-pattern>/ElectServlet</url-pattern>
</servlet-mapping>
<servlet-mapping>
  <servlet-name>statistic</servlet-name>
  <url-pattern>/statistic</url-pattern>
</servlet-mapping>
```

将该项目部署在 Tomcat 下，运行，其投票主页面如图 10-19 所示。一次投票人数大于 3 人或者小于 1 人的情况下，提示投票错误，如图 10-20 所示。按规定投票结束后，显示每个人的选票比例，如图 10-21 所示。

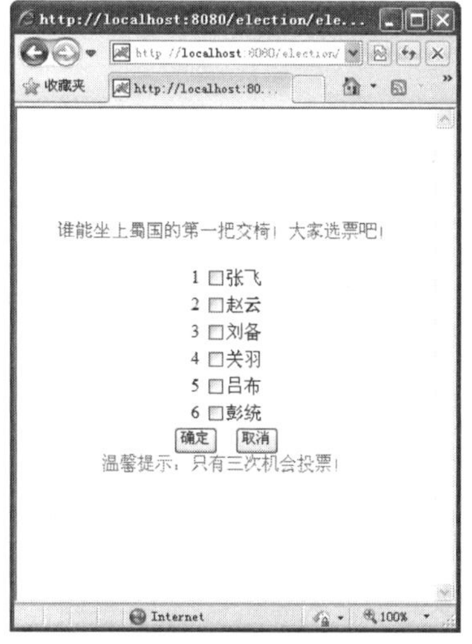

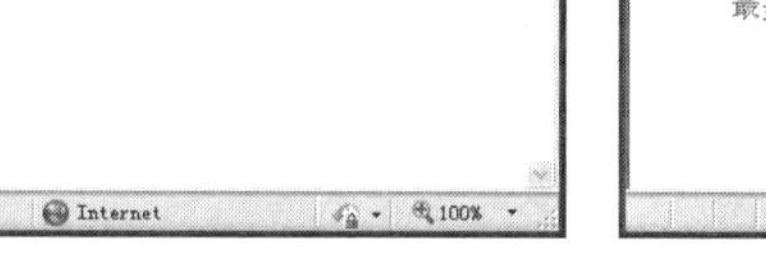

图 10-19 投票主页

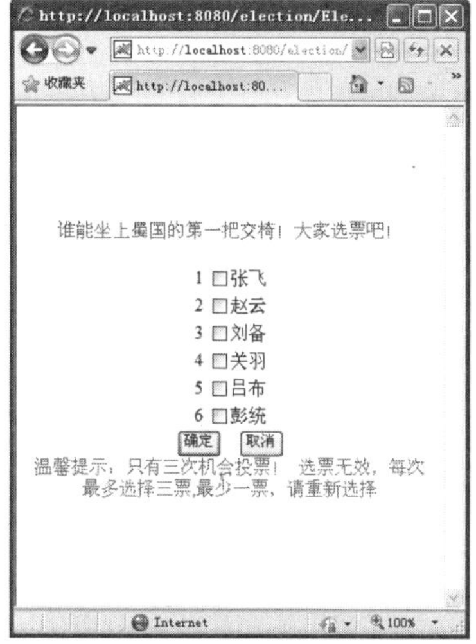

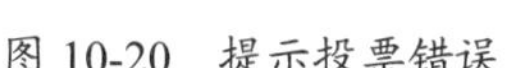

图 10-20 提示投票错误

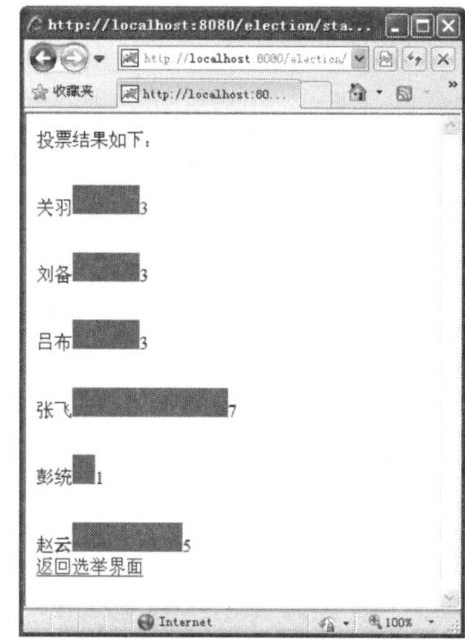

图 10-21 选票比例结果

10.6 拓展训练

1. 创建商品管理系统的数据信息

连接任何一种数据库，创建商品信息管理系统，包括系统中用户商品信息的添加和更新。并且将添加的信息存储在购物车栏中，当用户单击【显示购物车信息】时可以将数据库中的数据显示出来。

2. 使用 JSP+JavaBean+Servlet 实现论坛管理系统

将对于数据库的访问存放在 Servlet 中，将页面要显示的属性封装为一个 JavaBean 文件，三者结合起来，创建一个论坛管理系统，实现用户的注册与登录，登录之后，可以使用密码和用户名登录，并且在登录之后可以实现留言功能。同时，在进入本论坛之后，可以浏览论坛信息（数据库里存储的结果集）。

10.7 课后练习

一、填空题

1. JDBC API 提供了三项核心服务，分别是：连接服务、SQL 服务和__________。
2. __________类是 JDBC 的管理层，作用于用户和驱动程序之间。
3. 三种 Statement 对象分别是：Statement、__________和 CallableStatement。
4. 使用 ResultSet 对象表示数据库查询所获得的结果集时，__________方法将游标移动到下一行。

二、选择题

1. 下列类或接口中，负责加载驱动程序的是__________。

   A. Driver

   B. DriverManager

   C. Connection

   D. Statement

2. 下列类或接口中__________提供了处理事务的方法。

   A. CallableStatement

   B. PreparedStatement

   C. Connection

   D. Statement

3. 下列类或接口中能够执行存储过程的是__________。

   A. CallableStatement

   B. PreparedStatement

   C. Connection

   D. Statement

4. 下列类或接口中用于向数据库提交 SQL 语句的是__________。

   A. CallableStatement

   B. PreparedStatement

   C. Connection

   D. Statement

5. 下列类或接口中能够执行预编译 SQL 语句的是__________。

   A. CallableStatement

   B. PreparedStatement

   C. Connection

   D. Statement

6. 下列有关 JDBC 核心接口类描述有误的是__________。

   A. Statement 接口的 executeQuery(String sql)方法用于执行给定的 SQL 语句，该语句返回单个 ResultSet 对象

   B. Statement 接口的 executeUpdate(String sql)方法用于执行给定 SQL 语句，该语句可能为 INSERT、UPDATE 或 DELETE 语句，或者不返回任何内容的 SQL 语句（如 SQL DDL 语句）

   C. ResultSet 接口的 deleteRow()方法可从此 ResultSet 对象删除当前行，但相应行的底层数据库中并没有删除此行

   D. ResultSet 接口的 last()方法用于将指针移动到此 ResultSet 对象的最后一行

7. 下列有关驱动程序管理类 DriverManager 描述有误的是__________。

   A. DriverManager 类是 JDBC 的管理层，作用于用户和驱动程序之间。它跟踪可用的驱动程序，并在数据库和相应驱动程序之间建立连接

   B. DriverManager 类用于管理所有的 Driver 类，它能够提供大多数数据库厂商产品的驱动程序

   C. DriverManager 类管理已注册的 Driver 类。Driver 对象通过调用方法 DriverManager.register Driver 自动向 DriverManager 中注册，用户不需要向 DriverManager 类中注册就可以使用 Driver 类

D. DriverManager 类也处理诸如驱动程序登录时间限制，以及登录和跟踪消息的显示等事务

三、简答题

1. 简述 4 种 JDBC 驱动程序的特点。
2. 简述使用 JDBC-ODBC 桥驱动程序和使用专用 JDBC 驱动程序连接数据库的优缺点。
3. 简述几种不同的结果集的使用方法以及作用。
4. 简述 JDBC 连接数据库进行分页显示的原理。
5. SQL 声明类包括哪几种？区别是什么？
6. 简述使用 JDBC 调用存储过程的步骤和方法。

第 11 章 JSP 操作文件

无论何种程序，都会生成或需要一些持久性数据，可以将这些数据存储在文件或数据库中。数据库以其安全性高、支持多用户和方便检索等优点已经成为存储数据的主流之一，但相对来说操作复杂。对于一些简单的数据如果存储到数据库中，则会显得有点儿得不偿失了，此时可以将数据存储到文件中。在 JSP 程序中，可以通过 Java 提供的 IO 输入输出流，来读取和写入数据。

在本章将会详细介绍文件类 File、数据流、字节流、字符流和对象流，以及网络上常用的文件上传和文件下载。

本章学习目标：

- 掌握如何创建一个 File 对象
- 熟悉获取文件属性的方法
- 掌握文件和目录的创建与删除操作
- 掌握遍历目录的方法
- 了解常用的文件读写流
- 掌握字节流、字符流、数据流和对象的使用
- 掌握使用无组件实现文件上传的原理
- 掌握 Common-FileUpload 组件的使用
- 掌握文件下载的实现方法

11.1 操作文件

在操作文件之前必须创建一个指向文件的链接或者实例化一个文件对象，也可以指定一个不存在的文件从而创建它。

JSP 中的 File 类是文件和目录路径名的抽象表示形式。使用 File 类可以获取文件本身的一些信息，例如文件所在的目录、文件长度、文件读写权限等。本节将对 File 类进行详细的介绍。

11.1.1 File 类概述

在 JSP 中对文件的操作主要是通过 File 类来实现的。首先创建指向特定文件的 File 类对象，通过该对象的方法获取文件属性或进行目录操作。

File 类表示处理文件和文件系统的相关信息。也就是说，File 类不具有从文件读取信息和向文件写入信息的功能，它仅描述文件本身的属性。File 类主要用来获取或处理与磁盘文件相关的信息，如文件名、文件路径、访问权限和修改日期等，还可以浏览子目录层次结构。

假设在 Windows 操作系统中有一文件 D:\mycode\hello.java，在 JSP 中使用的时候，其路径的写法应该为 D:/mycode/hello.java 或者为 D:\\mycode\\hello.java。

File 类提供了三种形式的构造函数，如下所示。

（1）File(File parent, String child)：根据 parent 抽象路径名和 child 路径名字符串创建一个新 File 实例。

（2）File(String pathname)：通过将给定路径名字符串转换成抽象路径名来创建一个新 File 实例。如果给定字符串是空字符串，则结果是空的抽象路径名。

（3）File(String parent, String child)：根据 parent 路径名字符串和 child 路径名字符串创建一个新 File 实例。

使用任意一个构造函数都可以创建一个 File 对象，然后调用其提供的方法对文件进行操作。在表 11-1 中列出了 File 类的常用方法及说明。

表 11-1 File 类常用方法

方法名称	说明
boolean canRead()	测试应用程序是否能从指定的文件中进行读取
boolean canWrite()	测试应用程序是否能写当前文件
boolean delete()	删除当前对象指定的文件
boolean exists()	测试当前 File 是否存在
String getAbsolutePath()	返回由该对象表示的文件的绝对路径名
String getName()	返回表示当前对象的文件名
String getParent()	返回当前 File 对象路径名的父路径名，如果此名没有父路径则为 null
boolean isAbsolute()	测试当前 File 对象表示的文件是否是一个绝对路径名
boolean isDirectory()	测试当前 File 对象表示的文件是否是一个路径
boolean isFile()	测试当前 File 对象表示的文件是否是一个“普通”文件
long lastModified()	返回当前 File 对象表示的文件最后修改的时间
long length()	返回当前 File 对象表示的文件长度
String[] list()	返回当前 File 对象指定的路径文件列表
String[] list(FilenameFilter)	返回当前 File 对象指定的目录中满足指定过滤器的文件列表

续表

方 法 名 称	说 明
boolean mkdir()	创建一个目录，它的路径名由当前 File 对象指定
boolean mkdirs()	创建一个目录，它的路径名由当前 File 对象指定
boolean renameTo(File)	将当前 File 对象指定的文件更名为给定参数 File 指定的路径名

11.1.2 获取文件属性

在 JSP 中获取文件属性信息需要用到表 11-1 中的方法，第一步是先创建一个 File 类对象，并指向一个已存的文件。

【练习 1】

假设在网站的根目录下有一个 logo.gif 文件，要获取并显示该文件的长度、是否可写、最后修改日期以及文件路径等属性信息。实现代码如下所示。

```
<h4>查看文件的属性</h4>
<%
    String path = request.getRealPath("/");//取得当前目录在服务器端的实际位置
    File f = new File(path, "logo.gif");    //建立 File 变量，并设定由 f 变量引用
 %>
<ul>
    <li>文件长度：<%=f.length()%>字节</li>
    <li>文件或者目录：<%=(f.isFile() ? "是文件" : "不是文件")%></li>
    <li>文件或者目录：<%=(f.isDirectory() ? "是目录" : "不是目录")%></li>
    <li>是否可读：<%=(f.canRead() ? "可读取" : "不可读取")%></li>
    <li>是否可写：<%=(f.canWrite() ? "可写入" : "不可写入")%></li>
    <li>是否隐藏：<%=(f.isHidden() ? "是隐藏文件" : "不是隐藏文件")%></li>
    <li>最后修改日期：<%=new Date(f.lastModified())%></li>
    <li>文件名称：<%=f.getName()%></li>
    <li>文件路径：<%=f.getPath()%></li>
    <li>绝对路径：<%=f.getAbsolutePath()%></li>
</ul>
```

File 类构造函数的第一个参数指定文件所在位置，这里使用 request.getRealPath("/")获取项目的实际路径；第二个参数指定文件名称。创建的 File 类对象为 f，然后通过 f 调用方法获取相应的属性，最终运行效果如图 11-1 所示。

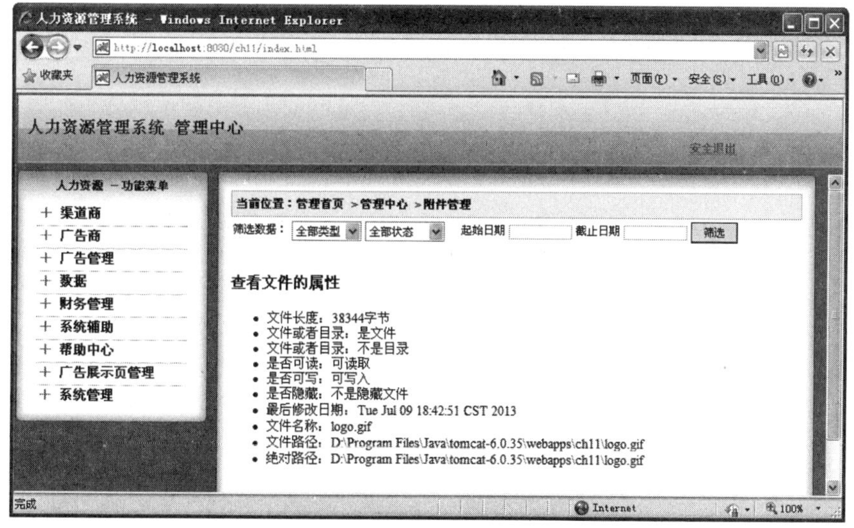

图 11-1 获取文件属性信息

11.1.3 创建和删除文件

File 类不仅可以获取已知文件的属性信息，还可以在指定路径创建文件，以及删除一个文件。在实现这样的功能时，需要使用 createNewFile()方法和 delete()方法。无论是创建还是删除文件，都可以先调用 exists()方法判断文件是否存在。

【练习 2】

假设在网站根目录\config 中有一个 dbConfig.xml 是程序的配置文件，程序启动时会检测该文件是否存在，如果不存在则创建；如果存在则删除它再创建。

实现代码如下。

```
<%
    String path= request.getRealPath("/config/");    //指定文件目录
    String filename="dbConfig.xml";                  //指定文件名称
    File f=new File(path,filename);                  //创建指向文件的 File 对象
    if(f.exists())                                   //判断文件是否存在
    {
        f.delete();                                  //存在则先删除
    }
    f.createNewFile();                               //再创建
%>
```

11.1.4 创建和删除目录

不但可以创建和删除文件，还可以通过 File 对象的 mkdir()方法创建目录。

【练习 3】

判断网站的根目录下是否存在 config 目录，如果存在则先删除再创建。实现代码如下。

```
<%
    String dirname= request.getRealPath("/config/");    //指定目录位置
    File f=new File(dirname);                           //创建 File 对象
    if(f.exists())
    {
        f.delete();
    }
    f.mkdir();                                          //创建目录
%>
```

11.1.5 遍历目录

如果要在指定的目录中查找文件，或者显示所有的文件列表，就需要遍历目录。可通过 File 类的 list()方法实现遍历目录，该方法有如下两种重载形式。

1. String[] list()

该方法表示返回由 File 对象表示目录中所有文件和子目录名称组成的字符串数组。如果调用的 File 对象不是目录，则返回 null。

提示

list()方法返回的数组中仅包含文件名称，而不包含路径。同时不保证所得数组中的相同字符串将以特定顺序出现，特别是不保证它们按字母顺序出现。

2. String[] list(FilenameFilter filter)

该方法的作用与 list()方法相同，不同的是返回数组中仅包含符合 filter 过滤器的文件和目录。如果 filter 为 null，则接受所有名称。

【练习 4】

使用 list()方法遍历网站根目录下的所有文件和目录，并显示文件或目录名称、类型及大小。实现代码如下。

```
<table >
 <thead>
    <tr>  <th>文件名称</th>    <th>文件类型</th>    <th>文件大小</th>    </tr>
</thead>
<%
String pathname=request.getRealPath("/");          //指定网站根目录
File f=new File(pathname);                         //创建 File 对象
String fileList[]=f.list();                        //调用不带参数的 list()方法
for(int i=0;i<fileList.length;i++){                //遍历返回的字符数组
 %>
  <tr>
    <td><%=fileList[i] %></td>
    <td><%=(new File(pathname,fileList[i])).isFile()?"文件":"文件夹"%></td>
    <td><%=(new File(pathname,fileList[i])).length()%>字节</td>
  </tr>
<%} %>
</table>
```

由于 list()方法返回的字符数组中仅包含文件名称，因此为了获取文件类型和大小，必须先转换为 File 对象再调用其方法。如图 11-2 所示为实例的运行效果。

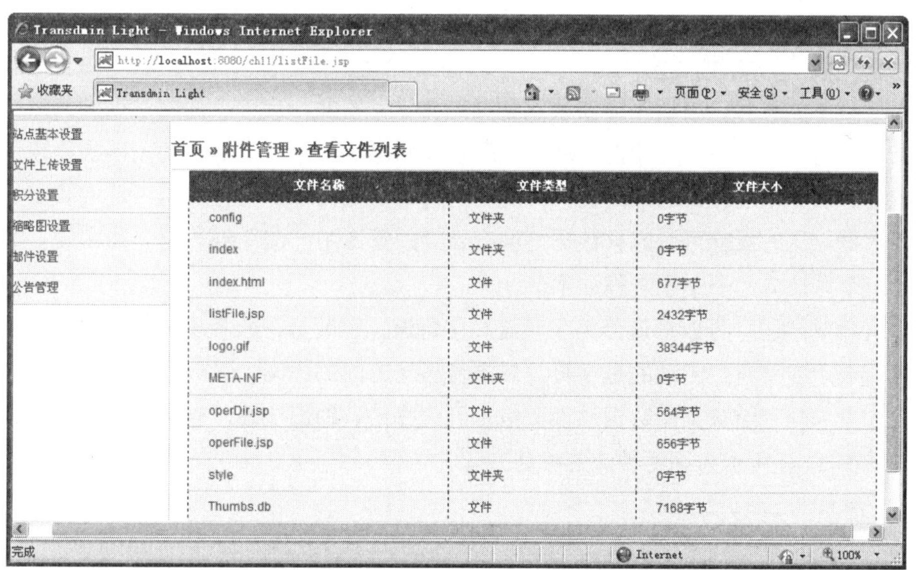

图 11-2 遍历目录运行效果

【练习 5】

假设希望只列出网站根目录下的图片文件，这就需要调用带过滤器参数的 list()方法。首先需要创建文件过滤器，该过滤器必须实现 java.io.FilenameFilter 接口，并在 accept()方法中指定允许的文件类型。

如下所示为允许 gif、jpg、png 和 bmp 格式文件的图片过滤器实现代码。

```
package com.ch11;
import java.io.File;
import java.io.FilenameFilter;

public class ImageFilter implements FilenameFilter { //实现 FilenameFilter 接口

    @Override
    public boolean accept(File dir, String name) {   //指定允许的文件类型
        return  name.endsWith(".gif")||name.endsWith(".jpg")||name.endsWith
        (".png")||name.endsWith(".bmp");
    }
}
```

上述代码创建的过滤器名称为 ImageFilter。接下来只需要将该名称传递给 list()方法即可实现筛选文件。如下所示为修改后的 list()方法，其他代码与练习 4 相同，这里就不再重复。

```
String fileList[]=f.list(new ImageFilter());
```

11.2 读写文件

使用 File 类操作文件时不会对文件的内容进行任何修改，如果需要获取文件的内容或者向文件中添加内容就需要对文件进行读写操作。JSP 支持多种文件流的读取与写入，本节将详细介绍它们。

11.2.1 读写流概述

流是一个抽象的概念，当程序需要读取数据的时候，就会开启一个通向数据源的流，这个数据源可以是文件、内存，或是网络连接，从数据源读取信息到程序中。类似地，当程序需要写入数据的时候，就会开启一个通向目的地的流，目的地同样可以是文件、内存、网络链接等，从程序中向目的地写入数据。这时候就可以想象数据好像在建立的管道中“流”动一样，如水流。简单的输入输出，即从一个系统向另一个系统移动字节。

根据流介质的不同，可以把流分为字节流和字符流。字节流，顾名思义就是在管道中流动的是字节；字符流表示在管道中流动的是字符。依据流移动方向的不同，可以分为输入流和输出流，在程序中输入流表示从存储数据的数据源读取信息到程序中，输出流表示把从程序产生的数据放入到数据源中，如图 11-3 所示为这两种流的移动方向。

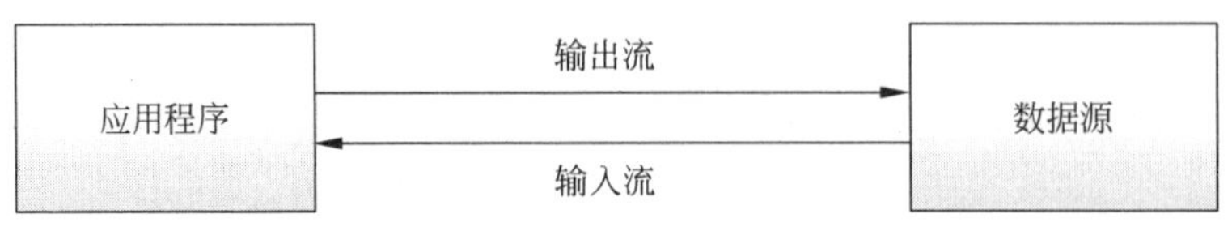

图 11-3 输出输入流

JSP 支持的流类型有：字节流、字符流、数据流和对象流。这些流都是用在获取和写入特定的

资源，各自都有不同的用途。下面将一一介绍。

11.2.2 字节流

字节流是所有流类型中最简单的，包含字节输入流 FileInputStream 类和字节输出流 File OutputStream 类。

1. FileInputStream 类

FileInputStream 类继承 java.io.InputStream 类，主要作用是从数据源中读取信息到程序中。该类提供了如下两种构造函数形式来创建一个 FileInputStream 类对象。

（1）FileInputStream(File file)：创建一个到 File 对象指定文件的输入流。

（2）FileInputStream(String name)：创建一个到 name 字符串指定文件的输入流。

如果创建 FileInputStream 对象失败将会引发 FileNotFoundException 异常，因此需要使用 try catch 语句进行捕获。下面的示例演示如何调用上述两个构造函数指向同一文件。

```
FileInputStream f1 = new FileInputStream("c:/autoexec.bat")
File f2 = new File("c:/autoexec.bat");
FileInputStream f2 = new FileInputStream(f);
```

FileInputStream 类的常用方法如表 11-2 所示。

表 11-2　FileInputStream 类常用方法

方法名称	说　明
int read()	从此输入流中读取一个数据字节
int read(byte[] b)	从此输入流中将最多 b.length 个字节的数据读入一个字节数组
int read(byte[] b, int off, int len)	从此输入流中将最多 len 个字节的数据读入一个字节数组
long skip(long n)	从输入流中跳过并丢弃 n 个字节的数据
void close()	关闭此文件输入流并释放与此流有关的所有系统资源

【练习 6】

创建一个案例，使用 FileInputStream 类读取位于根目录下的“日志.txt”文件，并显示到页面。主要实现代码如下。

```
<%
File file = new File(request.getSession().getServletContext().getRealPath("/")
+ "/日志.txt");
byte by[ ]=new byte[ (int)file.length()];
int b;
if(file.exists()){
   try{
      FileInputStream fis=new FileInputStream(file);
      while((b=fis.read(by,0,by.length))!=-1){
            String s=new String(by,0,b);
            out.println(s);
       }
      fis.close();
   }catch(IOException e)
    {
     out.println("<p align='center'>文件读取错误</p>");
    }
```

```
    }
    else
    {
        out.println("<p align='center'>文件不存在，请确认在进行读取</p>");
    }
%>
```

最终效果如图 11-4 所示。

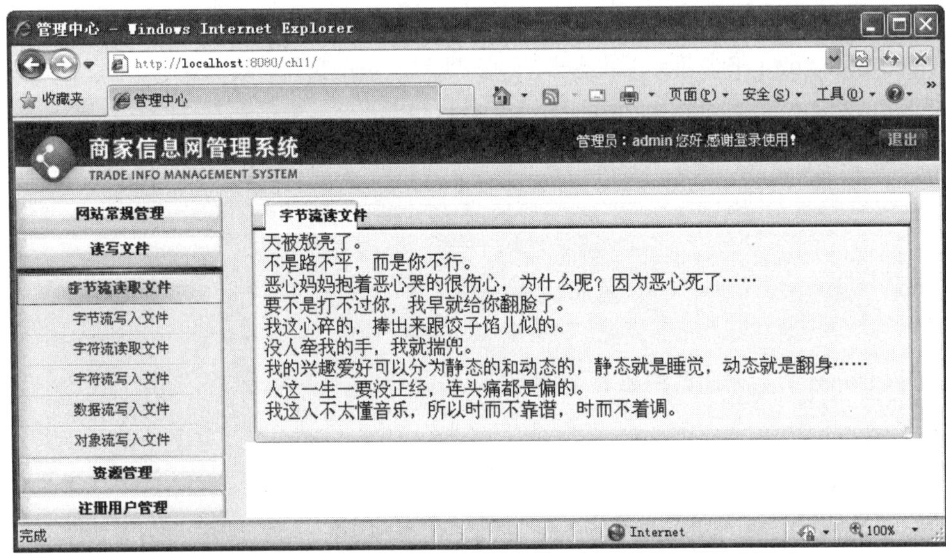

图 11-4　字节流读取文件

2．FileOutputStream 类

FileOutputStream 类继承 java.io.OutputStream 类，用于向文件中写入字节数据，又称为字节输出流。

FileOutputStream 类支持如下 4 种形式的构造函数。

（1）FileOutputStream(File file)：创建一个向指定 File 对象表示的文件中写入数据的文件输出流。

（2）FileOutputStream(File file, boolean append)：创建一个向指定 File 对象表示的文件中追加数据的文件输出流。

（3）FileOutputStream(String name)：创建一个向具有指定 name 名称的文件中写入数据的输出文件流。

（4）FileOutputStream(String name, boolean append)：创建一个向具有指定 name 的文件中追加数据的输出文件流。

在使用输出流时要注意输出时的两种情况，一种是使用当前输出覆盖原来的内容，一种是在原来内容基础上输出新的内容，即追加内容。如下示例代码演示了构造函数的使用。

```
File file = new File("C:\\Tomcat 6.0\\webapps\\File\\Hello.txt");
FileOutputStream fos=new FileOutputStream(file, true);
FileOutputStream fos=new FileOutputStream("C:\\Tomcat 6.0\\webapps\\File\\
Hello.txt",true)
```

FileOutputStream 类常用的方法如表 11-3 所示。

表 11-3　FileOutputStream 类常用方法

方 法 名 称	说　　明
close()	关闭此文件输出流并释放与此流有关的所有系统资源
write(byte[] b)	将 b.length 个字节从指定字节数组写入此文件输出流中
write(byte[] b, int off, int len)	将指定字节数组中从偏移量 off 开始的 len 个字节写入此文件输出流
write(int b)	将指定字节写入此文件输出流

【练习 7】

例如，使用字节流 FileOutputStream 类向网站根目录中 log.txt 写入一行字符串，主要实现代码如下。

```
<%
File file = new File(request.getSession().getServletContext().getRealPath("/")
+ "/log.txt");
 String s="使用字节流写文件";              //要写入的字符串
 byte b[]=s.getBytes();                   //转换格式
 try{
    FileOutputStream fos=new FileOutputStream(file,true);
    fos.write(b);                         //开始写入
    out.println("<p align='center'>文件写入成功</p>");
    fos.close();                          //关闭流
}catch(IOException e)
{
    out.println("<p align='center'>文件读取错误</p>");
}
%>
```

为了使用 FileOutPutStream 类向文件中写入内容，必须将字符串转换为 byte 数组，再调用 write() 方法进行写入，写入完成后调用 close()方法关闭流，保存对文件的修改。实例的最终运行效果如图 11-5 所示。

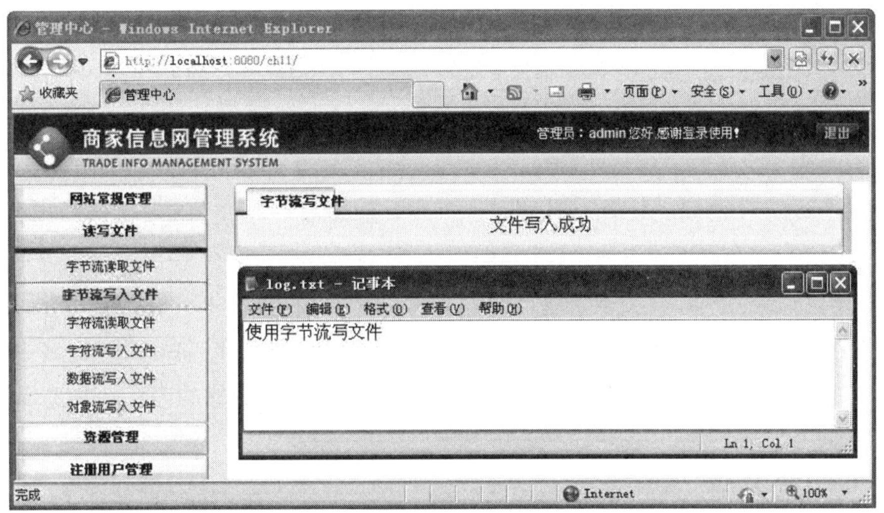

图 11-5　字节流写文件

11.2.3　字符流

使用字节流读取文件时由于采用字节单位，不能直接操作 Unicode 字符，因此获取数据后还要把字节转换为字符串才能输出。而字符流是专门用来处理由 ASCII 字符集或 Unicode 所表示的任何文本，如纯文本文件、HTML 文档、Java 源代码文件等。

字符输出流使用的是 FileWriter 类，字符输入流使用的是 FileRead 类。

1. FileRead 类

FileReader 类主要用来读取文件的字符信息，有如下两种构造函数形式。

（1）FileReader(File file)：从指定的 File 对象中创建一个新 FileReader 对象。

（2）FileReader(String fileName)：从 fileName 指定的文件中创建一个新 FileReader 对象。

创建 FileRead 类对象时会引发一个 FileNotFoundException 类型异常，常用方法如表 11-4 所示。

表 11-4　FileReader 类常用方法

方 法 名 称	说　　明
void close()	关闭该流
int read()	读取单个字符
int read(char[] cbuf, int offset, int length)	将字符读入数组中的某一部分

【练习 8】

使用字符流 FileReader 类读取位于根目录下的“日志.txt”文件，并显示到页面。主要实现代码如下。

```
<%
File file = new File(request.getSession().getServletContext().getRealPath("/")
+ "/日志.txt");
char c[]=new char[(int)file.length()];       //根据文件大小创建相应的数组
 int n;
 try{
    FileReader fr=new FileReader(file);
    while((n=fr.read(c,0,c.length))!=-1){
      String s=new String(c,0,c.length);
        out.println(s);
        }
     fr.close();
   }
   catch(IOException e)
    {
     out.println("<p algin ='center'>文件读取错误</p>");
     }
%>
```

由于 FileReader 类要求读取的内容必须是 char 类型，所以上述语句创建了一个与文件大小相同的 char 数组 c[]。然后调用 read()方法读取字符到 c[]数组，再将数组的内容转换为 String 字符串，最终输出到页面。

2. FileWriter 类

FileWriter 类主要用来写入文件的字符信息，有如下几种构造函数形式。

（1）FileWriter(File file)：使用指定的 File 对象构造一个 FileWriter 对象。

（2）FileWriter(File file, boolean append)：使用追加形式创建一个到 File 的 FileWriter 对象。

（3）FileWriter(String fileName)：使用 fileName 指定的文件构造一个 FileWriter 对象。

（4）FileWriter(String fileName, boolean append)：使用追加形式创建一个到 fileName 指定文件的 FileWriter 对象。

创建 FileWriter 类对象时会引发 IOException 或 SecurityException 类型异常，常用方法如表 11-5 所示。

表 11-5　FileWriter 类常用方法

方法名称	说明
close()	关闭该流
write(char[] cbuf, int off, int len)	写入字符数组的某一部分
write(int c)	写入单个字符

【练习 9】

使用字符流 FileWriter 类在网站根目录的“log.txt”中写入字符串，主要实现代码如下。

```
<%
File file = new File(request.getSession().getServletContext().getRealPath("/")
+ "/log.txt");
 String s="使用字符流写文件\r\n ";
  try{
      FileWriter fr=new FileWriter(file,true);
      fr.write(s);
      out.println("<p align = 'center'>写入数据成功</p>");
      fr.close();
    }
    catch(IOException e)
     {
       out.println("<p align = 'center'>文件读取错误</p>");
     }
%>
```

实现过程与使用字节流 FileOutputStream 类写入相同，唯一不同的是字节流写入时使用的是 byte 数组，而这里要使用 char 数组。写入之后同样是调用 close()方法关闭流。

11.2.4　数据流

除了二进制文件和使用文本文件外还有基于 Data 的数据操作，这里的 Data 指的是 Java 的基本数据类型。基本数据类型包括 byte、int、char、long、float、double、boolean、short 和 String。

DataInputStream 类和 DataOutputStream 类提供了对 Java 基本数据类型的操作，它们的功能就是把二进制的字节流转换成 Java 的基本数据类型，同时还提供了从数据中使用 UTF-8 编码构建字符串的功能。

DataInputStream 类和 DataOutputStream 类中的方法都很简单，基本结构为 readXXX()和 writeXXX()，其中 XXX 代表基本数据类型，如 readInt()和 writeInt()。

提示

由于 Java 数据类型大小是规定好的，因此在写入或者读出这些基本数据类型时，就不用担心不同平台间数据大小不同的问题。

【练习 10】

创建一个案例，演示如何使用 DateInputStream 类和 DataOutputStream 类在页面写入和输出不同类型的内容，主要实现代码如下。

```
<%
try{
FileOutputStream   fos=new   FileOutputStream(request.getSession().getServlet
Context().getRealPath("/")+ "/data.txt");
        DataOutputStream dos=new DataOutputStream(fos);
        dos.writeInt(100);
        dos.writeInt(10012);
        dos.writeLong(123456);
        dos.writeFloat(3.1415925f);
        dos.writeFloat(2.789f);
        dos.writeDouble(987654321.1234);
        dos.writeBoolean(true);
        dos.writeBoolean(false);
        dos.writeChars("Hello World!");
   }
catch(IOException e){
       out.println("<p align='center'>文件发生错误</p>");
   }
 try{
      FileInputStream fis=new FileInputStream(request.getSession().getServlet
      Context().
getRealPath("/")+ "/data.txt");
       DataInputStream dis=new DataInputStream(fis);
       out.println("整型:"+dis.readInt()+"<br>");
       out.println("整型:"+dis.readInt()+"<br>");
       out.println("长整型:"+dis.readLong()+"<br>");
       out.println("浮点型:"+dis.readFloat()+"<br>");
       out.println("浮点型:"+dis.readFloat()+"<br>");
       out.println("双精度:"+dis.readDouble()+"<br>");
       out.println("布尔型:"+dis.readBoolean()+"<br>");
       out.println("布尔型:"+dis.readBoolean()+"<br>");
       char c;
       while((c=dis.readChar())!='\0')
         {out.print(c);}
       }
 catch(IOException ee){
      out.println();
  }
%>
```

实现的效果如图 11-6 所示。

11.2.5 对象流

在程序中很多数据都是以对象的方式存在于内存中，有时会希望直接将内存中的整个对象存储至文件，而不是只存储对象中的某些基本类型成员信息。然后在下一次运行时，可以从文件中读出数据并还原为对象，这就需要用到对象流。

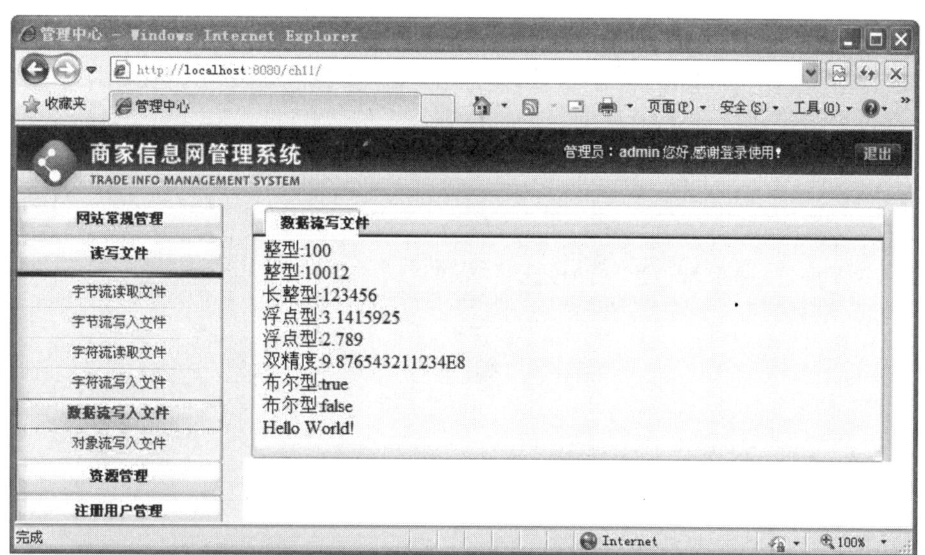

图 11-6　数据流读写文件

对象流由对象输入流 ObjectInputStream 类和对象输出流 ObjectOutputStream 类组成。

ObjectInputStream 类常用如下构造函数表示创建一个从指定 InputStream 输入流中读取对象的 ObjectInputStream 实例化对象。

```
ObjectInputStream(InputStream in)
```

ObjectOutputStream 类常用如下构造函数表示创建一个写入到指定 OutputStream 输出流对象的 ObjectOutputStream 的实例化对象。

```
ObjectOutputStream(OutputStream out)
```

使用对象输出流类的 WriteObject(Object obj)方法将一个对象写入到一个文件，再使用对象输入流类的 readObject()方法可以读取一个对象到程序中。

当使用对象流写入或读入对象时，要保证对象是序列化的。要使一个对象能序列化，必须实现 Serializable 接口，该接口没有任何方法。一个序列化类的子类创建的对象也是序列化的。

【练习 11】

创建一个案例，使用对象输入流和对象输出流向文件中写入学生姓名和学号，并在页面显示。

（1）首先创建学生类 Student，并且实现 Serializable 接口，主要代码如下。

```
public class Student implements Serializable {        //实现 Serializable 接口
    private static final long serialVersionUID = 1L;
    private String name = null;                       //姓名
    private String id = null;                         //学号
    //此处省略 get、set 方法及默认构造函数
    public Student(String name,String id){            //有参的构造函数
        this.name = name;
        this.id = id;
    }
    @Override
    public String toString() {                        //重写 toString()方法
        return "姓名:" + name + ", 编号:" + id + "<br>";
```

```
        }
    }
```

（2）在项目的 WebRoot 中创建 JSP 文件 WriteFile4.jsp 实现写入与显示，其中主要代码如下。

```
<%
        List<Student> students = new ArrayList<Student>();
        Student s1 = new Student("刘方明","S2020228");
        Student s2 = new Student("苏明","S2020226");
        Student s3 = new Student("唐重","S2020229");
        Student s4 = new Student("李明博","S2020225");      //将对象加入到集合 List
        students.add(s1);
        students.add(s2);
        students.add(s3);
        students.add(s4);
        //将对象用对象流写入文件
        ObjectOutputStream oos = new ObjectOutputStream(new FileOutputStream
        (request.getSession().getServletContext().getRealPath("/")+"/student.txt"));
        oos.writeObject(students);
        oos.close();
        InputStream ifs;
        try {
            ifs = new FileInputStream(request.getSession().getServletContext().
            getRealPath("/")+ "/student.txt");
            ObjectInputStream ois = new ObjectInputStream(ifs);
            while(ifs.available()>0){
                    List<Student> students1 =(List<Student>)ois.readObject();
                for(Student s:students){
                    out.println("<p align = 'center'>" + s + "</p>");
                    }
                }
            ois.close();
        } catch (FileNotFoundException e1) {
            out.println("<p align='center'>文件找不到</p>");
            e1.printStackTrace();
        }    catch (IOException e1) {
            // TODO Auto-generated catch block
            e1.printStackTrace();
        } catch (ClassNotFoundException e) {
            // TODO Auto-generated catch block
            e.printStackTrace();
        }
%>
```

上述代码使用 ObjectOutputStream oos = new ObjectOutputStream(new FileOutputStream (request.getSession().getServletContext().getRealPath("/")+ "/student.txt"))创建了一个对象输出流对象 oos，这时就可以直接使用 oos 的 writeObject()方法向 student.txt 文件里写入 Student 对象。写入完成后 oos.close();语句用于关闭对象输出流。

在下面使用文件输入流对象 ifs 指向已经添加过对象的 student.txt 文件，以 ifs 作为参数，使用

ObjectInputStream ois= new ObjectInputStream(ifs)创建了一个 ois 对象。再使用 ois 对象的 readObject()方法读取 student.txt 文件里的信息。这里需要注意的是，在读取的时候要按写入的次序进行读取，读取过来后，还要对读取的对象进行转换，以写入对象的类型为准。如 List<Student> students1=(List<Student>)ois.readObject()，表示从 student.txt 文件里读取对象，读取过后要转换为 Student 类型，然后输出相应的信息。

运行后所产生的效果如图 11-7 所示。

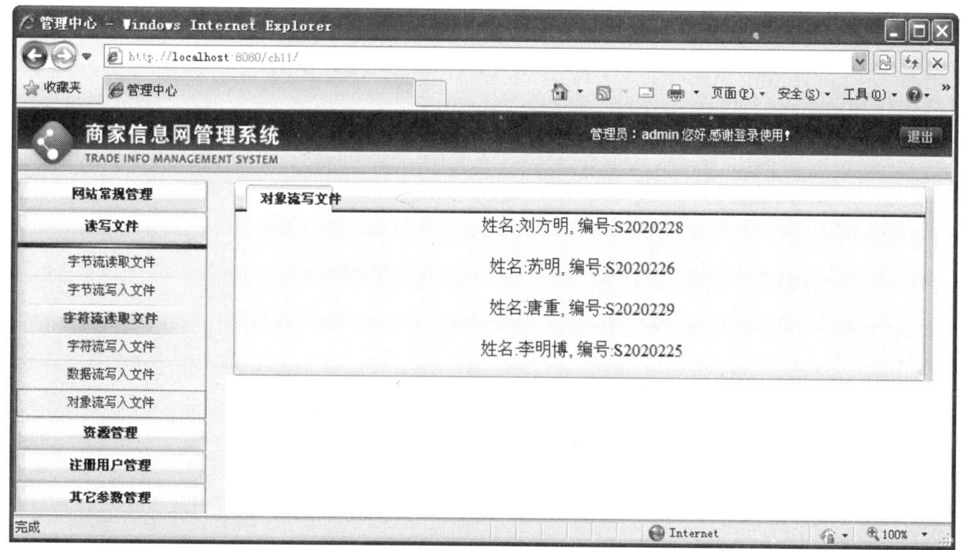

图 11-7　对象流读写文件

11.3 文件上传

文件上传是最常见的 Web 应用之一，例如上传资料或者照片之类的。在 JSP 中有两种文件上传方式，即使用 JSP 文件流实现文件上传以及使用第三方组件上传。本节将详细介绍这两种方式，其中第三方组件以 Commen-fileUpload 为例。

11.3.1 无组件文件上传

如果要把一个文件从客户端上传到服务器端，需要在客户端和服务器端建立一个通道传递文件的字节流，并在服务器进行上传操作。这通常要用到两个 JSP 页面，第一个 JSP 页面用于选择要上传的文件，第二个 JSP 页面用于从客户端获取该文件里面的信息，并把这些信息以客户端相同的格式保存在服务器端，即文件上传的功能实现页面。

【练习 12】

下面通过一个实例演示使用 JSP 无组件实现上传功能的过程。

（1）在 Web 项目的 WebRoot 目录下创建 upload.jsp 页面。在该页面中添加一个文件域的表单，设置提交类型为 multipart/form-data。主要实现代码如下。

```
<form action="upFile.jsp" name = "one" enctype="multipart/form-data" method=
"post">
    <p align="center">
```

```
    文件上传
      <input type ="File" name = "fileupload" value="upload">
      <br>
    <input type = "submit" value ="上传">
    <input type = "reset" value = "取消">
</form>
```

在该 JSP 页面中，需要注意的是<FORM METHOD="POST" ACTION=" upFile.jsp " ENCTYPE="multipart/form-data">语句，在该语句中 method 属性表示提交信息的方式是采用数据块，action 属性表示处理信息的页面，ENCTYPE="multipart/form-data"表示以二进制的方式传递提交的数据。

（2）创建数据传输的界面，实现获取文件里面的信息，并保存在指定的文件夹内的功能。主要实现代码如下。

```
<%
   int MAX_SIZE = 102400 * 102400;                    //定义上载文件的最大字节
   String rootPath;                                   //创建根路径的保存变量
   DataInputStream in = null;                         //声明文件读入类
   FileOutputStream fileOut = null;
   String remoteAddr = request.getRemoteAddr(); //取得客户端的网络地址
   String serverName = request.getServerName(); //获得服务器的名字
   String realPath = request.getRealPath(serverName);//取得互联网程序的绝对地址
   realPath = realPath.substring(0,realPath.lastIndexOf("\\"));
   rootPath = realPath + "\\upload\\";               //创建文件的保存目录
   out.println("上传文件保存目录为"+rootPath);
   String contentType = request.getContentType(); //取得客户端上传的数据类型
try{
   if(contentType.indexOf("multipart/form-data") >= 0){
   in = new DataInputStream(request.getInputStream()); //读入上传的数据
   int formDataLength = request.getContentLength();
   if(formDataLength > MAX_SIZE){
     out.println("<P>上传的文件字节数不可以超过" + MAX_SIZE + "</p>");
      return;
   }
   byte dataBytes[] = new byte[formDataLength]; //保存上传文件的数据
   int byteRead = 0;
   int totalBytesRead = 0;
   while(totalBytesRead < formDataLength){ //上传的数据保存在 byte 数组
        byteRead = in.read(dataBytes,totalBytesRead,formDataLength);
       totalBytesRead += byteRead;
 }
   String file = new String(dataBytes);           //根据 byte 数组创建字符串
   String saveFile = file.substring(file.indexOf("filename=\"") + 10);
                                                  //取得上传的数据的文件名
   saveFile = saveFile.substring(0,saveFile.indexOf("\n"));
   saveFile = saveFile.substring(saveFile.lastIndexOf("\\") + 1,saveFile.indexOf
   ("\""));
   int lastIndex = contentType.lastIndexOf("=");
   String boundary = contentType.substring(lastIndex + 1,contentType.length());
```

```
    //取得数据的分隔字符串
    String fileName = rootPath + saveFile;
    int pos;
    pos = file.indexOf("filename=\"");
    pos = file.indexOf("\n",pos) + 1;
    pos = file.indexOf("\n",pos) + 1;
    pos = file.indexOf("\n",pos) + 1;
    int boundaryLocation = file.indexOf(boundary,pos) - 4;
    int startPos = ((file.substring(0,pos)).getBytes()).length;
                                            //取得文件数据的开始的位置
    int endPos = ((file.substring(0,boundaryLocation)).getBytes()).length;
                                            //取得文件数据的结束的位置
    File checkFile = new File(fileName);    //检查上载文件是否存在
    if(checkFile.exists()){
        out.println("<p>" + saveFile + "文件已经存在.</p>");
     }
    File fileDir = new File(rootPath);      //检查上载文件的目录是否存在
    if(!fileDir.exists()){
      fileDir.mkdirs();
     }
    fileOut = new FileOutputStream(fileName);   //创建文件的写出类
    fileOut.write(dataBytes,startPos,(endPos - startPos)); //保存文件的数据
    fileOut.close();
     out.println("<p align='center'><font color=red size=5>" + saveFile + "文
     件成功上传.</font></p>");
    }
    else{
    String content = request.getContentType();
    out.println("<p>上传的数据类型不是multipart/form-data</p>");
     }
    }catch(Exception ex)
     {
        throw new ServletException(ex.getMessage());
    }
  %>
  <a href="upload.jsp">继续上传文件</a>
```

将上述代码保存为 upFile.jsp。代码实际上分为两个部分，一部分是获取上传的文件的属性信息和文件内容，一部分是将获得的信息转换为指定格式的文件保存在服务器的上面。

然后使用字符串对象的方法 substring 拆分指定的字符串内容。语句 new DataInputStream (request.getInputStream())表示建立一个管道，指向要上传的文件，并以数据流的形式读取文件的内容，request.getInputStream()表示获取上传的文件信息，返回的类型是 InputStrem 输入流对象。在这里需要注意的是字符串的使用。in.read(dataBytes，totalBytesRead，formDataLength)表示读取客户端的信息并放入到 dataBytes 字节数组中，从指定的位置开始，保存指定的长度。依据字节数组保存的信息，来获取要上传的文件的名字，这里还使用了 String 对象的拆分功能。

在保存该文件之前还要使用 if(checkFile.exists())判断上传的文件是否存在，使用 if(!fileDir.exists())检查保存的文件目录是否存在。一切检查完成后，使用 fileOut.write(dataBytes，startPos，(endPos - startPos))语句保存文件信息，即把字节数组里面的信息放到 File checkFile =

new File(fileName)语句创建的文件中去。最后输出上传文件的名字，以及是否成功。

（3）运行文件上传表单，单击【浏览】按钮选择一个要上传的文件，效果如图 11-8 所示。

图 11-8　无组件上传选择上传文件窗口

（4）例如，这里选择的是 1029.jpg 文件。选择完毕后，单击【上传】按钮就会显示上传结果，如图 11-9 所示。

图 11-9　无组件上传上传成功

（5）上传成功后，可以查看服务器目录是否存在该文件。打开 D:\Program Files\MyEclipse\MyEclipse 10\Workspaces\.metadata\.me_tcat\webapps\ch11\upload 目录，会显示如图 11-10 所示窗口。

图 11-10 无组件上传上传文件所在目录

11.3.2 Common-FileUpload 组件概述

Common-FileUpload 组件可以非常方便地将 multipart/form-data 类型请求中的各种表单信息解析出来，并实现一个或多个文件的上传，同时也可以限制上传文件的大小和类型等内容。

由于 Common-FileUpload 组件是属于第三方组件，因此在使用之前必须先进行下载，网址是 http://commons.apache.org。下载完成以后，会得到 Common-IO-2.4-bin.zip 文件，解压该文件，在 lib 文件夹下可以找到 commons-io-2.4.jar 文件，该文件就是在使用 Common-FileUpload 组件时所必需的文件。在使用时也需要将其复制到 Web 应用的 lib 目录下。

Common-FileUpload 组件中最重要的两个类是 DiskFileUpload 和 ServletFileUpload 类。下面介绍这两个类。

1．上传的核心类 DiskFileUpload

DiskFileUpload 类是 Common-FileUpload 组件的核心类，开发人员可以根据该类提供的相关方法设置上传文件，该类的常用方法如下。

1）setSizeMax()方法

setSizeMax 方法用于设置请求消息实体内容的最大允许大小，以防止客户端故意通过上传特大的文件来塞满服务器端的存储空间，单位为字节。其完整语法定义如下。

```
public void setSizeMax(long sizeMax)
```

如果请求消息中的实体内容的大小超过了 setSizeMax()方法的设置值，该方法将会抛出 FileUploadException 异常。

2）setSizeThreshold()方法

文件上传组件在解析和处理上传数据中的每个字段内容时，需要临时保存解析出的数据。因为 Java 虚拟机默认可以使用的内存空间是有限的，超出限制时将会发生“java.lang.OutOfMemoryError”错误，如果上传的文件很大，在内存中将无法保存该文件内容，文件上传组件将用临时文件来保存这些数据；但如果上传的文件很小，将其直接保存在内存中更加有效。setSizeThreshold()方法用于设置是否使用临时文件保存解析出的数据的那个临界值，该方法传入的参数的单位是字节。其完整语法定义如下。

```
public void setSizeThreshold(int sizeThreshold)
```

3）setRepositoryPath()方法

setRepositoryPath()方法用于设置 setSizeThreshold()方法中提到的临时文件的存放目录，这里要求使用绝对路径。其完整语法定义如下。

```
public void setRepositoryPath(String repositoryPath)
```

如果不设置存放路径，那么临时文件将被储存在 java.io.tmpdir 这个 JVM 环境属性所指定的目录中，Tomcat 将这个属性设置为“<tomcat 安装目录>/temp/”目录。

4）parseRequest()方法

parseRequest()方法是 DiskFileUpload 类的重要方法，它是对 HTTP 请求消息进行解析的入口方法，如果请求消息中的实体内容的类型不是“multipart/form-data”，该方法将抛出 FileUploadException 异常。parseRequest()方法解析出 form 表单中每个字段的数据，并将其分别封装为独立的 FileItem 对象，然后将这些 FileItem 对象添加到一个 List 集合对象中返回。该方法的语法格式如下。

```
public List parseRequest(HttpServletRequest req)
```

parseRequest 方法还有一个重载方法，该方法集中处理上述所有方法的功能，其完整语法定义如下。

```
parseRequest(HttpServletRequest req,int sizeThreshold,long sizeMax, String
path)
```

这两个 parseRequest 方法都会抛出 FileUploadException 异常。

5）isMultipartContent()方法

isMultipartContent()方法用于判断请求消息中的内容是否是“multipart/form-data”类型，是则返回 true，否则返回 false。isMultipartContent()方法是一个静态方法，不用创建 DiskFileUpload 类的实例对象即可被调用，其完整语法定义如下。

```
public static final boolean isMultipartContent(HttpServletRequest req)
```

2．处理的核心类 ServletFileUpload

ServletFileUpload 类是 Common-fileUpload 组件处理文件上传的核心类，常用方法如下。

1）isMultipartContent(HttpServletRequest request)

返回 boolean 值，用于判断是否为上传文件的请求，主要判断 form 表单提交请求类型是否为“multipart/form-data”。其语法格式如下。

```
public Boolean isMultipartContent(HttpServletRequest request)
```

2）parseRequest(HttpServletRequest request)

该方法从请求中获取上传文件域的 List 集合。其语法格式如下。

```
public List parseRequest(HttpServletRequest)
```

3）getFileSizeMax()

获取 FileItem 对象文件大小的最大值，返回值为 Long 类型。FileItem 对象为 parseRequest()方法获取 List 中的元素。其语法格式如下。

```
public void getFileSizeMax(Long fileSizeMax)
```

Common-FileUpload 组件在处理表单时需要使用 ServletFileUpload 类的 parseRequest (request)方法获取上传文件的 List 集合，然后使用 isFormFile()方法判断是普通的表单属性还是一个文件，如果是普通的表单属性，可以通过 FileItem 对象的 getFieldName()方法获取表单元素的名称。例如：

```
fileitem.getFileName();
```

获取表单元素的值可以使用 FileItem 对象的 getString()方法。例如：

```
String formname=item.getFieldName();          //获取表单元素名
String formcon=item.getString("utf-8");       //获取表单内容
    if(formname.equals("name")){
    name=formcon;
    }
```

上述代码中，设置编码格式为 utf-8 是为了避免乱码。

11.3.3 使用组件上传

使用 Common-FileUpload 组件实现文件上传时，需要实现以下几个步骤。

（1）首先要创建一个 JSP 页面用来添加上传文件的表单及其表单元素。在该表单中需要通过文件域指定要上传的文件，示例代码如下。

```
<input type="file" name="fileupload">
```

上述属性的意义如下。

① name：用于指定文件域的名称。

② type：用于指定标记的类型，这里需要使用 file 类型，表示文件域。

文件域需要被定义在 form 表单下，而 form 表单的 enctype 属性必须被设置为“multipart/form-data”，否则文件无法上传。

（2）使用 Common-FileUpload 组件实现文件上传时，需要通过 DiskFileItemFactory 工厂类创建一个 DiskFileItemFactory 对象，通过它来解析请求。示例代码如下。

```
DiskFileItemFactory factory= new DiskFileItemFactory();
ServletFileUpload upload=new ServletFileUpload(factory);
```

（3）创建一个文件上传对象后，即可应用该对象解析上传请求。在解析上传请求时，首先要获取全部的表单项，如果为普通表单输入域则做普通表单输入域的操作，如果为文件域就应该做相应的文件上传处理。想要获取所有的表单项，可以通过文件上传对象的 parseRequest()方法来实现。示例代码如下。

```
List list=upload.parseRequest(request);
```

上述代码的作用为获取全部的表单项，其中 request 为 HttpServletRequest 对象。获取所有表单项以后将其放入 list 集合中，然后再进行其他的操作，示例代码如下。

```
Iterator iterator=list.iterator();
    while(iterator.hasNext()){
        FileItem item=(FileItem)iterator.next();              //创建FileItem实例
        if(!item.isFormField()){
```

```
            //省略部分代码
        }
    }
```

为了遍历出所有文件域，上述代码在遍历时调用 FileItem 实例的 isFormField()方法，该方法能够判断获取到的表单域是否为文件域。如果是则准备文件上传工作；否则进行其他操作。

（4）在实现文件上传过程时需要获取上传文件的文件名，这可以通过 FileItem 类的 getName()方法实现。例如：

```
String filePath=item.getName();
```

getName()方法只是在表单域为文件域时才有效。

在上传文件时通过 getSize()方法能够获取上传文件大小，示例代码如下。

```
Long fileSize=item.getSize();
```

在上传文件时通过 getContentType()方法能够获取上传文件的类型，示例代码如下。

```
String fileType=item.getContentType();
```

【练习 13】

通过上面的介绍，我们知道了 Common-FileUpload 组件与文件上传有关的方法，下面通过一个简单的案例来演示具体的文件上传实现过程。

（1）在 Web 项目 ch11 的 WebRoot 目录下创建 fileupload.jsp 页面，在该页面中添加一个文件域的表单，设置提交类型为 multipart/form-data。主要代码如下。

```
<form action="FileUpload" name = "one" enctype="multipart/form-data" method=
"post">
    <p align="center">文件上传<input type ="File" name = "fileupload" value=
    "upload"><br>
    <input type = "submit" value ="上传">
    <input type = "reset" value = "取消">
</form>
```

（2）fileupload.jsp 页面将请求提交到 Servlet（FileUpload）中，并将上传的文件写入硬盘中。Servlet(FileUpload)主要代码如下。

```
Public void doPost(HttpServletRequest request, HttpServletResponse response)
          throws ServletException, IOException {
        response.setCharacterEncoding("utf-8");
        response.setContentType("text/html;charset=utf-8");
        PrintWriter out = response.getWriter();
        String uploadpath="";//定义上传文件地址
        //实例化一个硬盘文件工厂，用来配置上传组件 ServletFileupload
    DiskFileItemFactory factory= new DiskFileItemFactory();
    //创建处理工具（ServletFileupload 对象）
    ServletFileUpload upload=new ServletFileUpload(factory);
    int maxsize=5*1024*1024;
    upload.setHeaderEncoding("utf-8");
```

```
        List<FileItem> items = null;
            try { //解析请求
                items = upload.parseRequest(request);
            } catch (FileUploadException e) {
                e.printStackTrace();
            }
        Iterator<FileItem> iterator=items.iterator();//创建列表迭代器
           File uploadFile = new File(request.getSession().getServletContext().
           getRealPath("/") + "upload/");
              uploadpath = uploadFile.getAbsolutePath()+File.separator +uploadpath;
          if (uploadFile.exists()==false) {
               uploadFile.mkdir();
        }
        while(iterator.hasNext()){
            FileItem item=(FileItem)iterator.next();
            if(!item.isFormField()){
            String filePath=item.getName();              //获取源文件路径
            if(filePath!=null){
                File filename=new File(item.getName());
            }
            if(item.getSize()>maxsize){
                out.print("<p align='center'>上传失败，文件大小不得超过 5MB</p>");
                    break;
      }
      File saveFile=new File(uploadpath,filePath.substring(filePath.lastIndexOf
      ("\\")));
      try {
        item.write(saveFile);
                out.println("<p align='center'>文件上传成功!!<p>");
            } catch (Exception e) {
                // TODO Auto-generated catch block
                e.printStackTrace();
                out.println("<p align='center'>文件上传失败!!<p>");
            }
        }
}
```

上述代码执行结束以后，如果上传成功则页面显示“文件上传成功!!”，否则显示“文件上传失败!!”。

（3）运行 fileupload.jsp 文件，在文件上传表单中选择一个文件。选择完毕之后单击【上传】按钮，文件开始上传，如果上传成功页面会显示“文件上传成功!!”。可以在网站根目录下的 upload 文件夹查看上传的文件，如图 11-11 所示。

11.3.4 限制文件类型

如果上传文件的类型为可执行文件，可能会对服务器造成安全隐患，因此需要限制文件的上传类型。Common-FileUpload 组件中的 SuffixFileFilter 类用于过滤文件的后缀名，也就是过滤文件类型。该类提供了三个构造函数，如表 11-6 所示。

图 11-11　查看上传的文件

表 11-6　SuffixFileFilter 类的构造方法

方　　法	描　　述
public SuffixFileFilter(String suffix)	参数 suffix 表示要过滤的文件后缀字符串
public SuffixFileFilter(String[] suffixs)	参数 suffixs 表示要过滤的文件后缀字符串数组
public SuffixFileFilter(List suffixs)	参数 suffixs 表示要过滤的文件后缀字符串集合

该类主要应用的方法就是 accept(File file)方法，该方法为过滤方法，参数 file 表示要过滤的文件对象。如果 file 对象的文件类型与构造方法中指定的字符串、字符串数组或集合所表示的后缀相同则返回 true；否则返回 false。

例如，要对“.exe”和“.dat”文件进行过滤，示例代码如下。

```
String files[]=new String[]{".exe",".dat"};
SuffixFileFilter filter=new SuffixFileFilter(files);
```

【练习 14】

使用组件来完成文件的上传工作，并且对上传的文件类型有所限制。

（1）在项目 WebRoot 目录下创建 JSP 文件 fileuploadlimit.jsp，该文件主要代码如下。

```
<form action="FileUploadLimit" name = "one" enctype="multipart/form-data"
method="post">
    <p align = "center" >限制文件上传类型</p>
     <p align="center">
     文件上传
       <input type ="File" name = "fileupload" value="upload">
       <br>
     <input type = "submit" value ="上传">
     <input type = "reset" value = "取消">
</form>
```

（2）fileuploadlimit.jsp 文件提交后将请求交给 Servlet(FileUploadLimit)处理，FileUploadLimit 用来处理文件类型过滤和文件上传的一些请求。

Servlet(FileUploadLimit)的主要代码如下。

```
public void doPost(HttpServletRequest request, HttpServletResponse response)
        throws ServletException, IOException {
    response.setCharacterEncoding("utf-8");
    response.setContentType("text/html;charset=utf-8");
    String [] limit=new String[]{"exe","dat"};
    SuffixFileFilter filter= new SuffixFileFilter(limit);
    PrintWriter out = response.getWriter();
    String uploadpath="";//定义上传文件地址
    //实例化一个硬盘文件工厂，用来配置上传组件 ServletFileupload
DiskFileItemFactory factory= new DiskFileItemFactory();
//创建处理工具（ServletFileupload对象）
ServletFileUpload upload=new ServletFileUpload(factory);
int maxsize=5*1024*1024;
upload.setHeaderEncoding("utf-8");
List<FileItem> items = null;
    try {
        //解析请求
        items = upload.parseRequest(request);
    } catch (FileUploadException e) {
        // TODO Auto-generated catch block
        e.printStackTrace();
    }
Iterator<FileItem> iterator=items.iterator();//创建列表迭代器
   File uploadFile = new File(request.getSession().getServletContext().get
   RealPath("/") + "upload/");
   uploadpath = uploadFile.getAbsolutePath()+File.separator +uploadpath;
  if (uploadFile.exists()==false) {
      uploadFile.mkdir();
}
while(iterator.hasNext()){
FileItem item=(FileItem)iterator.next();
if(!item.isFormField()){
    String filePath=item.getName();              //获取源文件路径
    if(filePath!=null){
        File filename=new File(item.getName());
    }
    if(item.getSize()>maxsize){
        out.print("<p align='center'>上传失败，文件大小不得超过5M</p>");
        break;
}
File saveFile=new File(uploadpath,filePath.substring(filePath.lastIndexOf
("\\")));
System.out.println(saveFile.getName());
boolean flag=filter.accept(new File(uploadFile + saveFile.getName().
toLowerCase()));
if(flag){                                    //如果flag为真，提示错误信息
    out.print("<p align='center'>禁止上传*.exe,*.dat文件<p> ");
    break;
}else{
```

```
        try {
                item.write(saveFile);
                out.println("<p align='center'>文件上传成功!!<p>");
            } catch (Exception e) {
                // TODO Auto-generated catch block
                e.printStackTrace();
                out.println("<p align='center'>文件上传失败!!<p>");
        }
    }
}
```

上述代码能够实现文件上传，如果上传的文件类型不是“*.exe”或者“*.dat”都能够上传成功。

（3）运行文件上传页面，选择一个文件类型为 exe 的文件准备上传，如图 11-12 所示。

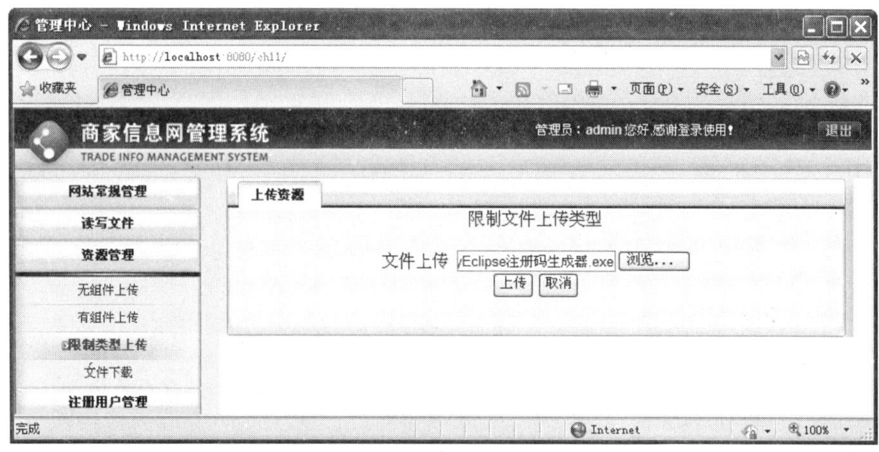

图 11-12　限制上传文件类型

（4）单击【上传】按钮会输出错误信息“禁止上传*.exe,*.dat 文件”，如图 11-13 所示。如果上传的为其他文件则会显示“文件上传成功!!”。

图 11-13　上传的文件类型限制

11.4 文件下载

文件下载与文件上传是相反的操作，文件下载可以将服务器端的文件保存在本地，如下载电影、下载歌曲和文档等。

与上传相比，文件下载功能的实现比较简单无须使用第三方组件，而是直接使用 JSP 的内置类。这些类分别是文件类 File、字节输入流类 FileInputStream 和字节输出流类 OutputStream。

【练习 15】

下面通过一个示例来演示简单的文件下载，步骤如下。

（1）在 Web 项目中创建一个 GetFile 类，该类中的 getPath()方法用来获取某路径下的所有文件，主要代码如下。

```
public class GetFile {
    private static ArrayList<String> filelist = new ArrayList<String>();
    public static List<String> getPath(String filePath){
        List<String> list = new ArrayList<String>();
        File root = new File(filePath);
         File[] files = root.listFiles();
         for(File file:files){
            if(file.isDirectory()){ //递归调用
             getPath(file.getAbsolutePath());
             filelist.add(file.getAbsolutePath());
            }else{
             SimpleDateFormat sdf = new SimpleDateFormat("yyyy-MM-dd");
                  String time =  sdf.format(new Date(file.lastModified()));
                  list.add(file.getAbsolutePath()+ "#" + new File(file.get
                  AbsolutePath()).getName()+"#"+time+"#"+(new File(file.get
                  AbsolutePath())).length()+"字节" );
            }
          }
        return list;
    }
}
```

其中 file.getAbsolutePath()用来获取文件的路径，getName()用来获取文件的名称，time 为创建文件的时间，length 为文件的大小，单位为字节。最后查找的文件结果返回为 list 集合。

（2）创建名为 DownLoad 的 Servlet 来将文件集合 list 传到页面 list.jsp，以供下载。主要代码如下。

```
public void doPost(HttpServletRequest request, HttpServletResponse response)
            throws ServletException, IOException {
        response.setCharacterEncoding("utf-8");
        response.setContentType("text/html;charset=utf-8");
        request.setCharacterEncoding("utf-8");
        List<String> list = GetFile.getPath(request.getSession().getServlet
        Context().getRealPath("/") + "upload/");
        request.setAttribute("list",list);
```

```
        request.getRequestDispatcher("list.jsp").forward(request, response);
    }
```

（3）创建页面 list.jsp，将由 Servlet 传来的 list 集合的内容显示到 list.jsp 中，并提供下载，主要代码如下。

```
<% List<String> list=(List) request.getAttribute("list");%>
   <table border="1" bordercolor="#" align="center">
   <tr align="center">
     <td>文件名字</td>
     <td>上传时间</td>
     <td>文件大小</td>
     <td>操    作</td>
   </tr>
   <%for (String str :list){ %>
   <tr align="center">
   <%
   String param[] = str.split("#");
  %>
  <td align="center"><%=param[1] %></td>
  <td align="center"><%=param[2] %></td>
  <td align="center"><%=param[3] %></td>
   <td align="center"><a href ="download.jsp?path=<%=param[0] %>">下载</a></td>
  </tr><%
} %>
```

List<String> list=(List) request.getAttribute("list");用来接受 Servlet 中 list 集合，String param[] = str.split("#");用来分割字符串。

（4）创建 download.jsp 实现文件下载功能。根据 list.jsp 页面提交过来的路径信息创建 File 文件对象，然后将响应头设置为下载格式，之后通过输出流以流的方式输出。主要代码如下。

```
<%
response.setCharacterEncoding("utf-8");                    //设置响应编码格式
response.setContentType("text/html;charset=utf-8");
String pathname=request.getParameter("path");              //获取传递过来的参数
pathname=new String(pathname.getBytes("iso-8859-1"),"utf-8");
File file=new File(pathname);                              //创建 File 对象
if(file.exists() == false){
out.println("<p align ='center'>文件不存在或已被删除，下载失败!!<p>");
}else{
InputStream ins=new FileInputStream(file); //创建 InputStream 对象，读取文件
OutputStream os=response.getOutputStream();                //获取响应输出流
response.addHeader("Content-Disposition","attachment;filename="+java.net.
URLEncoder.encode(file.getName(),"utf-8"));
response.addHeader("Content-Length",file.length()+"");
response.setContentType("application/octet-stream");      //设置响应正文类型
int data=0;
while((data=ins.read())!=-1){                             //从文件流中循环读取字节
    os.write(data);                                       //将输出字节流
}
```

```
    out.clear();
    out=pageContext.pushBody();
    os.close();
    ins.close();}
%>
```

（5）运行文件下载页面，会看到所有文件的名称、上传时间、文件大小以及【下载】链接，如图 11-14 所示。

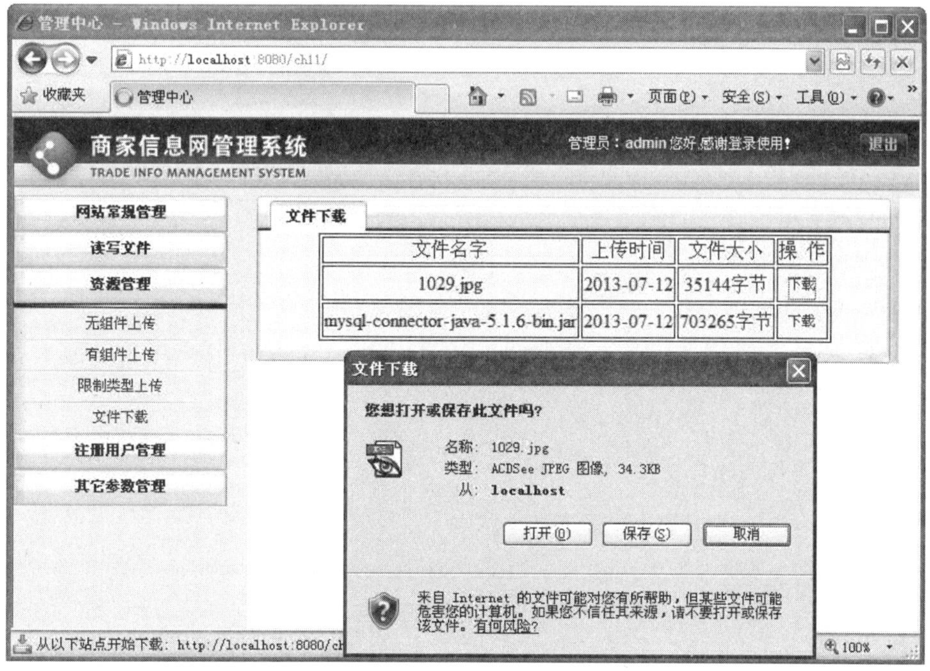

图 11-14 下载文件

（6）单击【下载】链接就会弹出【文件下载】对话框，单击【打开】按钮即可打开文件，单击【保存】按钮即可将文件下载下来；单击【取消】按钮回到原页面。

11.5 实例应用：实现一个简单的网盘

11.5.1 实例目标

本案例主要通过 JSP 对文件、文件夹的操作实现一个简单的网盘。其中主要包括会员注册和登录、添加目录和上传文件、查看目录和文件内容，以及下载等功能。

11.5.2 技术分析

在第一次运行网盘时需要进行注册，此时将使用会员名称作为标识，在网站下创建一个同名的目录作为根目录。所有会员的信息都保存在一个文本文件中，登录时读取并进行验证，这里使用的是字节流。

为了实现会员可以查看所有文件，在获取根目录下所有文件和子目录时采用递归调用的方式来完成操作，使用 SuffixFileFilter 过滤来实现对文件的分类功能。

对于文件的上传使用 Common-FileUpload 组件来实现。

11.5.3 实现步骤

本节将从用户注册与登录、网盘目录管理和文件管理三个方面讲解实现步骤。

1. 用户注册登录

（1）创建用户注册页面 reg.jsp，主要代码如下。

```
<form action="Reg" method="post" name="regForm" id="regForm">
<table>
<tr>
    <td> 用 户 名</td>
    <td><input name="username" type="text" size="25" id = "username"></td>
</tr>
<tr>
    <td> 密    码</td>
    <td> <input name="pwd" type="password" size="27" id = "pwd"></td>
</tr>
<tr>
     <td>确认密码</td>
    <td> <input name="userpwd" type="password" size="27" id = "userpwd" ></td>
</tr>
<tr align="center">
   <td colspan="2">
   <input type="button" id = "regButton" value="注册" name="regButton"  onclick
   = check();>
    <input type="reset" value="重置">
    <a href="login.html" >登录</a></td>
</tr>
</table>
```

（2）如图 11-15 所示为 reg.jsp 的用户注册页面效果。

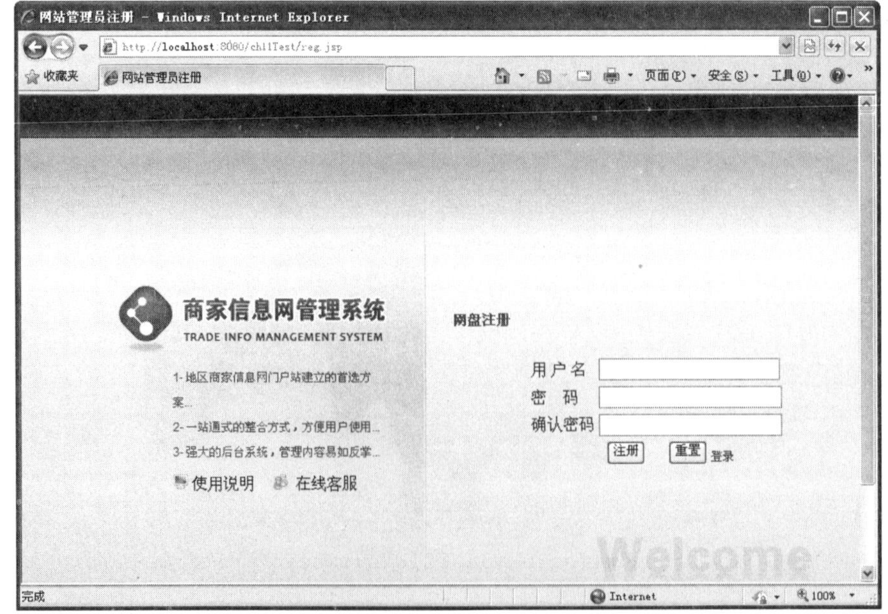

图 11-15 用户注册页面

（3）用户注册表单将提交到 Servlet（Reg）处理，创建该 Servlet 完成用户的注册。主要代码如下。

```
public void doPost(HttpServletRequest request, HttpServletResponse response)
    throws ServletException, IOException {
    response.setCharacterEncoding("utf-8");
    response.setContentType("text/html;charset=utf-8");
    PrintWriter out = response.getWriter();
    String userName = request.getParameter("username").trim(); //获取用户名
    String pwd = request.getParameter("pwd").trim();            //获取密码
    String path = request.getSession().getServletContext().getRealPath("/");
    String pathLog =request.getSession().getServletContext().getRealPath("/")
    + "log.txt";
    File file = new File(pathLog);
    if (file.exists() == false) { //判断 log.txt 是否存在，不存在则创建
        file.createNewFile();
    }
    FileInputStream fis=new FileInputStream(pathLog);
    InputStreamReader isr=new InputStreamReader(fis);
  BufferedReader br = new BufferedReader(isr);
  List<String> list = new ArrayList<String>();
  String line="";
  boolean flag = false;
  String reg = "用户名" + userName + "密码" + pwd ;
  String check = "用户名" + userName + "密码";
  while ((line=br.readLine())!=null) { //一行一行读数据
    list.add(line);
  }
  br.close();
  isr.close();
  fis.close();
  for (String string : list) {
    if (string.trim().startsWith(check)) {
    flag = true;
    break;
        } else {
            flag = false;
        }
    }
 if (flag == true) {
    out.println("<p align = 'center'>不可注册,正在跳转到注册页面</p>");
     out.println("<meta http-equiv='refresh' content='2;url=reg.jsp'>");
    } else {
        String s=reg+ "\r\n";
      byte b[]=s.getBytes();
      try{
   FileOutputStream fos=new FileOutputStream(file,true);
   fos.write(b);
  out.println("<p align = 'center'>注册成功,正在跳转到登录页面</p>");
```

```
    out.println("<meta http-equiv='refresh' content='2;url=login.jsp'>");
    File userFile = new File(path + userName);
     userFile.mkdir();
    fos.close();
        } catch(IOException e)
        {
         out.println("<p align = 'center'>异常</p>");
        }
  }
  out.flush();
  out.close();
  }
```

使用 request.getSession().getServletContext().getRealPath("/")获取案例的根目录，根据 pathLog 创建 file 对象 File file = new File(pathLog)，根据 file.exists()来判断文件是否存在，不存在则创建该 log.txt 文件。

（4）创建用户登录页面 login.jsp，主要代码可参考第（1）步，运行效果如图 11-16 所示。

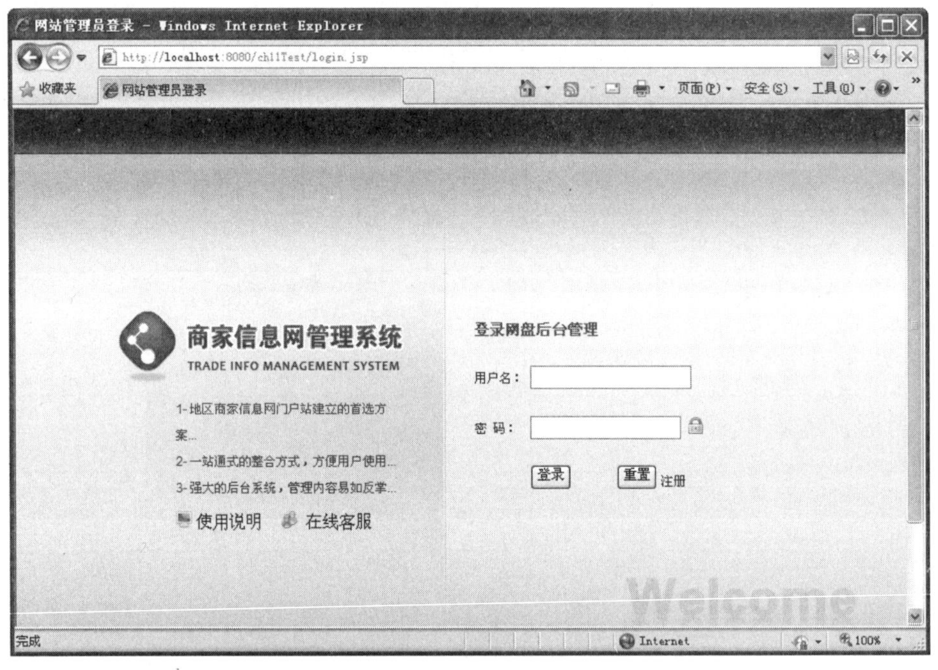

图 11-16　用户登录页面

（5）创建 Servlet（Login）来完成用户的登录功能。主要代码如下。

```
public void doPost(HttpServletRequest request, HttpServletResponse response)
        throws ServletException, IOException {
    response.setCharacterEncoding("utf-8");
    response.setContentType("text/html;charset=utf-8");
    PrintWriter out = response.getWriter();
    String userName = request.getParameter("username").trim();//获取用户名
    String pwd = request.getParameter("pwd").trim();//获取密码
   String pathLog = request.getSession().getServletContext().getRealPath("/")
    + "/log.txt";
    File file = new File(pathLog);
```

```
    if (file.exists() ==false) {
        out.println("<p align ='center'>登录异常，请稍后登录</p>");
    } else {
    FileInputStream fis=new FileInputStream(pathLog);
    InputStreamReader isr=new InputStreamReader(fis);
     BufferedReader br = new BufferedReader(isr);
     List<String> list = new ArrayList<String>();
     String line="";
     boolean flag = true;
     String login = "用户名" + userName + "密码" + pwd ;
     while ((line=br.readLine())!=null) { //读一行数据
        list.add(line);
     }
     br.close();
     isr.close();
     fis.close();
     for (String string : list) {
        if (login.equals(string)) {
            flag = true;
            break;
        } else {
            flag = false;
        }
     }
      if (flag == true) {
request.setAttribute("userName", userName);
request.getRequestDispatcher("index.jsp?userName=" + userName).forward(request,
response);
} else {
    out.println("<p align = 'center'> 登录失败</p>");
    out.println("<meta http-equiv='refresh' content='2;url=login.jsp'>");

    }
}
}
```

使用 line=br.readLine()将文件一行行地读取出来，并添加到 list 集合中，通过遍历 list 集合，来判断用户的登录信息是否合法，若合法，则登录成功，否则登录失败。

若登录成功则页面跳转到网盘主页面，如图 11-17 所示。

图 11-17　网盘主页面

2．网盘目录管理

（1）创建一个名为 DoDir 的 Servlet 用于将当前用户网盘根目录下的所有文件夹显示出来。主要代码如下。

```
response.setCharacterEncoding("utf-8");
response.setContentType("text/html;charset=utf-8");
String userName = request.getParameter("userName");
String path = request.getSession().getServletContext().getRealPath("/") +
userName;
List<String> dirPathList = UtilMethod.getDir(path);
List<String> dirList = new ArrayList<String>();
for (String string : dirPathList) {
    dirList.add(string.substring(string.indexOf(path)+path.length()+1));
}
request.setAttribute("dirList", dirList);
request.getRequestDispatcher("dir.jsp").forward(request, response);
dirPathList.clear();
dirList.clear();
```

List<String> dirPathList = UtilMethod.getDir(path)使用 UtilMethod 中的 getDir(String path)方法，采用递归调用将 path 路径下的所有文件夹显示出来，并将最后的路径添加到 dirPathList 集合中。string.substring(string.indexOf(path)+path.length()+1)字符串截取，用于获得当前用户网盘根目录下的文件夹，将获得结果添加到集合 dirList 中，并传递至 dir.jsp 页面。

（2）获取到的结果将在 dir.jsp 中显示，其主要代码如下。

```
<% List<String> dirList=(List) request.getAttribute("dirList");%>
<table bordercolor="#" width="100%">
  <tr align="center" bgcolor="gray">
    <td width="20%" >目          录</td>
    <td width="10%" bgcolor="gray">操          作</td>
  </tr>
  <tr align="center">
  <td align="center">根目录</td>
  <td>
  <a href ="ToAddDir?userName=<%=request.getParameter("userName") %>">添加目
  录</a>
  <a href ="Upload?userName=<%=request.getParameter("userName") %>">上传文件
  </a>
   <a href ="Manage?userName=<%=request.getParameter("userName") %>">查看文件
  </a>
  </td>
  </tr>
  <%for (String str :dirList){ %>
  <tr align="center">
 <td align="center">根目录\<%=str%></td>
  <td>
<a href ="Del?userName=<%=request.getParameter("userName") %>&str=<%=str %>"
onclick="return confirm('是否确认删除?')">删除目录</a>
```

```
<a href="ToAddDir?userName=<%=request.getParameter("userName")%>&str=<%=str%>">
添加目录</a>
<a href ="Upload?userName=<%=request.getParameter("userName") %>&str=<%=str
%>">上传文件</a>
<a href ="Manage?userName=<%=request.getParameter("userName") %>&str=<%=str
%>">查看文件</a>
   </td>
  </tr><%} %>
</table>
```

（3）如图 11-18 所示为根目录下包含两个子目录的运行效果。

图 11-18 网盘目录首页

（4）创建名为 ToAddDir 的 Servlet 用于获得要创建目录的路径，主要代码如下。

```
response.setCharacterEncoding("utf-8");                    //设置响应编码格式
response.setContentType("text/html;charset=utf-8");
String path = request.getSession().getServletContext().getRealPath("/");
String userName = request.getParameter("userName");
String str = request.getParameter("str");//需要新建目录的父路径
if (str==null) {
    path = path + userName;
} else {
    if (str.trim()=="") {
        path = path + userName;
    } else {
        path = path + userName +File.separator +str;
    }
}
request.setAttribute("dirPath", path);
request.getRequestDispatcher("addDir.jsp").forward(request, response);
```

（5）创建页面 addDir.jsp 用于获取新建目录的名称，主要代码如下。

```
<form action="AddDir">
    请输入文件夹的名字: <input type="text" name="dirName" id = "dirName">
    <input type="hidden" name="dirPath" value="<%=new String((request.getAttribute
```

```
    ("dirPath").toString()).getBytes("iso-8859-1"),"utf-8")%>">
    <input type="hidden" name = "userName" value="<%=request.getParameter
    ("userName")%>">
    <input name="Submit" type="submit" class="button" id="Submit" value="确定">
  <input name="cs" type="reset" class="button" id="cs" value="取 消" >
</form>
```

如图 11-19 所示为添加目录时指定目录名称的运行效果。

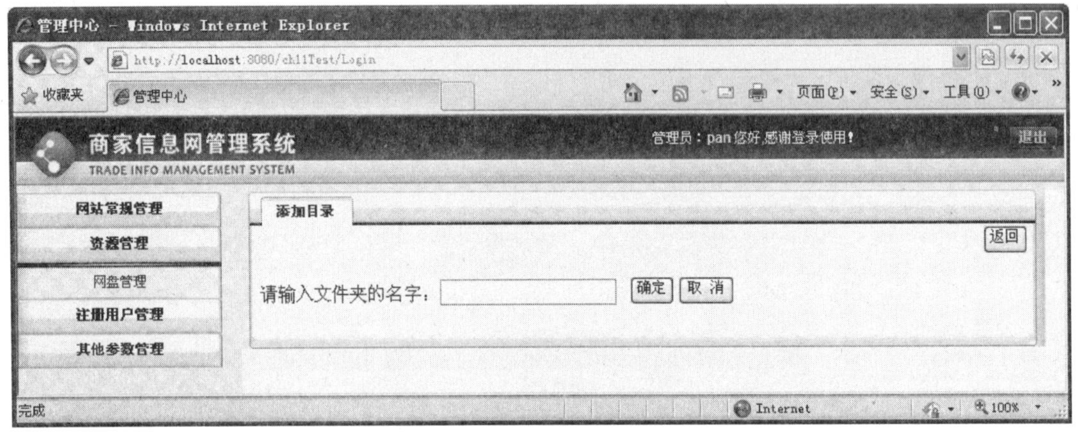

图 11-19　添加目录页面

（6）创建名为 AddDir 的 Servlet 完成创建指定新目录的功能，主要代码如下。

```
response.setCharacterEncoding("utf-8");                    //设置响应编码格式
response.setContentType("text/html;charset=utf-8");
String path = request.getSession().getServletContext().getRealPath("/");
String dirPath = request.getParameter("dirPath");          //需新建目录的父目录
String dirName = request.getParameter("dirName");          //新建目录的名称
String userName = request.getParameter("userName");        //用户名
path = dirPath + File.separator + dirName;
path=new String(path.getBytes("iso-8859-1"),"utf-8");
File newFile = new File(path);
PrintWriter out = response.getWriter();
if (newFile.isDirectory()) {
    out.println("<p align='center'>目录存在</p>");
    out.println("<div align ='right'><input type='button' name='Submit' value
    ='返回' onclick='javascript:window.history.back();'/></div>");
} else {
    newFile.mkdir();
    out.println("<p align='center'>创建目录成功</p>");
    out.println("<meta http-equiv='refresh' content='2;url=DoDir?userName=
    "+userName + "'>");
}
```

（7）创建一个 Servlet Del 实现删除指定目录的功能，主要代码如下。

```
response.setCharacterEncoding("utf-8");                    //设置响应编码格式
response.setContentType("text/html;charset=utf-8");
```

```
String path = request.getSession().getServletContext().getRealPath("/");
String userName = request.getParameter("userName");
String str = request.getParameter("str");//需要删除的目录
path = path + userName +File.separator +str;
path=new String(path.getBytes("iso-8859-1"),"utf-8");
PrintWriter out = response.getWriter();
File file = new File(path);
UtilMethod.delFile(file);//调用 UtilMethod 中的 delFile(File file)方法，删除文件夹
if (file.exists()==false) {
out.println("<p align = 'center'>目录已经删除</p>");
out.println("<meta http-equiv='refresh' content='2;url=DoDir?userName="+userName
+ "'>");
} else {
out.println("<p align = 'center'>目录删除不成功</p>");
out.println("<meta http-equiv='refresh' content='2;url=DoDir?userName="+userName
+ "'>");
}
out.flush();
out.close();
```

3．文件管理

（1）创建一个 Servlet Upload 用于获取文件所要上传的目录，主要代码如下。

```
response.setCharacterEncoding("utf-8");                    //设置响应编码格式
response.setContentType("text/html;charset=utf-8");
String path = request.getSession().getServletContext().getRealPath("/");
String userName = request.getParameter("userName");
String str = request.getParameter("str");                  //需要上传到的目录
if (str == null) {
    path = path + userName ;
} else {
    path = path + userName +File.separator +str;
}
path=new String(path.getBytes("iso-8859-1"),"utf-8");
request.setAttribute("str", str);
request.setAttribute("filePath", path);
request.getRequestDispatcher("upload.jsp").forward(request, response);
```

（2）创建 upload.jsp 页面来获取文件所要上传的文件，主要代码如下。

```
<form  action="FileUpload?path=<%=request.getAttribute("filePath")%>"  name="one"
enctype="multipart/form-data" method="post">
文件上传至:<%if(request.getAttribute("str") == null){ %>根目录<%} else{ %>根目录
\<%out.println(request.getParameter("str"));} %>
    <div align="right"><input type="button" name="Submit" value="返回" onclick
    ="javascript:window.history.back();"/></div>
    <p align = "center" >文件上传</p>
    <p align="center">文件上传<input type ="File" name = "fileupload" value=
    "upload"><br>
    <input type = "submit" value ="上传">
```

```
    <input type = "reset" value = "取消">
</form>
<p align = "center" >说明：禁止上传"*.exe"文件，且文件大小不得超过 5M</p>
```

运行效果如图 11-20 所示。

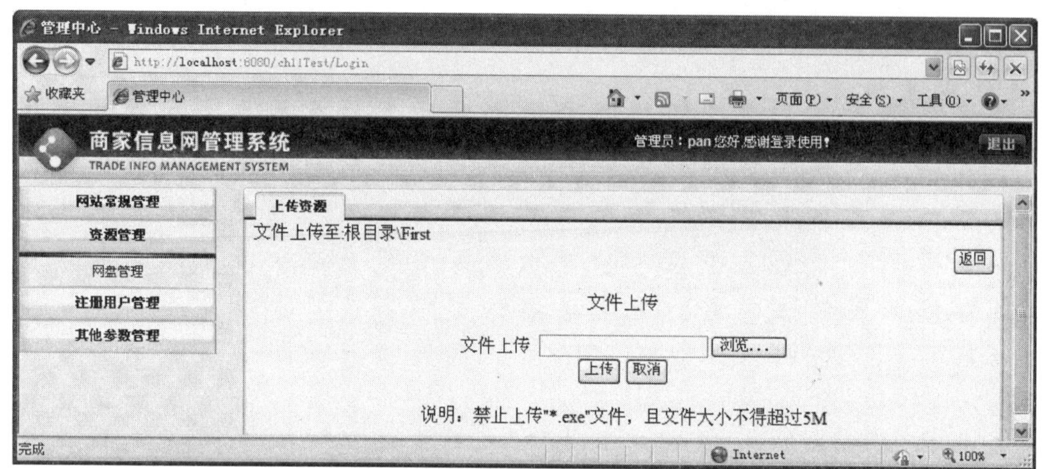

图 11-20 文件上传页面

（3）创建名为 FileUpload 的 Servlet 实现将选择的文件上传到用户指定的目录。具体代码这里不再给出，可以参考 11.3.4 节。

（4）创建一个 Servlet Manage 用于查看上传的文件。主要代码如下。

```
response.setCharacterEncoding("utf-8");
response.setContentType("text/html;charset=utf-8");
String userName = request.getParameter("userName");
List<String> imageList = new ArrayList<String>();  //图片文件
List<String> txtList = new ArrayList<String>();    //文本文件
List<String> otherList = new ArrayList<String>();  //其他类型文件
String str = request.getParameter("str");
String path = request.getSession().getServletContext().getRealPath("/");
if (str == null) {
    path = path + userName ;
} else {
    path = path + userName +File.separator +str;
}
path=new String(path.getBytes("iso-8859-1"),"utf-8");
List<String> list = UtilMethod.getPath(path);
for (String string : list) {
    if(string.startsWith("images")){
        imageList.add(string);
    }else if(string.startsWith("txt")){
        txtList.add(string);
    }else if(string.startsWith("other")){
        otherList.add(string);
    }
```

```
    }
    request.setAttribute("imageList",imageList);
    request.setAttribute("txtList",txtList);
    request.setAttribute("userName",userName);
    request.setAttribute("otherList", otherList);
    request.getRequestDispatcher("list.jsp").forward(request, response);
```

（5）创建页面 list.jsp 用于分类显示上传的文件，主要代码如下。

```
<%if(request.getAttribute("strPath") == null){ %>根目录<%} else{ %>根目录\<%out.
println (request.getAttribute("strPath"));} %>下的文件
<div align ="right"><input type="button" name="Submit" value="返回" onclick="
javascript:window.history.back();"/></div>
<%String dirpath = request.getSession().getServletContext().getRealPath("/");
dirpath = dirpath + request.getParameter("userName");%>
<% List<String> imageList=(List) request.getAttribute("imageList");%>
<% List<String> txtList=(List) request.getAttribute("txtList");%>
<% List<String> otherList=(List) request.getAttribute("otherList");%>
<h3>图片类</h3>
  <%if(imageList.isEmpty()==false ) { %>
  <table  bordercolor="#"  width="100%">
  <tr align="center" bgcolor="grey">
   <td width="">文件名字</td>
   <td width="14%">上传时间</td>
   <td width="14%">文件大小</td>
   <td width="100px">操        作</td>
  </tr>
  <%for (String str :imageList){ %>
  <tr align="center">
  <%String param[] = str.split("#");%>
<td align="center"><%=param[2] %></td>
<td align="center"><%=param[3] %></td>
<td align="center"><%=param[4] %></td>
<td align="center"><a href ="download.jsp?path=<%=param[1] %>">下载</a>|
<a href ="ViewImages.jsp?name=<%=param[2] %>&userName=<%=request.getAttribute
("userName") %>& strPath=<%=request.getAttribute("strPath") %>">查看|</a>
  <a href ="DelFile?path=<%=param[1] %>" onclick="return confirm('是否确认删除?')">
  删除</a>
  </td>
 </tr><%} %>
 </table>
 <%} else{  %><h4 align = "center">暂无图片</h4><%}  %>
<!-- 此处省略部分代码 -->
```

如图 11-21 所示为查看 First 目录下所有文件的运行效果。

（6）创建页面 download.jsp 用于文件的下载，代码与 11.4 节中的 download.jsp 一致，在此不再给出。

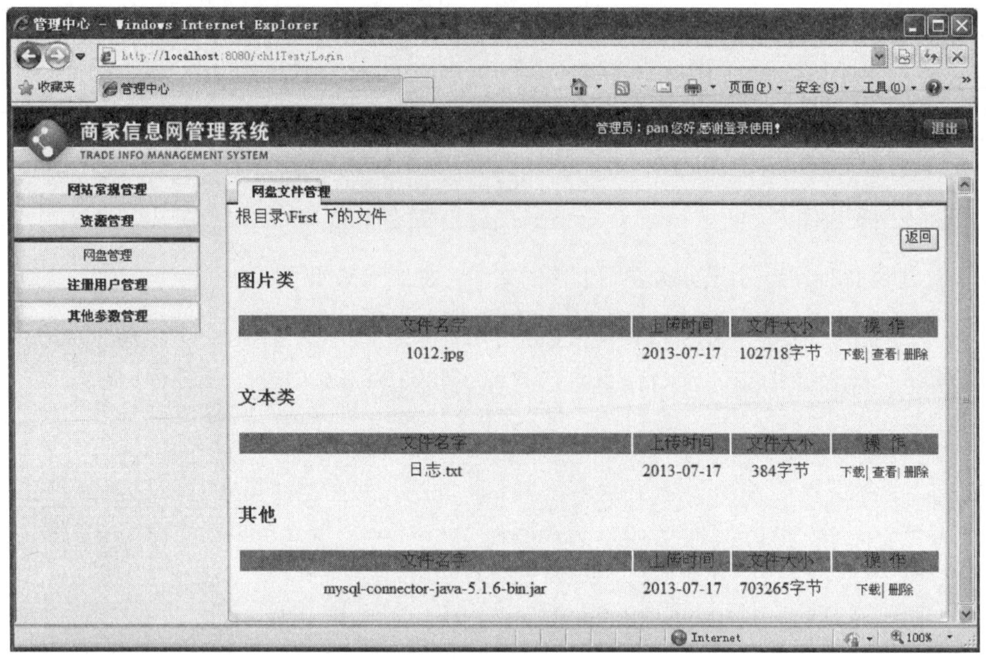

图 11-21　文件显示页面

（7）创建页面 ViewImages.jsp 用于查看图片文件，主要代码如下。

```
<div>当前文件为: <%=request.getParameter("name") %></div>
<%String imgPath = basePath + request.getParameter("userName") +"/"+ request.
getParameter("strPath")+ "/"+request.getParameter("name");
 imgPath = new String(imgPath.getBytes("iso-8859-1"),"utf-8");
%>
<img src="<%=imgPath%>" height="1024" width="730"/>
```

从图片类文件中单击【查看】链接，运行效果如图 11-22 所示。

图 11-22　查看图片页面

（8）创建页面 viewTxt.jsp 用于查看文本文档，主要代码如下。

```
<div  align="left"> 当 前 文 件 为 :  <%=new  String(request.getParameter("name").
getBytes("iso-8859-1"), "utf-8")%></div>
<div align ="right"><input type="button" name="Submit" value="返回" onclick=
"javascript:window.history.back();"/></div>
<%
     response.setCharacterEncoding("utf-8");                    //设置响应编码格式
     response.setContentType("text/html;charset=utf-8");
     String txtPath = request.getParameter("path");
     txtPath=new String(txtPath.getBytes("iso-8859-1"),"utf-8");
  File file = new File(txtPath);
  byte by[]=new byte[ (int)file.length()];
   int b;
   String line = "";
   if(file.exists()){
    try{
       FileInputStream fis=new FileInputStream(file);
       InputStreamReader isr=new InputStreamReader(fis);
         BufferedReader br = new BufferedReader(isr);
         out.println("<textarea class='comments' >");
       while((line = br.readLine())!=null){
          out.println(line);
          }
   out.println("</textarea>");
         fis.close();
      }catch(IOException e)
        {
          out.println("<p align='center'>文件读取错误</p>");
        }
    }
    else
     {
      out.println("<p align='center'>文件不存在，请确认再进行读取</p>");
    }
%>
```

从文本类文件中单击【查看】链接运行效果如图 11-23 所示。

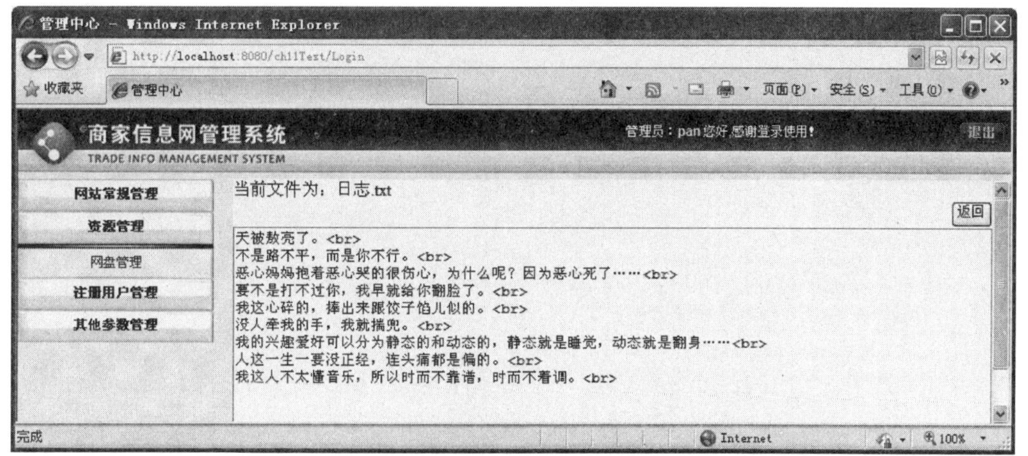

图 11-23 查看文本文件页面

（9）创建一个 Servlet（DelFile）用于完成删除文件功能，主要代码如下。

```
response.setCharacterEncoding("utf-8");                    //设置响应编码格式
response.setContentType("text/html;charset=utf-8");
String path = request.getParameter("path");
path=new String(path.getBytes("iso-8859-1"),"utf-8");
    PrintWriter out = response.getWriter();
    File file = new File(path);
    if (file.exists()) {
        file.delete();
    } else {
        out.println("<p align = 'center'>文件不存在</p>");
    }
    if (file.exists()==false) {
    out.println("<p align = 'center'>文件已经删除</p>");
    out.println("<div align ='right'><input type='button' name='Submit' value=
    '返回' onclick='javascript:window.history.back();'/></div>");
    } else {
        out.println("<p align = 'center'>文件删除不成功</p>");
        out.println("<div align ='right'><input type='button' name='Submit'
        value='返回' onclick='javascript:window.history.back();'/></div>");
}
out.flush();
out.close();
```

（10）最后创建前面多次用到的工具类 UtilMethod，它封装了删除目录、获取文件类型、获取文件路径等方法，主要代码如下。

```
public class UtilMethod {
    private static ArrayList<String> filelist = new ArrayList<String>();
    private static List<String> dirList = new ArrayList<String>();
    public static void delFile(File file){ //删除目录
        if (file.isDirectory()) {
            File files[] = file.listFiles();
            for (File file1 : files) {
                delFile(file1);
                file1.delete();
            }
        } else {
            file.delete();
        }
        file.delete();
    }
    public static String getType(String path){ //获取文件类型
        String param = "other";
        String []txtLimit=new String[]{"html","php","asp","jsp","aspx","txt"};
        String []imageLimit=new String[]{"bmp","jpg","gif"};
        SuffixFileFilter filter2= new SuffixFileFilter(txtLimit);
        SuffixFileFilter filter3= new SuffixFileFilter(imageLimit);
        boolean flag2=filter2.accept(new File(path));
```

```
        boolean flag3=filter3.accept(new File(path));
        if(flag2 == true){
            param = "txt";
        } else if(flag3 == true){
            param = "images";
        }else{
            param = "other";
        }
        return param;
    }
    public static List<String> getPath(String filePath){ //获取文件路径以及详细信息
        List<String> list = new ArrayList<String>();
        File root = new File(filePath);
        File[] files = root.listFiles();
          for(File file:files){
            if(file.isDirectory()){ //递归调用
             getPath(file.getAbsolutePath());
             filelist.add(file.getAbsolutePath());
            }else{
             SimpleDateFormat sdf = new SimpleDateFormat("yyyy-MM-dd");
                 String time =sdf.format(new Date(file.lastModified()));
                 if(getType(file.getAbsolutePath()).equals("images")){
                     list.add("images#" + file.getAbsolutePath() + "#" + new
                     File(file.getAbsolutePath()).getName()+ "#" + time +
                     "#"+(new File(file.getAbsolutePath())).length()+"字节");
                 }else if(getType(file.getAbsolutePath()).equals("txt")){
                     list.add("txt#" + file.getAbsolutePath() + "#" + new
                     File(file.getAbsolutePath()).getName()+ "#" + time +
                     "#"+(new File(file.getAbsolutePath())).length()+"字节");
                 }else if(getType(file.getAbsolutePath()).equals("other")){
                     list.add("other#" + file.getAbsolutePath() + "#" + new
                     File(file.getAbsolutePath()).getName()+ "#" + time +
                     "#"+(new File(file.getAbsolutePath())).length()+"字节" );
                 }
            }
          }
            return list;
    }
    public static List<String> getDir(String path){ //获取文件夹路径
        File root = new File(path);
        File files[] = root.listFiles();
        for (File file : files) {
            if(file.isDirectory()){
                getDir(file.getAbsolutePath());
                dirList.add(file.getAbsolutePath());
            }
        }
        return dirList;
```

```
        }
    }
```

11.6 拓展训练

1．实现 JSP 上传文件

根据本章所学的知识来实现 JSP 上传文件，要求上传文件的目录以当前时间的时间戳命名，例如当前时间为 2013 年 7 月 18 日，则文件夹命名为“2013-07-18”。

2．列出指定路径下的所有文件和文件夹

假定在网站根目录下有一个文件夹 upload，试根据所学内容和参考网盘的实现将 upload 下的所有文件夹和文件遍历并显示在 JSP 页面中，同时能根据文件类型来进行分类。

11.7 课后练习

一、填空题

1. 创建文件的方法是__________。
2. 文件是否可写的方法是__________。
3. 要使一个对象能序列化必须实现__________接口，该接口没有任何方法。
4. 在进行文件过滤时，创建的过滤器必须实现 java.io.FilenameFilter 接口，并在__________方法中指定允许的文件类型。
5. 文件上传时，文件域需要被定义在 form 表单下，而 form 表单的 enctype 必须被设置为__________，否则文件无法上传。

二、选择题

1. 获取文件绝对路径的方法是____________。
   A. getPath()
   B. getAbsolutePath()
   C. getRealPath()
   D. getParent()
2. 下面几个方法中__________是获取文件大小的方法。
   A. getSize()
   B. getLength()
   C. size()
   D. length()
3. 字符输出流使用的类是__________。
   A. FileInputStream
   B. FileOutputStream
   C. FileWriter
   D. FileRead

4. JSP 支持的流类型不包括下列的__________。
   A. 字节流
   B. 字符流
   C. 对象流
   D. 文件流
5. 进行创建对象时，下列不需要捕获异常的是__________。
   A. File file = new File("c:/log.txt");
   B. FileInputStream f1 = new FileInputStream("c:/log.txt ");
   C. FileReader fr=new FileReader(file);
   D. FileOutputStream fos=new FileOutputStream("c:/log.txt ");

三、简答题

1. File 类提供了几种形式的构造函数？针对每一种构造函数进行举例说明。
2. Java 字符流和字节流的区别是什么？
3. 试根据本章中的内容和案例，来制作一个相册展示系统，要求能够上传、查看、下载及删除相片。

第 12 章 JSTL 标签库

JSTL（Java Server Pages Standard Tag Library，JSP 标准标签库）是一个不断完善的开放源代码的 JSP 标准标签库，主要为 Web 开发人员提供一个标准且通用的标签库，使用 JSTL 可以实现 Web 应用程序中常见的通用功能，包括迭代、条件判断、数据管理格式化、XML 操作以及数据库的访问。JSTL 标签可以取代传统的在 JSP 程序中嵌入 Java 代码的做法，大大提高了程序的可维护性。

JSTL 标签库主要包括核心标签库、格式标签库、SQL 标签库、XML 标签库和函数标签库这 5 种标签库。本章主要讲解 JSTL 核心标签库中的具体标签应用，以及 SQL 标签的使用。

本章学习目标：

- ❑ 了解 JSTL
- ❑ 掌握 Core 标记库
- ❑ 熟练应用表达式标签
- ❑ 熟练掌握流程控制标签
- ❑ 熟练掌握循环标签
- ❑ 熟练掌握 URL 操作标签
- ❑ 了解 SQL 标签的使用

12.1 JSTL 简介

JSTL 规范是由 Sun 公司制定，由 Apache 的 Jakarta 小组负责实现，目前的 JSTL 的版本是 1.2。JSTL1.0 需要支持 Servlet 2.3 和 JSP 1.2 的 Web 容器，而 JSTL 1.1 至少运行在支持 JSP 2.0 和 Servlet 2.4 规范的容器上，如 Tomcat 5.0。

JSTL 标签库实际上是由 5 种功能不同的标签库组成，这 5 个标签库分别指定了不同的 URL，并对应它们的前缀，如表 12-1 所示。

表 12-1　JSTL 标签库

标签库名称	URL 地址	前　缀
SQL	http://java.sun.com/jsp/jstl/sql	sql
core（核心）	http://java.sun.com/jsp/jstl/core	c
XML	http://java.sun.com/jsp/jstl/xml	x
Functions	http://java.sun.com/jsp/jstl/functions	fn
fmt	http://java.sun.com/jsp/jstl/fmt	fmt

在使用这些标签库之前，必须在 JSP 页面的顶部使用<%@ taglib %>指令定义引用的标签库和访问前缀，下面的代码分别列出了使用核心标签库、格式标签库、SQL 标签库、XML 标签库和函数标签库的格式。

```
<%@ taglib uri="http://java.sun.com/jstl/core" prefix="c" %>
<%@ taglib uri="http://java.sun.com/jstl/fmt" prefix="fmt"%>
<%@ taglib uri="http://java.sun.com/jstl/sql" prefix="sql"%>
<%@ taglib uri="http://java.sun.com/jstl/xml" prefix="x" %>
<%@ taglib uri="http://java.sun.com/jsp/jstl/functions" prefix="fn"%>
```

注意

注意使用 JSTL 标签库之前，需要将 jstl.jar 文件配置到项目中，这样才可以在项目中使用 JSTL 标签。

1．核心标签库

核心标签库主要用于完成 JSP 页面的常用功能，包括 JSTL 的表达式标签、URL 标签、流程控制标签和循环标签 4 种标签。

2．格式标签库

格式标签库提供了一个简单的国际化标记，也称为“I18N 标签库”，用于处理和解决与国际化相关的问题；另外，该标签中包含用于格式化数字和日期显示格式的标签。

3．SQL 标签库

SQL 标签库提供了基本的访问关系型数据的能力，使用该标签可以简化对数据库的访问。如果结合核心标签库，则可以方便地获取结果集并迭代输出结果集中的数据。

4．XML 标签库

XML 标签库可以处理和生成 XML 的标记，使用这些标记可以很方便地开发基于 XML 的 Web 应用。

5．函数标签库

函数标签库提供了一系列字符串操作函数，用于完成分解字符串、连接字符串、返回子串，以及确定字符串是否包含特定的子串功能。

12.2 表达式标签

在 JSTL 中，表达式标签包括<c:out>、<c:set>、<c:remove>和<c:catch>。下面将分别介绍这些标签的使用。

12.2.1 <c:out>输出标签

<c:out>标签用于将表达式的值分别输出到 JSP 页面中，该标签类似 JSP 的表达式<%=表达式%>，或者是 EL 表达式${expression}，与 JSP 的内置对象 out 相似。有两种语法格式：一种没有标签体；另一种有标签体，两种语言的输出结果完全相同。<c:out>语法格式如下。

语法 1：没有标签体。

```
<c:out  value="exception"[ escapeXml="true|false"]  [ default="defaultValue"]>
</c:out>
```

语法 2：有标签体。

```
<c:out value="exception" [ escapeXml="true|false"]>
    defaultValue
</c:out>
```

其中各项参数含义如下。

（1）value：用于指定将要输出的变量或表达式，是 Object 类型，可以使用 EL。

（2）escapeXml：可选项，用于指定是否转换特殊字符，默认值为 true，表示转换，如“<”转换为“<”是 Object 类型，不可以使用 EL。可以被转换的字符如表 12-2 所示。

表 12-2 能被转换的字符

字　　符	字符实体代码	字　　符	字符实体代码
<	<	>	>
'	'	"	"
&	&		

（3）default：可选项，用于指定当 value 属性值等于 null 时，将要显示默认值。如果没有指定该属性，并且 value 的属性值为 null，该标签输出空的字符串。

【练习 1】

使用<c:out>标签输出字符串查看字符串是否会显示为规定的格式，代码如下。

```
<div id="one">
    <div id="two">
        escapeXml 属性为 true 时：<br>
        <c:out value="<h1>汇智科技</h1>" escapeXml="true"></c:out>
        <br> escapeXml 属性为 false 时：<br>
        <c:out value="<h1>汇智科技</h1>" escapeXml="false"></c:out>
    </div>
</div>
```

将该项目部署在 Tomcat 下，运行结果如图 12-1 所示。

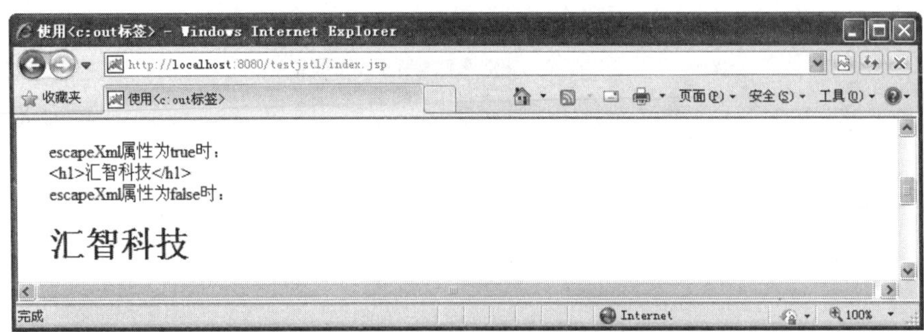

图 12-1　不同 escapeXml 属性运行的结果

从图中可以看出当 escapeXml 的属性为 true 时，输出的字符串中的<h1>以字符串的形式输出；当为 false 时，作为 HTML 标记输出。

12.2.2　<c:set>设置标签

<c:set>标签用于在某个范围（page、request、session、application 等）中为某个名称设定特定的值，或者设定某个已经存在的 JavaBean 对象的属性。使用该标签可以在页面中定义变量，而不用在 JSP 页面中嵌入打乱 HTML 排版的 Java 代码。<c:set>标签的 4 种语法格式如下。

语法 1：使用 value 属性设定一个特定范围中的属性。

```
<c:set value="value" var="varName" [ scope="{ page|request|session|application} "] />
```

语法 2：使用 value 属性设定一个特定范围中的属性，并带有一个标签体。

```
<c:set var="varName" [ scope="{ page|request|session|application} "]>
    body 部分
</c:set>
```

语法 3：设置某个特定对象的一个属性。

```
<c:set value="value" target="object" property="propertyName"/>
```

语法 4：设置某个特定对象的一个属性，并带有一个 body。

```
<c:set target="targe" property="propertyName">
    body 部分
</c:set>
```

其中各个参数含义如下。

（1）var：用于指定变量名，通过该标签定义的变量名可以通过 EL 指定为<c:out>的 value 属性，该属性的类型为 String。

（2）value：用于指定变量值，可以使用 EL，该属性类型为 Object。

（3）scope：用于指定变量的作用域，默认值是 page，可选值包括 page、request、session 和 application，不可以使用 EL，该属性的类型为 String。

（4）target：用于指定存储变量值或者标签体的目标对象，可以是 JavaBean 或 Map 集合对象。可以使用 EL，该属性的类型为 Object。

（5）property：用于指定目标对象存储数据的属性名，不可以使用 EL，该属性的类型为 String。

Target 属性不能是直接指定的 JavaBean 或 Map，而应该是使用 EL 表达式或一个脚本表达式指定的真正对象。例如，要为 JavaBean User 的 id 属性赋值，那么 target 属性值应该是 “tareget =

"${user}"”而不应该是“tareget = "user"”，其中 user 为 User 的对象。

【练习 2】

使用<c:set>标签定义不同范围的变量和为 JavaBean 的属性赋值，并通过<c:out>标签进行输出。具体步骤如下。

（1）编写一个 User.java 的 JavaBean 文件，存储用户信息，代码如下。

```
package com.cs;
public class User {
    private String username;//用户名
    private String password;//密码
    private String telephone;//电话
    public String getUsername() {
        return username;
    }
    public void setUsername(String username) {
        this.username = username;
    }
        //省略了 getter 和 setter 方法
}
```

（2）编写 userset.jsp 页面，在该页面中使用 EL 的 4 种不同语法定义不同的变量，并且使用<c:out>输出信息，代码如下。

```
<ui>
<li>应用语法 1 定义一个 session 范围内的变量 username</li>
<p>
    <c:set var="name" value="陈思" scope="session" />
    输出变量 username 的值为: ${ name}
</p>
<li>应用语法 2 定义一个 request 范围内的变量 age</li>
<p>
    <c:set var="age" scope="request">${ 20} </c:set>
    输出变量 age 的值为: ${ age}
</p>
<li>应用语法 3 为 JavaBean 设置属性并应用&lt;c:out&gt;标签输出各属性值</li>
<c:set value="angry.奥特曼" target="${ user} " property="username" /> <c:set
    value="csy0812" target="${ user} " property="password" /> <c:set
    value="15993548892" target="${ user} " property="telephone" />
<p>
    username 属性的值为:
    <c:out value="${ user.username} " />
</p>
<p>
    password 属性的值为:
    <c:out value="${ user.password} " />
</p>
<p>
    telephone 属性的值为:
    <c:out value="${ user.telephone} " />
```

```
</p>
<li>应用语法 4 为 JavaBean 设置属性并应用&lt;c:out&gt;标签输出各属性值</li>
<c:set target="${ user} " property="username">蓝星</c:set>
<p>
    username 属性的值为:
    <c:out value="${ user.username} " />
</p>
```

将该项目部署在 Tomcat 下，运行 userset.jsp 页面，运行结果如图 12-2 所示。

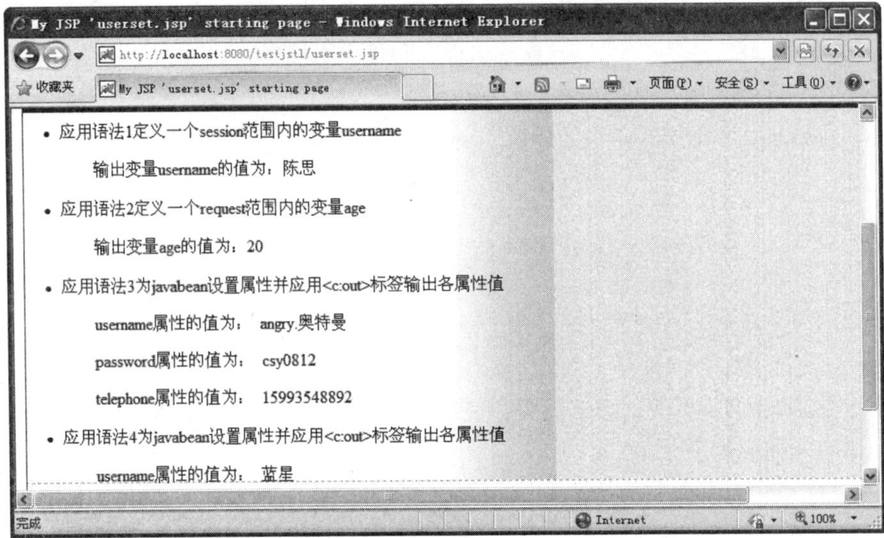

图 12-2 使用<c:set>标签运行结果

12.2.3 <c:remove>移除标签

该标记的作用是在指定作用域内删除变量，其语法形式如下所示。

```
<c:remove var="name" [ scope="page|request|session|application"] />
```

其中各个参数含义如下。

（1）var：用于指定要移除的变量名称。

（2）scope：用于指定变量范围，可选值有 page、request、session 和 application，默认值是 page。如果在该标签中没有指定变量的有效范围，那么将分别在 page、request、session 和 application 的范围内查找要移除的变量并移除。例如，在一个页面中，存在不同范围的两个同名变量，当不指定范围时移除该变量，这两个范围内的变量都将被移除。因此，在移除变量时，最好指定有效的范围。

【练习 3】

使用<c:set>标签定义一个 request 范围内的变量，然后通过<c:out>标签输出该变量，再应用<c:remove>标签移除该变量，代码如下。

```
<c:set var="username" value="angey.奥特曼" scope="request" />
移除之前的变量 username 的值为
<c:out value="${ requestScope.username} " default="user 的值为空" />
<br>
<c:remove var="username" scope="request" />
```

```
移除之后的变量 username 的值为
<c:out value="${ requestScope.username} " default="user 的值为空" />
```

程序运行结果显示“移除之前的变量 username 的值为 angey.奥特曼”与“移除之后的变量 username 的值为 user 的值为空”两句话，表示<c:remove>标签删除成功。

12.2.4 <c:catch>异常捕捉标签

<c:catch>标签用于捕捉程序中出现的异常，如果需要它还可以将异常信息保存在指定的变量中。该标签与 Java 语言中的 try…catch 语句类似。<c:catch>标签语法格式如下。

```
<c:catch [ var="varName"] >
    //可能出现的异常信息
</c:catch>
```

上述语法中 var 属性为可选属性，用于指定存储异常信息的变量。如果不需要存储异常信息，可以省略该属性。

【练习 4】

使用<c:catch>标签捕获程序中的异常信息，并且通过<c:out>输出，代码如下。

```
<c:catch var="exception">
<%
    int number = Integer.parseInt(request.getParameter("number"));
    out.print(number);
%>
</c:catch>
抛出异常信息: <c:out value="${ exception} "></c:out>
<c:catch var="exception1">
<%
    int number =5/0;
    out.print(number);
%>
</c:catch>
抛出异常信息: <c:out value="${ exception1} "></c:out>
```

运行该 JSP 页面，输出两个不同的 exception 信息“java.lang.NumberFormatException: null”和“java.lang.ArithmeticException: / by zero”。

12.3 流程控制标签

流程控制在程序中会根据不同的条件处理不同的业务，即执行不同的程序代码来产生不同的运行结果，使用流程控制可以处理程序中的任何可能发生的事情。在 JSTL 中包含<c:if>、<c:choose>、<c:when>和<c:otherwise>4 种流程控制标签。

12.3.1 <c:if>标签

<c:if>标签是判断标签中较简单的一个，它根据不同的条件处理不同的业务，对单个测试表达式进行求值，类似于 Java 标签中的 if 语句，仅当对表达式求出的值为 true 时，才处理标记的主体

内容；如果求出的值为 false，就忽略该标签的主体内容。

虽然<c:if>标签没有对应的 else 标签，但是利用 JSTL 提供的<c:choose>、<c:when>和<c:otherwise>标签也可以实现 if else 功能。

<c:if>标签有两种语法格式，如下。

语法 1：可判断条件表达式，并将条件的判断结果保存在 var 属性指定的变量中，而这个变量存在于 scope 属性所指定的范围内。

```
<c:if  test="testCondition"  var="varName"  [scope="page|request|session|
application"]/>
```

语法 2：不但可以将 test 属性的判断结果保存在指定范围的变量中，还可以根据条件的判断结果执行标签主体。标签主体可以是 JSP 页面能够使用的任何元素，如 HTML 标记、Java 代码或者嵌入其他 JSP 标签。

```
<c:if  test="testCondition"  var="varName"  [scope="page|request|session|
application"]>
标签主体
</c:if>
```

其中各个参数含义如下。

（1）test：必选属性，用于指定条件表达式，可以使用 EL，该属性的类型为 Boolean。

（2）var：可选属性，用于指定变量名。这个属性会指定 test 属性的判断结果将存放在哪个变量中，如果该变量不存在就创建它。不可以使用 EL，该属性的类型为 String。

（3）scope：表示存储范围，该属性用于指定 var 属性所指定的变量的存在范围，不可以使用 EL，该属性的类型为 String。

【练习 5】

创建 testif.jsp 页面，使用<c:if>标签根据不同用户进入窗内网，显示不同的登录信息，代码如下。

```
<c:if test="${ empty param.username } " var="result">
    <form action="" method="post" name="form1">
    用户名:
    <input name="username" type="text" id="username">
    <br><br>
    <input name="password" type="submit" value="登录">
    </form>
</c:if>
<c:if test="${ !result } ">
     [${param.username}]，欢迎光临窗内网!
</c:if>
```

12.3.2 <c:choose>标签

<c:choose>标签可以根据不同的条件完成指定的业务逻辑，如果没有符合的条件，则会执行默认条件的业务逻辑。需要注意的是，<c:choose>标签只能作为<c:when>和<c:otherwise>标签的父标签。可以在其中嵌套<c:when>和<c:otherwise>标签来完成。该标签语法格式如下。

```
<c:choose>
    标签体(<c:when>和<c:otherwise>子标签)
</c:choose>
```

<c:choose>标签没有相关属性，只是作为<c:when>和<c:otherwise>标签的父标签使用。并且在该标签中除了空白字符之外，只能包括<c:when>和<c:otherwise>标签。

在一个<c:choose>标签中可以包含多个<c:when>标签来处理不同条件的业务逻辑，但是只能有一个<c:otherwise>标签来处理默认条件的业务逻辑。

在运行时首先判断<c:when>标签的条件是否为 true。如果为 true，则将<c:when>标签体中的内容显示在页面上；否则就判断下一个<c:when>标签的条件。如果该标签的条件也不满足，则继续判断下一个<c:when>标签，直到<c:otherwise>标签体执行。

12.3.3 <c:when>标签

<c:when>条件测试标签是<c:choose>标签的子标签，它根据不同的条件执行相应的业务逻辑。可以存在多个<c:when>标签来处理不同条件的业务逻辑，该标签的语法格式如下所示。

```
<c:when test="testCondition">
    标签体
</c:when>
```

上述语法中 test 属性表示条件表达式，用于判断条件真假，是 boolean 类型，可以使用 EL。

注意

在<c:choose>中必须有一个<c:when>标签，但是<c:otherwise>标签为可选。如果省略，当所有的<c:when>标签不满足条件时，将不会处理标签的标签体。并且，<c:when>标签必须出现在<c:otherwise>标签之前。

12.3.4 <c:otherwise>标签

<c:otherwise>标签也是<c:choose>标签的子标签，用于定义<c:choose>标签中的默认条件处理逻辑。如果没有任何一个结果满足<c:when>标签指定的条件，将会执行这个标签体中定义的逻辑代码，该标签的语法格式如下。

```
<c:otherwise>
    标签体
</c:otherwise>
```

注意

<c:otherwise>标签必须定义在所有<c:when>标签的后面，即它是<c:choose>标签的最后一个子标签。

【练习 6】

创建成绩管理系统，根据不同的成绩划分不同的等级，代码如下。

```
<body>
    <c:set value="75" scope="page" var="score"/>
    <c:choose>
        <c:when test="${ score>=90} ">优秀</c:when>
        <c:when test="${ score>=80} ">良好</c:when>
        <c:when test="${ score>=60} ">及格</c:when>
        <c:otherwise>不及格</c:otherwise>
```

```
    </c:choose>
</body>
```

运行上述代码，显示该程序运行结果“及格”。

12.4 循环标签

循环标签是程序算法中的重要环节，有很多常用的算法都是在循环中完成的，如递归算法、查询算法和排序算法等。JSTL 标签库中包含<c:forEach>和<c:forTokens>两个循环标签。

12.4.1 <c:forEach>标签

<c:forEach>循环标签可以根据循环条件遍历数组和集合类中的所有或部分数据，如在使用 Hibernate 技术访问数据库时返回的数组、java.util.List 和 java.util.Map 对象。它们封装了从数据库中查询的数据，这些数据都是 JSP 页面需要的。如果在 JSP 页面中使用 Java 代码来循环遍历所有的数据，会使页面非常混乱，不易分析和维护。使用 JSTL 的<c:forEach>标签循环来显示这些数据不但可以解决 JSP 页面混乱问题，也提高了代码的可维护性。该标签语法格式如下。

1．集合成员迭代

```
<c:forEach items="collection" [ varStatus="varStatusName"] [ var="varName"]
[ begin="begin"] [ end="end"] [ step="step"]
    标签体
</c:forEach>
```

其中，items 是必选属性，通常使用 EL 指定，其他属性均为可选属性。

2．数字索引迭代

```
<c:forEach [ var="varName"] [ varStatus="varStatusName"]
[ begin="begin"] [ end="end"] [ step="step"]
    标签体
</c:forEach>
```

其中，begin 和 end 属性是必选的，其他属性为可选属性。

其中各个参数含义如下。

（1）items：用于指定被循环遍历的对象，多用于数组与集合类。其值可以是数组、集合类、字符串和枚举类型。可以通过 EL 指定。该属性的类型为 String。

（2）var：用于指定循环体的变量名，该变量用于保存 items 指定的对象成员。不可以通过 EL 指定。该属性的类型为 String。

（3）begin：用于指定循环变量的起始位置，如果没有指定，则从集合的第一个值开始迭代。可以使用 EL，该属性的类型为 Int。

（4）end：用于指定循环的终止位置，如果没有指定，则一直迭代到集合的最后一位，可以使用 EL，该属性的类型为 Int。

（5）step：用于指定循环的步长，可以使用 EL，该属性的类型为 Int。

（6）varStatus：用于指定循环的状态变量，该属性还有 4 个状态属性，如表 12-3 所示。

表 12-3 varStatus 状态属性

变　量	类　型	描　述
index	Int	当前循环的索引值，从 0 开始
count	Int	当前循环的循环计数，从 1 开始
first	Boolean	是否为第一次循环
last	Boolean	是否为最后一次循环

如果要在循环的过程中得到循环计数，可以应用 varStatus 属性的状态属性 count。

【练习 7】

创建 list.jsp 页面，使用<c:forEach>遍历 List 集合中的图书信息，代码如下。

```
<div id="one">
    <div id="two">
        <h1>    <c:out value="利用 forEach 遍历图书信息" /></h1>
            <hr>
            <%
                List a = new ArrayList();
                a.add("Java 入门经典");
                a.add("Oracle 学习手册");
                a.add("C#编程基础");
                a.add("轻松学 Linux");
                a.add("ASP.NET 实践");
                request.setAttribute("a", a);
            %>
        <h2>    <c:out value="不指定 begin 和 end 的迭代: "/></h2>
            <c:forEach var="fuwa" items="${ a} ">
                <c:out value="${ fuwa} " /><br>
            </c:forEach>
        <h2><c:out value="指定 begin 和 end 的迭代: "/> </h2>
        <c:forEach var="fuwa" items="${ a} " begin="1" end="3" step="2">
        <c:out value="${ fuwa} "/><br>
        </c:forEach>
    </div>
    <div id="three">
        <h2>    <c:out value="输出整个迭代的信息: "/></h2>
        <b><c:forEach var="fuwa" items="${ a} " begin="3" end="4" step="1"
        varStatus="s">
        <c:out value="${ fuwa} " />的四种属性: <br><br></b>
        所在位置，即索引: <c:out value="${ s.index} " /><br>
        总共已迭代的次数: <c:out value="${ s.count} " /><br>
        是否为第一个位置: <c:out value="${ s.first} " /><br>
        是否为最后一个位置: <c:out value="${ s.last} " /><br>
        <b></c:forEach> </b>
    </div>
</div>
```

将该项目部署在 Tomcat 服务器下，运行 list.jsp 页面，运行结果如图 12-3 所示。

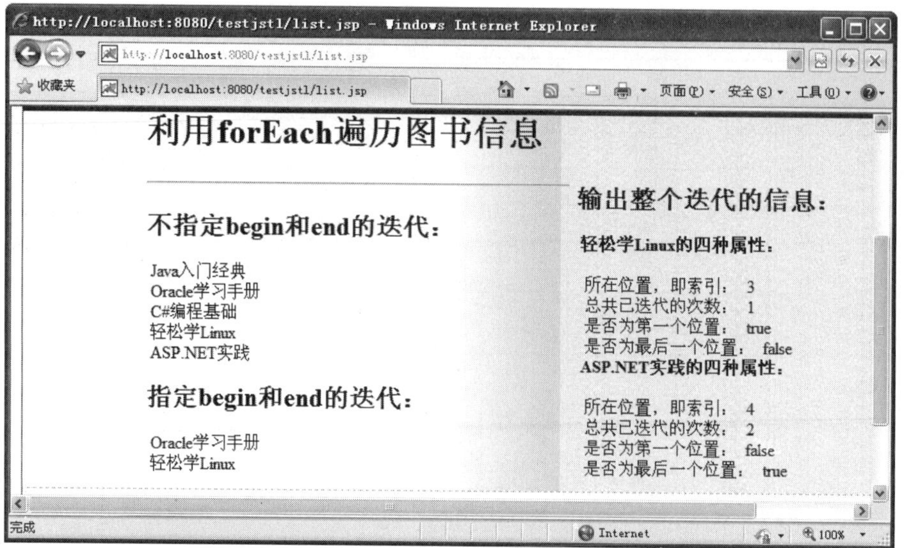

图 12-3　利用<c:forEach>标签遍历图书信息

12.4.2　<c:forTokens>标签

除<c:forEach>以外，Core 标签库还提供了另一个迭代标记：<c:forTokens>。JSTL 的这个定制操作与 Java 语言的 StringTokenizer 类的作用相似，可以用指定的分隔符分隔一个字符串，根据分隔的数量确定循环的次数。<c:forTokens>标签的语法如下。

```
<c:forTokens items="stringOfTokens" delims="delimiters"
    [ var="varName"]
    [ varStatus="varStatusName"]
    [ begin="begin"] [ end="end"] [ step="step"]>
        标签体
</c:forTokens>
```

其中各个参数含义如下。

（1）items：用于指定要迭代的 String 对象，该字符串通常由指定的分隔符分隔。不可以使用 EL，该属性的类型为 String。

（2）delims：用于指定分隔字符串的分隔符，可以同时有多个分隔符，可以使用 EL，该属性的类型为 String。

（3）begin：用于指定迭代的开始位置，索引值从 0 开始。可以使用 EL，该属性的类型为 Int。

（4）end：用于指定迭代的结束位置，可以使用 EL，该属性的类型为 Int。

（5）step：用于指定迭代的步长，默认步长为 1。可以使用 EL，该属性的类型为 Int。

（6）var：用于指定变量名，该变量保存分隔后的字符串。不可以通过 EL 指定，该属性的类型为 String。

（7）varStatus：用于指定循环的状态变量，同<c:forEach>标签，该属性也有 4 个状态属性。不可以通过 EL 指定，该属性的类型为 String。

【练习 8】

创建 token.jsp 页面，使用<c:forTokens>标签，迭代字符串，分别设置 begin 和 end 属性，查看不同，代码如下。

```
<h2><c:out value="forToken 实例" /></h2>
```

```
<hr><b>
    <c:forTokens items="欢、迎、来、到、汇、智、科、技" delims="、" var="c1">
        <c:out value="${ c1} "></c:out>
    </c:forTokens> <br> <br>
    <c:forTokens items="1*2*3*4*5*6*7" delims="*"begin="1" end="3" var="n"
    varStatus="s">
        <c:out value="${ n} " />的四种属性: <br>
        所在位置，即索引: <c:out value="${ s.index} " /><br>
        总共已迭代的次数: <c:out value="${ s.count} " /><br>
        是否为第一个位置: <c:out value="${ s.first} " /><br>
        是否为最后一个位置: <c:out value="${ s.last} " />    <br>
    </c:forTokens>
</b>
```

将该项目部署在 Tomcat 下，运行结果，发现设置了 begin 和 end 属性的迭代，遍历结果与没有设置的不同，如图 12-4 所示。

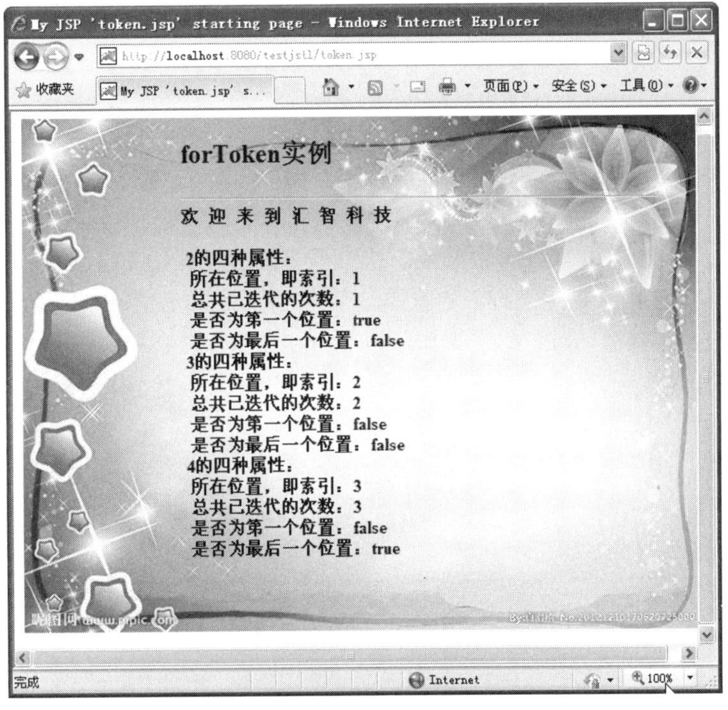

图 12-4 <c:forTokens>标签运行结果

12.5 URL 操作标签

在 Web 应用中，超链接、页面包含和重定向是需要经常用到的功能，在 JSTL 核心标签库 core 中，支持使用<c:import>来包含文件，使用<c:url>来打印和格式化 URL，使用<c:redirect>来重定向 URL。

12.5.1 <c:import>文件导入标签

JSP 有两种内置机制可以将来自不同 URL 的内容合并到一个 JSP 页面：include 指令和

<jsp:include>动作元素。这两个标记之间的主要区别在于：include 指令在页面编译期间合并被包含的内容，而<jsp:include>动作却在请求处理 JSP 页面时进行。但是，不管是哪种机制，要包含的内容都必须属于与页面本身相同的 Web 应用程序。

从本质上讲，core 标签库的<c:import>操作是更通用、功能更强大的<jsp:include>版本。这和<jsp:include>一样，<c:import>也是在请求时进行操作，它的基本任务就是将其他一些 Web 资源的内容插入 JSP 页面中，这些资源可能在其他网站上。<c:import>标签的语法如下。

语法 1：资源的内容作为 String 对象向外暴露。

```
<c:import url="url" [ context="context"]
[ var="varName"] [ scope="{ page|request|session|application} "] [ charEncoding=
"charEncoding"]>
    标签体
</c:import>
```

语法 2：资源的内容作为 Reader 对象向外暴露。

```
<c:import url="url" [ context="context"]
varReader="varReaderName" [ charEncoding="charEncoding"]>
    标签体
</c:import>
```

上述语法中，url 属性用于指定被导入文件资源的 URL 地址。可以使用 EL，该属性类型为 String。

（1）context：上下文路径，用于访问一台服务器的其他 Web 应用，其值必须是以“/”开头。如果指定了该属性，那么 URL 属性值也必须以“/”开头。可以使用 EL，该属性的类型为 String。

（2）charEncoding：用于指定被导入的资源的字符编码，可以使用 EL，该属性的类型为 String。

（3）var：用于指定变量名称，该变量用于以 String 类型保存获取的资源，不可以使用 EL。

（4）scope：用于指定变量的存在范围，默认值是 page，可选值有 page、request、session 和 application。不可以使用 EL，该属性的类型为 String。

（5）varReader：用于接受导入文本的 java.io.Reader 变量名，不可以使用 EL，该属性的类型为 Reader。

如果指定放入 url 属性为 null、空或者无效，将抛出“javax.servlet.ServletException”异常。

【练习 9】

创建 import.jsp 页面，使用<c:import>标签将同一路径下的 a.txt 文件导入到该 JSP 页面中，代码如下。

```
<h4>    <c:out value="import 实例" /></h4>
<hr>
<h4>    <c:out value="绝对路径引用的实例" /></h4>
<c:catch var="error1">
    <c:import url="http://www.baidu.com" />
</c:catch>
<c:out value="${ error1} "></c:out>
<hr>
<h4>    <c:out value="相对路径引用的实例，引用本应用中的文件" /></h4>
<c:catch>
```

```
    <c:import url="a.txt" charEncoding="gbk" />
</c:catch>
<hr>
<h4>    <c:out value="使用字符串输出、相对路径引用的实例，并保存在 session 范围内" />
</h4>
<c:catch var="error3">
    <c:import var="myurl" url="a1.txt" scope="session" charEncoding="gbk">
    </c:import>
    <c:out value="${ myurl} "></c:out>
    <c:out value="${ myurl} " />
</c:catch>
<c:out value="${ error3} "></c:out>
```

将该项目部署在 Tomcat 下运行，发现将“http://www.baidu.com”的内容导入到当前文件，注意 URL 路径有个绝对路径和相对路径。相对路径：<c:import url="a.txt"/>，那么，a.txt 必须与当前文件放在同一个文件目录下。如果以“/”开头，表示存放在应用程序的根目录下，如 Tomcat 应用程序的根目录文件夹为 webapps。导入该文件夹下的 b.txt 的编写方式为：<c:import url="/b.txt">。如果要访问 webapps 管理文件夹中的其他 Web 应用，就要用 context 属性。例如，访问 demoProj 下的 index.jsp，则为：<c:import url="/index.jsp" context="/demoProj"/>。

12.5.2 <c:url>生成 URL 地址标签

<c:url>标签用于生成 URL。<c:url>标签的主要功能：附加当前 Servlet 上下文的名称、为会话管理重写 URL 和请求参数名称和值的 URL 编码。这在为 J2EE Web 应用程序构造 URL 时特别有用。

<c:url>标签没有标签体时语法：

```
<c:url value="value" [ context="context"] [ var="varName"] [ scope="{ page|request|
session+application} "] />
```

<c:url>标签有标签体时语法：

```
<c:url value="value" [ context="context"] [ var="varName"] [ scope="{ page|request|
session+application} "] >
<c:param name="name" value="value"/>
</c:url>
```

其中，各个参数含义如下。

（1）value：用于指定将要处理的 URL 地址，可以使用 EL，该属性的类型为 String。

（2）context：当使用相对路径访问外部资源时，context 指定了这个资源上下文的名称。一般在“/”后跟本地 Web 应用程序的名称，可以使用 EL，该属性的类型为 String。

（3）var：用于指定变量名，用于保存新生成的 URL 字符串。不可以使用 EL，该属性的类型为 String。

（4）scope：用于指定变量的存在范围。不可以使用 EL，该属性的类型为 String。

【练习 10】

创建 url.jsp 页面，使用<c:url>标签生成 URL 地址，代码如下。

```
<c:out value="url 标签使用"></c:out>
<h4>使用 url 标签生成一个动态的 url，并把值存入 session 中.</h4>
```

```
<hr>
<c:url value="http://localhost:8080/" var="url" scope="session">
</c:url>
<a href="${ url} ">Tomcat 首页</a>
```

将该项目部署在 Tomcat 服务器下，运行结果如图 12-5 所示。

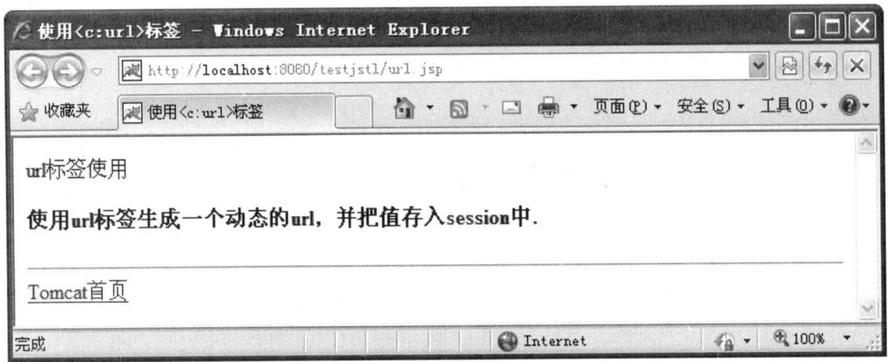

图 12-5 使用<c:url>标签

> **提示**
> 在应用<c:url>标签生成新的 URL 地址时，空格符将被转换为加号“+”。

12.5.3 <c:redirect>重定向标签

<c:redirect>重定向标签可以将客户端发出的 request 请求重定向到其他 URL 服务端，由其他程序处理客户的请求。在这个期间可以修改或添加 request 请求中的属性，然后把所有属性传递到目标路径。该标签的语法格式如下。

语法 1：没有标签体的情况。

```
<c:redirect url="value" [ context="context"] />
```

语法 2：在有标签体情况下，标签体中将指定查询的参数。

```
<c:redirect url="value" [ context="context"] >
    <c:param name="name" value="value"/>
</c:redirect>
```

其中各个参数含义如下。

（1）url：必选属性，用于指定待定向资源的 URL，可以使用 EL，该属性的类型为 String。

（2）context：用于在使用相对路径访问外部 context 资源时指定资源名。一般在“/”后跟本地 Web 应用程序的名称。可以使用 EL，该属性的类型为 String。

【练习 11】

使用<c:redirect>重定向标签，将页面跳转到 http://127.0.0.1:8080 页面，并且将用户名和密码传递到该页面，查看地址栏信息的改变，代码如下。

```
<c:redirect url="http://127.0.0.1:8080">
        <c:param name="uname">chensi</c:param>
        <c:param name="password">123456</c:param>
</c:redirect>
```

将该项目部署在 Tomcat 下，运行发现在地址栏中显示“http://127.0.0.1:8080/?uname=chensi&password=123456”。

12.5.4 <c:param>参数传递标签

<c:param>标签用于为其他标签提供参数信息，与<c:import>、<c:redirect>和<c:url>标签组合可以实现动态定制参数，从而使标签可以完成更复杂的程序应用。该标签语法格式如下。

```
<c:param name="prarname" value="paramvalue"/>
```

其中各个参数含义如下。

（1）name：用于指定参数名，如果参数名为 null 或者是空，该标签将不起任何作用。可以引用 EL。该属性的类型为 String。

（2）value：用于指定参数值，如果参数值为 null，则将作为空值处理。

12.6 SQL 标签的使用

大型应用离不开数据库，在开发 JSP 应用程序时很多时候也需要在 JSP 页面中访问数据库，因此对数据库的支持十分必要。JSTL 的 SQL 标记库提供了一套可以对数据库进行查询、更新等操作的标记，大大方便了 JSP 页面中对数据库的访问。SQL 标签库从功能上可以划分为两类：设置数据源标签和 SQL 指令标签。

12.6.1 设置数据源标签

在 JSTL 标签中，<sql:setDataSouece>标签用于为数据库设置数据源，操作数据库。该标签的语法格式如下。

语法 1：直接使用已经存在的数据源。

```
<sql:setDataSource dataSource="dataSource" [ var="name"] [ scope="page|request|
session|application"] />
```

语法 2：使用 JDBC 方式建立数据库连接。

```
<sql:setDataSource driver="driverClass" url="jdbcURL"
 user="username" password="pwd" [ var="name"]
 [ scope="page|request|session|application"] />
```

其中各个参数含义如下。

（1）dataSource：指定数据源。可以接受动态的值，该属性的类型为 String。

（2）url：指定 JDBC 地址。可以接受动态的值，该属性的类型为 String。

（3）driver：指定 JDBC 驱动类名。可以接受动态的值，该属性的类型为 String。

（4）user：指定连接数据库的用户名。可以接受动态的值，该属性的类型为 String。

（5）password：指定连接数据库的密码。可以接受动态的值，该属性的类型为 String。

（6）var：指定被导出的保存了指定数据源的范围变量名称。不可以接受动态的值，该属性的类型为 String。

（7）scope：指定 var 的 JSP 范围。默认值是 page。不可以接受动态的值，该属性的类型为 String。

在使用<sql:setDataSouece>标签来获取 javax.sql.DataSource 实例的过程中，dateSource 不能为空，如果为空则抛出异常，dateSource 属性的值有两种形式，一种是指定数据源 JNDI 的相对路径，另一种则需要 url 属性，这将会创建新的 DataSource，如果使用 url 属性，那么就需要提供 JDBC URL。

12.6.2 SQL 指令标签

JSTL 提供了<sql:query>、<sql:update>、<sql:param>、<sql:dateParam>和<sql:transaction>这 5 个标签，通过使用 SQL 操作数据库，实现增加、删除、修改等操作。下面将介绍这 5 个标签的功能和使用方式。

1. <sql:query>标签

<sql:query>标签的作用是搜索数据，对数据库进行一个查询的操作。<sql:query>标签语法格式如下。

```
<sql:query sql="sqlQuery" var="name"
[ scope="page|request|session|application"]
[ dataSource="dateSource"]
[ maxRow="maxRow"]
[ startRow="startRow"] />
```

其中各个参数含义如下。

（1）dataSource：指定数据源。可以接受动态的值，该属性的类型为 String。

（2）sql：指定查询语句。可以接受动态的值，该属性的类型为 String。

（3）maxRows：指定查询结果中显示的最大条数。可以接受动态的值，该属性的类型为 int。

（4）startRow：指定了返回结果集查询的行数。可以接受动态的值，该属性的类型为 int。

（5）var：被导出的保存了查询结果的范围变量。不可以接受动态的值，该属性的类型为 String。

（6）scope：表示 var 的 JSP 范围，默认值是 page。不可以接受动态的值，该属性的类型为 String。

如果指定了 dataSource 属性，则<sql:query>标签不能在<sql:transaction>中嵌套，如果指定了 maxRows 属性，则值必须大于等于–1。

使用 maxRows 和 startRow 两个属性，可以在一个包含大记录行的原始结果集中控制访问记录行的位置和数量。需要注意的是，<sql:query>并不是直接控制从数据库返回的记录行数，而是先返回查询的所有数据，然后根据属性显示规定的结果集。

2. <sql:update>标签

<sql:update>标签主要用于执行对数据库的插入、修改和删除等操作，还可以执行 SQL DDL 语句。<sql:update>标签语法格式如下。

语法 1：SQL 语句放在标签属性中。

```
<sql:update sql="SQL 语句"
[ var="name"]
[ scope="page|request|session|application"]
[ dateSource="dateSource"] />
```

语法 2：SQL 语句放在标签体内。

```
<sql:update [ var="name"]
[ scope="page|request|session|application"]
[ dateSource="dateSource"] >
```

```
SQL 语句
</sql:update>
```

其中各个参数含义如下。

（1）sql：SQL 更新语句，可以使用 EL，能接受动态的值，该属性的类型为 String。

（2）dataSource：用于指定数据源，可以使用 EL，能接受动态的值，该属性的类型为 String。

（3）var：指定存储查询结果的变量名，不可以使用 EL，不能接受动态的值，该属性的类型为 String。

（4）scope：指定 var 的 JSP 范围，默认值是 page，不可以使用 EL，不能接受动态的值，该属性的类型为 String。

使用该标签时，var 和 scope 属性可用于规定范围变量，在使用时分配的范围变量值是 Integer 类型，表示作为数据库更新结果而改进的行数。

该标签 sql 属性用来设置执行的 SQL 语句，修改 SQL 语句可以为更新的操作。在更新语句中，也可以包含问号来表示 JDBC PreparedStatement 的参数。然后通过嵌套的<sql:param>和<sql:dataParam>标签来设置参数的值。

3．<sql:transaction>标签

<sql:transaction>标签可以建立事务，用于确保数据库操作要么全部完成，要么全部失败。以确保数据库事务的完整性。<sql:transaction>标签用于为<sql:query>和<sql:update>子标签建立事务处理。<sql:transaction>标签的语法格式如下。

```
<sql:transaction [ dataSource="dataSource"]
[ isolation="read_committed|read_uncommitted|repeatable|serializable"]>
标签体
</sql:transation>
```

其中各个参数含义如下。

（1）dataSource：用于指定数据源，可以使用 EL，能接受动态的值，该属性的类型为 String。

（2）isolation：表示事务的隔离级别。可以接受动态的值，该属性的类型为 Object。

其中，isolation 属性用于规定数据的隔离级别，该属性的值有 4 个：read_committed、read_uncommitted、repeatable_read 和 serializable，事务的隔离级别在 java.sql.connection 接口中定义。如果没有指定 isolation，那么将会使用数据源配置级别。

4．<sql:param>和<sql:dataParam>标签

<sql:param>标签主要用于设置 SQL 语句中标记为?的参数的值。它类似于 PreparedStatement 的 set 方法，该标签主要作为<sql:query>和<sql:update>标签的子标签使用。<sql:param>标签的语法格式如下。

语法 1：没有标签体。

```
<sql:param value="value"/>
```

语法 2：有标签体。

```
<sql:param>Value</sql:param>
```

该语法中，value 属性表示参数的值，不可以接受动态的值，该属性类型为 Object。

<sql:dateParam>标签用 java.util.Date 类型的值设置 SQL 语句中的标签为问号的参数，该标签主要作为<sql:query>和<sql:update>标签的子标签使用。<sql:dateParam>标签语法格式如下。

```
<sql:dateParam value="date" [ type="timestamp|time|date"] />
```

其中各个参数含义如下。

（1）value：日期或者时间作为参数值。可以接受动态的值，该属性的类型为 java.util.Date。

（2）type：指定填充日期的类型 timestamp（全部日期和时间）、time（填充的参数为时间）、date（填充的参数为日期）。可以接受动态的值，该属性的类型为 String。

【练习 12】

使用 SQL 标签遍历 MySQL 数据库中 myjstl_db 下的表 test 中的数据，并且分别显示该标签遍历结果集的实质，代码如下。

```
<body>
    <h3>SQL 标签库</h3>
    <hr>
    <sql:setDataSource driver="com.mysql.jdbc.Driver"
        url="jdbc:mysql://localhost:3306/myjstl_db" user="root"
        password="123456" />
    <sql:query var="result" sql="select * from test" maxRows="2"
        startRow="1" />
    结果集的实质是: ${ result}
    <br> 得到的行数为: ${ result.rowCount}
    <br> 是否收到了 maxRows 的限制: ${ result.limitedByMaxRows}
    <hr>
    <table border="1" align="center">
        <tr>
            <c:forEach var="columnName" items="${ result.columnNames} ">
                <td><c:out value="${ columnName} " />
                </td>
            </c:forEach>
        </tr>
        <c:forEach var="row" items="${ result.rowsByIndex} ">
            <tr>
                <c:forEach var="column" items="${ row} ">
                    <td><c:out value="${ column} " /></td>
                </c:forEach>
            </tr>
        </c:forEach>
    </table>
</body>
```

该项目在 Tomcat 下运行显示结果集的实质为："结果集的实质是：org.apache.taglibs.standard.tag.common.sql.ResultImpl@165e55e" 以及该数据表中的数据。

12.7 实例应用：使用 JSTL 标签管理图书信息

12.7.1 实例目标

在 Web 应用中，访问数据库已经成为一个必不可少的功能，通常我们会按照 MVC 模式设计

Web 功能，将对数据库的操作封装在 JavaBean 组件中。然而，在一些小型的程序中，可以同时使用 JSP 页面编写数据库代码，然而过多的 Java 代码在页面上会导致程序维护困难，而通过使用 JSTL 标签库提供的 SQL 标签可以简化代码。

使用核心标签和 SQL 标签完成简单的 JSP 页面和数据库操作，包括连接 MySQL 数据库、在数据库中创建数据表、插入信息和显示数据库中的信息。

11.7.2 技术分析

连接数据库要使用 SQL 标签，页面的循环显示要使用<c:if>和<c:out>标签，异常信息的处理要使用<c:catch>标签。

12.7.3 实现步骤

（1）创建 sql.jsp 页面，使用 sql 标签连接数据库，同时配合使用 c 标签进行数据库表中信息的遍历与客户端的显示。其中连接数据库代码如下。

```
<c:catch var="ex">
    <sql:setDataSource var="dataSour" driver="com.mysql.jdbc.Driver"
        url="jdbc:mysql://localhost:3306/myjstl_db" user="root" password=
        "123456" />
</c:catch>
<c:if test="${ ex != null} ">数据库连接失败，请联系管理员！</c:if>
<!-- 建表 -->
<c:catch var="exc">
    <sql:update dataSource="${ dataSour} ">
        CREATE TABLE book (
        id varchar( 8 )  NOT NULL ,
        name varchar( 24 )default NULL ,
        title varchar( 100 )  default NULL ,
        price double default NULL ,
        saleAmount int( 11 ) default NULL ,
        PRIMARY KEY (id));
    </sql:update>
</c:catch>
<c:if test="${ exc != null} ">数据表创建失败！</c:if>
```

（2）在 sql.jsp 中遍历数据库中的具体信息，遍历信息代码如下所示。

```
<!-- 数据读取 -->
<sql:query var="booklist" dataSource="${ dataSour} "sql="SELECT * FROM book" />
<table width="80%" align="center" cellspacing="1" cellpadding="1"
    style="border-bottom:0px; background-color:#8080FF">
    <tr>
        <td width="10%">编号</td>
        <td width="14%">作者</td>
        <td width="11%">书名</td>
        <td width="11%">价格</td>
        <td width="10%">销量</td>
    </tr>
    <c:forEach var="row" items="${ booklist.rows} ">
```

```
            <tr>
                <td><c:outvalue="${ row.id} " /></td>
                <td><c:out value="${ row.name} "/></td>
                <td><c:out value="${ row.title} "/>   </td>
                <td><c:out value="${ row.price} "/></td>
                <td><c:out value="${ row.saleAmount} "/></td>
            </tr>
        </c:forEach>
    </table>
```

（3）使用 MySQL 工具向数据库中的该数据表中插入信息，运行该 index.jsp 页面，运行结果如图 12-6 所示。

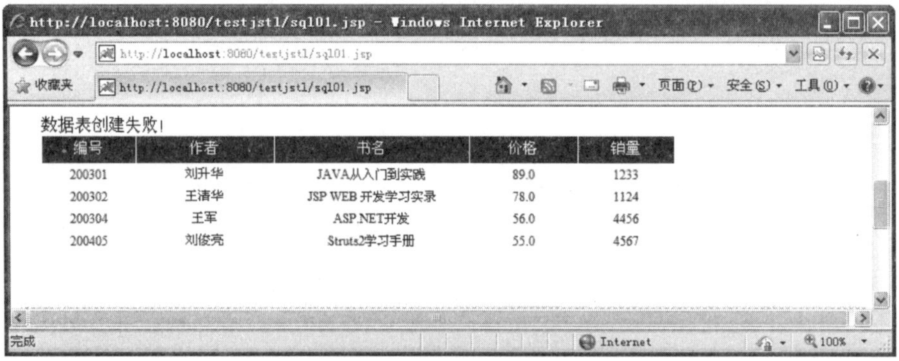
http://localhost:8080/testjstl/sql01.jsp - Windows Internet Explorer
收藏夹
页面(P) 安全(S) 工具(O)
数据表创建失败!
编号 作者 书名 价格 销量
200301 刘升华 JAVA从入门到实践 89.0 1233
200302 王清华 JSP WEB 开发学习实录 78.0 1124
200304 王军 ASP.NET开发 56.0 4456
200405 刘俊亮 Struts2学习手册 55.0 4567
完成
Internet
100%

图 12-6　图书管理信息

12.8 拓展训练

1．创建新闻操作系统

根据核心标签的基本语法以及其使用方法，创建一个 JSP 页面，用来管理新闻分类信息。将数据库中存在的新闻类型，使用核心 SQL 标签遍历出来，并且使用核心标签将集合数组中的数据信息分条显示。

2．创建用户信息管理系统

使用 JSTL 中的数据库标签库，创建一个小网站，将注册用户的信息存入数据库，进行增删改查操作。

12.9 课后练习

一、填空题

1. 在 JSP 页面中使用________指令来使用自定义标记。

2. JSTL 标签库实际上是由 5 种功能不同的标签库组成，分别是核心标签库、格式标签库、___________、XML 标签库和函数标签库。

3. __________主要用于完成 JSP 页面的常用功能，其前缀是 c。

二、选择题

1. 将表达式的值输出到 JSP 页面应该选择__________标签。

   A. <c:set>

   B. <c:out>

   C. <c:remove>

   D. <c:catch>

2. <c:set>标签中的 scope 属性，表示变量作用域，默认情况下是__________。

   A. application

   B. page

   C. session

   D. request

3. <c:when>和<c:otherwise>的父标签是__________。

   A. <c:choose>

   B. <c:set>

   C. <c:catch>

   D. <c:forEach>

4. __________标签是将文件导入站内或者将其他网站的静态和动态文件导入到 Web 页面中。

   A. <c:import>

   B. <c:url>

   C. <c:redirect>

   D. <c:param>

5. 在 JSTL 标签中，__________标签可以根据循环条件遍历数组和集合类中的所有或部分数据。

   A. <c:choose>

   B. <c:remove>

   C. <c:forTokens>

   D. <c:forEach>

6. 在 JSTL 标签库中，__________封装了关于数据库访问的通用逻辑。

   A. SQL 标签库

   B. XML 标签库

   C. 函数标签库

   D. 格式标签库

三、简答题

1. 简述 5 种不同标签的区别。
2. 表达式标签包括哪几种？主要作用是什么？
3. 简述操作数据库的基本标签。

第 13 章 整合 Ajax

与传统的 Web 开发模式相比，Ajax 提供了一种以异步方式与服务器通信的机制。这种机制的最大特点就是不必刷新整个页面便可以对页面的局部进行更新。应用 Ajax 使客户端与服务器端的功能划分得更细，客户端只获取需要的数据，而服务器也只为有用的数据工作，从而大大节省了网络带宽、提高网页加载速度和运行效果。

本章首先介绍 Ajax 的概念及其组成，然后重点讲解如何在 JSP 中使用 Ajax 的核心对象 XMLHttpRequest 处理文本和 XML，最后介绍了如何优化 Ajax 及解决 Ajax 乱码问题。

本章学习目标：

- 了解 Ajax 的特点以及组成部分
- 掌握各种浏览器下 XMLHttpRequest 对象的创建方法
- 熟悉 XMLHttpRequest 对象的属性和方法
- 掌握 XMLHttpRequest 对象发送请求及处理结果的方法
- 了解如何优化 Ajax
- 了解 Ajax 乱码的解决方法

13.1 Ajax 概述

Ajax 全称是 Asynchronous JavaScript And XML（异步 JavaScript 及 XML），它并不是一种新的编程语言，而是一些客户端技术的集合，可以实现客户端的异步请求操作。

13.1.1 Ajax 简介

在 Web 2.0 时代以前，多数网站都采用传统的开发模式，而随着 Web 2.0 时代的到来，越来越多的网站都开始采用 Ajax 开发模式。为了让读者更好地了解 Ajax 开发模式，下面将对 Ajax 开发模式与传统开发模式进行比较。

在传统的 Web 应用模式中，用户在页面中的每一次操作都将触发一次返回 Web 服务器的 HTTP 请求，服务器进行相应的处理（获得数据、运行与不同的系统会话）后，返回一个 HTML 页面给客户端，如图 13-1 所示。

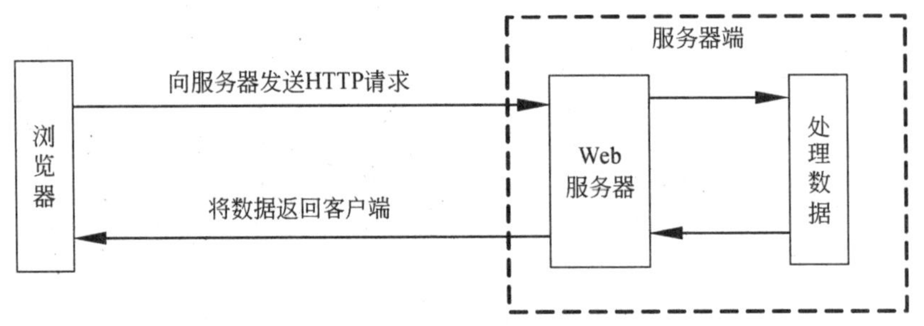

图 13-1　传统的 Web 开发模式

而在 Ajax 应用中，用户在页面中的操作将通过 Ajax 引擎与服务器端进行通信，然后将返回结果提交给客户端页面的 Ajax 引擎，再由 Ajax 引擎来决定将这些数据插入到页面的指定位置，如图 13-2 所示。

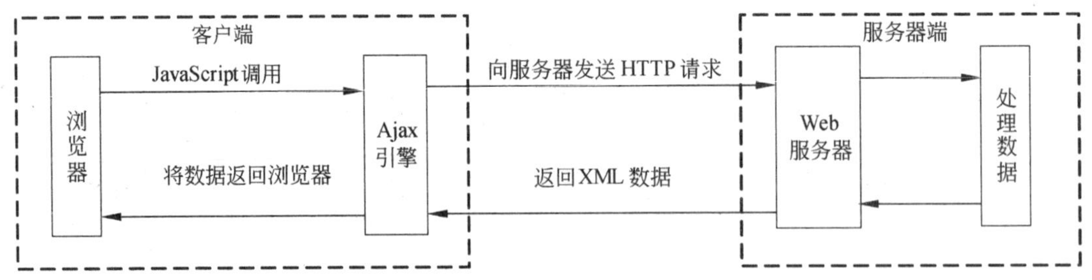

图 13-2　Ajax 的开发模式

从图 13-1 和图 13-2 中可以看出，对于每个用户的行为，在传统的 Web 应用模型中，将生成一次 HTTP 请求，而在 Ajax 应用开发模型中，将变成对 Ajax 引擎的一次 JavaScript 调用。在 Ajax 应用开发模型中通过 JavaScript 实现在不刷新整个页面的情况下，对部分数据进行更新，从而降低了网络流量，给用户带来了更好的体验。

与传统的 Web 应用不同，Ajax 在用户与服务器之间引入一个中间媒介，即 Ajax 引擎。从而消除了网络交互过程中的“处理——等待——处理——等待”的缺点，大大改善了网站的视觉效果。使用 Ajax 的优点如下。

（1）可以把一部分以前由服务器负担的工作转移到客户端，利用客户端闲置的资源进行处理，减轻服务器和带宽的负担，节约空间和成本。

（2）无须刷新更新页面，从而使用户不用再像以前一样在服务器端处理数据时，需要等待很长时间。Ajax 使用 XMLHttpRequest 对象发送请求并得到服务器响应，在不需要重新载入整个页面的情况下，就可以通过 DOM 及时将更新的内容显示在页面上。

（3）可以调用 XML 等外部数据，进一步促进页面显示和数据的分离。

（4）基于标准化的并被广泛支持的技术，不需要下载插件或者小程序，即可轻松实现桌面应用程序的效果。

（5）Ajax 没有平台限制。Ajax 把服务器的角色由原本的传输内容转变为传输数据，而数据格式则可以是纯文本格式和 XML 格式，这两种格式没有平台限制。

13.1.2 Ajax 组成

从 Ajax 的开发模式中可以看出 Ajax 不是一种单一的技术，其内容组成如图 13-3 所示。

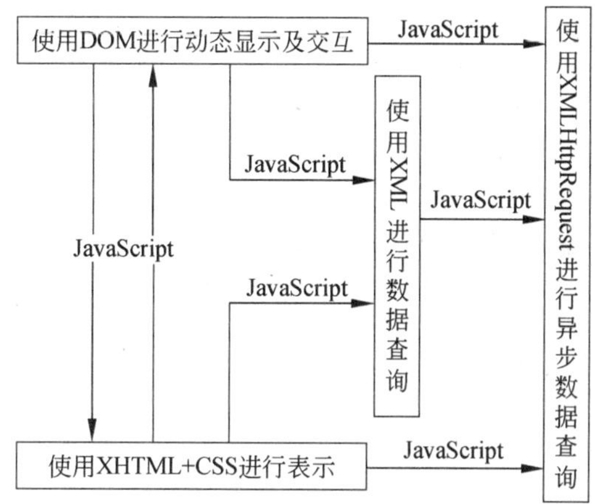

图 13-3 Ajax 组成技术

从图 13-3 中可以看出，Ajax 由以下内容组成。

（1）基于 Web 标准的 XHTML 可扩展标识语言和 CSS 进行表示。

（2）使用 DOM 进行动态显示及交互。

（3）使用 XML 和 XSLT 进行数据交换及相关操作。

（4）使用 XMLHttpRequest 对象进行异步数据查询、检索。

（5）使用 JavaScript 脚本语言将所有的东西绑定在一起。

1. 描述页面的 XHTML

与传统的 Web 应用程序一样，Ajax 应用程序同样使用 XHTML 描述文档的结构。但这里它仅用来描述 Ajax 页面的初始样式，即用户第一次访问时看到的样式。在初始化之后，文档结构可能会随着程序的运行而有所变化。同时，XHTML 还会告知浏览器下载将运行于客户端的 JavaScript 以及定义页面样式的 CSS 等相关文件。

2. 表示文档结构的 DOM

DOM 是一种用来表示 XML 结构的层次型数据结构。JavaScript 可以访问到浏览器提供的当前页面的 DOM 对象，并通过对其操作来间接地改变该页面的内容以及结构。

3. 定义样式的 CSS

CSS 用来指定 XHTML 文档中元素显示的样式。通过使用 CSS，可以将文档的结构和表现完全分开，这样 XHTML 部分即可专注于定义文档的结构，而控制样式则交给 CSS。这种将结构和表现分开处理的模型极大地降低了 DOM 对象的复杂性，也就方便了开发者使用 JavaScript 对其进行维护。

4. 通信介质 XML 或 JSON

XMLHttpRequest 对象从服务器得到客户端所需的数据，在传输过程中这些数据将被序列化成文本的形式。虽然对这段文本的格式没有任何强制的要求，但通常选择 XML 或 JSON 方式来表示。

XML 是标准的数据表示方式，无论是服务器端还是客户端都可以很好地对其进行解析。当 XML 数据返回至客户端时，JavaScript 需要首先对其进行进一步的解析，然后才能构造出 JavaScript 中的原生对象。某些浏览器解析 XML 的效率比较低，以致使其成为客户端性能的瓶颈。

JSON 在客户端有着非常优良的性能，因为 JSON 的格式和 JavaScript 中定义对象的语法完全一致，只需要调用 JavaScript 中的 eval()函数，即可立即得到所需的对象。对于同样的数据，JSON 表示方式要比 XML 表示方式更加短小精悍，这样也就减少了网络流量，进而提高了响应速度。

> **提示**
> JSON 的不足之处在于，服务器端构造 JSON 不如构造 XML 容易，但在目前主流的 CGI 语言/框架（例如 PHP、ASP.NET 等）中，都已经有相关的类库对其进行支持。

5. 服务器端程序

Ajax 技术将一部分表示层甚至业务逻辑移到了客户端进行的应用程序中，服务器端程序仍需要实现数据持久化、用户输入验证等功能。而对于完全使用 Ajax 技术创建的“纯粹”Ajax 应用程序，服务器端则只需要提供数据即可，所有的表示层逻辑均将在客户端实现。

Ajax 中并没有定义服务器端的具体实现，也就是说，开发者可以随意选择他所熟悉的方式进行服务器端设计实现。

6. 异步通信的 XMLHttpRequest 对象

作为 Ajax 的最核心部分——XMLHttpRequest 对象，早在 1998 年就已经集成于 IE 中了。随后，在各种主流的浏览器中也陆续开始得到支持。时至今日，XMLHttpRequest 对象已经在绝大多数浏览器中使用，这也正是 Ajax 兴起的客观基础以及前提条件。

XMLHttpRequest 对象的强大之处在于，它允许开发者在 JavaScript 中以异步的方式向服务器发出 HTTP 请求并得到响应。这就让客户端可以在任何时候与服务器进行通信，而并不仅限于在整个页面提交的时候。同时，它的异步调用模型也并不会阻塞用户的当前操作，用户在等待时仍可以进行其他操作。

7. 协调技术的 JavaScript

最后，JavaScript 将上面提到的所有技术黏合在一起。通过 JavaScript 代码，开发者可以访问并维护当前页面的 DOM 对象，包括对其进行添加、删除和修改等操作；还可以通过维护某个 DOM 元素的 CSS 来改变它的外观样式；也可以使用 XMLHttpRequest 对象访问服务器程序，并将返回的 XML 或 JSON 类型的数据解析后应用到当前的计算或显示中。

13.2 XMLHttpRequest 对象

从 Ajax 组成中可以看出 XMLHttpRequest 对象是整个 Ajax 开发过程中的核心，它实现了与其他 Ajax 技术的结合。因此，在使用 Ajax 之前必须了解该对象的创建、方法和属性的使用。

13.2.1 创建 XMLHttpRequest 对象

XMLHttpRequest 对象并非最近才出现，最早在 Microsoft Internet Explorer 5.0 中被引入。目前，XMLHttpRequest 对象已得到大部分浏览器的支持：Internet Explorer 5.0+、Safari 1.2、Mozilla 1.0 / Firefox、Opera 8+ 以及 Netscape 7。

例如，在 Internet Explorer 中可用如下简单的代码来创建一个 XMLHttpRequest 对象实例。

```
var httpRequest = new ActiveXObject("Microsoft.XMLHTTP");
```

【练习 1】

由于 XMLHttpRequest 对象不是一个 W3C 标准，所以对于不同的浏览器，初始化的方法也是不同的。因此，为了使 Ajax 应用在所有浏览器下都能正常运行，必须创建一个可以跨浏览器的 XMLHttpRequest 对象。

我们先来分析一下，目前在支持 XMLHttpRequest 对象的浏览器下是如何创建的。

1. Internet Explorer 系列浏览器

把 XMLHttpRequest 实现为一个 ActiveX 对象。

2. Firefox、Safari 和 Opera 浏览器

把 XMLHttpRequest 实现为一个本地 JavaScript 对象。

3. 其他系列浏览器

把 XMLHttpRequest 实现为一个本地 JavaScript 对象。

根据这个原则得知，其实并不需要针对每个浏览器详细编写代码来区别浏览器类型。要创建一个 XMLHttpRequest 对象的实例，需要做的只是检查浏览器是否提供对 ActiveX 对象的支持。如果浏览器支持 ActiveX 对象，就可以使用 ActiveX 来创建 XMLHttpRequest 对象。否则，就要使用本地 JavaScript 对象技术来创建。

下面编写的 createXMLHttpRequest()函数实现了使用 JavaScript 代码来编写跨浏览器的 XMLHttpRequest 对象实例，代码如下所示。

```
var XmlHttp;
function createXMLHttpRequest ()
{
    //在 IE 下创建 XMLHTTPRequest 对象
    try
    {
        XmlHttp = new ActiveXObject("Msxml2.XMLHTTP");
    }
    catch(e)
    {
        try
        {
            XmlHttp = new ActiveXObject("Microsoft.XMLHTTP");
        }
        catch(oc)
        {
            XmlHttp = null;
        }
```

```
        }
        //在Mozilla和Safari等非IE浏览器下创建XMLHTTPRequest对象
        if(!XmlHttp && typeof XMLHttpRequest != "undefined")
        {
            XmlHttp = new XMLHttpRequest();
        }
        if(!XmlHttp) alert("XMLHttpRequest对象创建失败。");
        return XmlHttp;
    }
```

从代码中可以看到，在创建 XMLHttpRequest 对象实例时，只需要检查浏览器是否提供对 ActiveX 对象的支持。如果浏览器支持 ActiveX 对象，就可以使用 ActiveX 创建 XMLHttpRequest 对象，否则就使用本地 JavaScript 对象创建。

提示

本章后面将直接调用 createXMLHttpRequest()函数，而省略创建 XMLHttpRequest 对象的代码。

13.2.2 XMLHttpRequest 对象属性

XMLHttpRequest 对象创建好之后，就可以调用该对象的属性和方法进行数据异步传输数据。如表 13-1 所示为这些属性的名称以及简要说明。

表 13-1 XMLHttpRequest 对象的属性

名　称	说　明
readyState	通信的状态。从 XMLHttpRequest 对象把一个 HTTP 请求发送到服务器，到接收到服务器响应信息，整个过程将经历 5 种状态，取值范围为 0～4
onreadystatechange	设置回调事件处理程序。当 readState 属性的值改变时，会触发此回调
responseText	服务器返回的文本格式文档
responseXML	服务器返回的 XML 格式文档
status	返回 HTTP 响应的数字类型状态码。100 表示正在继续；200 表示执行正常；404 表示未找到页面；500 表示内部程序错误
statusText	HTTP 响应的状态代码对应的文本（OK，Not Found 等）

XMLHttpRequest 对象的 readyState 属性在开发时最常用。根据它的值可以得知 XMLHttpRequest 对象的执行状态，以便在实际应用中做出相应的处理。

下面给出了 readyState 属性的值及其说明。

（1）0：表示未初始化状态；此时已经创建一个 XMLHttpRequest 对象，但是还没有初始化。

（2）1：表示发送状态；此时已经调用 open()方法，并且 XMLHttpRequest 已经准备好把一个请求发送到服务器。

（3）2：表示发送状态；此时已经通过 send()方法把一个请求发送到服务器端，但是还没有收到一个响应。

（4）3：表示正在接收状态；此时已经接收到 HTTP 响应头部信息，但是消息体部分还没有完全接收结束。

（5）4：表示已加载状态；此时响应已经被完全接收。

responseText 属性包含客户端接收到的 HTTP 响应的文本内容。当 readyState 值为 0、1 或 2 时，responseText 包含一个空字符串。当 readyState 值为 3 时，响应中包含客户端还未完成的响应消息。当 readyState 值为 4 时，该 responseText 包含完整的响应消息。

status 属性描述了 HTTP 状态代码，并且仅在 readyState 值为 3 或 4 时，这个 status 属性才可用。当 readyState 值小于 3 时，读取 status 的值将引发一个异常。

statusText 属性描述了 HTTP 状态代码文本，并且仅当 readyState 值为 3 或 4 时才可用，当 readyState 为其他值时，读取 statusText 属性将引发一个异常。

13.2.3 XMLHttpRequest 对象方法

通过属性可以了解 XMLHttpRequest 对象的状态，但如果要操作 XMLHttpRequest 对象则需要通过它的方法。XMLHttpRequest 对象提供了 6 种方法用来向服务器发送 HTTP 请求并设置相应的头信息

1. open()方法

open()方法用于设置进行异步请求目标的 URL、请求方式以及其他参数信息，具体语法格式如下。

```
open(method , url [ ,asyncFlag[ , userName [ , password]]])
```

上述语法中的各个参数说明如下。

（1）method：用于指定请求的类型，一般为 GET 或 POST。

（2）url：用于指定请求地址，可以使用绝对地址或者相对地址，并且可以传递查询字符串。

（3）asyncFlag：为可选参数，用于指定请求方式，异步请求为 True，同步请求为 False，默认情况下为 True。

（4）userName：为可选参数，用于指定请求用户名，没有时可省略。

（5）password：为可选参数，用于指定请求密码，没有时可省略。

提示

在 open()方法中的 url 参数，可以是一个 JSP 页面的 URL 地址，也可以是 Servlet 的映射地址。也就是说，请求处理页，可以是一个 JSP 页面，也可以是一个 Servlet。

例如，设置异步请求目标为 main.jsp，请求方法为 GET，请求方式为异步的代码如下。

```
http_request.open("GET","main.jsp",true);
```

2. send()方法

send()方法用于向服务器发送请求。如果请求声明为异步，该方法将立即返回；否则将等到接收到响应为止，其语法格式如下：

```
send(content)
```

其中，content 参数用于指定发送的数据，可以是 DOM 对象的实例、输入流或字符串。如果没有参数需要传递，可以设置为 NULL。

例如，向服务器发送一个不包含任何参数的请求，可以使用下面的代码。

```
http_request.send(null);
```

3. setRequestHeader()方法

setRequestHeader()方法用于为请求的 HTTP 头设置值，其基本语法格式如下。

```
setRequestHeader(header,value)
```

其中，header 参数用于指定 HTTP 头；value 属性用于为指定的 HTTP 头设置值。

提示

setRequestHeader()方法必须在调用 open()方法之后才能调用。

例如，在发送 POST 请求时，需要设置 Content-Type 请求头的值为“application/x-www-form-urlencoded”，这时就可以通过 setRequestHeader()方法进行设置，具体代码如下。

```
http_request.setRequestHeader("Content-Type","application/x-www-form-urlencoded");
```

4. abort()方法

abort()方法用于停止或放弃当前异步请求。其语法格式如下。

```
abort()
```

5. getResponseHeader()方法

getResponseHeader()方法用于以字符串形式返回指定的 HTTP 头信息，其基本语法格式如下。

```
getResponseHeader(headerLabel)
```

其中，headerLabel 参数用于指定 HTTP 头，包括 Server、Content-Type 和 Date 等。

例如，要获取 HTTP 头 Content-Type 的值，可以使用以下代码。

```
http_request.getResponseHeader("Content-Type")
```

6. getAllResponseHeaders()方法

getAllResponseHeaders()方法用于以字符串形式返回完整的 HTTP 头信息，其中，包括 Server、Date、Content-Type 和 Content-Length 等头部信息，其基本语法格式如下。

```
getAllResponseHeaders()
```

例如，使用如下的脚本语句获取 HTTP 头信息。

```
alert(http_request.getAllResponseHeaders());
```

运行该页面，将弹出如图 13-4 所示的对话框，显示完整的 HTTP 头信息。

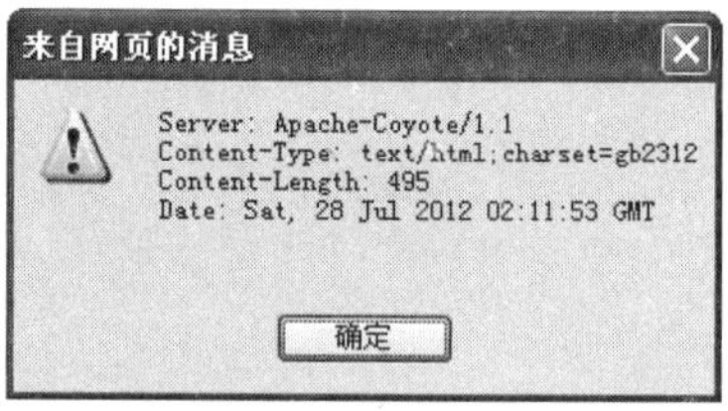

图 13-4 获取的完整的 HTTP 头信息

注意

只有 XMLHttpRequest 对象的 readyState 属性值大于或等于 3（即接收到响应头部信息以后）时，getResponseHeader()方法和 getAllResponseHeaders()方法才可用。

13.2.4 XMLHttpRequest 对象运行机制

Ajax 程序主要通过 JavaScript 事件来触发，在运行时需要调用 XMLHttpRequest 对象发送请求和处理响应，客户端处理完响应之后，XMLHttpRequest 对象就会一直处于等待状态，这样一直周而复始地工作。

Ajax 实质上是遵循“客户/服务器”模式，所以这个框架基本流程是：XMLHttpRequest 对象初始化-发送请求-服务器接收-服务器返回-客户端接收-修改客户端页面内容。只不过这个过程是异步的，其周期如图 13-5 所示。

在图 13-5 中，Ajax 中间层显示了 XMLHttpRequest 对象的运行周期。

（1）当 Ajax 中间层从客户端界面获取请求信息之后，需要初始化 XMLHttpRequest 对象。

（2）初始化完成之后，通过 XMLHttpRequest 对象将请求发送给服务器端。

（3）服务器端获取请求信息后，处理并返回响应信息。

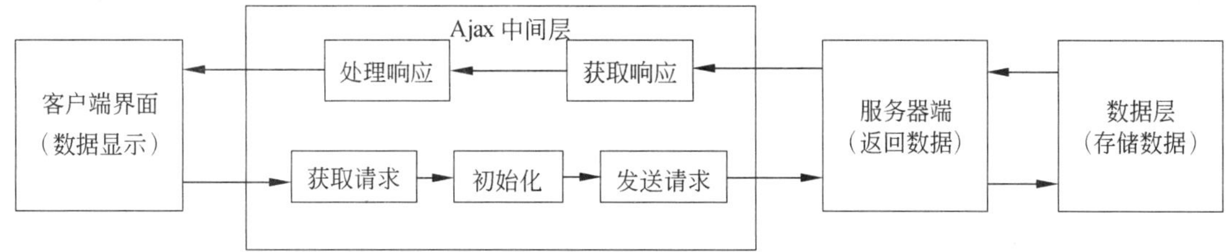

图 13-5 XMLHttpRequest 对象运行周期

（4）然后 Ajax 中间层获取响应，通过 XMLHttpRequest 对象将响应信息和 Ajax 中间层所设置的样式信息进行组合，即处理响应。

（5）最后 Ajax 中间层将所有的信息发送给客户端界面，并显示由服务器返回的信息。

【练习 2】

下面创建一个案例，使用 XMLHttpRequest 对象实现邮箱订阅功能，通过此案例详细介绍 XMLHttpRequest 的运行周期。

（1）在 Web 项目中新建一个 HTML 页面，并添加提示用户输入邮箱的文本框、【提交】按钮以及结果显示区域。

```
如果您喜欢，请在下方留下自己的邮箱。<br/>
邮箱地址：<input name="mailbox" type="text"><br/>  <input name=
"submit" type="button" value="提交" onClick="send();">
<br/>   <div id="result"></div>
```

当用户在上面输入内容并单击【提交】按钮后，结果会显示到 id 为 result 的 div 标签内。

（2）由于 Ajax 是运行在客户端的，所以接下来仍然在 HTML 中进行编码，创建一个 send()函数。

```
<script language="javascript" type="text/javascript">
function send()
{
    var emailStr=$("mailbox").value;                //获取用户输入邮箱地址
    var url = "server.jsp?address=" + emailStr;     //设置 URL 和参数
    createXMLHttpRequest();                         //创建 XMLHttpRequest 对象
    XmlHttp.onreadystatechange = handleStateChange;//指定回调函数
    XmlHttp.open("GET", url, true);                 //指定 GET 请求的数据
    XmlHttp.send(null);                             //发送 GET 请求
}
</script>
```

在 send()函数中，$("mailbox").value 语句表示获取 id 为 mailbox 的值。然后将该值与服务器端文件进行组合形成一个 url 变量。url 变量将作为 open()方法的第二个参数。onreadystatechange 属性设置处理服务器端响应的函数为 handleStateChange。最后调用 open()方法发送一个 GET 请求，并指定 URL，在这里 URL 中包含编码的参数。send()方法将请求发送给服务器。

这一步之后 send()函数就编写完成了。此时，Ajax 的核心对象 XMLHttpRequest 将会与指定的服务器建立连接，并发送 GET 请求。在得到服务器响应结果之后，将转交给 onreadystatechange 属性指定的响应函数进行处理。

XMLHttpRequest 对象的具体创建见 13.2.1 节。

（3）创建 handleStateChange()函数，在函数中调用 XMLHttpRequest 对象的 responseText 属性获取返回结果。再通过 JavaScript 代码直接插入到前台设置的 HTML 位置中。

```
function handleStateChange() {
    if (XmlHttp.readyState == 4) {
        //判断对象状态
        if (XmlHttp.status == 200) {
            $("result").innerHTML = XmlHttp.responseText;
        }
    }
}
```

（4）最后来看看在 JSP 服务器端返回什么内容给客户端。创建名为 server.jsp 的文件，然后获取客户端请求的 address 参数，并输出一个字符串。

```
<%@ page language="java" import="java.util.*" pageEncoding="UTF-8"%>
<%
String email=request.getParameter("address");
out.print("恭喜您，订阅成功。您将在[ "+email+"] 地址收到一份礼物。");
%>
```

（5）将 HTML 页面和 JSP 页面保存在同一目录，再运行。如图 13-6 所示为 HTML 中邮箱订阅表单的效果。输入内容之后单击【提交】按钮将看到 JSP 返回的结果，如图 13-7 所示。

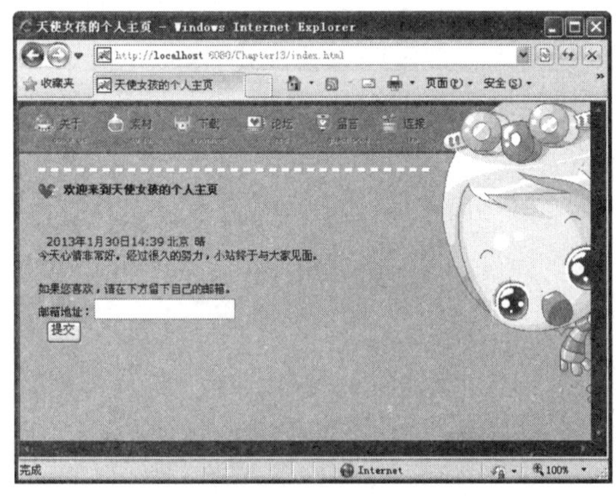

图 13-6　HTML 页面

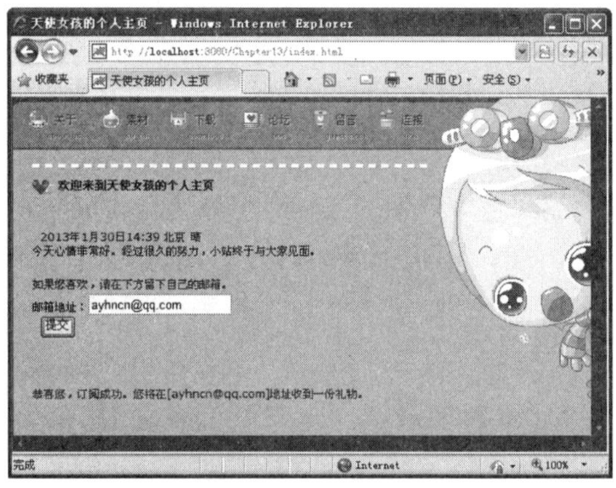

图 13-7　订阅结果

13.3 使用 Ajax

Ajax 的核心是 XMLHttpRequest 对象。所以 Ajax 的使用也是围绕 XMLHttpRequest 对象的创建、发送请求、处理响应来展开的。根据 XMLHttpRequest 对象属性接收内容的不同可以划分为普通格式和 XML 格式，下面详细地介绍它们的请求和处理过程。

13.3.1　处理普通格式

HTTP 下的两大数据传输方式：GET 和 POST，它们各有所长。在大型的 Web 项目中，基于安全角度地考虑数据会选择 POST 方式进行传输。Ajax 的默认方式也是 POST，它与 GET 方式唯一不同的就是数据的发送位置。

对于大多数情况，在调用 send()方法之前应该使用 setRequestHeader()方法先设置

Content-Type 头部。如果在 send(data)方法中的 data 参数的类型为 string，那么数据将被编码为 UTF-8。

例如，向 server.jsp 文件以异步方式发送一个 GET 请求，便可以使用如下的代码。

```
xmlHttp.open("GET","server.jsp",true);
xmlHttp.send(null);
```

现在，同样需要向 server.jsp 文件发送请求，不同的是要求请求中带有一些参数字符串。实现这个功能有两种方法，第一种适用于 GET 请求，在 open()方法中指定参数：

```
xmlHttp.open("GET","server.jsp?name=zht&pwd=123&mail=abc@163.com",true);
xmlHttp.send(null);
```

第二种适用于 POST 请求，在 send()方法中指定参数：

```
xmlHttp.open("POST","server.jsp",true);
xmlHttp.send("name=zht&pwd=123&mail=abc@163.com ");
```

【练习 3】

在练习 1 中使用 GET 方式实现了邮箱订阅功能，本次练习将使用 POST 方式实现一个留言功能。通过本次练习读者将掌握如何使用 Ajax 的 POST 方式发送数据，以及如何在 JSP 中接收 POST 的数据，并进行编码。

（1）创建一个 HTML 页面，使用 FORM 表单设计一个填写留言的页面，包括留言者姓名、邮箱、标题和内容。表单代码如下所示。

```
<h4>联系我们</h4>
<form method="post" name="contact" >
    <label for="author">姓名:</label> <input name="author" type="text"
    class="input_field" id="author" maxlength="50" />
    <div class="cleaner_h10"></div>
    <label for="email">邮箱:</label> <input name="email" type="text"
    class="input_field" id="email" maxlength="50" />
    <div class="cleaner_h10"></div>
    <label for="subject">标题:</label> <input name="subject" type="text"
    class="input_field" id="subject" maxlength="50" />
    <div class="cleaner_h10"></div>
    <label for="text">内容:</label> <textarea id="text" name="text" rows=
    "0" cols="0" class="required"></textarea>
    <div class="cleaner_h10"></div>
    <input type="button" class="submit_btn float_l" name="submit" id=
    "submit" value="提交"  onclick="PostMessage()"/>
    <input type="reset" class="submit_btn float_r" name="reset" id="reset"
    value="重填" />
</form>
```

上述表单为每个输入项都定义了 id 属性，该 id 将作为获取值的标识。【提交】按钮的 onclick 事件指定被单击调用 PostMessage()函数。

（2）创建 PostMessage()函数实现 Ajax 功能，具体代码如下所示。

```
<script language="javascript" type="text/javascript">
```

```
function PostMessage()
{
    var author=$("author").value;           //获取姓名
    var email=$("email").value;             //获取邮箱
    var subject=$("subject").value;         //获取标题
    var text=$("text").value;               //获取内容
    //组合参数
    var para="author="+ author+"&email="+email+"&subject="+subject+ "&text=
    "+text;
    createXMLHttpRequest();
    XmlHttp.onreadystatechange = handleStateChange;
    XmlHttp.open("POST", "message", true); //指定 POST 请求 URL
    //设置 POST 使用的请求头
    XmlHttp.setRequestHeader("Content-type","application/x-www-form-urlencoded;");
    XmlHttp.send(para);                     //指定 POST 方式发送的参数
}
</script>
```

上述代码中同样省略了 XMLHttpRequest 对象的创建代码。将用户输入的留言内容通过组合保存在 para 变量中，然后将它作为 send()方法的参数发送到服务器端。注意由于 open()方法指定的是 POST 方法，所以这里还需要设置请求头。

（3）回调函数 handleStateChange()的代码非常简单，直接将服务器端处理好的文本插入到页面即可。

```
function handleStateChange() {
    if (XmlHttp.readyState == 4) {
        //判断对象状态
        if (XmlHttp.status == 200) {
            $("msglist").innerHTML += XmlHttp.responseText;
        }
    }
}
```

（4）在留言表单的右侧添加如下代码用于显示留言结果。

```
<div class="col_w410 last_col" id="msglist">        </div>
```

（5）最后创建 Ajax 请求的服务器端代码。创建一个名为 message 的 Servlet，在 doPost()方法中接收客户端发送的数据，并进行处理后输出，具体代码如下所示。

```
    public void doPost(HttpServletRequest request, HttpServletResponse
    response)
            throws ServletException, IOException {
        response.setContentType("text/html; charset=utf-8");
        response.setCharacterEncoding("UTF-8");
        PrintWriter out = response.getWriter();
        String author=new String(request.getParameter("author").getBytes ("ISO-
        8859-1"),"UTF-8");
        String  subject=new  String(request.getParameter("subject").getBytes
        ("ISO-8859-1"),"UTF-8");
```

```
        String email=new String(request.getParameter("email").getBytes ("ISO-
        8859-1"),"UTF-8");
        String  text=new  String(request.getParameter("text").getBytes("ISO-
        8859-1"),"UTF-8");
        out.print("<h6><strong>标题: "+subject+"</strong><h6>");
        out.print("<p>"+text+"<hr/>");
        out.print("来自 "+author+" 的留言 [ "+email+"] ");
        out.print("</p>");
    }
```

（6）在 Tomcat 中运行留言表单所在的 HTML 页面，参考效果如图 13-8 所示。

图 13-8　留言表单

（7）输入内容并单击【提交】按钮将在右侧看到结果，如图 13-9 所示为两条留言的显示效果。

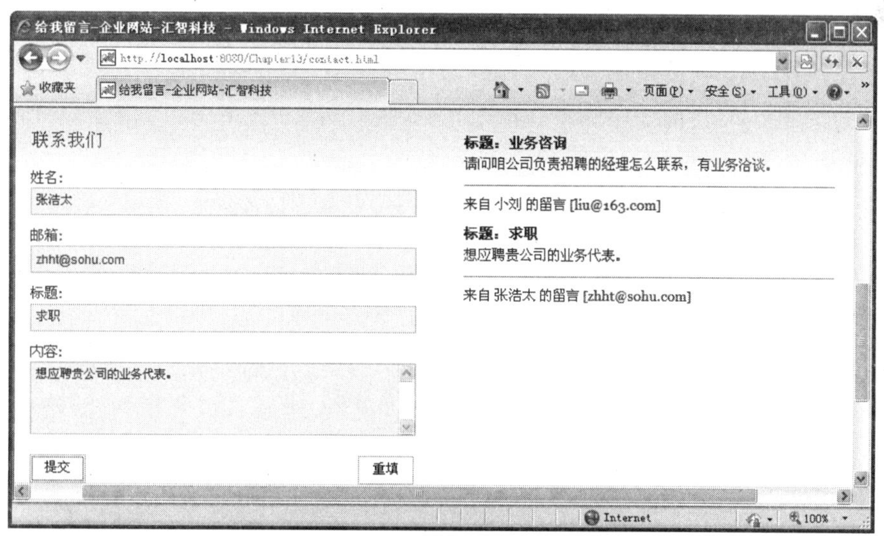

图 13-9　留言列表效果

试一试

将第（3）步回调函数中的 innerHTML 属性替换为 innerText 属性，然后运行查看对比效果。

13.3.2 处理 XML 格式

13.3.1 节介绍了使用 XMLHttpRequest 对象发送 GET 和 POST 请求，然后处理服务器端返回的 HTML 文本。对于复杂结构的数据，在服务器端通常使用 XML 文件格式返回。此时 XML 数据的操作是重点，这些 XML 数据可以预先设定，也可以来自于数据库表或文件。

XMLHttpRequest 对象提供了一个 responseXML 属性专门用于接收 XML 响应。

【练习 4】

下面创建一个案例演示如何将服务器端返回的 XML 文件以列表形式显示到页面。具体步骤如下所示。

（1）首先创建服务器端的 JSP 页面。作为示例这里在 Servlet 中直接输出一个 XML 格式的字符串，实际开发中可能会用到从数据库中读取并输出，代码如下所示。

```
public void doPost(HttpServletRequest request, HttpServletResponse response)
        throws ServletException, IOException {
    response.setContentType("text/xml; charset=utf-8");
    response.setCharacterEncoding("UTF-8");
    PrintWriter out = response.getWriter();
    out.print("<?xml version=\"1.0\" encoding=\"utf-8\"?>");
    out.print("<logs>");
    out.print("<log><title>报道</title><user>ljq</user><s_content>网站恢
    复了，上来报道。</s_content><link>index.jsp?id=33</link></log>");
    //省略部分行的输出
    out.print("</logs>");
    out.flush();
    out.close();
}
```

将代码保存到名为 logs 的 Servlet 中，并添加配置文件信息。

（2）新建一个 list.html 文件作为客户端，在 body 的 onload 事件中调用 getAllLogs()函数，再添加结果显示区域，代码如下所示。

```
<body onload="getAllLogs();">
    <div id="logBody"></div>
<!-- 省略其他布局 -->
</body>
```

（3）使用 JavaScript 代码创建页面加载完成要调用的 getAllLogs()函数，代码如下所示。

```
<script language="javascript" type="text/javascript">
function getAllLogs()
{
  createXMLHttpRequest();                         //创建 XMLHttpRequest 对象
  var url="logs";                                 //定义一个变量保存 PHP 服务器端的文件名
  xmlHttp.onreadystatechange=handleStateChange; //指定回调函数
  xmlHttp.open("POST",url,true);                  //指定 POST 请求
  xmlHttp.send(null);
}
</script>
```

从上述代码中可以看到，非常简洁。这是因为处理 XML 格式响应的重点是客户端的回调函数，即 handleStateChange()函数。

（4）接下来创建回调函数 handleStateChange()，并在函数体内获取服务器端返回的 XML 格式数据。然后对它进行解析，并以表格的形式显示到页面上。具体代码如下所示。

```
function handleStateChange()
{
    if((xmlHttp.readyState == 4)&&(xmlHttp.status == 200))
    {
        var logsXML=xmlHttp.responseXML;                    //获取返回的 XML 响应
        var log = logsXML.getElementsByTagName("log");
        var str = "<table width=\"450\" border=\"0\" cellspacing=\"2\" cell
        padding=\"2\" class=\"log\" >";
        str+="<tr>  <th width=\"130\">标题</th> <th >摘要</th> </tr>";
        for(var i=0;i<log.length;i++)                       //循环以表格输出各个内容
        {
          var title=log[ i] .childNodes[ 0] .firstChild.data;
          var user=log[ i] .childNodes[ 1] .firstChild.data;
          var content=log[ i] .childNodes[ 2] .firstChild.data;
          var tlink=log[ i] .childNodes[ 3] .firstChild.data;
          str+="<tr><td><a href='"+tlink+"'>"+title+"</a><br/>"+user+ "</td>";
          str+="<td>"+content+"</td>";
          str+="</tr>";
       }
        str+="</table>";
        $("logBody").innerHTML=str;                         //在页面上显示结果
    }
}
```

在 handleStateChange()函数中，获取 XML 文件中的根节点，然后创建一个表格，使用 for 循环遍历节点中的元素，并且将遍历的元素读取到表格中。最后将表格中的数据显示在 id 为 logBody 的 div 标签中。

（5）在浏览器中运行 list.html，页面加载完成后会看到以表格形式显示 logs 文件中的 XML 数据，如图 13-10 所示。

图 13-10　显示 XML 文件

试一试

目前出现了很多封装 XMLHttpRequest 对象的 Ajax 框架，如 jQuery、Extjs 和 Xajax 等，读者可以参考相关资料学习。

13.4 优化 Ajax

Ajax 的实现主要依赖于 XMLHttpRequest 对象，但是在调用其进行异步数据传输时，由于 XMLHttpRequest 对象的实例在处理事件完成后就会被销毁，所以如果不对该对象进行封装处理，在下次需要调用它时就需要重新构建，而且每次调用都需要编写一大段的代码，使用起来很不方便。虽然，现在很多开源的 Ajax 框架都提供了对 XMLHttpRequest 对象的封装方案，但是如果应用这些框架，通常需要加载很多额外的资源，这势必会浪费很多服务器资源。不过 JavaScript 脚本语言支持 OO 编码风格，通过它可以将 Ajax 所必需的功能封装在对象中。

Ajax 优化大致可以分为以下三个步骤。

（1）创建一个单独的 JS 文件，名称为 AjaxRequest.js，并且在该文件中编写重构 Ajax 所需的代码，具体代码如下。

```
var net = new Object();                              //定义一个全局变量 net
//编写构造函数
net.AjaxRequest = function(url, onload, onerror, method, params) {
    this.req = null;
    this.onload = onload;
    this.onerror = (onerror) ? onerror : this.defaultError;
    this.loadDate(url, method, params);
}
//编写用于初始化 XMLHttpRequest 对象并指定处理函数，最后发送 HTTP 请求的方法
net.AjaxRequest.prototype.loadDate = function(url, method, params) {
    if (!method) {
        method = "GET";
    }
    if (window.XMLHttpRequest) {
        this.req = new XMLHttpRequest();
    } else if (window.ActiveXObject) {
        this.req = new ActiveXObject("Microsoft.XMLHTTP");
    }
    if (this.req) {
        try {
            var loader = this;
            this.req.onreadystatechange = function() {
                net.AjaxRequest.onReadyState.call(loader);
            }
            this.req.open(method, url, true);            //建立对服务器的调用
            if (method == "POST") {                      //如果提交方式为 POST
                this.req.setRequestHeader("Content-Type",
                    "application/x-www-form-urlencoded");//设置请求头
```

```
            }
            this.req.send(params);                              //发送请求
        } catch (err) {
            this.onerror.call(this);
        }
    }
}
//重构回调函数
net.AjaxRequest.onReadyState = function() {
    var req = this.req;
    var ready = req.readyState;
    if (ready == 4) {                                           //请求完成
        if (req.status == 200) {                                //请求成功
            this.onload.call(this);
        } else {
            this.onerror.call(this);
        }
    }
}
//重构默认的错误处理函数
net.AjaxRequest.prototype.defaultError = function() {
    alert("错误数据\n\n回调状态:" + this.req.readyState + "\n状态: " + this.req.
    status);
}
```

（2）在需要应用 Ajax 的页面中应用以下的语句引入步骤（1）中创建的 AjaxRequest.js 文件。

```
<script language="javascript" src="AjaxRequest.js"/>
```

（3）在应用 Ajax 的页面中编写错误处理的方法、实例化 Ajax 对象的方法和回调函数，具体代码如下。

```
<script language="javascript">
    //错误处理的方法
    function onerror(){
        alert("您的操作有误! ");
    }
    //实例化Ajax对象的方法
    function getInfo(){
        var loader=new net.AjaxRequest("getInfo.jsp?nocache="+
                new Date().getTime(),deal_getInfo,onerror,"GET");
    }
    //回调函数
    function deal_getInfo(){
        document.getElementById("showInfo").innerHTML=this.req.responseText;
    }
</script>
```

13.5 Ajax 乱码解决方案

由于 Ajax 不支持多种字符集，并且默认的字符集是 UTF-8，所以在应用 Ajax 技术的程序中应及时执行编码转换，否则程序将会出现中文乱码的问题。一般有以下两种情况可能产生中文乱码。

1．发送的请求参数中包含中文

当发送路径的参数中包含中文时，在服务器端接收参数值时将产生乱码。解决该情况下的中文乱码时，其根据提交数据方式的不同，解决方法也不同。

1）接收 GET 方式提交的数据

当接收 GET 方式提交的数据时，要将编码转换为 GB2312，其转换代码如下。

```
String name = request.getParameter("name");
out.printIn("用户姓名: "+new String(name.getBytes("ISO-8859-1"),"GB2312"));
```

2）接收 POST 方式提交的数据

由于应用 POST 方式提交数据时默认的字符编码为 UTF-8，因此当接收使用该方式提交的数据时，需要将编码转换为 UTF-8，关键代码如下。

```
String name = request.getParameter("name");
out.printIn("用户姓名: "+new String(name.getBytes("ISO-8859-1"),"UTF-8"));
```

2．服务器端返回结果中包含中文

在 Ajax 中无论使用 responseText 属性还是 responseXML 属性，默认都是按照 UTF-8 编码格式解码。因此如果服务器端传递的数据不是 UTF-8 格式，在接收 responseText 或 responseXML 的值时可能产生乱码，解决的方法是保证从服务器端传递的数据也采用 UTF-8 的编码格式。

13.6 拓展训练

1．会员注册信息验证

很多网站都有会员注册功能，在注册时用户名不能重复，因为它唯一标识了每一位用户。本次练习要求创建一个会员注册表单，并在输入用户名后使用 Ajax 对它进行异步验证，并给出是否可用。参考运行效果如图 13-11 所示。

图 13-11　验证用户名是否可用

2．基于 Ajax 的发消息功能

本次练习要求读者使用 Ajax 的 POST 功能实现发送消息的功能。包括发送消息表单、服务器端接收和输出、客户端获取结果并显示，参考如图 13-12 所示运行效果。

图 13-12　发送消息运行效果

13.7 课后练习

一、填空题

1. 假设要创建一个 IE 浏览器下可用的 XMLHttpRequest 对象 ajax，应该使用__________代码。

2. XMLHttpRequest 对象的 ReadyState 属性值为__________时表示“已加载”状态，此时响应已经被完全接收。

3. 如下所示为一段回调函数的代码，在空白处填写代码使 xml 变量中保存的是返回的 XML 结果。

```
function handleStateChange()                    //处理结果的回调函数
{
    if((xmlHttp.readyState == 4)&&(xmlHttp.status == 200))
    {
        var result= ____________;
    }
}
```

二、选择题

1. 下面关于 Ajax 的描述不正确的是____________。

   A. Ajax 不是一种新技术

   B. Ajax 与服务器通信时不刷新页面

   C. Ajax 可以持续保持一个 HTTP 请求

   D. Ajax 可以减轻服务器和带宽的负担

2. 下列不属于 Ajax 组成技术的是____________。

   A. DOM

   B. JavaScript

   C. HTML

   D. jQuery

3. 在 Ajax 的运行周期中，可以使用__________属性来监听服务器端的回调事件。

A. onreadystatechange

B. status

C. readyState

D. statusText

4. XMLHttpRequest 对象的 ReadyState 属性值为__________时表示“未初始化”状态。

A. 1

B. 2

C. 3

D. 0

5. 下面代码中能判断服务器端有响应的是____________。

A. (xmlHttp.readyState == 4)&&(xmlHttp.status == 200)

B. (xmlHttp.readyState == 1)&&(xmlHttp.status == 100)

C. (xmlHttp.readyState == 0)&&(xmlHttp.status == 200)

D. (xmlHttp.readyState == 'ok')&&(xmlHttp.status == 'ok')

三、简答题

1. 与传统 HTTP 请求相比，Ajax 有哪些优势?

2. Ajax 由哪些技术组成? 其作用是什么?

3. 如何创建一个跨浏览器可运行的 XMLHttpRequest 对象?

4. 简述开发 Ajax 程序的过程。

5. 如何避免重复的 Ajax 代码?

6. 简述 Ajax 乱码的解决办法。

第 14 章 Struts2 框架

Struts2 以 WebWork 优秀的设计思想为核心，继承了 Struts1 的部分优点，建立了一个兼容 WebWork 和 Struts1 的 MVC 框架，Struts2 的目标就是希望原来的 Struts1、WebWork 的开发人员，都可以平稳熟练地使用 Struts2 的框架。

本章主要讲解在 Web 开发中 Struts2 的应用，包括 Struts2 中的配置文件、Action、Struts2 的开发模式和标签等基本知识。

本章学习目标：

- ❑ 掌握 MVC 架构模式
- ❑ 掌握 Struts2 的开发流程
- ❑ 了解 Struts2 较 Struts1 的优势所在
- ❑ 掌握 Struts2 的主要配置文件 struts.xml
- ❑ 掌握 Struts2 的 Action 对象
- ❑ 了解 Struts2 的开发模式
- ❑ 掌握 Struts2 的标签库
- ❑ 掌握 Struts2 的主要配置文件 struts.xml

14.1 Struts2 框架简介

Struts2 以 WebWork 为核心，采用拦截器机制来处理用户的请求，这样的设计也使得业务逻辑控制器能够与 Servlet API 完全脱离，所以 Struts2 可以理解为 WebWork 的更新产品。因为 Struts2 相对于 Struts1 有着太大的变化，但是相对于 WebWork，Struts2 只有很小的变化。

Apache Struts2 是之前熟知的 WebWork2。在经历了几年的各自发展后，WebWork 和 Struts 社区决定合二为一，也即 Struts2。

14.1.1 MVC 原理

MVC（Model-View-Controller，模型-视图-控制器）用于表示一种软件架构模式。MVC 模式的目的是实现一种动态的程序设计，使后续对程序的修改和扩展简化，并且使程序某一部分的重复利用成为可能。除此之外，此模式通过对复杂度的简化使程序结构更加直观。

MVC 是一个设计模式，它强制性地使应用程序的输入、处理和输出分开。MVC 应用程序被分为三个核心部分：模型（Model）、视图（View）和控制器（Controller）。

1．模型

在 Web 应用中，模型表示业务数据与业务逻辑，它是 Web 应用的主体部分，视图中的业务数据由模型提供。

> **提示**
> 使用 MVC 设计模式开发 Web 应用，很关键的一点就是让一个模型为多个视图提供业务数据，这样可以提高代码的可重用性与可读性，也给 Web 应用后期的维护带来方便。

2．视图

视图代表用户交互界面。一个 Web 应用可能有很多不同的视图，MVC 设计模式对于视图的处理仅限于视图中数据的采集与处理以及用户的请求，而不包括对视图中业务流程的处理。

3．控制器

控制器是视图与模型之间的纽带。控制器将视图接收的数据交给相应的模型去处理，将模型的返回数据交给相应的视图去显示。

MVC 设计模式的 3 个模块层之间的关系与 MVC 的优点如下所述。

1．Model-View-Controller 三层之间的关系和工作原理

MVC 设计模式的 3 个模块层之间的关系如图 14-1 所示。

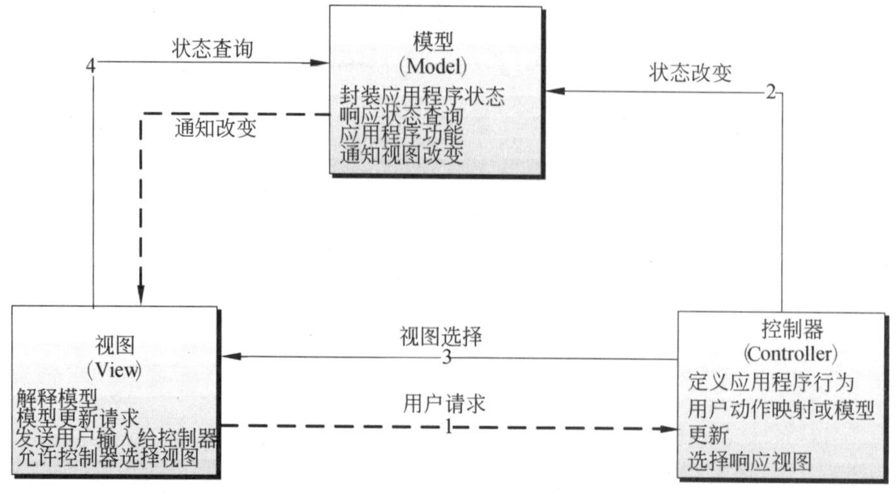

图 14-1　MVC 模块层的关系

2．MVC 的优点

MVC 模式主要有以下 6 大优点：

1）低耦合性

视图层与模型层、控制层相分离，这样就允许更改视图层代码而无须重新编译模型和控制器代码。同样，一个应用的业务流程或者业务规则的改变只需要改动 MVC 的模型层即可，因为模型层与控制器、视图层相分离，所以很容易改变应用程序的数据层和业务规则。

2）高重用性和可适用性

MVC 模式允许使用各种不同样式的视图来访问同一个服务器端的代码。它包括任何 Web（HTTP）浏览器或者无线浏览器（WAP）。比如，用户可以通过计算机，也可通过手机来订购某样产品，虽然订购的方式不同，但处理订购产品的方式相同。由于模型返回的数据没有进行格式化，所以同样的构件能被不同的界面使用。例如，很多数据可能用 HTML 来表示，但是也有可能用 WAP 来表示，而这些表示所需要的仅仅是改变视图层的实现方式，而控制层和模型层无须做任何的改变。

3）较低的生命周期成本技术

MVC 使降低开发和维护用户产品的技术成为可能。

4）快速的部署

使用 MVC 模式使开发时间得到相当大的缩减，它使 Java 开发人员集中精力于业务逻辑，界面开发人员（HTML 和 JSP 开发人员）集中业务于表现形式上。

5）可维护性

MVC 的 3 个模块层相分离，使得 Web 应用更易于维护和修改。

6）有利于软件工程化管理

由于不同的层各司其职，每一层不同的应用具有某些相同的特征，有利于通过工程化、工具化管理程序代码。

14.1.2 Struts2 和 Struts1 的不同

Struts2 与 Struts1 相比，确实有很多革命性的改变。虽然都是对 MVC 架构模式的实现，本质却完全不同。Struts2 并不是新发布的新框架，它的前身是 WebWork，吸收了 Struts1 和 WebWork 两者的优势，因此，Struts2 是一个非常优秀的 Web 框架。但是 Strut2 并不是一个完全独立的技术，而是建立在其他 Web 技术之上的一个 MVC 框架，如果脱离了这些技术，Struts2 框架也就无从谈起。

Struts2 的实现方式和功能都要优于 Struts1，但是，Struts 先入为主，很多应用程序都基于 Struts，其生命力和普及度使得 WebWork 落于下风。随着新思想和新架构的不断涌入，特别是 Web 2.0 被大量提及，Struts1 显然无法跟上日新月异的变化，在很多应用上显得力不从心，最终催生了 Struts2。可以说 Struts2 是为变而变。

1．Action 类

（1）Struts1：Struts1 要求 Action 类继承一个抽象基类。Struts1 的一个普遍问题是使用抽象类编程而不是接口。

（2）Struts2：Action 类可以实现一个 Action 接口，也可实现其他接口，使可选和定制的服务成为可能。Struts2 提供一个 ActionSupport 基类去实现常用的接口。Action 接口不是必需的，任何有 execute 标识的 POJO 对象都可以用作 Struts2 的 Action 对象。

2．线程模式

（1）Struts1：Action 是单例模式并且必须是线程安全的，因为仅有 Action 的一个实例来处理所有的请求。单例策略限制了 Struts1 Action 能做的事，并且要在开发时特别小心，Action 资源必须是线程安全的或同步的。

（2）Struts2：Action 对象为每一个请求产生一个实例，因此没有线程安全问题。实际上，Servlet 容器给每个请求产生许多可丢弃的对象，并且不会导致性能和垃圾回收问题。

3．Servlet 依赖

（1）Struts 1：Action 依赖于 Servlet API，因为当一个 Action 被调用时 HttpServletRequest 和 HttpServletResponse 被传递给 execute 方法。

（2）Struts2：Action 不依赖于容器，允许 Action 脱离容器单独被测试。如果需要，Struts2 的 Action 仍然可以访问初始的 request 和 response，但是，其他的元素减少或者消除了直接访问 HttpServetRequest 和 HttpServletResponse 的必要性。

4．可测性

（1）Struts1：测试 Struts1 Action 的一个主要问题是 execute 方法暴露了 Servlet API（这使得测试要依赖于容器）。

（2）Struts2：Action 可以通过初始化、设置属性、调用方法来测试，“依赖注入”支持也使测试更容易。

5．表达式语言

（1）Struts1：整合了 JSTL，因此使用 JSTL EL，这种 EL 有基本对象图遍历，但是对集合和索引属性的支持很弱。

（2）Struts2：可以使用 JSTL，但是也支持一个更强大和灵活的表达式语言——对象图导航语言（Object-Graph Navigation Language，OGNL）。

6．绑定值到页面

（1）Struts1：使用标准 JSP 机制把对象绑定到页面中来访问。

（2）Struts2：使用 ValueStack 技术，使 taglib 能够访问值而不需要把页面和对象绑定起来。ValueStack 策略允许通过一系列名称相同但类型不同的属性重用页面。

7．类型转换

（1）Struts1：ActionForm 属性通常都是 String 类型。Struts1 使用 Commons-Beanutils 进行类型转换。每个类一个转换器，对每一个实例来说是不可配置的。

（2）Struts2：使用 OGNL 进行类型转换，提供基本和常用对象的转换器。

8．校验

（1）Struts1：Struts1 支持在 ActionForm 的 validate 方法中手动校验，或者通过 Commons Validator 的扩展来校验。同一个类可以有不同的校验内容，但不能校验子对象。

（2）Struts2：Struts2 支持通过 validate 方法和 XWork 校验框架来进行校验。XWork 校验框架使用为属性类类型定义的校验和内容校验，来支持 chain 校验子属性。

9．Action 执行的控制

（1）Struts1：支持每一个模块有单独的 Request Processors（生命周期），但是模块中的所有 Action 必须共享相同的生命周期。

（2）Struts2：支持通过拦截器堆栈（Interceptor Stacks）为每一个 Action 创建不同的生命周期。堆栈能够根据需要和不同的 Action 一起使用。

10．封装请求参数

（1）Struts1：使用 ActionForm 对象封装用户的请求参数，所有的 ActionForm 必须继承一个基类：ActionForm。普通的 JavaBean 不能用作 ActionForm，因此，开发者必须创建大量的 ActionForm 类封装用户请求参数。虽然 Struts1 提供了动态 ActionForm 的开发，但依然需要在配置文件中定义 ActionForm。

（2）Struts2：直接使用 Action 属性来封装用户请求属性，避免了开发者需要大量开发 ActionForm 类的烦琐，实际上，这些属性还可以是包含子属性的 Rich 对象类型。Struts2 也支持 ActionForm 模式，简化了 taglib 对 POJO 输入对象的引用。

11．视图支持

（1）Struts 1：只支持 JSP 作为其他表现层技术，没有提供对目前流行的 FreeMarker、Velocity 等表现层的支持。

（2）Struts2：提供了对 FreeMarker、Velocity 等模板技术的支持，并且配置很简单。

14.2 第一个 Struts2 程序

Struts2 框架主要是通过一个过滤器将 Struts 集成到 Web 应用中，这个过滤器对象就是 org.apache.Struts2.dispatcher.ng.filter.StrutsPrepareAndExecuteFilter。通过它 Struts2 即可拦截 Web 应用中的 HTTP 请求，并将这个 HTTP 请求转发到指定的 Action 处理，Action 根据处理的结果返回给客户端相应的页面。因此在 Struts2 框架中，过滤器 StrutsPrepareAndExecuteFilter 是 Web 应用与 Struts2 API 之间的入口，它在 Struts2 的应用中有很大的作用。

Struts2 处理 HTTP 请求的流程如图 14-2 所示。

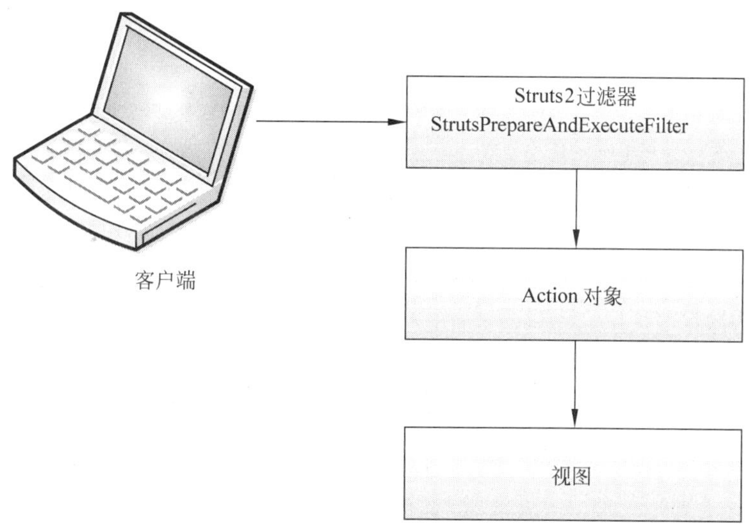

图 14-2 处理 HTTP 请求的流程

14.2.1 配置 Struts2

要使用Struts2框架进行Web开发或者运行Struts2的程序就必须先配置好Struts2的运行环境。

> **提示**
> 配置 Struts2 运行环境首先就是配置 JDK 环境变量，然后下载并安装 Struts2 框架。至于 Web 服务器则选择开源的 Tomcat。

从 Java 的官方网站 http://www.oracle.com 中下载最新版本的 JDK，目前最新版本为 JDK 1.7。JDK 的安装很简单，这里不再多述。在安装和配置好 JDK 之后，需要配置 JDK 的环境变量，然后就可以安装 Java Web 服务器了，这里选择开源的 Tomcat 作为服务器。Tomcat 服务器的官方网址为 http://tomcat.apache.org/，该网站提供了 Tomcat 的下载链接，目前最新版本是 Tomcat 7.0。

接着从 Struts2 的官网 http://struts.apache.org/中下载 Struts2 框架，目前最新版本是 Struts 2.2.3。下载时有多个选项可供选择，本书选择 Full Distribution 选项，即 Struts2 的完整版。

下载完毕后，将下载的压缩包进行解压，解压后的目录中主要有如下几个文件夹。

（1）apps：该文件夹中存放 Struts2 的示例程序。

（2）docs：该文件夹中存放 Struts2 的相关文档。

（3）lib：该文件夹中存放 Struts2 的核心类库，以及第三方的插件类库。

（4）src：该文件夹中存放 Struts2 框架的全部源代码。

安装 Struts2 非常简单，只需要将 Struts2 框架目录中 lib 文件夹下的 9 个 JAR 文件复制到 Web 应用中 WEB-INF/lib 目录下即可。这 9 个 JAR 文件如下：

（1）struts2-core-x.x.x.jar：Struts2 的核心库。

（2）xwork-x.x.x.jar：WebWork 的核心库，需要它的支持。

（3）commons-fileupload-x.x.x.jar：文件上传组件，2.1.6 版本后必须加入此文件。

（4）commons-io-x.x.x.jar：可以看成是 java.io 的扩展。

（5）commons-lang-x.x.jar：包含一些数据类型工具类，是 java.lang.*的扩展，必须使用的 JAR 包。

（6）commons-logging-x.x.x.jar：日志管理。

（7）ognl-x.x.x.jar：OGNL 表达式语言，Struts2 支持该 EL。

（8）freemarker-x.x.x.jar：表现层框架，定义了 Struts2 的可视组件主题。

（9）javassist-x.x.x.GA.jar：Javassist 字节码解释器。

注意

使用这些 JAR 文件时，可能会因为某个 JAR 文件的版本不同而引起冲突。读者如果有需要，可以在本书配套光盘所附带的源代码中获取这几个 JAR 文件。

至此 Struts2 框架就被安装到 Web 项目中，然后就可以开始应用 Struts2 框架进行 Web 开发了。

14.2.2 创建一个 Struts2 程序

（1）创建一个 Web 项目，将 Struts2 所需要的核心类包导入到该项目中去。

（2）在 web.xml 中配置 Struts2 的核心控制器，代码如下：

```
<?xml version="1.0" encoding="UTF-8"?>
<web-app version="2.5"
    xmlns="http://java.sun.com/xml/ns/javaee"
    xmlns:xsi="http://www.w3.org/2001/XMLSchema-instance"
    xsi:schemaLocation="http://java.sun.com/xml/ns/javaee
    http://java.sun.com/xml/ns/javaee/web-app_2_5.xsd">
    <display-name></display-name>
    <welcome-file-list>
        <welcome-file>index.jsp</welcome-file>
    </welcome-file-list>
    <!-- Struts2 过滤器 -->
    <filter>
        <!-- 过滤器名称 -->
        <filter-name>Struts2</filter-name>
        <!-- 过滤器类 -->
```

```
        <filter-class>
            org.apache.struts2.dispatcher.ng.filter.StrutsPrepareAndExecuteFilter
        </filter-class>
    </filter>
        <!-- Struts2 过滤器映射 -->
        <filter-mapping>
            <!-- 过滤器名称 -->
            <filter-name>Struts2</filter-name>
            <!--过滤器映射 -->
            <url-pattern>/*</url-pattern>
        </filter-mapping>
</web-app>
```

（3）在项目中创建 struts.xml 文件，在其中定义 Struts2 中的 Action 对象。代码如下所示。

```
<struts>
    <!-- 声明包 -->
        <package name="myPackage" extends="struts-default">
            <!-- 定义 action -->
                <action  name="first">
                    <!-- 定义成功后的映射页面 -->
                        <result>/success.jsp</result>
                </action>
        </package>
</struts>
```

其中各个标签含义如下。

① <package>：声明一个包，通过 name 属性指定其名为“myPackage”，并通过 extends 属性指定此包继承于 struts-default 包。

② <action>：定义 Action 对象，其 name 属性用于指定访问 Action 的 URL。

③ <result>：定义处理结果和资源之间的映射关系，上述代码中<result>子元素的配置为处理成功之后将请求转发到 success.jsp 页面。

提示

在 struts2.xml 文件中，Struts2 的 Action 配置需要放置在包空间内。类似在 Java 中的包的概念。通过<package>标签声明，通常情况下声明的包需要继承于 struts-default 包。

（4）创建主页面 index.jsp，在其中编写一个表单用于访问上面定义的 Action 对象，代码如下：

```
<form action="first.action" method="post">
    欢迎登录到窗内网用户：<br> 用户名:<input type="text" name="user" /><br>
    <br> 密码：<input type="password" name="psw" /><br>
    <br> <input type="submit" name="commit" value="提交" /> <input
        type="reset" value="重置" />
</form>
```

在 Struts2 中 Action 对象的默认访问后缀为“.action”，此后缀可以任意更改。

（5）创建名为 success.jsp 的 JSP 页面作为 Action 对象 first 处理成功后的返回页面，其关键代码如下。

```
<body>
    This is success page.<br>
    从 index.jsp 页面获得参数：<br>
    用户名：<%=request.getParameter("user") %><br>
    密码：<%=request.getParameter("psw") %>
</body>
```

将该项目部署在 Tomcat 下，运行 index.jsp 页面，结果如图 14-3 所示。单击【提交】按钮，将请求交给 Action 对象 first 处理，处理成功之后返回，如图 14-4 所示。

图 14-3　index.jsp 页面

图 14-4　success.jsp 页面

14.3 Action 对象

在 Struts2 框架的应用开发中，Action 作为框架的核心类，实现了对用户请求信息的处理，所以 Action 被称为业务逻辑控制器。

在传统的 MVC 框架中 Action 需要实现特定的接口，这些接口由 MVC 框架定义，实现这些接口会与 MVC 框架耦合。Struts2 比 Action 更灵活，可以实现或不实现 Struts2 接口。

14.3.1　Action 对象简介

Action 对象是 Struts2 框架中的重要对象，主要用于处理 HTTP 请求。在 Struts2 API 中，Action 对象是一个接口，位于 com.opensymphony.xwork2 包中。

Struts2 项目开发中创建 Action 对象要直接或间接实现此对象，其方法声明如下。

```
public interface Action {
    public static final String  SUCCESS = "success";
    public static final String  NONE = "none";
    public static final String  ERROR = "error";
    public static final String  INPUT = "input";
    public static final String  LOGIN = "login";
    public String execute() throws Exception;
}
```

在 Action 接口中包含以下 5 个静态成员变量。

1．SUCCESS

静态变量 SUCCESS 代表 Action 执行成功的返回值，在 Action 执行成功的情况下需要返回成功页面，则可设置返回值为 SUCCESS。

2. NONE

静态变量 NONE 代表 Action 执行成功的返回值。但不需要返回到成功页面，主要用于处理不需要返回结果页面的业务逻辑。

3. ERROR

静态变量 ERROR 代表 Action 执行失败的返回值，在一些信息验证失败的情况下可以使 Action 返回此值。

4. INPUT

静态变量 INPUT 代表需要返回某个输入信息页面的返回值，如在修改某信息时加载数据库需要返回到修改页面，即可将 Action 对象处理的返回值设置为 INPUT。

5. LOGIN

静态变量 LOGIN 代表需要用户登录的返回值，如在验证用户是否登录时 Action 验证失败并需要用户重新登录，即可将 Action 对象处理的返回值设置为 LOGIN。

14.3.2 请求参数注入原理

在 Struts2 框架中表单提交的数据会自动注入到 Action 中相应的属性中，与 Spring 框架中的 IoC 注入原理相同，通过 Action 对象为属性提供 setter 方法注入。

【练习 1】

创建 UserAction 类，获得第一个 Struts2 程序中使用的表单中的 user 和 psw 属性，其代码如下。

```
public class UserAction extends ActionSupport{
    private String user;
    private String psw;
    public String getUser() {
        return user;
    }
    public void setUser(String user) {
        this.user = user;
    }
    public String getPsw() {
        return psw;
    }
    public void setPsw(String psw) {
        this.psw = psw;
    }
    public String execute(){
        return SUCCESS;
    }
}
```

需要注入属性的 Action 对象必须为属性提供 setXXX()方法，因此 Struts2 的内部实现是按照 JavaBean 规范中提供的 setter 方法自动为属性注入值。

由于在 Struts2 中 Action 对象的属性通过其 setter 方法注入，所以需要为属性提供 setter 方法。但是在获取这个属性的时候要使用 getter 方法，因此在编写代码的时候最好为 Action 对象的属性提供 setter 和 getter 方法。

14.3.3 Action 的基本流程

Struts2 框架主要通过 Struts2 的过滤器对象拦截 HTTP 请求，然后将请求分配到指定的 Action 处理，其基本流程如图 14-5 所示。

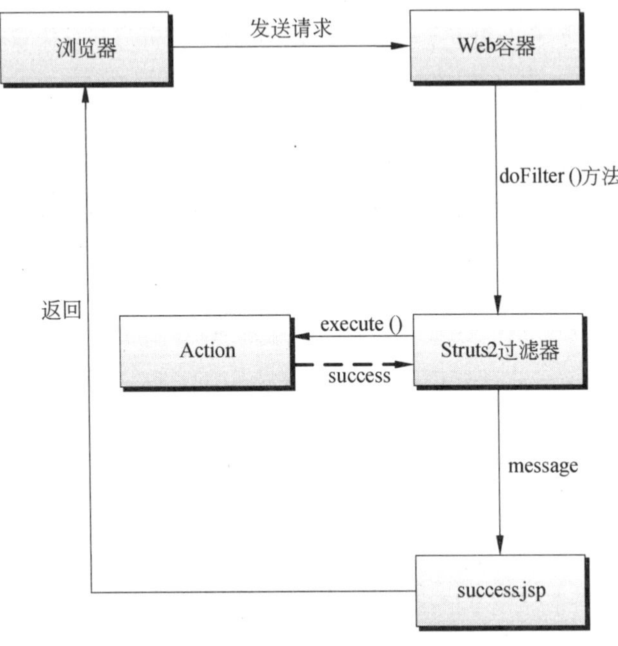

图 14-5　Struts2 的基本流程

由于在 Web 项目中配置了 Struts2 的过滤器，所以当浏览器向 Web 容器发送一个 HTTP 请求时 Web 容器就要调用 Struts2 过滤器的 doFilter()方法。此时，Struts2 接收到 HTTP 请求，通过 Struts2 的内部处理机制会判断这个请求是否与某个 Action 对象匹配。如果找到匹配的 Action，就会调用该对象的 execute()方法，并根据处理结果返回相应的值。然后 Struts2 通过 Action 的返回值查找返回值所映射的页面，最后通过一定的视图回应给浏览器。

在 Struts2 框架中，一个“*.action”请求返回的视图由 Action 对象决定。其实现方法是通过查找返回的字符串对应的配置项确定返回的视图。如果 Action 中的 execute()方法返回的字符串为“success”，那么 Struts2 就会在配置文件中查找名为“success”的配置项，并返回这个配置项对应的视图。

14.3.4 Action 配置

在 struts.xml 文件中通过 action 元素对 Action 进行配置。action 元素常用的属性如下。

（1）name：必选属性，指定客户端发送请求的地址映射名称。

（2）class：可选属性，指定 Action 实现类的完整类名。

（3）method：可选属性，指定 Action 类中的处理方法名称。

（4）converter：可选属性，应用于 Action 的类型转换器的完整类名。

【练习 2】

配置一个名称为“testaction”的 action，代码如下。

```
<action name=" testaction " class="com.cs.TestAction" method="checkLogin">
    <result>/index.jsp</result>
```

```
    <result name="login">/login.jsp</result>
</action>
```

其中，action 元素的 name 属性值将在其他地方引用，例如，作为 JSP 页面 form 表单的 action 属性值；class 属性值指明 Action 的实现类，即 com.cs 包下的 TestAction 类；method 属性值指向 Action 中定义的处理方法名，默认情况下是 execute()方法。

result 元素用来为 Action 的处理结果指定一个或者多个视图。其 name 属性用来指定 Action 的返回逻辑视图。另外，该元素还有一个 type 属性，用来指定结果类型。

14.3.5 动态访问调用

在实际应用中，每个 Action 都要处理多个业务，所以每个 Action 都会包含多个处理业务逻辑的方法，针对不同的客户端请求，Action 会调用不同的方法进行处理。例如，JSP 文件中的同一个 Form 表单有多个用来提交表单值的按钮，当用户通过不同的按钮提交表单时，将调用 Action 中的不同方法，这时要将请求对应到相应的方法，就需要使用动态方法调用。

在 Struts2 框架中提供了"Dynamic Action"这样一个概念，称为"动态 Action"，通过动态请求 Action 对象中的方法来实现某一业务逻辑的处理，应用动态 Action 处理方式如图 14-6 所示。

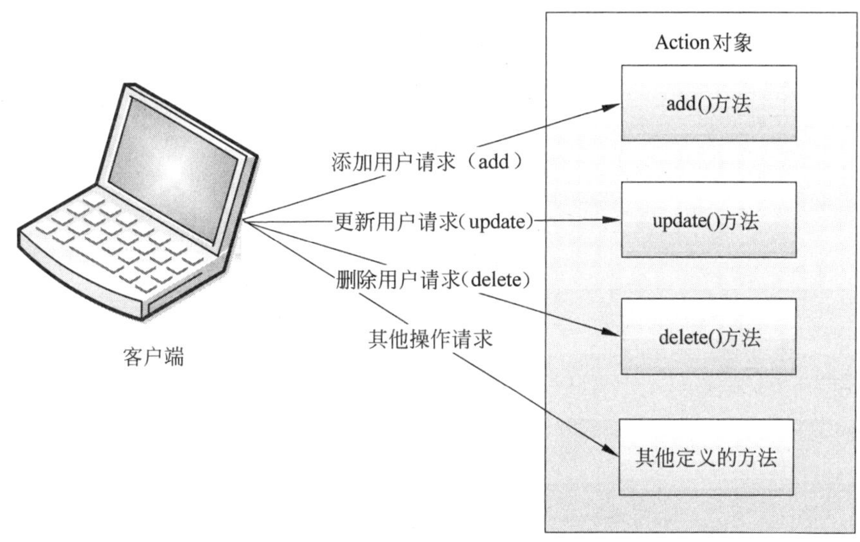

图 14-6 应用动态 Action 处理方式

在使用动态方法调用时，Form 表单的 action 属性值必须符合如下的格式。

```
<s:form action="ActionName!MethodName">
```

或者

```
<s:form action=" ActionName! MethodName.action">
```

注意

Form 的 action 属性值并不是直接等于某个 Action 的名字，而是在 Action 名字后面指定要调用的方法名称，中间使用符号"!"连接。

使用动态方法调用的方式将请求提交给 Action 时，表单中的每个按钮提交事件都可交给同一个 Action，只是对应 Action 中的不同方法。这时，在 struts.xml 文件中只需要配置该 Action，而不必配置每个方法，配置格式如下。

```
<action name="ActionName" class="PackageName.Action 类名">
    <result> URL </result>
</action>
```

【练习 3】

创建一个 JavaWeb 项目，应用 Struts2 提供的动态 Action 处理用户信息。具体步骤如下。

（1）配置 web.xml（配置 FilterDispatch），代码如下。

```
<filter>
    <filter-name>struts2</filter-name>
    <filter-class>
        org.apache.struts2.dispatcher.ng.filter.StrutsPrepareAndExecuteFilter
    </filter-class>
</filter>
<filter-mapping>
    <filter-name>struts2</filter-name>
    <url-pattern>/*</url-pattern>
</filter-mapping>
```

（2）创建 Action（UserAction.java），分别编写对于用户的操作方法，代码如下。

```
package com.cs;
import com.opensymphony.xwork2.ActionSupport;
public class UserAction extends ActionSupport {
    //添加方法
    public String addUser() {
        return "add";
    }
    //删除方法
    public String deleteUser() {
        return "delete";
    }
    //更新方法
    public String updateUser() {
        return "update";
    }
    //查询方法
    public String selectUser() {
        return "select";
    }
}
```

提示

本练习中并不是真正地连接数据库处理用户信息，只演示简单的 action 操作。

（3）创建 struts.xml 配置文件，用于配置 UserAction，代码如下。

```
<struts>
<package name="user" namespace="/" extends="struts-default">
<!-- 定义 action -->
    <action name="userAction" class="com.cs.UserAction">
        <!-- 添加成功的页面 -->
```

```
            <result name="add">user_add.jsp</result>
            <!-- 更新成功的页面 -->
            <result name="update">user_update.jsp</result>
            <!-- 删除成功的页面 -->
            <result name="delete">user_delete.jsp</result>
            <!-- 查询成功的页面 -->
            <result name="select">user_select.jsp</result>
        </action>
    </package>
    </struts>
```

（4）分别创建 user_add.jsp、user_update.jsp、user_delete.jsp 和 user_select.jsp 页面作为页面返回结果。

```
<body>
    //省略此处关于添加用户信息的操作
    添加用户信息
</body>
```

（5）创建 index.jsp 页面，页面中的超链接将请求转发到各个页面中，代码如下。

```
<body>
    用户名:
    <input type="text" name="user" /><br><br>
     密码:
    <input type="password" name="psw" /><br><br>
    <a href="userAction!addUser">添加用户</a>
    <a href="userAction!updateUser">更新用户</a>
    <a href="userAction!deleteUser">删除用户</a>
    <a href="userAction!selectUser">查询用户</a>
</body>
```

注意

Struts2 的动态 Action，Action 请求的 URL 地址中使用“!”分隔 Action 请求与请求字符串，而请求字符串的名称需要与 Action 类中的方法名称相对应。否则将抛出“java.lang.NoCuchMethodException”异常。

将该项目部署在 Tomcat 下，运行 index.jsp 页面，分别单击链接可以看到不同的链接对应不同的用户处理。

提示

Action 请求的处理方式并非一定要通过 execute()方法处理，使用动态 Action 的处理方式更加方便。所以在实际的项目中可以将同一模块的一些请求封装在一个 Action 对象中，使用 Struts2 提供的动态 Action 处理不同的请求。

14.4 Struts2 的配置文件

使用 Struts2 的时候，要配置 Struts2 的相关文件，以保证各个模块之间可以正常通信。

在 Struts2 框架中，主要的配置文件包括 web.xml、struts.xml、struts.properties、 struts-default.xml 和 struts-plugin.xml。其中，web.xml 是 Web 部署描述文件，包括所有必需的框架组件；struts.xml 文件是 Struts2 框架的核心配置文件，负责管理 Struts2 框架的业务控制 Action 和拦截器等；struts.properties 文件是 Struts2 的属性配置文件；struts-default.xml 文件为 Struts2 框架提供的默认配置文件；struts-plugin.xml 文件为 Struts2 框架的插件配置文件。而在 Struts2 框架的应用中，较常用的配置文件为 web.xml、struts.xml 和 struts.properties。本节将详细介绍 web.xml 文件和 struts.properties 文件的相关配置。

Struts2 中的配置文件如表 14-1 所示。

表 14-1　Struts2 中的配置文件

配 置 文 件	说　　明
struts-default.xml	位于 Struts2-core-2.1.8.1.jar 文件的 org.apache.Struts2 包中
struts.xml	Web 应用默认的 Struts2 配置文件
struts-plugin.xml	位于 Struts2 提供的各个插件包
struts.properties	Struts2 框架中属性配置文件
web.xml	用于设置 Struts2 框架的一些基本信息

14.4.1　配置 Struts2 包和名称空间

在 struts.xml 文件中存在包的概念，类似于 Java 中的包。配置文件 struts.xml 中包含的 <package>元素声明主要用于放置一些项目中的相关配置，可以将其理解为配置文件中的一个逻辑单元。已经配置好的包可以被其他包所继承，从而提高配置文件的重用性。与 Java 中的包类似，在 strut.xml 文件中使用包不仅可以提高程序的可读性，而且还可以简化日后的维护工作，如下。

```
<package name="user" namespace="/" extends="struts-default">
    …
</package>
```

包使用<package>元素声明，必须拥有一个 name 属性来指定名称，<package>元素包含的属性如表 14-2 所示。

表 14-2　<package>元素包含的属性

属　　性	说　　明
name	声明包的名称，以方便在其他处引用此包，此属性是必需的
extends	用于声明继承的包，即其父包
namespace	指定名称空间，即访问此包下的 Action 需要访问的路径
Abstract	将包声明为抽象类型（包中不定义 action）

在 JavaWeb 开发中，Web 文件目录通常以模块划分，如用户模块的首页可以定义在“/user”目录中，其访问地址为“/user/index.jsp”。在 Struts2 框架中，Struts2 配置文件提供了名称空间的功能，用于指定一个 Action 对象的访问路径，使用方法为在配置文件 struts.xml 的包声明中使用“namespace”的属性声明。

【练习 4】

如将包 user 的名称空间指定为“/user”，代码如下。

```
<struts>
    <package name="user" namespace="/" extends="struts-default">
        …
    </package>
</struts>
```

在<package>元素中指定名称空间属性，名称空间的值需要以“/”开头，否则找不到 Action 对象的访问地址。

14.4.2 使用通配符进行配置

在 Struts2 框架的配置文件 struts.xml 中支持通配符，此种配置方式主要针对多个 Action 的情况。通过使用通配符来配置 Action 对象，从而达到一种简化配置的效果。

在 struts.xml 文件中，常用的通配符有如下两个。

（1）通配符“*”：匹配 0 个或多个字符。

（2）通配符“\”：一个转义字符，如需要匹配“/”则使用“\/”匹配。

【练习 5】

在 Struts2 框架的配置文件 struts.xml 中应用通配符，代码如下。

```
<struts>
    <package name="myPackage" namespace="/" extends="struts-default">
        <!-- 定义 action -->
        <action name="user_*" class="com.cs.{1}UserAction">
            <!-- 添加成功的页面 -->
            <result name="add">user_add.jsp</result>
            <!-- 更新成功的页面 -->
            <result name="update">user_update.jsp</result>
            <!-- 删除成功的页面 -->
            <result name="delete">user_delete.jsp</result>
            <!-- 查询成功的页面 -->
            <result name="select">user_select.jsp</result>
        </action>
    </package>
</struts>
```

<action>元素的 name 属性值为“user_*”，匹配的是以字符“user”开头的字符串，如“user_add”和“user_delete”。在 Struts2 框架的配置文件中可以使用表达式{1}、{2}或{3}的方式获取通配符所匹配的字符，如“com.cs.{1}UserAction”。

14.5 Struts2 的开发模式

在实际应用开发或者是产品部署的时候，对应两种模式：开发模式和产品模式。在一些服务器或者框架中也存在这两种模式，如 Tomcat、Struts2 等。两种不同的模式在运行性能方面有很大的差异，下面主要介绍 Struts2 的开发模式。

14.5.1 实现与 Servlet API 的交互

Struts2 的 Action 并未直接与任何 Servlet API 耦合，这是 Struts2 较 Struts1 的一个改进之处，因为 Action 类不再与 Servlet API 耦合，从而能更轻松地测试该 Action。

但对于 Web 应用的控制器而言，不访问 Servlet API 几乎是不可能的，例如，跟踪 HTTPSession 状态等。Struts2 中的 Action 对 Servlet API 的访问有两种方式，分别为间接访问和直接访问。

1. 间接访问

在 Struts2 中，Action 已经与 Servlet API 完全分离，这使得 Struts2 的 Action 具有更加灵活和低耦合的特性。但在实际业务逻辑处理时，Action 经常需要访问 Servlet 中的对象，例如 session、request 和 application 等。

Struts2 框架克服了这一点，提供了名称为 ActionContext 的类，在 Action 中可以通过该类获得 Servlet API。

ActionContext 是 Action 的上下文对象，Action 运行期间所用到的数据都保存在 ActionContext 中，例如 session 会话和客户端提交的参数等信息。

创建 ActionContext 类对象的语法格式如下。

```
ActionContext ac = ActionContext.getContext();
```

在 ActionContext 类中有一些常用方法，如表 14-3 所示。

表 14-3　ActionContext 类的常用方法

方　法　名	说　　明
Object get(String key)	通过参数 key 来查找当前 ActionContext 中的值
Map<String, Object> getApplication()	返回一个 application 级的 Map 对象
static ActionContext getContext()	获得当前线程的 ActionContext 对象
Map<String, Object> getParameters()	返回一个包含所有 HttpServletRequest 参数信息的 Map 对象
Map<String, Object> getSession()	返回一个 Map 类型的 HttpSession 对象
void put(String key, Object value)	向当前 ActionContext 对象中存入键值对信息
void setApplication(Map<String, Object> application)	设置一个 Map 类型的 application 值
void setSession(Map<String, Object> session)	设置一个 Map 类型的 session 值

2. 直接访问

Action 直接访问 Servlet API 的方式分为 IoC 方式和非 IoC 方式两种。

1）IoC 方式

在 Struts2 中，通过 IoC 方式将 Servlet 对象注入到 Action 中，具体实现是由一组接口决定的。要采用 IoC 方式就必须在 Action 中实现以下接口。

（1）ApplicationAware：以 Map 类型向 Action 注入保存在 ServletContext 中的 Attribute 集合。

（2）SessionAware：以 Map 类型向 Action 注入保存在 HttpSession 中的 Attribute 集合。

（3）CookiesAware：以 Map 类型向 Action 注入 Cookie 中的数据集合。

（4）ParameterAware：向 Action 中注入请求参数集合。

（5）ServletContextAware：实现该接口的 Action 可以直接访问 ServletContext 对象，Action 必须实现该接口的 void setServletContext(ServletContext context)方法。

（6）ServletRequestAware：实现该接口的 Action 可以直接访问 HttpServletRequest 对象，Action 必须实现该接口的 void setServletRequest(HttpServletRequest request)方法。

（7）ServletResponseAware：实现该接口的 Action 可以直接访问 HttpServletResponse 对象，Action 必须实现该接口的 void setServletResponse(HttpServletResponse response)方法。

采用 IoC 方式时需要实现上面所示的一些接口，这组接口有一个共同点，即接口名称都以 Aware 结尾。

在 IoCAddUserAction 类中不但继承 ActionSupport 类，同时还实现了 ServletRequestAware

接口，并实现了该接口中的 setServletRequest()方法，从而获得了 HttpServletRequest 对象 request。在 setServletRequest()方法体中，通过 request 对象调用 getSession()方法获取了 session 对象，又通过 session 对象调用 getServletContext()方法获取了 application 对象，这样就实现了对 Servlet API 的直接访问。

在 IoC 方式下，可以使 Action 实现其中的一个接口，也可以实现全部接口，这根据具体情况而定。

2）非 IoC 方式

在非 IoC 方式中，Struts2 提供了一个名称为 ServletActionContext 的辅助类来获得 Servlet API。在 ServletActionContext 类中有以下静态方法：getPageContext()、getRequest()、getResponse()和 getServletContext()。

一般推荐使用间接访问方式。但是只能获得 request 对象，而得不到 response 对象。不推荐使用 IoC 访问方式，因为该方式的实现比较麻烦，并且与 Servlet API 耦合大；推荐使用非 IoC 方式，因为实现方式简单、代码量少而又能满足要求。

14.5.2 域模型 Domain Model

将一些属性信息封装为一个实体对象的优点很多，如将一个用户信息数据保存在数据库中只需要传递一个 User 对象，而不是传递多个属性。在 Struts2 框架中提供了操作域对象的方法，可以在 Action 对象中引用某一个实体对象。并且 HTTP 请求中的参数值可以注入到实体对象中的属性，这种方式即 Struts2 提供的使用 Domain Model 的方式。

【练习 6】

创建一个 Web 项目，使用域模型 Domain Model 传递数据信息，具体过程如下。

（1）在 Action 中应用一个 User 对象，代码如下。

```
public class UserAction extends ActionSupport {
    private User user;
    public String execute() throws Exception {
        return SUCCESS;
    }
    public User getUser() {
        return user;
    }
    public void setUser(User user) {
        this.user = user;
    }
}
```

（2）在页面中提交注册请求，代码如下。

```
欢迎来注册一个登录用户：<br>
<s:form action="UserAction" method="post">
    <s:textfield name = "user.name" label="用户名"></s:textfield>
    <s:password name = "user.password" label="密码"></s:password>
    <s:radio name = "user.sex" list="#{ 1:'男',0:'女'} " label="性别"></s:radio>
</s:form>
```

14.5.3 驱动模型 ModelDriven

在 Domain Model 模型中虽然 Struts2 的 Action 对象可以通过直接定义实例对象的引用来调用实体对象执行相关操作，但要求请求参数必须指定参数对应的实体对象。如在表单中需要指定参数名为"user.name"，此种做法还是有一些不方便。Struts2 框架还提供了另外一种方式 ModelDriven，不需要指定请求参数所属的对象引用，即可向实体对象中注入参数值。

在 Struts2 框架的 API 中提供了一个名为"ModelDriven"的接口，Action 对象可以通过实现此接口获取指定的实体对象。获取方式是实现该接口提供的 getModel()方法，其语法格式如下。

```
T getModel();
```

提示

ModelDriven 接口应用了泛型，getModel 的返回值为要获取的实体对象。

如果 Action 对象实现了 ModelDriven 接口，当表单提交到 Action 对象之后其处理流程如图 14-7 所示。

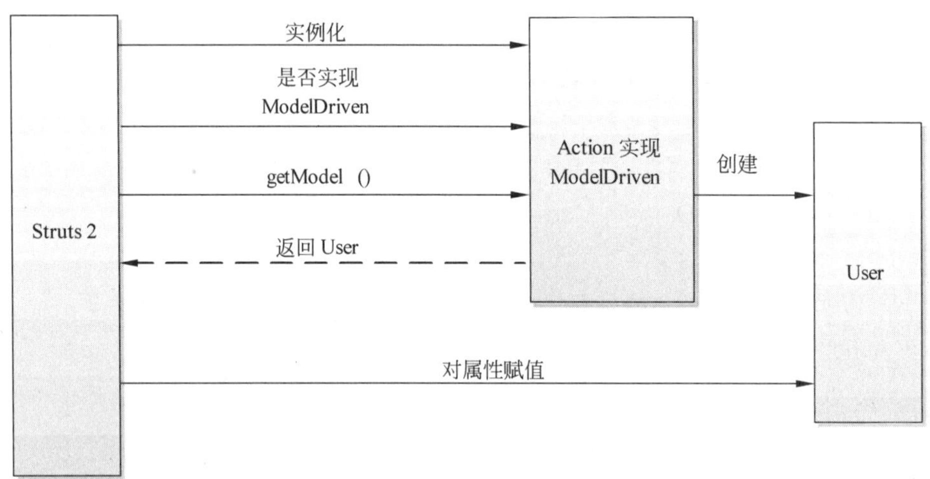

图 14-7 处理流程

Struts2 首先实例化 Action 对象，然后判断该对象是否是 ModelDriven 对象（是否实现了 ModelDriven 接口），如果是，则调用 getModel()方法来获取实体对象模型，并将其返回（图中调用的 User 对象）。在这之后的操作中已经存在明确的实体对象，所以不用在表单中的元素名称上添加指定实例对象的引用名称。

14.6 Struts2 标签库

Struts2 标签库提供了非常丰富的功能，因此 Struts2 标签库也是 Struts2 中最重要的一部分，这些标签不仅提供了表示层的数据显示处理，而且还提供了基本的流程控制的功能，同时还支持国际化和 Ajax 等功能。

之所以使用 Struts2 标签是因为这些标签可以减少大量的代码书写量，而且使用也非常方便。

在 JSP 页面中引用标签库，需要使用 taglib 指令来进行应用。该指令的 uri 属性的值设置为<uri>

元素的内容，prefix 属性则设置为该标签的标题，通常设置为“s”，详细代码如下所示。

```
<%@ taglib prefix="s" uri="/struts-tags" %>
```

Struts2 标签库的功能非常复杂，该标签库可以完全替代 JSTL 标签库。而且 Struts2 的标签支持表达式的语言。

14.6.1 应用数据标签

应用数据标签具体如下。

1. property 标签

property 标签是一个常用标签，作用是获取数据并直接输出到页面中，该标签的属性如表 14-4 所示。

表 14-4 property 标签的属性

名称	是否必需	默认值	类型	说明
default	否	无	String	如果 value 属性是 null，则使用 default 值
escape	否	true	Boolean	是否转义输出内容中的 HTML
value	否	栈顶对象	Object	进行求值的表达式

2. set 标签

set 标签用于定义一个变量并为其赋值，同时设置变量的作用域（application、request 和 session）。在默认情况下，通过 set 标签定义的变量被放置到值栈中。该标签的属性如表 14-5 所示。

表 14-5 set 标签的属性

名称	是否必需	默认值	类型	说明
name	是	无	String	变量的名字
scope	否	action	String	变量的范围，可选的值为：application、session、request、page、action
value	否	栈顶对象	Object	指定一个表达式，计算的结果赋给变量，如果没有指定 value 属性，那么默认将栈顶对象赋给变量

set 标签以 name 属性的值将 value 属性的值保存到指定的范围对象中。属性 scope 取值中的 page、request、session 和 application 同 JSP 的 4 种范围，如果指定 application 范围（默认值），value 属性的值将被同时保存到 request 范围和 OgnlContext 中。

3. push 标签

push 标签用于把一个值压入值栈（位于栈顶），注意和 set 标签的区别，set 标签是将值放到 Action 上下文中。当 push 标签结束后，push 标签放入值栈中的对象将被删除，换句话说，要访问 push 标签压入栈中的对象，需要在标签内部去访问。该标签的属性如表 14-6 所示。

表 14-6 push 标签的属性

名称	是否必需	默认值	类型	说明
value	是	无	Object	压入到栈中的值

4. a 标签

a 标签用于构建一个超链接，最终构建效果将形成 HTML 中的超链接，该标签的属性如表 14-7 所示。

表 14-7　a 标签的属性

名称	是否必需	默认值	类型	说　　明
action	否	无	String	将超链接的地址指向 action
href	否	无	String	超链接地址
id	否	无	String	设置 HTML 中的属性名称
method	否	无	String	如果超链接的地址指向 action，method 同时可以为 action 声明所调用的方法
namespace	否	无	String	如果超链接的地址指向 action，namespace 可以为 action 声明名称空间

5．param 标签

param 标签用于为参数赋值，可以作为其他标签的子标签。该标签属性如表 14-8 所示。

表 14-8　param 标签的属性

名称	是否必需	默认值	类型	说　　明
name	否	无	String	设置参数名称
value	否	无	Object	设置参数值

6．action 标签

action 标签是一个常用的标签，用于执行一个 Action 请求。当在一个 JSP 页面中通过 action 标签执行 Action 请求时，可以将其返回结果输出到当前页面中，也可以不输出。该标签属性如表 14-9 所示。

表 14-9　action 标签的属性

名称	是否必需	默认值	类型	说　　明
executeResult	否	false	String	是否使 Action 返回执行结果
flush	否	true	Boolean	输出结果是否刷新
ignoreContextParams	否	false	Boolean	是否将页面请求参数传入被调用的 Action
name	是	无	String	Action 对象映射名称，即 struts.xml 中的配置名称
namespace	否	无	String	指定名称空间的名称
var	否	无	String	引用此 action 的名称

7．date 标签

date 标签用于格式化输出日期值，也可用于输出当前日期值与指定日期值之间的时差。该标签属性如表 14-10 所示。

表 14-10　date 标签的属性

名称	是否必需	默认值	类型	说　　明
id	否	无	String	如果指定了该属性，那么格式化后的日期值将不会输出，而是被保存到 OgnlContext 中，在 date 标签结束后，可以通过该属性的值来引用
name	是	无	String	要格式化的日期值，必须指定为 java.util.Date 的实例
format	否	无	Boolean	指定日期的格式化样式
nice	否	false	String	指定是否输出当前日期值与给定的日期值之间的时差，如果为 true，则输出时差

8．include 标签

include 标签类似于 JSP 的<jsp:include>标签，用于包含一个 Servlet 或 JSP 页面。include 标签的标签体内可以包含多个 param 标签，用于向被包含的页面传递请求参数（格式为 name=value）。该标签的属性如表 14-11 所示。

表 14-11 include 标签的属性

名称	是否必需	默认值	类型	说 明
value	是	无	String	包含的 JSP 或 Servlet

9. url 标签

url 标签中提供了多个属性满足不同格式的 URL 需求，该标签的属性如表 14-12 所示。

表 14-12 url 标签的属性

名称	是否必需	默认值	类型	说 明
action	否	无	String	Action 对象的映射 URL，即对象的访问地址
anchor	否	无	String	此 URL 的锚点
encode	否	true	Boolean	是否编码参数
escapeAmp	否	无	String	是否将"&"转义为"&"
includeContext	否	true	Boolean	生成的 URL 是否包含上下文路径
includeParams	否	None	String	是否包含可选参数，可选值有 none、get 和 all
method	否	无	String	指定请求 Action 对象所调用的方法
namespace	否	无	String	指定请求 Action 对象映射地址的名称空间
scheme	否	无	String	指定生成 URL 所使用的协议
value	否	无	String	指定生成 URL 的地址值
var	否	无	String	定义生成 URL 变量名称，可以通过此名称引用 URL

10. debug 标签

debug 标签用于调试，它在页面中生成一个"[Debug]"超链接，单击这个超链接，可以查看值栈和 ActionContext 中保存的所有对象。

14.6.2 应用控制标签

应用控制标签具体如下。

1. if/elseif/else 标签

if 标签用于基本的流程控制，它可以单独使用，也可以和一个或多个 elseif 标签，或者和一个 else 标签一起使用。if/elseif/else 标签类似于 Java 中的 if/else if/else 语句，根据一定的条件(Boolean 表达式) 来选择执行或跳过标签体的内容。该标签的属性如表 14-13 所示。

表 14-13 if 标签的属性

名称	是否必需	默认值	类型	说 明
test	是	无	Boolean	决定 if 标签的标签体内容是否显示的表达式

2. iterator 标签

iterator 标签用于迭代一个集合，这里的集合可以是 Collection、Map、Enumeration、Iterator 或者 array (数组)。iterator 标签在迭代过程中，会把迭代的每一个对象暂时压入值栈，这样在标签的内部就可以直接访问对象的属性和方法，在标签体执行完毕后，位于栈顶的对象会被删除，在第二次迭代过程中，再压入新的对象。该标签的属性如表 14-14 所示。

表 14-14 iterator 标签的属性

名称	是否必需	默认值	类型	说 明
id	否	无	String	如果指定了该属性，那么迭代的集合中的元素被保存到 OgnlContext 中，可以通过该属性的值来引用集合中的元素。该属性几乎不适用
value	否	无	Collection、Map、Enumeration 、Iterator 或者 Array	指定迭代的集合。如果没有指定该属性，那么 iterator 标签将把位于值栈栈顶的对象放入一个新创建的 List 中进行迭代

续表

名称	是否必需	默认值	类型	说　　明
status	否	无	String	如果指定了该属性，一个 IteratorStatus 实例将被放入到 OgnlContext 中，通过该实例可以获取迭代过程中的一些状态信息

status 属性用于获取迭代过程中的状态信息，在 Struts2 框架的内部结构中该属性实质是获取了 Struts2 封装的一个迭代状态的 org.apache.struts2.views.jsp.IteratorStatus 对象，通过此对象可以获取迭代过程中的如下信息。

（1）元素数：IteratorStatus 对象提供了 getCount()方法来获取迭代集合或数组的元素数，如果 status 属性设置为 st，那么可通过 st.count 获取元素数。

（2）是否为第一个元素：IteratorStatus 对象提供了 isFirst()来判断当前元素是否为第一个元素，如果 status 属性设置为“st”，那么可以通过 st.first 判断当前元素是否为第一个元素。

（3）是否为最后一个元素：IteratorStatus 对象提供了 isLast()方法来判断当前元素是否为最后一个元素，如果 status 属性设置为“st”，那么可以通过 st.last 判断当前元素是否为最后一个元素。

（4）当前索引值：IteratorStatus 对象提供了 getIndex()方法来获取迭代集合或数组的当前索引值，如果 status 属性设置为“st”，那么可以通过 st.index 获取当前索引值。

（5）索引值是否为偶数：IteratorStatus 对象提供了 isEven()方法来判断当前索引值是否为偶数，如果 status 属性设置为“st”，那么可以通过 st.even 判断当前索引值是否为偶数。

（6）索引值是否为奇数：IteratorStatus 对象提供了 isOdd()方法来判断当前索引值是否为奇数，如果 status 属性设置为“st”，那么可以通过 st.odd 判断当前索引值是否为奇数。

14.6.3　应用表单标签

Struts2 提供了一套表单标签，用于生成表单及其中的元素，如文本框、密码框和选择框等。它们能够与 Struts2 API 很好地交互，常用的表单标签如表 14-15 所示。

表 14-15　常用的表单标签

名称	说　　明
form	生成一个 form 表单
hidden	生成一个 HTML 中隐藏表单元素，相当于使用了 HTML 代码<input type="hidden">
textfield	生成一个 HTML 中文本框元素，相当于使用了 HTML 代码<input type="text">
password	生成一个 HTML 中密码框元素，相当于使用了 HTML 代码<input type="password">
radio	生成一个 HTML 中单选按钮元素，相当于使用了 HTML 代码<input type="radio">
select	生成一个 HTML 中下拉列表元素，相当于使用了 HTML 代码<select><option>
textarea	生成一个 HTML 中文本域元素，相当于使用了 HTML 代码<taxtarea></textarea>
checkbox	生成一个 HTML 中复选框元素，相当于使用了 HTML 代码<input type="checkbox">
submit	生成一个 HTML 中提交按钮元素，相当于使用了 HTML 代码<input type="submit">
reset	生成一个 HTML 中重置按钮元素，相当于使用了 HTML 代码<input type="reset">

表单标签的常用属性如表 14-16 所示。

表 14-16　表单标签的常用属性

名称	说　　明
name	指定表单元素的 name 属性
title	指定表单元素的 title 属性
cssStyle	指定表单元素的 style 属性
cssClass	指定表单元素的 class 属性
required	在 lable 上添加“*”号，其值为布尔类型，如果为“true”，则添加“*”号；否则不添加

续表

名称	说　明
disable	指定表单元素的 diasble 属性
value	指定表单元素的 value 属性
labelposition	指定表单元素 label 的位置，默认值为"left"
requireposition	指定表单元素 label 上添加"*"号的位置，默认值为"right"

14.7 实例应用：设计用户登录

14.7.1 实例目标

创建一个用于验证用户登录的实例，在输入用户名"hzkj"和密码"123456"时。将页面跳转到指定的页面，并且显示当前用户。如果输入内容与规定用户名和密码不匹配，则返回到登录页面。

14.7.2 技术分析

页面上表单应该使用 Struts2 的<s:form>标签来表示，页面的跳转要在 struts.xml 中进行配置。另外要注意对用户名和密码的匹配过程，要编写属性的 getXXX()和 setXXX()方法，并且在默认方法 execute()中对比用户名和密码的输入值。

14.7.3 实现步骤

（1）创建 index.jsp 页面，表单中包含用户名和密码，代码如下。

```
<s:form action ="Login.action">
    <s:label value="欢迎登登录窗内网"></s:label>
    <s:textfield name="username" label="用户名"></s:textfield>
    <s:password name="password" label="密码"></s:password>
    <s:submit value="登录"></s:submit>
    <s:reset value="重置"></s:reset>
</s:form>
```

（2）创建 Action 文件，定义 index.jsp 中提交的属性变量，代码如下。

```
package com.cs;
import com.opensymphony.xwork2.ActionSupport;
public class Login extends ActionSupport{
    private String username;
    private String password;
    public String getUsername() {
        return username;
    }
    public void setUsername(String username) {
        this.username = username;
    }
    public String getPassword() {
        return password;
```

```
    }
    public void setPassword(String password) {
        this.password = password;
    }
    public String execute(){
        if (username.equals("hzkj")&&password.equals("123456")) {
            //用户名与密码匹配就跳转到成功页面
            return SUCCESS;
        }
        //用户名与密码匹配失败就跳转到登录页面
        return LOGIN;
    }
}
```

（3）在 struts.xml 中进行配置相应的 Action，代码如下。

```
<struts>
    <package name="struts2login" extends="struts-default">
        <!-- 对Action返回结果进行配置 -->
        <action name="Login" class="com.cs.Login">
            <result name="success">/success.jsp</result>
            <result name="login">/index.jsp</result>
        </action>
    </package>
</struts>
```

（4）创建登录成功页面 success.jsp，在这个页面中使用标签显示用户名，代码如下。

```
<body>
    欢迎来到窗内网，您的用户名
    <s:property value="username" />
</body>
```

将该项目部署在 Tomcat 服务器下，运行 index.jsp 页面，输入指定的用户名和密码，进行登录，如图 14-8 所示，单击【登录】按钮，跳转到指定页面，查看页面显示信息。

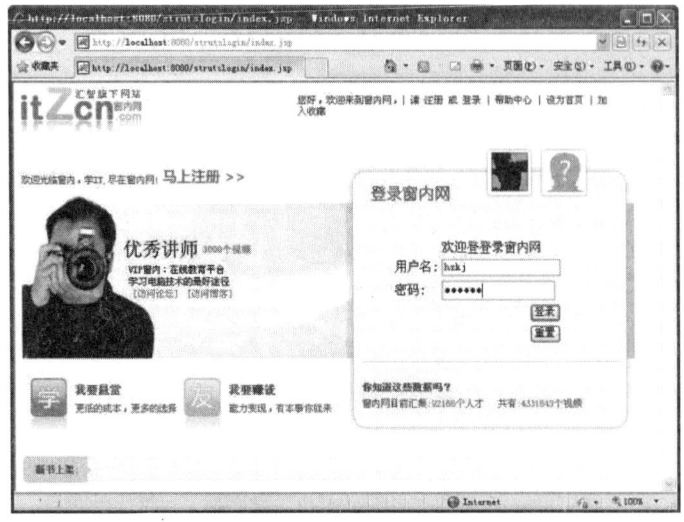

图 14-8　登录页面运行结果

14.8 扩展训练

1．创建用户注册页面

创建一个用户注册项目，并且创建 Action 用于处理和提交用户信息。如果表单提交的用户名无效，则返回值为 ERROR，程序返回错误页面；否则返回值为 SUCCESS，程序返回注册成功页面。

注意 struts.xml 的配置，要注意不同的结果返回到不同的页面。

2．创建简单的计算器

通过对 Struts2 的标签的使用，创建简单的计算器，使用下拉列表选择需要进行的“+”“-”“*”“/”运算。在文本框中输入要进行计算的数据，单击【提交】按钮计算结果，单击【重置】按钮，重置数据。

14.9 课后练习

一、填空题

1. MVC 应用程序被分为 3 个核心部分：模型（Model）、__________和控制器（Controller）。
2. 在 Struts2 框架的应用开发中，__________作为框架的核心类，被称为业务逻辑控制器。
3. 在进行 Action 的配置时，__________属性是必选项。
4. <package>标签的____________属性，可用来指定包的命名空间。
5. 在 struts.xml 文件中，常用的通配符有__________和“\”两个。
6. 在 Struts2 框架中表单提交的数据注入到 Action 中相应的属性中的原理是__________。
7. Struts2 中定义的 Action 类都要直接或间接实现__________接口。

二、选择题

1. 下列标签中，不属于应用数据标签的是__________。
   A. push
   B. set
   C. date
   D. if
2. 下列标签中，不属于应用表单标签的是__________。
   A. radio
   B. form
   C. iterator
   D. submit

3. Struts2 的工作流程相对于 Struts1 要简单，与 WebWork 框架基本相同，所以说 Struts2 是 WebWork 的升级版本。基本简要流程是__________。

   a. 客户端浏览器发出 HTTP 请求。
   b. 根据 web.xml 配置，该请求被 FilterDispatcher 接收。
   c. 根据 struts.xml 配置，找到需要调用的 Action 类和方法，并通过 IoC 方式，将值注入给 Aciton。
   d. Action 调用业务逻辑组件处理业务逻辑，这一步包含表单验证。

e. Action 执行完毕，根据 struts.xml 中的配置找到对应的返回结果 Result，并跳转到相应页面。

f. 返回 HTTP 响应到客户端浏览器。

A. a→c→e→b→d→f

B. a→c→d→b→e→f

C. a→b→c→d→e→f

D. a→e→d→c→b→f

4. 下列叙述中错误的是__________。

A. Strut2 将它的核心功能放到拦截器中实现而不是分散到 Action 中实现

B. 拦截器，在 AOP 中用于在某个方法或字段被访问之前，进行拦截

C. Struts2 标签库的描述符文件包含在 Struts2 的核心 JAR 包中，在 META-INF 目录下，文件名为 struts2-tags.tld 文件中

D. web.xml 并不是 Struts2 框架持有的文件

5. Struts2 框架默认的主题是__________。

A. simple

B. xhtml

C. css_xhtml

D. ajax

6. Struts2 提供的过滤器是在__________配置文件中进行配置。

A. web.xml

B. struts.xml

C. Action.java

D. MANIFEST.MF

7. Action 中默认的方法是__________。

A. execute()

B. doGet()

C. doPost()

D. success()

三、简答题

1. 简述 MVC 原理。

2. 简述 Struts2 与 Struts1 的不同之处。

3. Struts2 的标签库有哪几种?

4. Struts2 的配置需要哪些?

第 15 章 博客管理系统

博客系统沟通简洁易用，具有时效性和个性化等优点，用户角色一般分为管理员和访客，管理员通过发表文章、上传图片等供访客查看。同时访客也可以对文章进行评论，对图片进行点赞来表示喜欢。

本章将会详细地介绍采用 Struts2 创建博客系统网站的过程，通过实现本系统掌握使用 Struts2 开发网站的方法。

本章学习目标：

- 了解博客系统的数据库设计
- 了解分页显示数据的实现
- 掌握 Struts2 框架的开发模式
- 理解 MVC 开发应用
- 掌握过滤器的使用

15.1 系统设计

在开始开发博客系统之前，首先对这个系统进行设计分析。该博客主要分为两部分：前台和后台。在前台，访客可以查看博客的文章、浏览相册、评论文章、点赞图片等；在后台，博客管理员登录系统后可以对博客进行管理，包括对公告、文章、相册、友情链接、访客、文章评论的管理等。

15.1.1 需求分析

信息时代的今天，网络已经成为人们工作、学习的一部分，不断充实和改变着人们的生活。在网络中，构建一个个性化的博客，可以充分地表达自己的思想，通过发布文章展示个人才能，抒发个人情感；网友则可以根据博客文章发表个人的意见，表达自己的想法，与博主进行思想交流。

本系统的用例图如图 15-1 所示。

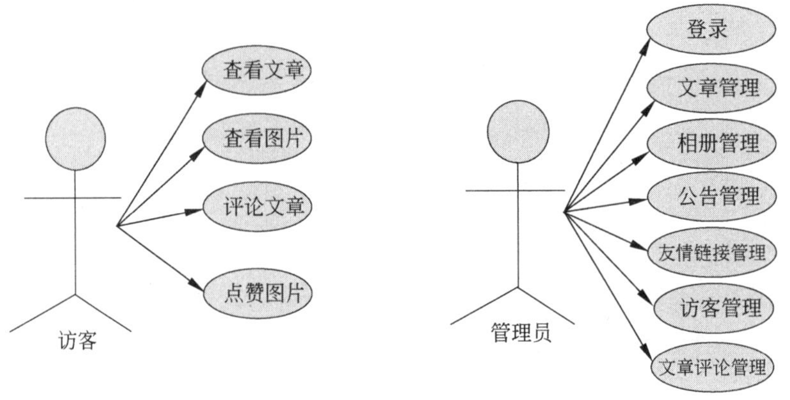

图 15-1　博客系统用例图

本系统的功能模块如图 15-2 所示。

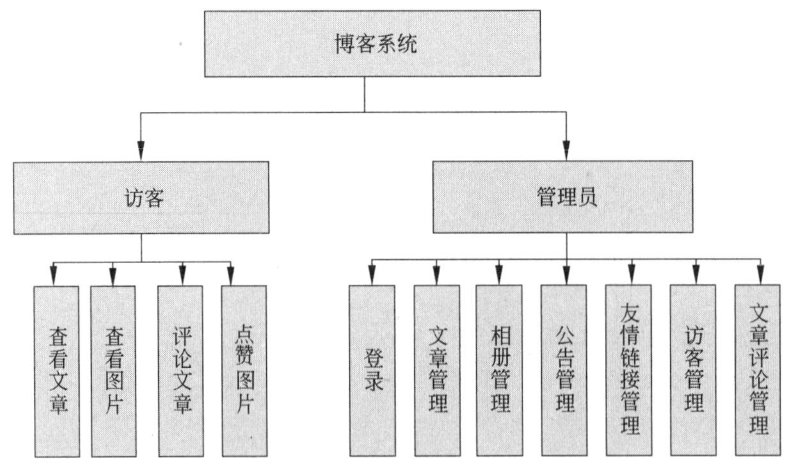

图 15-2　个人博客系统功能模块图

15.1.2 功能设计

根据以上分析，博客系统的操作主要分为访客操作和管理员操作。其中，访客的操作有查看文章、查看图片、评论文章、点赞图片等；管理员的操作有登录、文章管理、相册管理、公告管理、友情链接管理、访客管理、文章评论管理等。

1．访客的操作

访客访问博客系统的时候，可以查看文章、图片，评论文章和点赞图片。

（1）查看文章：访客进入该博客后可以看到文章列表，访客可以根据文章的类型来查看文章，也可以进入到某一篇文章中查看文章的详细内容。

（2）查看图片：访客可以根据图片的类型来查看图片，也可以查看具体的某张图片信息。

（3）评论文章：当访客查看某篇文章时，可以对文章进行评论。

（4）点赞图片：当访客查看某张图片时，可以对图片进行点赞操作。

2．管理员的操作

管理员可以使用数据库表中存在的管理员用户名和密码登录后台，管理员登录后台后，可以进行管理操作。

（1）管理员登录：管理员登录成功后才能进入到后台操作页面，否则页面将始终跳转到管理员登录的页面。

（2）文章管理类型：可以对文章类型进行添加、删除、编辑等操作。

（3）文章管理：可以添加文章、编辑文章和删除文章。

（4）相册管理类型：可以对相册类型进行添加、删除、编辑等操作。

（5）相册管理：可以添加相册、编辑相册和删除相册。

（6）公告管理：可以添加公告、编辑公告和删除公告。

（7）友情链接管理：可以添加友情链接、编辑友情链接和删除友情链接。

（8）访客管理：可以查看访客信息、访客评论信息和删除访客评论内容或访客信息。

（9）文章评论管理：可以查看某篇文章的评论、某访客的所有评论，可以删除文章评论或者对文章评论进行回复。

15.2 数据库设计

本系统选用 MySQL 数据库，数据库名字为 blog。经过以上系统分析后，可以把数据库划分为 9 张表，分别是博客管理员表、文章类型表、文章表、友情链接表、公告表、图片类型表、图片表、访客表和文章评论表。以下是各个表的详细信息。

1．博客管理员表

博客管理员表用来存放博主的信息，表中有博客管理员编号、用户名、密码、管理员姓名 4 个字段，如表 15-1 所示。

表 15-1　博客管理员表 blogAdmin

字 段 名 称	含　义	类　型	约　束
adminId	博客管理员编号	int	主键
loginName	用户名	varchar(255)	非空
loginPwd	密码	varchar(255)	非空
adminName	管理员姓名	varchar(255)	非空

2．文章类型表

文章类型表用来存放文章的类型信息，表中有文章类型编号和文章类型名称两个字段，如表 15-2 所示。

表 15-2　文章类型表 articleType

字 段 名 称	含　　义	类　　型	约　　束
artTypeId	文章类型编号	int	主键
artTypeName	文章类型名称	varchar(255)	唯一

3．文章表

文章表用来存放文章的信息，表中有文章编号、文章类型编号、文章名称、文章内容、文章发表时间、文章是否置顶和文章浏览次数 7 个字段，如表 15-3 所示。

表 15-3　文章表 article

字 段 名 称	含　　义	类　　型	约　　束
articleId	文章编号	int	主键
artTypeId	文章类型编号	int	外键
articleName	文章名称	varchar(255)	唯一
article	文章内容	text	非空
articleTime	文章发表时间	date	非空
articleTop	文章是否置顶	int	非空
articleCount	文章浏览次数	int	非空

4．友情链接表

友情链接表用来存放友情链接的信息，表中有友情链接编号、友情链接地址和友情链接名称等 3 个字段，如表 15-4 所示。

表 15-4　友情链接表 link

字 段 名 称	含　　义	类　　型	约　　束
linkId	友情链接编号	int	主键
linkUrl	友情链接地址	varchar(255)	非空
linkName	友情链接名称	varchar(255)	非空

5．公告表

公告表用来存放所发布的公告的信息，表中有公告编号、公告内容、公告名称和公告发布时间 4 个字段，如表 15-5 所示。

表 15-5　公告表 notice

字 段 名 称	含　　义	类　　型	约　　束
noticeId	公告编号	int	主键
notice	公告内容	varchar(255)	非空
noticeName	公告名称	varchar(255)	唯一
noticeTime	公告发布时间	date	非空

6．图片类型表

图片类型表用于存放图片类型的信息，表中有图片类型编号和图片类型名称两个字段，如表 15-6 所示。

表 15-6　图片类型表 picType

字 段 名 称	含　　义	类　　型	约　　束
picTypeId	图片类型编号	int	主键
picTypeName	图片类型名称	varchar(255)	唯一

7．图片表

图片表用于存储上传的图片的信息，表中有图片编号、图片类型编号、图片名称、图片路径、图片上传时间、图片描述和图片喜欢度 7 个字段，如表 15-7 所示。

表 15-7　图片表 pic

字段名称	含　义	类　型	约　束
picId	图片编号	int	主键
picTypeId	图片类型编号	int	外键
picName	图片名称	varchar(255)	非空
picPath	图片路径	varchar(255)	非空
picTime	图片上传时间	date	非空
picDes	图片描述	varchar(255)	非空
picCount	图片喜欢度	int	非空

8．访客表

访客表用于存储访客的信息，表中有访客编号、访客昵称、访客 IP 和访客邮箱 4 个字段，如表 15-8 所示。

表 15-8　访客表 visitor

字段名称	含　义	类　型	约　束
visitorId	访客编号	int	主键
visitorName	访客昵称	varchar(255)	非空
visitorIp	访客 IP	varchar(255)	非空
visitorEmail	访客邮箱	varchar(255)	非空

9．文章评论表

文章评论表用于存储访客评论文章及管理员回复评论的信息，表中有评论编号、文章编号、访客编号、评论内容、评论回复、评论时间和回复评论时间 7 个字段，如表 15-9 所示。

表 15-9　文章评论表 discuss

字段名称	含　义	类　型	约　束
discussId	评论编号	int	主键
articleId	文章编号	int	外键
visitorId	访客编号	int	外键
discuss	评论内容	varchar(255)	非空
discussR	评论回复	varchar(255)	可空
discussTime	评论时间	varchar(255)	非空
discussTimeR	回复评论时间	varchar(255)	可空

15.3 开发前的准备工作

在开发过程中，本系统采用集成开发工具 MyEclipse 10。在 MyEclipse 开发工具中，创建一个名字为 blog 的 Web 工程项目，然后开始进行环境的搭建。

15.3.1　搭建 Struts2 环境

由于 Myeclipse 10 开发工具集成了 Struts2 框架，所以该开发工具中提供 Struts2 类库的加载。在 MyEclipse 中选择 Web 项目 blog，然后执行 MyEclipse|Add Struts Capabilities 命令，在 Struts specification 中选择 Struts 2.1，如图 15-3 所示。单击 Next 按钮打开如图 15-4 所示的对话框，进行相应的设置后单击 Finish 按钮，完成 Struts2 类库包的加载。

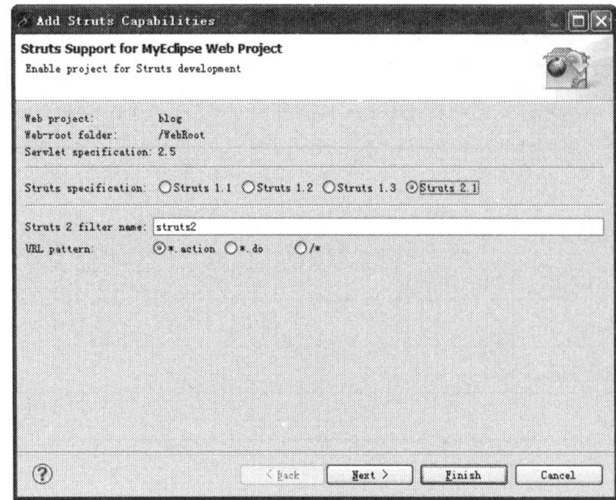

图 15-3　选择 Struts 版本

图 15-4　加载 Struts2 类库包

这时，在 src 目录下生成一个 struts.xml 文件，打开应用程序 WebRoot/WEB-INFO 目录下的 web.xml 可以看到，MyEclipse 已经自动加载了对 Struts2 的过滤。至此，Struts2 的环境搭建完成。

15.3.2　建立公共类

在 blog 系统开发过程中，有些功能需要多次用到，如对数据库连接、关闭、日期格式化、分页等。为了达到代码重用，通常需要将这些常用的功能封装到一个类中，供整个系统使用。在这里这些类要分别封装到类中。

在本系统中，数据库连接、关闭的代码如下所示。

```
public class DBFactory {                        //数据库工厂
    private static String url = "jdbc:mysql://localhost:3306/blog";
                                                //数据库地址
    private static String driver = "com.mysql.jdbc.Driver";//驱动
    private static Connection conn = null;
    public static Connection getConnection() throws ClassNotFoundException,
    SQLException{                               //数据库连接
        Class.forName(driver);                  //加载驱动
        conn = DriverManager.getConnection(url, "root", "123456");
                                                //建立数据库连接
        return conn;
    }
    public static void closeConnection(ResultSet rst,PreparedStatement pst,
            Statement st, Connection conn) throws SQLException{ //数据库关闭
        if (rst != null) {
            rst.close();
        }
        if (pst != null) {
            pst.close();
        }
        if (st != null) {
            st.close();
        }
        if (conn != null) {
            conn.close();
```

```
            }
        }
    }
    //部分代码省略
```

将上述代码保存为 DBFactory.java。在该文件中主要声明了两个静态方法，供在程序开发中使用。其中，getConnection() 方法表示建立一个数据库连接；closeConnection(ResultSet rst,PreparedStatement pst,Statement st, Connection conn)表示关闭一个数据库连接。

日期格式化和获取客户端 IP 的方法如下所示。

```
public static String getIpAddr(HttpServletRequest request){ //获取客户端 IP 地址
    String ip = request.getHeader("x-forwarded-for");
    if (ip == null || ip.length() == 0 || "unknown".equalsIgnoreCase(ip)) {
        ip = request.getHeader("Proxy-Client-IP");
    }
    if (ip == null || ip.length() == 0 || "unknown".equalsIgnoreCase(ip)) {
        ip = request.getHeader("WL-Proxy-Client-IP");
    }
    if (ip == null || ip.length() == 0 || "unknown".equalsIgnoreCase(ip)) {
        ip = request.getRemoteAddr();
    }
    return ip;
}
public static String getDate() { // 日期格式化特定格式
    SimpleDateFormat sdf = new SimpleDateFormat("yyyy-MM-dd HH:mm");
    String nowTime = sdf.format(new Date(System.currentTimeMillis()));
    return nowTime;
}
```

将上述代码保存为 UtilMethod.java，在该文件中主要声明了两个方法。其中，getIpAddr(HttpServletRequest request)方法表示获取客户端的 IP 地址；getDate()方法表示将当前的日期格式化为特定格式的字符串，以供本系统使用。

分页的实体类代码如下所示。

```
public class Page<E> {
    private int pageMax = -1;                           //总共多少页
    private int dateCount = -1;                         //总共多少条数据
    private int pageIndex = -1;                         //当前页码
    private int pageCount = -1;                         //每页多少条数据
    private List<E> pageData = null;                    //当前所有数据
//省略部分代码
}
```

将上述代码保存为 Page.java，page<E>中的 E 表示泛型。

15.3.3 建立业务实体对象

实体是数据的一种载体，它对应数据库表中的一条记录。实体类是数据库表的抽象，所谓实体对象就是实体类的一个实例。其实，实体类就是把数据库表中的字段封装到一个类里面，方便数据的处理。

在 blog 项目下的 src 下建立包 com.blog.dto，用于存放各个实体对象类。

1．博客管理员实体对象

博客管理员实体的主要功能是存储管理员的信息。该实体中有 4 个成员变量。

（1）adminId(博客管理员编号)：自增，表示唯一的字段。

（2）loginName(博客管理员用户名)：表示登录时的用户名。

（3）loginPwd(博客管理员密码)：表示登录时的密码。

（4）adminName(博客管理员姓名)：表示博主的姓名。

在 dto 包下新建博客管理员实体类对象 BlogAdminDto，主要代码如下。

```
public class BlogAdminDto {
    private int adminId = -1;                                    //博主编号
    private String loginName = null;                             //博主用户名
    private String loginPwd = null;                              //博主密码
    private String adminName = null;                             //博主姓名
    public BlogAdminDto() {
    }
//省略部分代码
}
```

2．文章分类实体对象

文章分类实体用于存储文章的分类信息。该实体中有两个成员变量。

（1）artTypeId(文章类型编号)：自增，表示文章类型的编号。

（2）artTypeName(文章类型名称)：表示文章类型的名称。

在 dto 包下新建文章类型实体类对象 ArticleTypeDto，主要代码如下。

```
public class ArticleTypeDto {
    private int artTypeId= -1;                                   //文章类型编号
    private String artTypeName = null;                           //文章类型名称
    public ArticleTypeDto() {
    }
//省略部分代码
}
```

3．文章实体对象

文章实体用于存储文章的信息。该实体有 7 个成员变量。

（1）articleId(文章编号)：自增，表示文章的唯一编号。

（2）artTypeId(文章类型编号)：表示文章是什么类型的编号。

（3）articleName(文章名称)：表示文章的名称。

（4）article(文章内容)：表示文章的内容。

（5）articleTime(文章发表时间)：表示文章发表的日期。

（6）articleTop(文章是否置顶)：表示文章是否置顶，0 代表不置顶，1 代表置顶，文章置顶则文章将显示在最前面。

（7）articleCount(文章访问数量)：表示文章的访问数量，每访问一次，文章访问数量就增加 1。

在 dto 包下新建文章实体类对象 ArticleDto，主要代码如下。

```
public class ArticleDto {
    private int articleId = -1;                  //文章编号
    private int artTypeId = -1;                  //文章类型编号
```

```
    private String articleName = null;        //文章名称
    private String article = null;            //文章内容
    private Date articleTime = null;          //文章发表时间
    private int articleTop = -1;              //文章是否置顶，0 代表不置顶，1 代表置顶
    private int articleCount = -1;            //文章访问数量
    public ArticleDto() {
    }
//省略部分代码
}
```

4．相册类型实体对象

相册类型实体用于存储图片类型的信息。该实体有两个成员变量。

（1）picTypeId(图片类型编号)：自增，表示图片类型的编号。

（2）picTypeName(图片类型名称)：表示图片类型的名称。

在 dto 包下新建相册类型实体类对象 PicTypeDto，主要代码如下。

```
public class PicTypeDto {
    private int picTypeId = -1;                          //图片类型编号
    private String picTypeName = null;                   //图片类型名称
    public PicTypeDto() {
    }
//省略部分代码
}
```

5．图片实体对象

图片实体用于存储图片的信息。该实体有 7 个成员变量。

（1）picId(图片编号)：自增，表示图片的编号。

（2）picTypeId(图片类型编号)：表示图片是什么类型的编号。

（3）picName(图片名称)：表示图片名称。

（4）picPath(图片地址)：表示图片保存在服务器的路径。

（5）picTime(图片上传时间)：表示图片上传的时间。

（6）picDes(图片描述)：表示图片的描述信息。

（7）picCount(图片喜欢度)：表示图片的喜好程度的信息。

在 dto 包下新建图片实体类对象 PicDto，主要代码如下。

```
public class PicDto {
    private int picId = -1;                              //图片编号
    private int picTypeId = -1;                          //图片类型编号
    private String picName = null;                       //图片名称
    private String picPath = null;                       //图片地址
    private Date picTime = null;                         //图片上传时间
    private String picDes = null;                        //图片描述
    private int picCount = -1;                           //图片喜欢度
    public PicDto() {
    }
//省略部分代码
}
```

6．友情链接实体对象

友情链接实体用于存储友情链接的信息。该实体有 3 个成员变量。

（1）linkId(友情链接编号)：自增，表示友情链接的编号。

（2）linkUrl(友情链接地址)：表示友情链接的地址。

（3）linkName(友情链接名称)：表示友情链接的名称。

在 dto 包下新建友情链接实体类对象 LinkDto，主要代码如下。

```
public class LinkDto {
    private int linkId = -1;                          //友情链接编号
    private String linkUrl = null;                    //友情链接地址
    private String linkName = null;                   //友情链接名称
    public LinkDto() {
    }
//省略部分代码
}
```

7．公告实体对象

公告实体用于存储公告的信息。该实体有 4 个成员变量。

（1）noticeId(公告编号)：自增，表示公告的编号。

（2）notice(公告内容)：表示公告的内容。

（3）noticeName(公告名称)：表示公告的名称。

（4）noticeTime(公告发布时间)：表示公告的发布日期。

在 dto 包下新建公告实体类对象 NoticeDto，主要代码如下。

```
public class NoticeDto {
    private int noticeId = -1;                        //公告编号
    private String notice = null;                     //公告内容
    private String noticeName = null;                 //公告名称
    private Date noticeTime = null;                   //公告发布时间
    public NoticeDto() {
    }
//省略部分代码
}
```

8．访客实体对象

访客实体用于存储访客的信息。该实体有 4 个成员变量。

（1）visitorId(访客的编号)：自增，表示访客的编号。

（2）visitorName(访客的昵称)：表示访客评论文章时所用的昵称。

（3）visitorIp(访客的 IP 地址)：表示访客的 IP 地址。

（4）visitorEmail(访客的邮箱)：表示访客的 Email 地址。

在 dto 包下新建访客实体类对象 VisitorDto，主要代码如下。

```
public class VisitorDto {
    private int visitorId = -1;                       //访客的编号
    private String visitorName = null;                //访客的昵称
    private String visitorIp = null;                  //访客的 IP 地址
    private String visitorEmail = null;               //访客的邮箱
    public VisitorDto() {
    }
//省略部分代码
}
```

9．文章评论实体对象

文章评论实体用于存储文章评论的信息。该实体有 7 个成员变量。

（1）discussed(文章评论的编号)：自增，表示文章评论的编号。

（2）articleId(文章编号)：表示文章的编号。

（3）visitorId(访客的编号)：表示访客编号。

（4）discuss(文章的评论内容)：表示访客的文章的评论内容。

（5）discussR(博主对文章评论的回复)：表示博主对文章评论的回复内容。

（6）discussTime(评论的时间)：表示访客评论文章时的时间。

（7）discussTimeR(评论回复的时间)：表示博主对文章评论回复时的时间。

在 dto 包下新建文章评论实体类对象 DiscussDto，主要代码如下。

```
public class DiscussDto {
    private int discussId = -1;                         //文章评论的编号
    private int articleId = -1;                         //文章编号
    private int visitorId = -1;                         //访客的编号
    private String discuss = null;                      //评论内容
    private String discussR = null;                     //回复评论内容
    private String discussTime = null;                  //评论的时间
    private String discussTimeR = null;                 //评论回复的时间
    public DiscussDto() {
    }
//省略部分代码
}
```

15.3.4 DAO 层的建立和实现

DAO（Data Access Object）是一个数据访问接口，数据访问，顾名思义就是与数据库打交道，夹在业务逻辑与数据库资源中间。使用 DAO 可以让业务逻辑与数据库资源分离。

为了建立一个健壮的 J2EE 应用，应该将所有对数据源的访问操作抽象封装在接口中，在接口中定义此应用程序中将会用到的所有事务方法。在这个应用程序中，当需要和数据源进行交互的时候则使用这个接口，并且编写一个单独的类来实现这个接口在逻辑上对应这个特定的数据存储。

由于各个功能模块的 DAO 层大致相似，在这里将文章 DAO 层的建立和实现作为重点，其他 DAO 层的实现将省略，同时省略异常的抛出。

首先在项目 blog 的 src 目录下建立 com.blog.dao 包，存放 DAO 层代码，建立 com.blog.dao 包 Impl，用于存放 DAO 层的实现代码。

1．博客管理员 DAO 层的建立和实现

在 com.blog.dao 包下建立博客管理员 DAO 层 BlogAdminDao，主要代码如下。

```
public interface BlogAdminDao {
public BlogAdminDto selectById(int adminId);    //根据管理员编号查询管理员信息
public BlogAdminDto adminLogin(String loginName,String loginPwd);
                            //根据管理员用户名和命名查询管理员信息，用于管理员登录
}
```

DAO 层中 adminLogin(String loginName, String loginPwd)是根据管理员的 loginName、loginPwd 来查询这两个字段内容在数据库中是否存在，用于管理员的登录。

2．文章类型 DAO 层的建立和实现

在 com.blog.dao 包下建立文章类型 DAO 层 ArticleTypeDao，主要代码如下。

```
public interface ArticleTypeDao {
    public List<ArticleTypeDto> slectAll();                    //列出所有文章类型
    public ArticleTypeDto selectById(int artTypeId);   //根据id查询文章类型信息
    public ArticleTypeDto selectByName(String artTypeName);
                                                   //根据文章类型名称查询文章类型信息
    public int insert(ArticleTypeDto artTypeDto) ;      //添加一条文章类型
    public int del(int artTypeId);                      //根据编号删除文章类型
    public int update(ArticleTypeDto artTypeDto);       //修改文章类型
}
```

其中，方法 selectByName(String artTypeName)是为了在修改或者添加文章类型的时候，判断该类型名字是否存在。

3．博客文章 DAO 层的建立和实现

在 com.blog.dao 包下建立文章 DAO 层 ArticleDao，主要代码如下。

```
public interface ArticleDao {
public List<ArticleDto> selectAll();                        //列出所有文章
public List<ArticleDto> selectAll(int num);                 //分页获取文章
public List<ArticleDto> selectByTpyeId(int artTypeId);
                                             //根据文章类型编号查询文章信息
public List<ArticleDto> selectByNames(String articleName);
                                                 //根据名字查询文章(模糊查询)
public ArticleDto selectByName(String articleName);//根据名字查询文章(精确查询)
public ArticleDto selectById(int articleId);               //根据文章编号查询
public List<ArticleDto> selectByTop(int articleTop);
                                     //根据是否置顶查询，0 代表不置顶，1 代表置顶
public List<ArticleDto> selectByCount();                   //查询访问量前 5 的文章
public List<ArticleDto> selectByTime(Date articleTime);//根据日期查询
public int insert(ArticleDto artDto);                       //添加文章
public int del(int articleId);                              //删除文章
public int update(ArticleDto artDto) ;                      //更新文章
public int getnum();                                        //获得文章数量
public int getCount(int artTypeId);                         //获得某类型文章数量
public List<ArticleDto> search(String articleName,int artTypeId,int article
Top);//综合搜索
```

在 com.blog.dao 包 Impl 下建立文章 DAO 层的实现类 ArticleDaoImpl，主要代码如下。

```
public class ArticleDaoImpl implements ArticleDao {
    private Connection conn = null;
    private ResultSet rst = null;
    private PreparedStatement pst = null;
    private List<ArticleDto> artLt = null;
    private ArticleDto artDto = null;
public List<ArticleDto> selectAll()  {                        //列出所有文章
String sql = "select articleId,artTypeId,articleName, article,articleTime,
articleTop,articleCount from article order BY articleTop DESC ,articleTime desc ";
```

```
        conn = DBFactory.getConnection();
        pst = conn.prepareStatement(sql);
        rst = pst.executeQuery();
        artLt = new ArrayList<ArticleDto>();
        while (rst.next()) {
            artDto = new ArticleDto();
            artDto.setArticleId(rst.getInt(1));
            artDto.setArtTypeId(rst.getInt(2));
            artDto.setArticleName(rst.getString(3));
            artDto.setArticle(rst.getString(4));
            artDto.setArticleTime(rst.getDate(5));
            artDto.setArticleTop(rst.getInt(6));
            artDto.setArticleCount(rst.getInt(7));
            artLt.add(artDto);
        }
        DBFactory.closeConnection(rst, pst, null, conn);
        return artLt;
}
public List<ArticleDto> selectByNames(String articleName) {
                                                    //根据名字查询文章(模糊查询)
String sql = "select articleId,artTypeId,articleName,article, articleTime,
articleTop,articleCount from article where articleName like ? order BY articleTop
DESC ,articleTime desc";
        conn = DBFactory.getConnection();
        pst = conn.prepareStatement(sql);
        pst.setString(1, "'%" + articleName + "%'");
        rst = pst.executeQuery();
        //省略部分代码
}
public ArticleDto selectByName(String articleName){ //根据名字查询文章(精确查询)
String sql = "select articleId,artTypeId,articleName,article,articleTime,
articleTop,articleCount from article where articleName = ? order BY articleTop
DESC ,articleTime desc";
        //省略部分代码
}
public ArticleDto selectById(int articleId)  { //根据文章编号查询
String sql="select articleId,artTypeId,articleName,article,articleTime, articleTop,
article Count from article where articleId = ? order BY articleTop
DESC ,articleTime  desc";
        //省略部分代码
}
public List<ArticleDto> selectByTop(int articleTop){
                                        //根据是否置顶查询，0 代表不置顶，1 代表置顶
String sql = "select articleId,artTypeId,articleName,article,articleTime,
articleTop,articleCount from article where articleTop = ? order BY articleTop
DESC ,articleTime desc";
        //省略部分代码
}
public List<ArticleDto> selectByCount()  {          //查询访问量前 5 的文章
```

```
String sql = "select articleId,artTypeId,articleName,article,articleTime,
articleTop,articleCount from article ORDER BY articleCount desc LIMIT 0,5";
        //省略部分代码
}
public List<ArticleDto> selectByTime(Date articleTime){         //根据日期查询
String sql = "select articleId,artTypeId,articleName,article,articleTime,
articleTop,articleCount from article where articleTime = ? order BY articleTop
DESC ,articleTime desc";
        //省略部分代码
}
public int insert(ArticleDto artDto)  {                         //添加文章
String sql = "insert into article(articleId,artTypeId,articleName, article,
articleTime,articleTop,articleCount) values(null,?,?,?,?,?,?)";
        conn = DBFactory.getConnection();
        pst = conn.prepareStatement(sql);
        // pst.setInt(1, artDto.getArticleId());//设置自动增长，无须赋值
        pst.setInt(1, artDto.getArtTypeId());
        pst.setString(2, artDto.getArticleName());
        pst.setString(3, artDto.getArticle());
        pst.setDate(4, artDto.getArticleTime());
        pst.setInt(5, artDto.getArticleTop());
        pst.setInt(6, artDto.getArticleCount());
        int param = -1;
        param = pst.executeUpdate();
        DBFactory.closeConnection(rst, pst, null, conn);
        return param;
}
public int del(int articleId){                                  //删除文章
String sql = "delete from article where articleId = ?";
//省略部分代码
}
public int update(ArticleDto artDto)  {                         //更新文章
String sql="update article set artTypeId=?,articleName=?,article=?, article
Time=?,articleTop=?, articleCount=? where articleId = ?";
//省略部分代码
}
public int getnum(){                                            //获得文章数量
String sql = "select count(artTypeId) from article";
//省略部分代码
}
public List<ArticleDto> selectAll(int num) {                    //分页获取文章
String sql = "select articleId,artTypeId,articleName,article,articleTime,
articleTop,articleCount from article order BY articleTop DESC ,articleTime desc
limit ?,?";
        conn = DBFactory.getConnection();
        pst = conn.prepareStatement(sql);
        pst.setInt(1, (num - 1) * 5);//
        pst.setInt(2, 5);//每页 5 条数据
        rst = pst.executeQuery();
```

```
            artLt = new ArrayList<ArticleDto>();
            while (rst.next()) {
                artDto = new ArticleDto();
                artDto.setArticleId(rst.getInt(1));
                artDto.setArtTypeId(rst.getInt(2));
                artDto.setArticleName(rst.getString(3));
                artDto.setArticle(rst.getString(4));
                artDto.setArticleTime(rst.getDate(5));
                artDto.setArticleTop(rst.getInt(6));
                artDto.setArticleCount(rst.getInt(7));
                artLt.add(artDto);
            }
            DBFactory.closeConnection(rst, pst, null, conn);
            return artLt;
    }
    public List<ArticleDto> selectByTpyeId(int artTypeId){
                                                    //根据文章类型编号查询文章 信息
    String sql = "select articleId,artTypeId,articleName,article,articleTime,
    articleTop,articleCount from article where artTypeId = ? order BY articleTop
    DESC ,articleTime desc";
    //省略部分代码
    }
    public int getCount(int artTypeId){             //获得某类型文章数量
    String sql = "select count(articleId) from article where artTypeId = ?";
    //省略部分代码
    }
    public List<ArticleDto> search(String articleName, int artTypeId, int
    articleTop){                                    //综合搜索
            String sql = "select articleId,artTypeId,articleName,article, article
            Time,articleTop," +
                    "articleCount from article where 1 = 1 ";
            if(articleName != null && !"".equals(articleName.trim())){
                                                    //判断文章名字是否为空
                sql = sql +" and articleName like '%" + articleName + "%'";
            }
            if(artTypeId != -1){                    //判断搜索时是否选中了文章类型
                sql = sql + " and artTypeId = " + artTypeId;
            }
            if(articleTop != -1 ){                  //判断搜索时是否选中了文章置顶
                sql =sql + " and articleTop = " + articleTop;
            }
            sql = sql + " order BY articleTop DESC ,articleTime desc";
            //省略部分代码
        }
}
```

在文章 DAO 的实现中，方法 selectByNames(String articleName)用于模糊查询，selectByName(String articleName)为精确查询，selectByCount()用于列出访问量前 5 的文章。在添加文章的时候，由于文章编号 articleId 设置为自动增长，所以在这里 articleId 无须赋值，置为 null。

在分页获取文章方法 selectAll(int num)中，num 代表页数，pst.setInt(1, (num - 1) * 5)和 pst.setInt(2, 5)表示从(num - 1) * 5 条数据开始，查询 5 条数据。在综合搜索的时候，sql 使用了字符串的拼接，可以在搜索的时候搜索一项或者多项。

4．相册类型 DAO 层的建立和实现

在 com.blog.dao 包下建立相册类型 DAO 层 PicTypeDao，主要代码如下。

```
public interface PicTypeDao {
public List<PicTypeDto> selectAll();                  //列出所有图片类型
public PicTypeDto selectById(int picTypeId);          //根据类型编号查询图片类型
public PicTypeDto selectByName(String picTypeName);//根据名字查询图片类型
public int insert(PicTypeDto ptDto);                  //添加图片类型
public int update(PicTypeDto ptDto);                  //更新图片类型
public int del(int picTypeId);                        //删除图片类型
}
```

其中的方法 selectByName(String picTypeName)是为了在添加图片类型或者修改图片类型的时候，判断是否已经存在该名字。

5．图片 DAO 层的建立和实现

图片的 DAO 层与 DAO 层的实现与文章的大致类似，在 com.blog.dao 包下建立图片 DAO 层 PicDao，主要代码如下。

```
public List<PicDto> selectAll();                          //查询所有的图片
public List<PicDto> selectAll(int num);                   //分页查询所有的图片
public List<PicDto> selectByTypeId(int picTypeId);        //根据类型编号查询图片
public PicDto selectBypicName(String picName);            //根据图片名称查找
public List<PicDto> selectlikepicName(String picName); //根据图片名称模糊查找
public PicDto selectById(int picId);                      //根据图片编号查询
public List<PicDto> selectByTime(Date picTime) ;          //根据图片上传时间查询
public List<PicDto> selectByCount(int picCount);          //根据喜欢度查询
public int insert(PicDto picDto);                         //添加图片
public int update(PicDto picDto);                         //更新图片
public int del(int picId);                                //删除图片
public int getCount(int picTypeId);                       //获得某类型图片数量
public int getnum();                                      //获得图片数量
```

其中，方法 getnum()是为了在分页的时候使用。

6．友情链接 DAO 层的建立和实现

在 com.blog.dao 包下新建友情链接 DAO 层 LinkDao，主要代码如下。

```
public List<LinkDto> selectAll();                         //查询所有友情链接
public List<LinkDto> showLink();                          //显示最新 5 条友情链接
public LinkDto selectById(int linkId);                    //根据编号查询友情链接
public int insert(LinkDto linkDto);                       //添加友情链接
public int update(LinkDto linkDto);                       //更新友情链接
public int del(int linkId);                               //删除友情链接
```

友情链接 DAO 层中的方法 showLink()显示最新的 5 条友情链接，用于在前台页面上显示。

7．公告 DAO 层的建立和实现

在 com.blog.dao 包下新建公告 DAO 层 NoticeDao，主要代码如下。

```
public List<NoticeDto> selectAll();                       //查询所有公告
public NoticeDto selectById(int noticeId);                //根据编号查询公告
```

```
public NoticeDto selectByName(String noticeName);                //根据名字查询公告
public NoticeDto selectNew();                                    //显示最新的一条公告
public List<NoticeDto> selectByTime(Date noticeTime);            //根据日期查询公告
public int insert(NoticeDto nDto);                               //添加公告
public int update(NoticeDto nDto);                               //更新公告
public int del(int noticeId);                                    //删除公告
```

公告 DAO 层中方法 selectNew()查询最新的一条公告内容，用于在前台页面上显示。

8．访客 DAO 层的建立和实现

在 com.blog.dao 包下新建访客 DAO 层 VisitorDao，主要代码如下。

```
public List<VisitorDto> selectAll();                             //列出所有游客信息
public VisitorDto selectByEmail(String visitorEmail);            //根据 Email 查询
public   VisitorDto   login(String   visitorEmail,String   visitorName,String
visitorIp);                                          //根据访客名称、IP 和 Email 查询
public VisitorDto selectById(int visitorId);                //根据编号查询游客信息
public int insert(VisitorDto visitDto);                          //添加访客信息
public int update(VisitorDto visitDto);                          //更新访客信息
public int del(int visitorId) ;                                  //删除访客信息
```

由于 Email 地址是唯一的，因此在创建访客对象时需要判断该邮箱是否存在。访客 DAO 层中的方法 login(String visitorEmail,String visitorName,String visitorIp)，利用访客的 Email、昵称、IP 地址来判断该访客信息是否存在在数据库中，若存在，则无须再创建，若不存在，同时 selectByEmail(String visitorEmail)存在，则提示错误；否则重新创建访客信息。

9．文章评论 DAO 层的建立和实现

在 com.blog.dao 包下新建文章评论 DAO 层 DiscussDao，主要代码如下。

```
public List<DiscussDto> selectAll();                             //查询所有评论
public DiscussDto selectById(int discussId);                     //根据评论编号查询
public List<DiscussDto> selectByArtId(int articleId);            //根据文章编号查询
public List<DiscussDto> selectByVisitId(int visitorId);          //根据访客编号查询
public int insert(DiscussDto disDto);                            //添加评论
public int update(DiscussDto disDto);                            //更新评论
public int del(int discussId);                                   //删除评论
public int getCount(int visitorId);                              //查询某人总评论数
public int getArtCount(int articleId);                           //查询某文章总评论数
```

文章评论 DAO 层中的方法 getCount(int visitorId)用来获取某访客的总评论数，方法 getArtCount(int articleId)用来获取某篇文章的总评论数。update(DiscussDto disDto)更新评论，主要用于评论的回复。

10．分页 DAO 层的建立和实现

在 com.blog.dao 包下新建分页 DAO 层 IPage，主要代码如下。

```
public Page<ArticleDto> getArticle(int num);                     //文章分页
public Page<PicDto> getPic(int num);                             //图片分页
```

在 com.blog.dao 包 Impl 下新建分页 DAO 实现 PageImpl，主要代码如下。

```
public class PageImpl implements IPage {
    public Page<ArticleDto> getArticle(int num) {                //文章分页
        ArticleDao artdao = new ArticleDaoImpl();
        int dateCount = artdao.getnum();
        Page<ArticleDto> page = new Page<ArticleDto>();
        page.setDateCount(dateCount);
```

```
        page.setPageData(artdao.selectAll(num));
        page.setPageIndex(num);
        if (dateCount % 5==0) {
            page.setPageMax(dateCount / 5);
        }else{
            page.setPageMax(dateCount / 5 + 1);
        }
        if (page.getPageIndex() > 0) {
        if (page.getPageIndex() < page.getPageMax()) {
            page.setPageCount(6);
        }else if (page.getPageIndex() == page.getPageMax()){
            page.setPageCount(dateCount % 6);
        }else {
            page.setPageCount(0);
        }
        }else{
            page.setPageCount(0);
        }
        return page;
    }
    public Page<PicDto> getPic(int num){                          //图片分页
        PicDao picDao = new PicDaoImpl();
        int dateCount = picDao.getnum();
        Page<PicDto> page = new Page<PicDto>();
        page.setDateCount(dateCount);
        page.setPageData(picDao.selectAll(num));
        page.setPageIndex(num);
        //部分代码省略
}
```

分页时，将文章或图片的数量、内容都存在 page 对象中。在页面创建 Page<E>对象就可获取内容。

15.4 文章模块的设计与实现

博客的文章是博客最核心的内容，文章模块主要是前台页面的显示，主要功能有显示所有文章、分类显示文章、显示某一篇文章等。

（1）在项目 blog 中的 WebRoot 目录下建立页面 Article.jsp，用于分页显示所有的文章信息，该页面的主要代码如下。

```
<%
IPage ipage= new PageImpl();
  Page<ArticleDto> pages = new Page<ArticleDto>();
  int num = 1;
  ArticleTypeDao artTypeDao = new ArticleTypeDaoImpl();
 String pageSize = request.getParameter("pageSize");
  if (pageSize != null && !"".equals(pageSize)) {
       num = Integer.parseInt(pageSize);
    }
  List<ArticleDto> artLt = null;
  ArticleDao artDao = new ArticleDaoImpl();
  artLt = artDao.selectAll(num);
```

```
    ArticleTypeDto artTypeDto = null;
    pages = ipage.getArticle(num);
    request.setAttribute("pagerList", pages);%>
  <%for(ArticleDto artDto : artLt) {
    int artTypeId = artDto.getArtTypeId();
    artTypeDto = artTypeDao.selectById(artTypeId);
    DiscussDao disDao = new DiscussDaoImpl();
    %>
  <a  href="Article/showArt.action?articleId=<%=artDto.getArticleId()%>"  target=
  "_blank"><%  if(artDto.getArticleTop()==1)  {%>[  顶 ]<%}else{   %><%}   %><%=
  artDto.getArticleName() %></a>
    <p class="meta"></p>分类:<a href="Article/showArtByType.action?artTypeId=<%=
    artDto.getArtTypeId()%>"><%=artTypeDto.getArtTypeName() %></a>
  <%=artDto.getArticleCount()  %> 人 围 观 <%  =disDao.getArtCount(artDto. get
  ArticleId()) %>条评论    <%= artDto.getArticleTime() %>
  <font color="red">内容概要: </font><%if(artDto.getArticle().length()>30){%> <%=
  artDto.getArticle().substring(0,30)%><%}else{  %><%=artDto.getArticle()%><%}  %>
    <p><a   href="Article/showArt.action?articleId=<%=artDto.getArticleId()%>"
    target="_blank" style="color: grey;size: 20px">查看更多</a></p>
   <%}%>
      //省略分页代码
      <p>有${ pagerList.dateCount} 篇文章,${ pagerList.pageIndex} /$ { pagerList.
      pageMax} ,本页${ pagerList.pageCount} 篇文章</p>
```

在该 JSP 页面中，需要导入 Struts2 标签库和所用到的包。运行该系统后，博客文章主页面如图 15-5 所示。

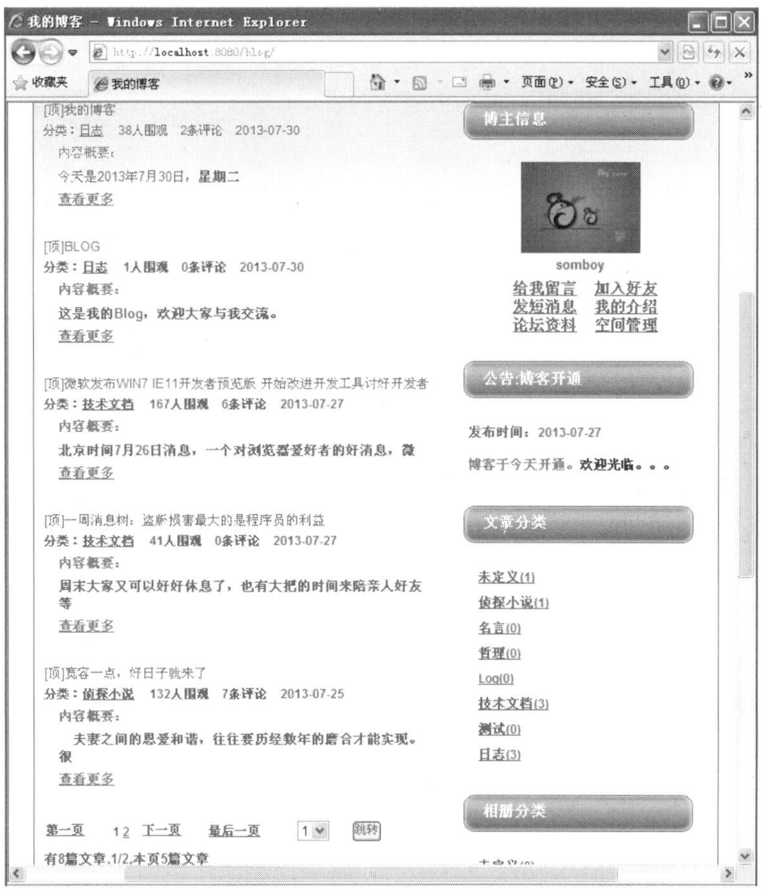

图 15-5　博客文章主页面

（2）在 src 目录下新建 struts_article.xml 文件实现页面与 Action 的交互，主要代码如下所示。

```
<action name="addArt" class="com.blog.action.ArticleAction" method="addArt">
//添加文章
    <result name="success" type="chain">showArts</result>
    <result name="error">/error.jsp</result>
</action>
<action name="delArt" class="com.blog.action.ArticleAction" method="delArt">
//删除文章
    <result name="success" type="chain">showArts</result>
    <result name="error">/error.jsp</result>
</action>
<action name="upArt" class="com.blog.action.ArticleAction" method="upArt">
//更新文章
    <result name="success" type="chain">showArts</result>
    <result name="error">/error.jsp</result>
</action>
<action name="showArts" class="com.blog.action.ArticleAction" method= "show
Arts">//显示所有文章
    <result name="success">/Article/arts.jsp</result>
    <result name="error">/error.jsp</result>
</action>
<action   name="showArt"   class="com.blog.action.ArticleAction"   method=
"showArt">  //显示某篇文章
    <result name="success">/Article/article.jsp</result>
    <result name="error">/error.jsp</result>
</action>
<action  name="showArtByType"  class="com.blog.action.ArticleAction"  method=
"showArtByType">//根据文章类型显示文章
    <result name="success">/Article/ArticleType.jsp</result>
    <result name="error">/error.jsp</result>
</action>
<action   name="searchArt"   class="com.blog.action.ArticleAction"   method=
"searchArt">    //综合搜索
    <result name="success">/Article/Search.jsp</result>
    <result name="error">/error.jsp</result>
</action>
```

struts_article.xml 主要控制页面的跳转，从页面接收到表单提交的 action 的名字，然后在该 xml 文件中找到对应类下的方法，并在 Action 中进行相应的操作。

（3）新建包 com.blog.action，用于建立各个 Action 类。

在包 com.blog.action 下新建文件 ArticleAction，继承父类 ActionSupport，主要代码如下。

```
public class ArticleAction extends ActionSupport {
    private ArticleDao artDao = new ArticleDaoImpl();
    private ArticleDto artDto = null;
    private ArticleDto artDtoT = null;
    private List<ArticleDto> artLt = null;
    private int articleId = -1;
    private int artTypeId = -1;
```

```
    private int count = 0;
    //省略部分代码
    public String showArt() throws ClassNotFoundException, SQLException{
    //显示文章内容
        artDto = artDao.selectById(articleId);
        if (artDto != null) {
            count ++;
            count = artDto.getArticleCount() +count;
            artDto.setArticleCount(count);
            artDao.update(artDto);
            return SUCCESS;
        } else {
            return ERROR;
        }
    }
    public String showArtByType() throws ClassNotFoundException, SQLException{
                                                        //分类显示文章
        artLt = artDao.selectByTpyeId(artTypeId);
        if (artLt != null) {
            return SUCCESS;
        } else {
            return ERROR;
        }
    }
    public String showArts() throws ClassNotFoundException, SQLException{
                                                        //显示所有文章信息
        artLt = artDao.selectAll();
        if (artLt != null) {
            return SUCCESS;
        } else {
            return ERROR;
        }
    }
    public String addArt() throws ClassNotFoundException, SQLException{
    //添加文章
        artDtoT = artDao.selectByName(artDto.getArticleName());
        int param = -1;
        if (artDtoT != null) {
            return ERROR;
        } else {
            artDto.setArticleCount(0);
            artDto.setArticleTime(new Date(System.currentTimeMillis()));
            param = artDao.insert(artDto);
            if (param > 0) {
                return SUCCESS;
            } else {
                return ERROR;
            }
        }
    }
    public String upArt() throws ClassNotFoundException, SQLException{
    //更新文章
        int param = -1;
```

```
        artDtoT = artDao.selectByName(artDto.getArticleName());
        if (artDtoT != null) {
            if (artDtoT.getArticleId() != artDto.getArticleId()) {
                return ERROR;
            }
        }
        artDto.setArticleTime(new Date(System.currentTimeMillis()));
        param = artDao.update(artDto);
        if (param > 0) {
            return SUCCESS;
        } else {
            return ERROR;
        }
    }
    public String delArt() throws ClassNotFoundException, SQLException{
    //删除文章
        int param = -1;
        param = artDao.del(articleId);
        if (param > 0) {
            return SUCCESS;
        } else {
            return ERROR;
        }
    }
}
```

在显示文章时，使用 showArt()方法设置变量 count，用于统计文章的访问次数，每访问一次文章，count 加 1，然后在数据库中进行更新；添加文章时，先判断文章名字是否存在，如果存在，则添加文章失败。同样，在更新文章时，也要查看该名字是否存在。

（4）新建页面 sort.jsp 用于分类显示文章信息。主要代码如下。

```
<div id="content">
<% ArticleTypeDto artTypeDto = null;
ArticleTypeDao artTypeDao = new ArticleTypeDaoImpl();
int artTypeId = -1;
artTypeId = Integer.parseInt(request.getParameter("artTypeId"));
int articleId = -1;
ArticleDao artDao = new ArticleDaoImpl();
DiscussDao disDao = new DiscussDaoImpl();
%>
<s:if test="artLt.isEmpty()==false">
<s:iterator value="artLt" var="artDto">
<%articleId=Integer.parseInt(request.getAttribute("articleId").toString());%>
<div class="post">
<h2 class="title"><a href="/blog/Article/showArt.action? articleId=${ artDto.
articleId} &artTypeId= <%=artTypeId %>" target="_blank"><s:if test="#artDto.
articleTop==1">[ 顶] </s:if>${ artDto.articleName}  </a></h2>
<%artTypeDto = artTypeDao.selectById(artTypeId); %>
<p  class="meta"></p> 分 类： <a  href="/blog/Article/showArtByType.action?art
TypeId=${ artDto.artTypeId}  "><%=artTypeDto.getArtTypeName()  %></a>   
  ${ artDto.articleCount} 人围观     <%= disDao.
getArtCount(articleId)%> 条评论     <%= artDao.selectById
(articleId).getArticleTime() %>
```

```
<div class="entry">
<p >
<font  color="red"> 内 容 概 要 :  </font><%if(artDao.selectById(articleId).
getArticle().length()>30){ %><%= artDao.selectById(articleId). getArticle().
substring(0,30)%><%} else{  %><%=artDao.selectById(articleId).getArticle()%><%}  %>
</p>
<p><ahref="/blog/Article/showArt.action?articleId=<%=artDao.selectById(articleId).
getArticleId()%>  &artTypeId=<%=artTypeId %>"  target="_blank"  style="color:
grey;size: 20px">查看更多</a></p>
</div>
</div>
</s:iterator>
</s:if>
<s:else><h1>没有该类型的文章</h1></s:else>
</div>
```

运行该项目后，分类显示文章信息效果如图 15-6 所示。

图 15-6　分类显示文章信息

（5）新建页面 Art.jsp 用于显示某一篇文章的内容。主要代码如下所示。

```
<div id="content">
    <div class="post">
        <h3 align="center">
        <span class="postdate clearfix">${ artDto.articleName} </span>
        </h3>
      <p align="right">发表时间:${ artDto.articleTime}     
```

```
    访问次数:${ artDto.articleCount} </p>
    <div class="entry">${ artDto.article}
<%
    int articleId = 0;
    articleId = Integer.parseInt(request.getParameter("articleId"));
    ArticleDao artDaoNext = new ArticleDaoImpl();
    ArticleDao artDaoPre = new ArticleDaoImpl();
    DiscussDao disDao = new DiscussDaoImpl();
    VisitorDto visitor = new VisitorDto();
    VisitorDao visitDao = new VisitorDaoImpl();
    List<DiscussDto> disLt = null;
    disLt = disDao.selectByArtId(articleId);
%>
</div>
    <table width="100%" border="0" cellspacing="0" cellpadding="0">
        <caption>
            <font color="red"> 评论列表</font>
        </caption>
        <%for (DiscussDto disDto : disLt) { %>
        <tr>
            <%visitor = visitDao.selectById(disDto.getVisitorId());%>
<td><a href="/blog/Visitor/showVisitor.action?visitorId=<%= visitor. get
VisitorId()%>">
        <%=visitor.getVisitorName()%></a> 在 <%=disDto.getDiscussTime()%>
        说: <%=disDto.getDiscuss()%></td>
</tr>
<tr>
    <td>
        <%
        if (disDto.getDiscussR() != null) {
        %><font color="red">博主</font>在<%=disDto.getDiscussTimeR()%>回复<a
href="/blog/Visitor/showVisitor.action?visitorId=<%=visitor.getVisitorI
d()%>">
                <%=visitor.getVisitorName()%></a>: <%=disDto.get DiscussR ()%>
            <%} %>
        </td>
    </tr>
    <%
        }
    %>
</table>
<form method="post" name="form1"action="/blog/Discuss/addDiscuss. action?
articleId=<%= request.getParameter("articleId")%>"
id="form1">
<input name="visitDto.visitorIp"
    value="<%=UtilMethod.getIpAddr(request)%>" type="hidden">
<p>
    <input name="visitDto.visitorName" maxlength="49" size="22"
        type="text" id="nickName"> <label for="author"><small>昵称(必
```

```
填)</small>
            </label>
        </p>
        <p>
            <input name="visitDto.visitorEmail" maxlength="128" size="22"
                type="text" id="email"> <label for="email"><small>邮件地址
                    (必填)</small></label></p>
        <p><textarea name="disDto.discuss" id="comment" rows="10"> </tex
        tarea></p>
        <p>
<input  id="comment_submit"  value="发表评论"  tabindex="6"  type=  "button"
onclick="check();">
</p>
    </form>
    </div>
    <div align="center"><input type="button" name="Submit" value="返回"
    onclick="javascript:window.history.back();" /> <input type="button"
    name="Submit" value="关闭" onclick="javascript:window.close();" />
    </div>
</div>
```

运行该项目后，显示某一篇文章效果如图 15-7 所示。

图 15-7 显示某一篇文章

（6）新建页面 searchArt.jsp，用于文章的搜索。主要代码如下。

```
<form name="formSearch" method="post" action="/blog/Article/searchArt.action"
id="formSearch">
```

```
        文章名字<input type="text" name="searchArt.articleName" id="articleName">
        文章类型
            <%List<ArticleTypeDto> artTypeLt = new ArrayList<ArticleTypeDto>();
            ArticleTypeDao artTypeDao = new ArticleTypeDaoImpl();
            artTypeLt = artTypeDao.slectAll();%>
            <select id ="selArtType" name="searchArt.artTypeId">
                <option selected="selected" value="-1">不限</option>
                <%for (ArticleTypeDto articleTypeDto : artTypeLt) { %>
                <option value="<%=articleTypeDto.getArtTypeId()%>">
                <%=articleTypeDto.getArtTypeName()%></option>
            <%} %>
            </select>
            <input name=searchArt.articleTop type="radio" id="0" value="0"  />
            <label for="0">不置顶</label>
            <input type="radio" name="searchArt.articleTop" id="1" value="1" />
            <label for="1">置顶</label>
            <input type="submit" name="Submit4" value="搜索">
    </form>
```

在搜索页面可以进行多条件或单一条件的搜索。可以根据文章的名字、文章类型、是否置顶等单一条件或者综合搜索。

15.5 文章管理模块的设计与实现

文章管理模块主要是对文章进行增、删、改的操作，也就是博客管理员登录到系统后台后所进行的操作。

新建页面 addArt.jsp，用于博客管理员添加文章。主要代码如下。

```
<form id="detailForm" method="post" action="Article/addArt.action">
    文章标题: <input name="artDto.articleName" type = "text" ><br>
    文章类型:
    <%List<ArticleTypeDto> artTypeLt = new ArrayList<ArticleTypeDto>();
    ArticleTypeDao artTypeDao = new ArticleTypeDaoImpl();
    artTypeLt = artTypeDao.slectAll();%>
    <select id ="selArtType" name="artDto.artTypeId">
    <%for (ArticleTypeDto articleTypeDto : artTypeLt) { %>
    <option value="<%=articleTypeDto.getArtTypeId()%>">
    <%=articleTypeDto.getArtTypeName()%>
    </option>
    <%} %></select><br>
    置顶: <input name="artDto.articleTop" type="radio" id="0" value="0" checked=
    "CHECKED" />
    <label for="0">不置顶</label>
    <input type="radio" name="artDto.articleTop" id="1" value="1" />
    <label for="1">置顶</label> <br>
    文章内容: <br>
```

```
        <textarea id="content" name="artDto.article"></textarea>
        <input type="submit" value="确认" id="save"  />
    </form>
```

在这个页面中，为了美观，使用了编辑器 CKEditor，使用编辑器可以对文字增加样式，运行后效果如图 15-8 所示。

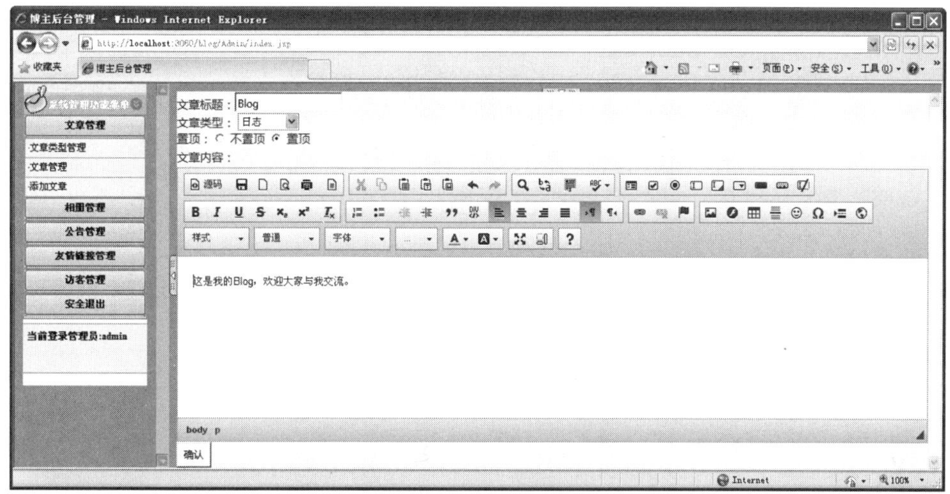

图 15-8　添加文章页面

新建页面 arts.jsp，用于管理员操作文章，例如文章的编辑、删除功能。主要代码如下。

```
<table width="100%" border="1">
    <tr>
        <td>文章类型</td>
        <td>文章名称</td>
        <td>发表时间</td>
        <td>是否置顶</td>
        <td>访问数量</td>
        <td>评论数量</td>
        <td width="15%">操作</td>
    </tr>
    <s:iterator value="artLt" var="articleDto">
        <tr>
    <%ArticleTypeDto artTDto = null;
    ArticleTypeDao artTypeDao = new ArticleTypeDaoImpl();
    int artTypleId = -1;
    int articleId = Integer.parseInt(request.getAttribute ("articleId").
    toString());
    DiscussDao disDao = new DiscussDaoImpl();
    artTypleId = Integer.parseInt(request.getAttribute ("artTypeId") toString());
    artTDto = artTypeDao.selectById(artTypleId);%>
    <td>${ articleDto.articleName} </td>
    <td>${ articleDto.articleTime} </td>
    <td><s:if test="#articleDto.articleTop==1">置顶</s:if> <s:else>不置项
```

```
        </s:else>
        </td>
        <td>${ articleDto.articleCount} </td>
        <td><a href="discuss.jsp?articleId=<%=articleId %>"><%=disDao.getArtCount
        (articleId) %></a>
            </td>
            <td><a
                href="Article/upArt.jsp?articleId=${ articleDto.articleId} ">编辑
                </a> |<a
                href="Article/delArt.action?articleId=${ articleDto.articleId} "
                onclick="confirm('是否确认删除? ')">删除</a> |<a
                href="Article/showArt.action?articleId=${ articleDto.articleId} ">
                查看文章</a>
            </td>
        </tr>
        </s:iterator>
    </table>
```

运行后效果如图 15-9 所示。

图 15-9　文章操作页面

新建页面 upArt.jsp，用于管理员编辑文章，主要代码如下。

```
<%int articleId = Integer.parseInt(request.getParameter("articleId"));
  ArticleDto artDto = new ArticleDto();
  ArticleDao artDao = new ArticleDaoImpl();
  artDto = artDao.selectById(articleId);
 %>
   <form id="detailForm" method="post" action="Article/upArt.action">
   <input name="artDto.articleId" type = "hidden" value="<%=artDto. get
    ArticleId() %>">
   <input name="artDto.articleCount" type = "hidden" value="<%=artDto.
    getArticleCount() %>">
    文章标题: <input name="artDto.articleName" type = "text" value="<%=artDto.
    getArticleName() %>"><br>
    文章类型:
  <%List<ArticleTypeDto> artTypeLt = new ArrayList<ArticleTypeDto>();
```

```
        ArticleTypeDao artTypeDao = new ArticleTypeDaoImpl();
        artTypeLt = artTypeDao.slectAll();%>
        <select id ="selArtType" name="artDto.artTypeId">
        <%for (ArticleTypeDto articleTypeDto : artTypeLt) {%>
        <option value="<%=articleTypeDto.getArtTypeId()%>"><%=articleTypeDto.get
        ArtTypeName()%></option>
        <%} %></select>
      <br>
        置顶: <input name="artDto.articleTop" type="radio" id="0" value="0" checked=
        "CHECKED" />
                <label for="0">不置顶</label>
                <input type="radio" name="artDto.articleTop" id="1" value="1" />
                <label for="1">置顶</label> <br>
        文章内容: <br>
       <textarea id="content" name="artDto.article"><%=artDto.getArticle()%>
        </textarea>
       <input type="submit" value="保存" id="save"  />
    </form>
```

同样采用了编辑器，运行后效果如图 15-10 所示。

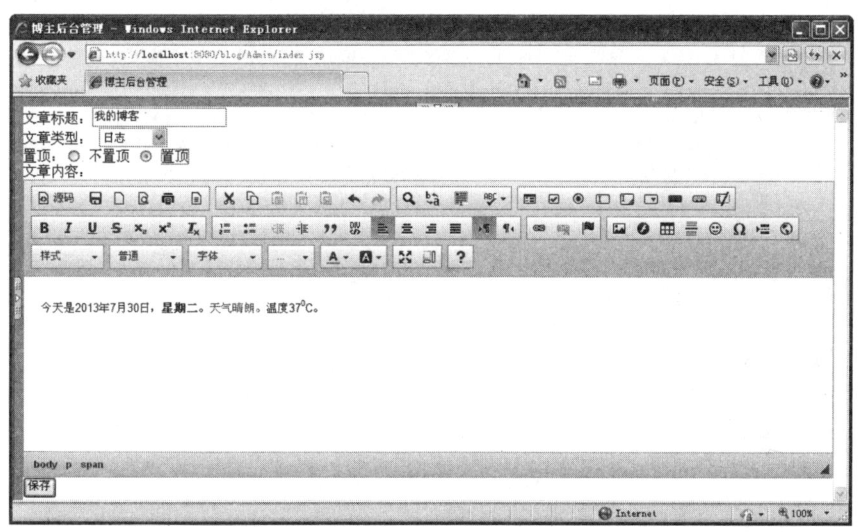

图 15-10　文章编辑页面

15.6 其他模块的设计与实现

其他模块的操作与文章模块的操作大致类似，在这里就不再详细介绍，仅将需要注意的地方以及运行效果给予详细说明。

15.6.1　后台登录模块的设计与实现

在浏览器地址栏中输入“http://localhost:8080/blog/Admin_login.jsp”进入管理员登录页面，如图 15-11 所示。

图 15-11　管理员登录页面

当管理员用户名或密码为空的时候，将会提示用户名或密码为空；输入错误的用户名或密码的时候，将提示用户名或密码错误，页面返回到登录页面；当输入正确的用户名和密码，页面跳转到博主后台管理页面。博客管理员登录成功页面如图 15-12 所示。

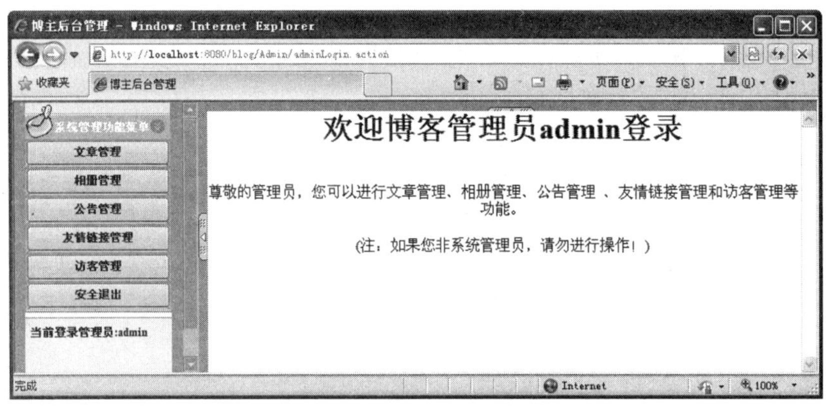

图 15-12　管理员登录成功页面

为了防止直接输入后台地址进入后台管理页面，在这里使用了过滤器。创建包 com.blog.filter，新建文件 AdminLoginFilter.java，并继承 HttpServlet 和实现 Filter 接口，主要代码如下。

```
public void doFilter(ServletRequest arg0, ServletResponse arg1,
        FilterChain arg2) throws IOException, ServletException {
    HttpServletRequest request = (HttpServletRequest) arg0;
                                                    //获取 request 对象
    HttpServletResponse response = (HttpServletResponse) arg1;
                                                    //获取 response 对象
    HttpSession session = request.getSession();     //获取 session 对象
    String adminLoginName = (String) session.getAttribute("BlogAdmin");
    if (adminLoginName != null) {
        arg2.doFilter(arg0, arg1);                  //过滤通过
    } else {
        response.sendRedirect("/blog/Admin_login.jsp");//跳转到登录页面
```

```
            }
    }
    //省略部分代码
```

在 AdminAction 中的管理员登录方法 adminLogin()中设置 Session，在 doFilter()方法中，首先获取 request 和 response 对象，然后通过 request 获取 session 对象。通过 session 对象检查是否有管理员登录信息，如果有，则此次过滤通过，将允许请求页面被访问；否则，则将页面跳转到登录页面。

编写好过滤器类文件后，需要在 WEB-INF 中的 web.xml 中配置过滤器，其主要代码如下所示。

```
<filter>
    <filter-name>adminLogin</filter-name>                    <!-- 定义过滤器名称 -->
    <filter-class>                                           <!--指明过滤器类文件-->
        com.blog.filter.AdminLoginFilter
    </filter-class>
</filter>
<filter-mapping>
    <filter-name>adminLogin</filter-name>                    <!-- 指明过滤器名称 -->
    <url-pattern>/Admin/*</url-pattern>                      <!-- 定义过滤器范围 -->
</filter-mapping>
```

在上述代码中，首先定义一个名为 adminLogin 的过滤器，其类为 com.blog.filter.AdminLoginFilter。然后在映射配置中，令名为 adminLogin 的过滤器实行过滤，其过滤范围为 Admin 下所有的文件。

进行上面的操作后，当再次访问后台页面时，如果未以管理员的身份登录后访问，则页面将跳转到管理员的登录页面，这样就实现了对后台页面访问时的过滤。

15.6.2 相册类型模块的设计与实现

在相册类型中，未定义是默认的相册类型，不能删除也不能编辑，而其他的图片类型可以进行删除和编辑操作。相册类型如图 15-13 所示。

图 15-13 相册类型列表

需要注意的是，当删除某一个图片类型的时候，如果有图片属于这个图片类型，那么会先将属于该类型下的图片的图片类型设置为默认，也就是设置成为未定义，然后再删除该图片类型。主要代码如下。

```
public String delPicType() throws ClassNotFoundException,SQLException{ //删除图片类型
        int param = -1;
        picLt = picDao.selectByTypeId(picTypeId);   //获取该类型的所有图片
        if (picLt != null) {                        //该对象如果不为空
            for (PicDto picDto : picLt) {           //遍历每一个图片对象
                picDto.setPicTypeId(1);             //将图片类型设置为未定义
                picDao.update(picDto);              //更新该图片信息
            }
        }
        param = ptDao.del(picTypeId);               //删除该图片类型
        if (param > 0) {                            //返回值大于 0
            return SUCCESS;                         //删除该图片类型成功
        } else {
            return ERROR;                           //删除该图片类型不成功
        }
    }
```

picLt 是 List<Pic>的对象，根据图片类型的编号来获取该类型下的所有图片，判断该对象是否为空，如果不为空，遍历里面的所有图片对象 PicDto，将其中的所有图片对象的类型编号设置为 1，然后更新该图片。之后再删除该图片类型，如果删除成功，则返回 SUCCESS；否则返回 ERROR。

为了不使图片类型名称一样，所以在更新和添加图片类型的时候都要进行判断该类型名称是否存在，其主要代码如下。

```
public String upPicType() throws ClassNotFoundException,SQLException{
                                                                //更新图片类型
    int param = -1;
    ptDtoT = ptDao.selectByName(ptDtoUp.getPicTypeName()); //判断是否存在此名字
    if (ptDtoT != null) {
        if(ptDtoT.getPicTypeId()!=ptDtoUp.getPicTypeId()){ //判断编号是否一致
            return ERROR;
        }
    }
        param = ptDao.update(ptDtoUp);                      //更新
        if (param > 0) {
            return SUCCESS;
        } else {
            return ERROR;
        }
}
public String addPicType() throws ClassNotFoundException,SQLException{
                                                                //添加图片类型
    int param = -1;
```

```
    ptDtoT = ptDao.selectByName(ptDtoAdd.getPicTypeName());//根据图片类型名称查询
    if (ptDtoT != null) {                                      //该对象不为空
        return ERROR;                                          //返回 ERROR
    } else {
        param = ptDao.insert(ptDtoAdd);                        //插入图片类型
        if (param > 0) {
            return SUCCESS;
        } else {
            return ERROR;
        }
    }
}
```

在添加图片类型的时候，根据要添加的图片类型名称来判断该名称是否存在，如果存在，则添加不成功；否则添加成功。在更新图片类型的时候，同样要判断该名称是否存在，如果存在，看该名称所对应的编号是否与要修改的图片类型的编号一致，如果不一致，则说明该名称存在，更新不成功，如果一致，说明没有修改该类型名称，更新成功；如果不存在该名称，也可以更新成功。

15.6.3 相册模块的设计与实现

相册模块和管理与文章模块的基本类似，在添加图片的时候采用了 Servlet 上传图片功能，在数据库中存储的是图片的路径而不是图片。

在项目 blog 下新建包 com.blog.servlet，在包下新建文件 Upload.java 用于图片文件的上传。主要代码如下。

```
        private PicDto picDto = new PicDto();
        private PicDao picDao = new PicDaoImpl();
        private String picDes = null;                          //图片的描述
        private String picType = null;                         //图片的类型
        //部分代码省略
        String []limit=new String[]{"bmp","jpg","gif","png"};//设置图片过滤
        SuffixFileFilter filter= new SuffixFileFilter(limit);
        //部分代码省略
        int maxsize=2*1024*1024;                               //设置图片大小
        if(item.isFormField()){
            if("picDes".equals(item.getFieldName())){
                    picDes = item.getString("utf-8");
                    if (picDes == null || picDes.trim().equals("")) {
                        picDes = "暂无描述";
                }
                    picDto.setPicDes(picDes);                  //设置图片描述
            }
            else if("picType".equals(item.getFieldName())){
                    picType = item.getString("utf-8");
                    int picTypeId = Integer.parseInt(picType);
                    picDto.setPicTypeId(picTypeId);            //设置图片类型
            }
```

```
        }
        else if(!item.isFormField()){
            String filePath=item.getName();             //获取文件名
            if(filePath!=null){
                File filename=new File(item.getName());
            }
            SimpleDateFormat df = new SimpleDateFormat("yyyyMMddhhmmssSSS");//
            设置日期格式
            String msg =df.format(new Date(System.currentTimeMillis()));
            String param = fileName.substring(fileName.lastIndexOf("."));
            String fileNameSave = msg + param;
            File saveFile=new File(uploadpath,fileNameSave);
            boolean flag=filter.accept(new File(uploadFile + saveFile.
            getName().toLowerCase()));
            if(flag == false){                    //如果 flag 为假，提示错误信息
                out.print("<p align='center'>只能上传图片文件<p> ");
                break;
            }else{
            try {
                    item.write(saveFile);
                    picDto.setPicName(fileName);            //设置文件名称
                    picDto.setPicPath(fileNameSave);        //设置图片保存路径
                    picDto.setPicCount(0);                  //设置图片点赞数
                    picDto.setPicTime(new Date(System.currentTimeMillis()));
                                                            //设置上传时间
            PicDto picDtoT = new PicDto();
            picDtoT = picDao.selectBypicName(picDto.getPicName());
                                                            //根据图片名称查询
            if (picDtoT != null) {
                out.println("<p align='center'>该名称存在!!<p>");
            } else {
                param = picDao.insert(picDto);
                if (param > 0) {
                    out.println("<p align='center'>数据写入成功!!<p>");
                } else {
                    out.println("<p align='center'>数据写入失败!!<p>");
                }
            }
    }
```

首先设置文件过滤器，只能上传文件格式为图片的，否则不能上传。根据 item.isFormField() 来判断是否是文件，如果是文件，则获取文件名。采用 SimpleDateFormat df = new SimpleDateFormat("yyyyMMddhhmmssSSS")将日期格式化，用来给上传的图片命名，作为上传路径下图片保存的名字，便于访问。图片上传成功后，数据库中添加该图片信息。图片上传页面如图 15-14 所示。

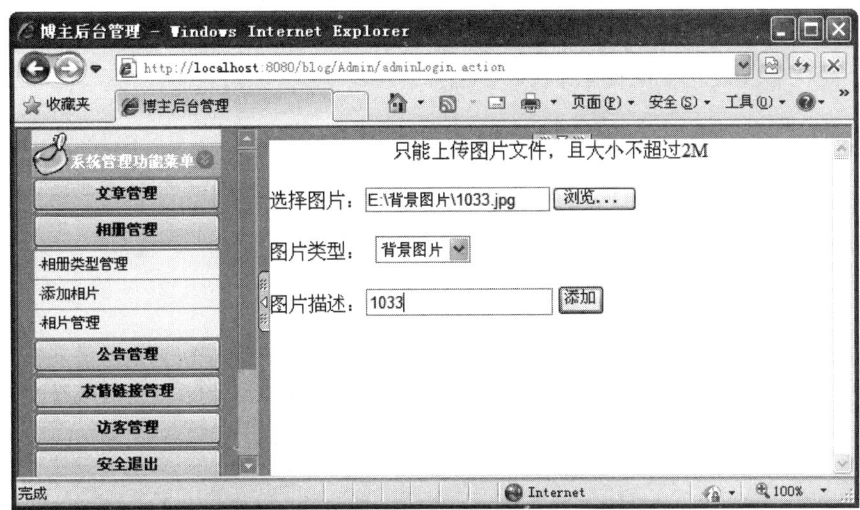

图 15-14 图片上传页面

图片管理页面如图 15-15 所示。

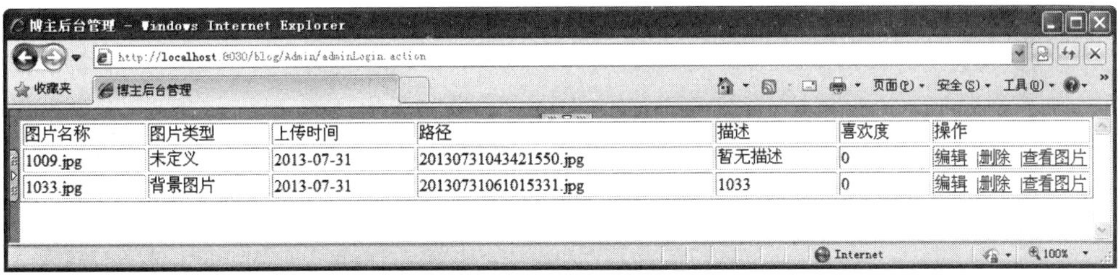

图片名称	图片类型	上传时间	路径	描述	喜欢度	操作
1009.jpg	未定义	2013-07-31	20130731043421550.jpg	暂无描述	0	编辑 删除 查看图片
1033.jpg	背景图片	2013-07-31	20130731061015331.jpg	1033	0	编辑 删除 查看图片

图 15-15 图片管理页面

管理员可以单击操作中的超链接来进行操作，可以编辑、删除和查看图片信息。查看图片页面如图 15-16 所示。

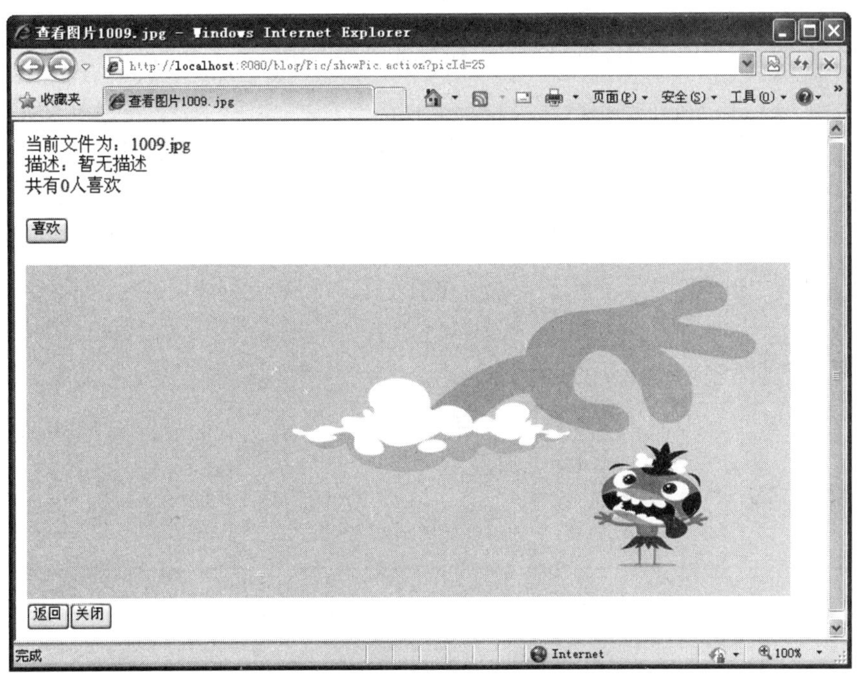

图 15-16 查看图片页面

在查看图片页面可以看到图片内容，还有图片信息，如图片名称、图片描述、喜欢人数等，而且可以单击【喜欢】按钮，增加图片的喜欢数量。

15.6.4 文章类型模块的设计与实现

文章类型模块和图片类型模块设计类似，同样要在删除时考虑删除的类型下是否有内容；在更新和添加类型的时候需要考虑该类型名称是否存在等问题，在这里就不再重复了，只给出其运行效果，文章类型管理页面如图 15-17 所示。

图 15-17 文章类型管理

15.6.5 友情链接模块的设计与实现

在友情链接模块中管理员可以进行添加、编辑和删除友情链接。友情链接管理页面如图 15-18 所示。

图 15-18 友情链接管理页面

在前台页面显示的时候，当友情链接大于 5 条时，是从数据库中查找最新的 5 条数据作为前台页面的显示；小于 5 条时则全部显示。这里就省去了友情链接的前台运行效果。

15.6.6　公告模块的设计与实现

在公告模块中的增加公告和编辑公告的页面中也使用了编辑器，在增加和修改公告的时候也要注意该公告名字是否存在，如果存在则添加或修改不成功。添加公告页面如图 15-19 所示。

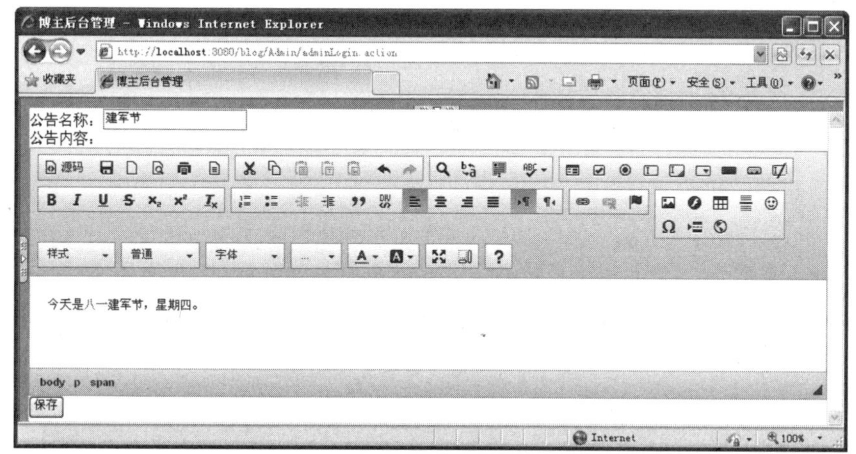

图 15-19　添加公告页面

在公告管理页面中，由于公告的内容有时候会很多，如果完全显示会造成页面比较杂乱，因此在这里加上一个条件，如果公告内容的长度大于 40，那么在管理页面显示公告内容的时候，就会截取前 40 个字符，后面的用一个超链接来代替，单击超链接可以显示详细的公告内容。需要注意的是，当使用了编辑器给文字加载样式的时候，数据库中存放的是文字和样式代码，因此在计算长度的时候，会对加载样式后的文字的长度进行计算。判断和截取字符串的代码如下。

```
    String notice =request.getAttribute("notice").toString();  //获得公告内容
    int noticeId = Integer.parseInt(request.getAttribute("noticeId").toString());
    if(notice.length()>40){                                   //如果字符串长度大于 40
     notice=notice.substring(0,40)+">><a
href='Notice/showNotice.action?noticeId=" +noticeId+ "'>更多</a>";
    }
```

公告管理页面如图 15-20 所示。

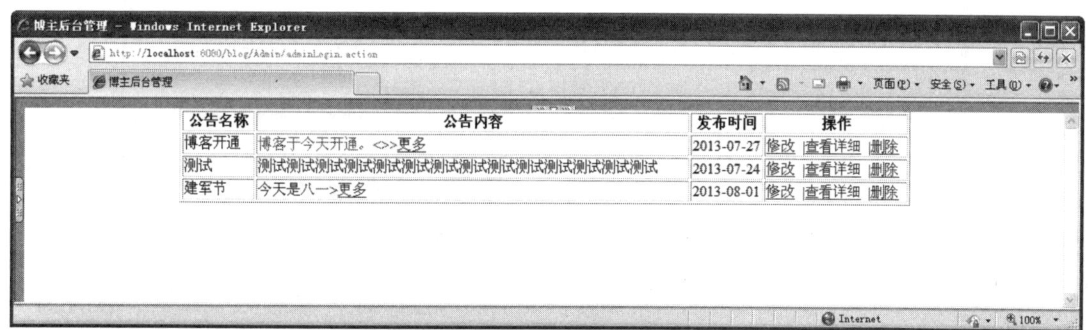

图 15-20　公告管理页面

在前台页面显示公告的时候，是从数据库中查找最新的一条数据来显示在前台页面中，如图 15-21 所示。

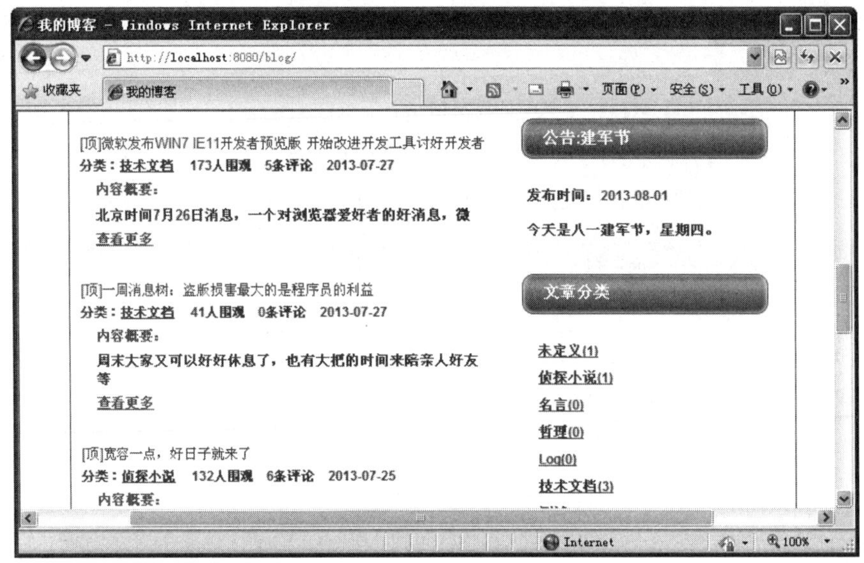

图 15-21　前台公告显示页面

15.6.7　访客和文章评论模块的设计与实现

在每篇文章的结束都有发表评论的地方，在这里访客可以输入自己的信息和评论的内容来发表评论。在这里，昵称、邮件地址和评论的内容都不允许为空，邮件地址也做了处理，要输入正确的格式才能发表评论。文章评论页面如图 15-22 所示。

图 15-22　文章评论页面

需要注意的是，在本系统中邮箱地址是唯一的，也就是说每个邮件地址只能被一个访客使用。当数据库中已经存在了某个邮箱地址，若再次使用这个邮箱地址的时候，必须保证访客的 IP 和昵称与数据库中的保持一致，必须还是该访客的信息，否则就会无法评论。主要代码如下所示。

```
//省略部分代码
public String addDiscuss() throws ClassNotFoundException,SQLException{
```

```
//添加评论
        int paramDis = -1;
        int paramVisit = -1;
        visitorLogin = visitDao.login(visitDto.getVisitorEmail(), visitDto.
        getVisitorName(), visitDto.getVisitorIp());
                                        //使用访客的邮箱、昵称、IP 查询
        visitDto1 = visitDao.selectByEmail(visitDto.getVisitorEmail());
                                        //使用访客的邮箱地址查询
        if (visitorLogin != null) {     //表示数据库中存在该访客的邮箱、地址和 IP
            VisitorDto visitDto2 = visitDao.selectByEmail(visitDto. getVisitor
            Email());
            disDto.setArticleId(articleId);                  //设置文章编号
            disDto.setDiscussR(null);                  //设置回复评论内容为 null
            disDto.setDiscussTime(UtilMethod.getDate());   //设置评论时间
            disDto.setVisitorId(visitDto2.getVisitorId()); //设置访客的编号
            paramDis = disDao.insert(disDto);              //添加评论
            if (paramDis >0) {
                return SUCCESS;                            //添加成功
            } else {
                return ERROR;                              //添加失败
            }
        }
        else if (visitDto1 != null && visitorLogin == null) {
            return ERROR;
        } else {
            paramVisit = visitDao.insert(visitDto);        //添加访客信息
            if (paramVisit > 0) {
                VisitorDto visitDto2 = visitDao.selectByEmail(visitDto.get
                VisitorEmail());
                disDto.setArticleId(articleId);
                disDto.setDiscussR(null);
                disDto.setDiscussTime(UtilMethod.getDate());
                disDto.setVisitorId(visitDto2.getVisitorId());
                paramDis = disDao.insert(disDto);
                if (paramDis >0) {
                    return SUCCESS;
                } else {
                    return ERROR;
                }
            } else {
                return ERROR;
            }
        }
    }
```

在上述代码中，首先创建两个 VisitorDto 对象，visitorLogin 表示根据访客的昵称、邮箱地址和 IP 地址查询所得的对象，visitDto1 表示根据邮箱地址返回的对象。然后判断 visitorLogin 对象是否为空，不为空表示该数据库中存在该访客信息，无须再创建，直接发表评论即可；当该对象为空并且对象 visitDto1 不为空时表示数据库中仅存在和该访客邮箱地址相同的数据，因此该访客不能发表评论；若这两个对象都为空，表示该访客信息为新的数据，先将该访客信息插入到数据库中，然后再进行评论操作。

当访客对文章进行评论的时候，在后台会记录到访客的信息，如访客的昵称、访客的 IP 地址、访客的邮箱和访客的评论等内容。访客管理页面如图 15-23 所示。

图 15-23　访客管理页面

单击访客管理页面中的访客的昵称，可以看到某个访客的信息、评论内容和所评论的文章。如图 15-24 所示为某访客的评论信息。

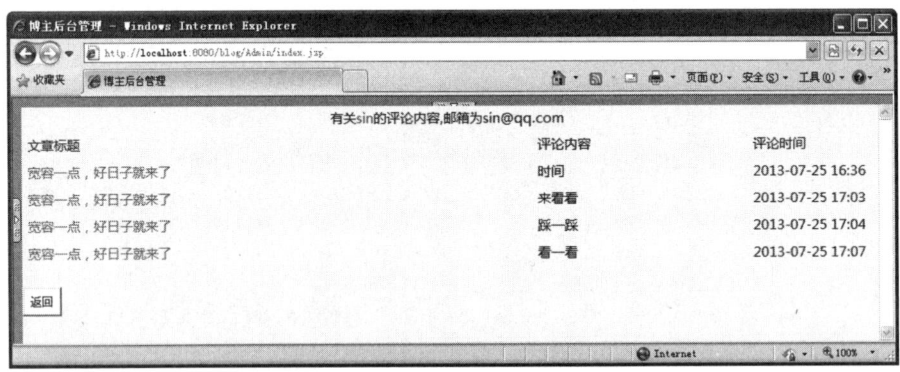

图 15-24　某访客的评论信息

在访客的评论信息页面单击文章标题，则可以看到该文章的所有访客的评论以及管理员对访客文章评论的回复，而且在这个页面中管理员也可以对访客的评论进行删除或者回复。某篇文章的评论及回复如图 15-25 所示。

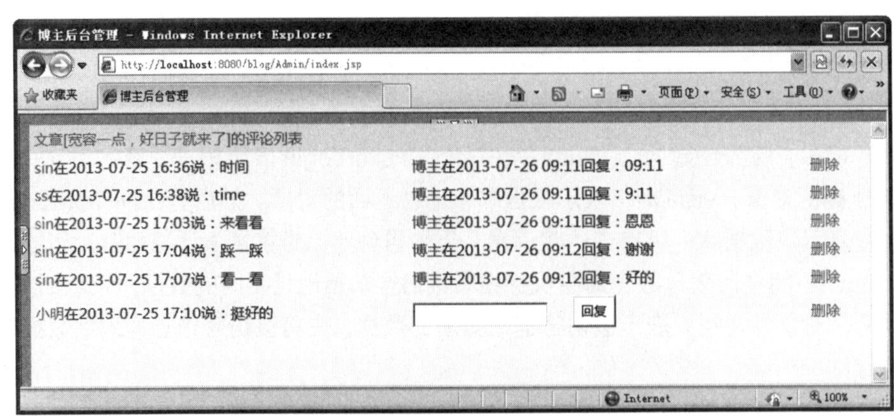

图 15-25　某篇文章的评论及回复

习题答案

第 1 章　静态网页设计

一、填空题

1. BODY
2. border
3. OL
4. DT
5. Action
6. font-size
7. Background-color

二、选择题

1. D
2. A
3. A
4. B
5. B
6. B
7. A

第 2 章　JavaScript 脚本编程快速入门

一、填空题

1. 小写
2. <script src="common.js"></script>
3. 255
4. False
5. 1
6. i ++

二、选择题

1. A
2. A
3. B
4. A
5. D
6. A
7. A

第 3 章　Java Web 概述

一、填空题

1. 服务端
2. JRE
3. classpath
4. Path

二、选择题

1. A
2. B
3. D
4. A

第 4 章　JSP 语法基础

一、填空题

1. taglib
2. JSP 表达式
3. page
4. <jsp:useBean>
5. application
6. isThreadSafe
7. prefix

二、选择题

1. B
2. B
3. A
4. C
5. C
6. C
7. D
8. A

第 5 章　JSP 内置对象

一、填空题

1. response 对象

2. setCharacterEncoding()
3. sendRedirect()
4. post
5. session 对象
6. getClass()
7. out
8. isNew()

二、选择题

1. B
2. A
3. A
4. C
5. B
6. B
7. D
8. A

第 6 章　使用 JavaBean

一、填空题

1. java.io.Serializable
2. Bound
3. request
4. <jsp:useBean>
5. <jsp:setProperty>

二、选择题

1. B
2. B
3. D
4. D
5. C
6. A

第 7 章　使用 Servlet

一、填空题

1. destroy()
2. POST
3. sendRedirect
4. ServletConfig
5. HttpSession
6. <servlet-mapping>
7. doFilter()
8. service()

二、选择题

1. D
2. A
3. A
4. D
5. A
6. B
7. D

第 8 章　使用 EL 表达式

一、填空题

1. ${EL 表达式}
2. 操作符
3. pageContext
4. java.util.Map
5. initParam
6. Empty
7. 静态
8. []
9. requestScope

二、选择题

1. D
2. A
3. C
4. B
5. C
6. A
7. A

第 9 章　JSP 操作 XML

一、填空题

1. .xml
2. XML 声明
3. 换行符
4. dbf.newDocumentBuilder()
5. text/xml
6. getLength()
7. org.xml.sax

二、选择题

1. B
2. D
3. A

4. D

第 10 章　操作数据库

一、填空题

1. 结果处理
2. DriverManager
3. PreparedStatement
4. Next

二、选择题

1. B
2. C
3. A
4. D
5. B
6. C
7. B

第 11 章　JSP 操作文件

一、填空题

1. createNewFile()
2. canWrite()
3. Serializable
4. accept()
5. multipart/form-data

二、选择题

1. B
2. D
3. C
4. D
5. A

第 12 章　JSTL 标签库

一、填空题

1. taglib
2. SQL 标签库
3. 核心标签库

二、选择题

1. B
2. B
3. A
4. A
5. D
6. A

第 13 章　整合 Ajax

一、填空题

1. var ajax = new ActiveXObject ("Microsoft.XMLHTTP");
2. 4
3. xmlHttp.responseXML

二、选择题

1. C
2. D
3. A
4. D
5. A

第 14 章　Struts2 框架

一、填空题

1. 视图（View）
2. Action
3. Name
4. Namespace
5. "*"
6. 请求参数注入
7. Action

二、选择题

1. D
2. C
3. C
4. C
5. B
6. A
7. A